全国高等教育药学类规划教材

制药设备
与工艺设计

陈宇洲　主编

王继伟　焦红江　周　鸿　郭永学　副主编

化学工业出版社

·北京·

内 容 简 介

《制药设备与工艺设计》全书共十一章：第一～第十章，主要介绍制药设备型号编制方法、原料药设备、饮片设备、粉碎设备、制剂设备、包装设备、制水设备、检测设备、辅助设备等的基本原理、分类、基本结构等内容；第十一章主要介绍工艺设计概述、厂区总图设计概述、车间工艺设计、医药洁净厂房设计、中药提取车间设计、固体制剂工艺设计、注射用小容量注射剂工艺设计、非 PVC 多层共挤膜大输液工艺设计、冻干粉针剂车间设计等内容。

《制药设备与工艺设计》可作为各级各类药学相关专业制药设备与工艺设计类课程的教材，以及药企新员工的培训材料，也可供制药设备企业、制药企业、药品生产管理部门相关专业技术人员参考使用。

图书在版编目（CIP）数据

制药设备与工艺设计/陈宇洲主编. —北京：化学工业出版社，2022.4（2025.1重印）
全国高等教育药学类规划教材
ISBN 978-7-122-40612-5

Ⅰ.①制… Ⅱ.①陈… Ⅲ.①制药工业-化工设备-高等学校-教材②制药工业-工艺学-高等学校-教材
Ⅳ.①TQ460.3②TQ460.1

中国版本图书馆 CIP 数据核字（2022）第 013321 号

责任编辑：褚红喜　　　　　　　　　　　　　　装帧设计：关　飞
责任校对：宋　玮

出版发行：化学工业出版社（北京市东城区青年湖南街 13 号　邮政编码 100011）
印　　装：涿州市般润文化传播有限公司
889mm×1194mm　1/16　印张 26　字数 846 千字　2025 年 1 月北京第 1 版第 4 次印刷

购书咨询：010-64518888　　　　　　　　　　　售后服务：010-64518899
网　　址：http://www.cip.com.cn
凡购买本书，如有缺损质量问题，本社销售中心负责调换。

定　　价：69.80 元

《制药设备与工艺设计》编写人员

丁国富　北京东方慧神科技有限公司
王云攀　北京东方慧神科技有限公司
吴　巍　保定创锐泵业有限公司
查文浩　常州一步干燥设备有限公司
郑起平　楚天科技股份有限公司
叶思媛　楚天科技股份有限公司
郑金旺　东富龙科技集团股份有限公司
陈苏玲　东富龙科技集团股份有限公司
李明达　东富龙科技集团股份有限公司
吴文蕾　东富龙科技集团股份有限公司
彭彩君　东富龙科技集团股份有限公司
王孟刚　哈尔滨纳诺机械设备有限公司
王吉帅　哈尔滨纳诺机械设备有限公司
李洪武　杭州春江制药机械有限公司
张美琴　杭州春江制药机械有限公司
周光宇　杭州优尼克消毒设备有限公司
徐兴国　黑龙江迪尔制药机械有限责任公司
肖立峰　湖南科众源创有限公司
刘凤阳　湖南科众源创有限公司
杜笑鹏　湖南正中制药机械有限公司
全凌云　湖南正中制药机械有限公司
丁维扬　广州锐嘉工业股份有限公司
吴光辉　广州锐嘉工业股份有限公司
赵拥军　济南倍力粉体工程技术有限公司
张晓莹　济南倍力粉体工程技术有限公司
武长新　江苏库克机械有限公司
武洋作　江苏库克机械有限公司
施　轶　辽阳天兴离心机有限公司
姜长广　辽阳天兴离心机有限公司
刘朝民　辽宁天亿机械有限公司
桂林松　南京恒标斯瑞冷冻机械制造有限公司
孙清华　南京恒标斯瑞冷冻机械制造有限公司
倪燕彬　南通海发水处理工程有限公司
徐　杰　南通海发水处理工程有限公司
李季勇　南通恒力包装科技股份有限公司
缪德林　南通恒力包装科技股份有限公司
李志全　青岛捷怡纳机械设备有限公司
朱春博　青岛捷怡纳机械设备有限公司
韩　雷　山东蓝孚高能物理技术股份有限公司
李晓明　山东新华医疗器械股份有限公司
周利军　山东新华医疗器械股份有限公司
郭成虎　山东新华医疗器械股份有限公司

殷文平　山东新马制药装备有限公司
王　辉　山东新马制药装备有限公司
辛　滨　上海秉拓智能科技有限公司
张　静　上海信销信息科技有限公司
陈青霞　上海信销信息科技有限公司
杜　娟　沈阳市长城过滤纸板有限公司
王　嵩　沈阳市长城过滤纸板有限公司
王　闯　沈阳市长城过滤纸板有限公司
原晓军　天津瑞康巴布医药生物科技有限公司
张　钊　天水华圆制药设备科技有限责任公司
李　晟　天水华圆制药设备科技有限责任公司
张文姣　营口辽河药机制造有限公司
吴武通　浙江迦南科技股份有限公司
杨　波　浙江迦南科技股份有限公司
张宏平　浙江新亚迪制药机械有限公司
鲍　鹏　九州通医药股份有限公司
陈　容　海南碧凯药业有限公司
陈　岩　中国远大医药集团
安　芸　菏泽医学专科学校
陈宇洲　天津中医药大学
迟玉明　北京同仁堂研究院
段秀俊　山西中医药大学
邓智先　佛山英特信创医药科技有限公司
冯　林　国肽生物工程（常德）有限公司
巩　凯　江南大学
顾　湘　香港景俊基工程有限公司
顾艳丽　内蒙古医科大学
郭维峰　杨凌核盛辐照技术有限公司
郭伟民　天津市医药设计院有限公司
韩立云　天津中新药业股份有限公司乐仁堂制药厂
郝红梅　陕西康惠制药股份有限公司
黄华生　广州百特医疗用品有限公司
黄　敏　广州玻思韬控释药业有限公司
霍　岩　天津金耀药业有限公司
贾志红　天津金耀药业有限公司
姜　华　河南科技大学
江永萍　天津中新药业股份有限公司研究院分公司
焦红江　蒲公英论坛
鞠爱春　天士力之骄药业有限公司
匡海奇　深圳技师学院
李　昂　天津市儿童医院
李扶昆　乐山职业技术学院
李　姣　天津怀仁制药有限公司
李继航　修正药业集团临沂修正制药有限公司
李　军　河南科技大学
郭玮玮　天津怀仁制药有限公司
李维伟　厦门恩成制药有限公司
李　寨　天津医学高等专科学校

林秀菁 知药学社
林　锐 欣乐加生物科技温州有限公司
刘德福 中国人民武装警察部队特色医学中心
刘　芳 天津医学高等专科学校
刘改枝 河南中医药大学
刘　岩 天津中医药大学
刘　洋 郑州大学药学院
刘宗亮 烟台大学
龙苗苗 无锡卫生高等职业技术学校
陆文亮 天士力控股集团有限公司研究院
罗彩霞 珠海联邦制药股份有限公司中山分公司
马丽锋 河北化工医药职业技术学院
马淑飞 国药一心制药有限公司
潘　洁 贵州医科大学
钱宝琛 济宁医学院
乔　峰 天津中医药大学
乔晓芳 河南省食品药品审评查验中心
邱立朋 江南大学药学院
任海伟 兰州理工大学
沙露平 沈阳药科大学
尚海宾 白云山汤阴东泰药业有限责任公司
时念秋 吉林医药学院
秦　敏 江西南昌桑海制药有限责任公司
宋石林 天津中医药大学
苏何蕾 天津同仁堂集团股份有限公司
孙　玺 深圳技师学院应用生物学院
孙　爽 黑龙江中医药大学
孙　艳 天士力医药集团股份有限公司
王美娜 天津中医药大学
王继伟 蒲公英论坛
王　佳 天津同仁堂集团股份有限公司
王银松 天津医科大学
王震宇 郸城县盛斐生物科技有限公司
夏成才 山东第一医科大学药学院
徐士云 吉林省银河制药有限公司
闫　冬 天津市药品监督管理局
严伟民 国药奇贝德（上海）工程技术有限公司
燕雪花 新疆医科大学
杨　晋 北方民族大学
杨静伟 黑龙江省药品审核查验中心
杨悦武 天士力医药集团股份有限公司
杨朝辉 辽宁高新制药有限公司
叶　非 深圳华润九新药业有限公司
尹德明 梧州学院
游强蓁 天津中新药业集团股份有限公司中新制药厂
张功臣 国家药典委制药用水修订课题组
张华忠 北京天信时医药有限公司
张　健 中兴利联国际贸易（上海）有限公司

张建伟　中国大冢制药有限公司
张丽华　陕西中医药大学
张　静　天津仁爱学院
张晓东　吉林高邈药业股份有限公司
张　旭　扬州大学
张学兰　安徽东盛友邦制药有限公司
张玉东　吉林修正药业新药开发有限公司
张志强　北京康仁堂药业有限公司
赵玉佳　牡丹江医学院
赵曙光　上海科州药物研发有限公司
赵忠庆　云南白药集团股份有限公司
郑志刚　天津益倍信生物工程有限责任公司
周大铮　山东了未元制药有限公司
周　鸿　天津中新药业集团股份有限公司
周　莉　河北中医学院
周　迎　天津中医药大学
祝　昱　天士力之骄药业有限公司

前　言

　　制药设备是综合利用机械传动、自动化控制、光学技术、传感技术等多学科知识多元、自由组合的实体。随着计算机、影像学等技术的迅速发展，制药设备向数字化、智能化飞速发展。近几年制药生产实践领域的技术人员和高校教师们普遍感到设备更新快，知识需持续更新。而在我国药学、中药学高等教育体系中，制药设备与工艺类课程作为实践技术类课程，占有重要地位。《制药设备与工艺设计》的编写过程是当前我国先进制药设备与工艺设计知识流向药学教育领域的一次尝试。

　　《制药设备与工艺设计》是在《制药设备与工艺》基础上由我国药监管理部门、制药设备企业、制药企业、高等学校、医院等机构的多位专家共同努力工作的结晶。全书共十一章，其中第一～第十章主要介绍制药设备型号编制方法，原料药设备、饮片设备、粉碎设备、制剂设备、包装设备、制水设备、检测设备、辅助设备等的基本原理、分类、基本结构等内容；第十一章主要介绍工艺设计概述、厂区总图设计概述、车间工艺设计、医药洁净厂房设计、中药提取车间设计、固体制剂工艺设计、用小容量注射剂工艺设计、非 PVC 多层共挤膜大输液工艺设计、冻干粉针剂车间设计等内容，以期为医药类相关专业制药设备与工艺设计类课程提供一本较为接近制药生产实践的教材。在本书编写过程中，制药设备企业专家编写设备部分，制药设备企业和制药企业专家编写工艺设计部分；而教师负责搭建制药设备知识结构框架基础。

　　在编写过程中，深切感受到了来自制药企业、设备生产企业、高等学校等各界人士齐心协力的付出和敬业精神。在此向参与编写的各界专家致以崇高的敬意！正如王继伟老师的诗作："莫道前路无知己，人生处处都逢君。相聚是缘著书乐，无私奉献为杏林"。也如焦红江老师的诗作："制锦不择地，药圃无凡蒿，工欲善其事，艺精情更高，设茗听雪落，备酒吟剑啸，编简为谁青，写出万丈涛"。本书的编写成功是新时代各界人士凝心聚力共同实现医药强国的一个小小的缩影。

　　制药设备发展迅速，尽管本书由各领域的知名专家参编，但相对于制药设备行业的发展水平和全貌来说，本书的知识依然是管中窥豹，更深入、更实际的知识还需要深入实践，躬亲领会。欢迎更多的企业和专家参与到编写队伍，一起为祖国的药学类教育事业努力奋斗。

　　初次编写，时间紧迫，疏漏之处在所难免。请使用本书的专家和老师批评指正，并联系 zhiyuan1128@163.com，以便再版时进行修改。

编者

2021 年 8 月

目　录

第八章　药品检测设备 / 285

第一章

绪 论

第一节 基本概念

一、设备、机械与机构

工艺是指利用劳动工具改变劳动对象的形状、大小、成分、性质、位置或表面形状，使之成为预期产品的过程。制药工艺是指生产原料药、生物技术药品、制剂等的过程。工艺靠装备来实现，装备分为设备和机械。**设备**是具有特定实物形态和特定功能，可供人们长期使用的一套装置。**机械**包括机构和机器，其中机器为能转换机械能或完成有用的机械功的机构。**机构**是指由两个或两个以上构建通过活动联结形成的构件系统。

二、设备与机械的区别

在设备中所实现的过程是靠反应（化学、生化反应）而进行，或者与某种场（热场、电场、重力场等）作用于被加工对象相关，如反应器、提取罐、浓缩罐、干燥器等。设备中主要工艺过程与机械能消耗无关，仅在物料输送或强化加工过程（如反应器的搅拌）起辅助作用；而机械用机械功来改变劳动对象的外形或状态，如压片机、灌装机等。

制药机械或制药设备是完成和辅助完成制药工艺的生产设备。即在实际交流中，制药机械和制药设备可视为同一含义。制药设备的生产制造从属性上属于机械工业的子行业。但制药机械和制药工艺紧密相关，制药机械的设计和制造必须参考制药工艺，而制药设备的发展对制药工艺也起推动作用。

三、制药设备的组成

制药机械或制药设备属于机器。完整的机器由五部分组成，即动力部分、传动部分、工作部分、控制部分和机身。其中动力部分的作用是机器能量的来源，它将各种能量转变为机械能；工作部分是直接实现机器特定功能、完成生产任务的部分，相当于人类的手和脚；传动部分是按工作要求将动力部分的运动和动力传递、转换或分配给工作部分的中间装置，相当于人类的上肢和下肢。控制部分是具有控制机器自动起动、停车、报警、变更运行参数的部分，相当于人类的大脑。机身是指包括机器的外形和骨架。

四、制药机械的"母机"

制药机械的"母机"是指用于制造制药机械的设备。包括传统的加工设备如钻床、刨床、铣床、镗床、车床等，也包括现代化设备数控机床。

钻床指主要用钻头在工件上加工孔的机床。通常钻头旋转为主运动，钻头轴向移动为进给运动。钻床可钻通孔、盲孔，更换特殊刀具，可扩、锪孔，铰孔或进行攻丝等加工。**刨床**用刨刀对工件的平面、沟槽或成形表面进行刨削的直线运动机床。根据结构和性能，刨床主要分为牛头刨床、龙门刨床、单臂刨床及专门化刨床等。牛头刨床因滑枕和刀架形似牛头而得名，刨刀装在滑枕的刀架上做纵向往复运动，多用于切削各种平面和沟槽。龙门刨床因有一个由顶梁和立柱组成的龙门式框架结构而得名，多用于加工长而窄的平面，也用来加工沟槽或同时加工数个中小零件的平面。**铣床**指用铣刀对工件多种表面进行加工。通常铣刀以旋转运动为主运动，工件和铣刀的移动为进给运动，铣床可对工件进行铣削、钻削和镗孔加工。**镗床**与铣床的工作原理和性质相似，刀具的旋转是主运动，工件的移动是进给运动。镗床多用于加工较长的通孔，大直径台阶孔，大型箱体零件上不同位置的孔等。**车床**是一种主要用车刀对旋转的工件进行车削加工的机床。在车床上还可用钻头、扩孔钻、铰刀、丝锥、板牙和滚花工具等进行相应的加工。

数控机床是数字控制机床的简称，也称为加工中心，是一种装有程序控制系统的自动化机床，它是计算机技术运用到机床制造业的机电一体化的产品。数控机床能按图纸要求的形状和尺寸，自动地将零件加工出来。它较好地解决了复杂、精密、小批量、多品种的零件加工问题，是一种柔性的、高效能的自动化机床，代表了现代机床控制技术的发展方向。

第二节　制药设备分类与型号编制方法

一、制药设备分类

按照用途，制药设备可分为 8 个类别：原料药机械及设备，制剂机械及设备，药用粉碎机械，饮片机械，制药用水、气（汽）设备，药品包装机械，药物检测设备，其他制药机械及设备。

二、制药设备型号编制方法

型号编制应按照制药机械产品的类别、功能、型式、特征及规格的顺序编制（选自 JB/T20188—2017《制药机械产品型号编制方法》）。即型号由产品类别代号、功能代号、型式代号、特征代号和规格代号等要素组成。

类别代号——表示制药机械产品的类别。

功能代号——表示产品的功能。

型式代号——表示产品的机构、安装形式、运动方式等。

特征代号——表示产品的结构、工作原理等。

规格代号——表示产品的生产能力或主要性能参数。

1. 代号设置

a) 代号中拼音字母的位数不宜超过 5 个，且字母代号中不应采用 I、O 两个字母；

b) 规格代号用阿拉伯数字表示。当规格代号不需用数字表示时，可用罗马数字表示。

2. 型号编制

型号编制格式见图1-2-1。其中，类别代号、功能代号和规格代号为型号中的主体部分，是编制型号的必备要素；型式代号和特征代号为型号中的补充部分，是编制型号的可选要素。

3. 型号组合形式

型号可根据产品的具体情况选择如下组合形式：

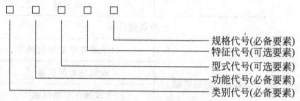

规格代号(必备要素)
特征代号(可选要素)
型式代号(可选要素)
功能代号(必备要素)
类别代号(必备要素)

图1-2-1　型号编制格式

a) 类别代号、功能代号、型式代号、特征代号及规格代号；
b) 类别代号、功能代号、型式代号及规格代号；
c) 类别代号、功能代号、特征代号及规格代号；
d) 类别代号、功能代号及规格代号。

4. 型号编制方法

① 类别代号　产品类别代号见表1-2-1。

表1-2-1　产品类别代号

原料药机械及设备	制剂机械及设备	药用粉碎机械	饮片机械	制药用水、气(汽)设备	药品包装机械	药品检测设备	其他制药机械及设备
Y	Z	F	P	S	B	J	Q

② 功能代号　功能代号见表1-2-2。

表1-2-2　功能代号

产品类别	产品功能	功能代号
原料药机械及设备(Y)	反应、发酵设备	F
	培养基设备	P
	塔设备	T
	结晶设备	J
	分离设备	LX
	过滤设备	GL
	筛分设备	S
	提取、萃取设备	T
	浓缩设备	N
	换热设备	R
	蒸发设备	Z
	蒸馏设备	L
	干燥设备	G
	贮存设备	C
	灭菌设备	M

产品类别	产品功能		功能代号
制剂机械及设备(Z)	颗粒剂机械		KL
	片剂机械	混合机械	H
		制粒机械	L
		压片机械	P
		包衣机械	BY
	胶囊剂机械		N
	小容量注射剂机械	抗生素瓶注射剂机械	K
		安瓿注射剂机械	A
		卡式瓶注射器机械	KP
		预灌封注射器机械	YG
	大容量注射剂机械	玻璃输液瓶机械	B
		塑料输液瓶机械	S
		塑料输液袋机械	R
	丸剂机械		W
	栓剂机械		U
	软膏剂机械		G
	糖浆剂机械		T
	口服液剂机械		Y
	气雾剂机械		Q
	滴眼剂机械		D
	药膜剂机械		M
药用粉碎机械(F)	机械粉碎机械		J
	气流粉碎机械		Q
	超微粉碎机械		W
	研磨机械		M
饮片机械(P)	筛选机械		S
	洗药机械		X
	切制机械		Q
	润药机械		R
	烘干机械		H
	炒药机械		C
	煅药机械		D
	蒸煮药机械		Z
	煎药机械		J
制药用水、气(汽)设备(S)	工艺用气(汽)设备		Q
	纯化水设备		C
	注射用水(蒸馏水)设备		Z

产品类别	产品功能	功能代号
药品包装机械(B)	印字机械	Y
	计数充填机械	J
	塞纸、棉、塞、干燥剂机械	S
	泡罩包装机械	P
	蜡壳包装机械	L
	袋包装机械	D
	外包装机械	W
	药包材制造机械	B
药物检测设备(J)	硬度测试仪	Y
	溶出度试验仪	R
	崩解仪	B
	脆碎仪	C
	厚度测试仪	H
	药品重量分选机械	Z
	重金属检测仪	J
	水分测试仪	S
	粒度分析仪	L
	澄明度测试仪	M
	微粒检测仪	W
	热原测定仪	RY
	细菌内毒素测定仪	N
	渗透压测定仪	ST
	药品异物检查设备	YW
	液体制剂检漏设备	L
	泡罩包装检测器	P
其他制药机械及设备(Q)	输送设备及装置	S
	配液设备	P
	模具	M
	备件	B
	清洗设备	Q
	消毒设备	X
	净化设备	J
	辅助设备	F

多功能机的功能代号，可按其产品功能由两个或多个不同功能的字母组合表示。

③ 型式及特征代号　型式及特征代号见表 1-2-3。

表 1-2-3　型式及特征代号

代号	型式	特征
A		安瓿

代号	型式	特征
B	板翅式、板式、荸荠式、变频式、勃氏、表冷式、耙式	半自动、半加塞、玻璃瓶、崩解、薄膜
C	槽式、齿式、沉降式、沉浸式、充填式、敞开式、称量式、齿式、传导式、吹送式、锤式、磁力搅拌式、穿流式	超声波、充填、除粉、超微、超临界、充氮、冲模、除尘、萃取、纯蒸汽、瓷缸、垂直
D	带式、袋式、刀式、滴制式、蝶式、对流式、导轨式、吊袋式	灯检、电子、多效、电磁、动态、电加热、滴丸、大容量、电渗析、冻干粉、多功能、滴眼剂
E	颚式	
F	浮头式、翻袋式、风冷式	封口、封尾、沸腾、风选、粉体、翻塞、反渗透、粉针、防爆、反应、分装
G	鼓式、固定床式、刮板式、管式、滚板式、滚模式、滚筒式、滚压式、滚碾式、罐式、轨道式、辊式	干法、高速、干燥、灌装、过滤、高效、辊压、干热
H	虹吸式、环绕式、回转式、行列式、回流式	回收、混合、烘箱
J	挤压式、加压式、机械搅拌式、夹套式、降膜式、间歇式	计数、煎煮、加料、结晶、浸膏、均质、颗粒、胶塞
K	开合式、开式、捆扎式、可倾式	抗生素、开囊、扣壳、口服液瓶
L	冷挤压式、离心式、螺旋式、立式、连续式、列管式、龙门式、履带式、流化床、链式、料斗式	冷冻、冷却、联动机、理瓶、铝箔、蜡封、蜡壳、料斗、离子交换
M	模具式、膜式、脉冲式	灭菌、灭活、蜜丸、棉
N	内循环式、碾压式	浓缩、逆流、浓配、内加热
P	喷淋式、喷雾式、平板式、盘管式	泡罩、炮制、炮炙、配液、抛光、破碎、片剂
Q	气流搅拌式、气升式	清洗、切药、取样、器具
R	容积式、热熔式、热压式	热泵、润药、溶出、软胶囊、软膏、乳化、软袋、热风
S	三足式、上悬式、升降式、蛇管式、隧道式、升膜式、水浴式	输液瓶、湿法、筛分、筛选、双效、双管板、渗透压、上料、塑料、塞、双锥、筛、水平、生物
T	填充式、筒式、塔式、套管式、台式	椭圆形、提取、提升、搪玻璃
U		U形
V		V形
W	外浮头式、卧式、万向式、涡轮式、往复式	外加热、微波、微粒、外循环
X	旋转式、旋流式、漩涡式、箱式、厢式、铣削式、悬篮式、下悬式、行星式、旋压式	循环、洗药、洗涤、旋盖、小容量、稀配
Y	摇摆式、摇篮式、摇滚式、叶片式、叶翅式、圆盘式、压磨式、移动式	预灌液、压力、一体机、易折、硬度、异物、液氮、硬胶囊、压塞、印字、液体
Z	直联式、自吸式、转鼓式、转笼式、转盘式、转筒式、锥篮式、枕式、振动式、锥形、直线式	真空、重力、转子、周转、制粒、制丸、整粒、蒸药、蒸发、蒸馏、整粒、轧盖、纸、注射器、注射剂、自动、在位、在线、中模

特殊情况时，型式及特征的代号按下列方法编制：

a）表1-2-3中未含的型式或特征时，应以其词的第一个汉字的大写拼音字母确定代号；

b）当产品特征不能完整被表达时，可增加其他特征的字母表达；

c）遇与其他产品型号雷同或易引发混淆时，允许用词的两个汉字的大写拼音字母区别。

④ 规格代号 规格代号原则上应表达产品的一个主要参数，如需要以两个参数表示产品规格时，应按下列方法编制：

a）两个参数的计量单位相同或其中一个为无量纲参数时，用符号"/"间隔；

b）字母代号与规格代号之间或规格代号的两个参数之间，不应用符号"-"间隔；

c）因计量单位原因出现阿拉伯数字位数较多时，应调整计量的单位表示。

⑤ 型号编制示例 型号编制示例见表1-2-4。

表 1-2-4　型号编制示例

序号	产品名称	类别代号	功能能代号	型式代号	特征代号	规格代号	型号示例
1	药物过滤洗涤干燥一体机	Y	XG			过滤面积 $1m^2$	YGXG1 型
2	双效蒸发浓缩器	Y	N		S	1000kg/h，双效	YZNS1000 型
3	双锥回转式真空干燥机	Y	G	H	S	2000L，双锥形	YGHS2000 型
4	机械搅拌式动物细胞培养罐	Y	P	J		罐体容积 650L	YPJ650 型
5	回流式提取浓缩机组	Y	N	H		罐体容积 $2m^3$	YTNH2 型
6	带式微波真空干燥机	Y	G	D	W	微波输入功率 15kW	YGDW15 型
7	预灌液注射器灌封机	Z	G		Z	1mL，预灌液，注射器	ZYGZ1 型
8	卡式瓶灌装封口机	Z	P				ZKP3 型
9	安瓿隧道式灭菌干燥机	Z	A	S	G	网带宽度(mm)/加热功率(kW)	ZASMG600/40 型
10	旋转式高速压片机	Z	P	X	G	冲模数/出料口数	ZPXG81/2 型
11	流化床制粒包衣机	Z	L	L	B	120kg/批	ZLLB120 型
12	玻璃输液瓶洗灌封联动线	Z	B		GF	300 瓶/min，玻璃瓶	ZBXGF300 型
13	玻璃输液瓶轧盖机	Z	B		Z	300 瓶/min，玻璃瓶	ZBZ300 型
14	湿法混合制粒机	Z	H			150L，湿法	ZHLS150 型
15	滚筒式包衣机	Z	B			150kg	ZBG150 型
16	塑料药瓶铝箔封口机	Z	F		L	60 瓶/min，塑料瓶，铝箔	ZFSL60 型
17	振动式药物超微粉碎机	F	W	Z		100L	FWZ100 型
18	中药材热风穿流式电热烘箱	P	H	C	D	烘板面积 $4m^2$，电加热	PHCD4 型
19	滚筒式洗药机	P	X	G		直径 720mm	PXG720 型
20	电加热纯蒸汽发生器	S	Q		D	产蒸汽量 50kg/h	SQD50 型
21	列管式多效蒸馏水机	S	Z	L	D	1000L，4 效	SZLD1000/4 型
22	圆盘式中药大蜜丸蜡封机	B	L	Y	M	生产能力为 500 丸/min	BLYM500 型
23	平板式药用铝塑泡罩包装机	B	P	P		包材最大宽 170mm	BPP170 型
24	轨道式胶囊药片印字机	B	Y	G		1000 粒/h	BYG1000 型
25	药瓶干燥剂包塞入机	B	S		G	100 瓶/min，干燥剂包	BSG100 型
26	安瓿注射剂电子检漏机	J	L		A	检测速度 300 瓶/min	JLA300 型
27	脆碎度检查仪	J	C			轮鼓个数	JC2 型
28	安瓿注射液异物检查机	J	W		A	150 支/min，2mL 安瓿	JYWA150/2 型
29	药用螺旋输送机	Q	S	L		输送能力 800kg/h	QSL800 型
30	固定式料斗提升机	Q	T	G	L	提升质量 600kg	QTGL600 型
31	药用器具清洗干燥机	Q	X	Q		清洗腔 $5m^3$	QXQ5 型
32	移动式在位清洗装置	Q	X	Y	Z	罐体容积 500L	QXYZ500 型

第三节　GMP 对制药设备的基本要求

《药品生产质量管理规范（2010 年修订）》（good manufacturing practices，GMP）对制药设备有明确的要求。GMP 对制药设备的要求可以简要概括为四点。

一、满足生产工艺要求

满足生产要求是指生产目的和规模要与需求匹配，如果设备规格与生产不配套，对原料药生产来说就会产生一个批量由多次产量组合的"纸上批量"，致使药物的混合度无法控制。

二、不污染药物和生产环境

设备结构及其所用材料，不窝藏、滞留物料，不对加工的物质形成污染，也不对生产以外的环境产生污染或影响。例如粉碎设备应设计除尘装置，以免对环境造成污染；设备所用的润滑剂、冷却剂等不得对药品或容器造成污染；无菌药品生产中与药液接触的设备、容器具、管路、阀门、输送泵等应采用优质耐腐蚀材质，管路的安装应尽量减少连接或焊接；设备内的凸凹、槽、台、棱角是最不利物料清除及清洗的，因此要求这些部位的结构要素应尽可能采用大的圆角、斜面、锥角等以免挂带和阻滞物料。常用卫生结构的设计有锥形容器、箱形设备内直角改圆角、易清洗结构的圆螺纹、卡箍式快开管件等。

三、易于清洗和灭菌

制药设备设计时应关注设备的清洗和灭菌，以快速和彻底地清洗和灭菌。尽可能设计成为在位清洗和在位灭菌。**在位清洗**（cleaning in place，CIP）指系统或设备在原安装位置不做拆卸和任何移动条件下可以进行清洁工序；**在位灭菌**（sterilization in place，SIP）是指系统或设备在原安装位置不做拆卸和任何移动条件下可以进行灭菌工序。

四、易于确认

制药设备确认的目的是为了证明该设备能始终如一、可重复地生产出合格的产品。在设备的设计和制造中应关注设备确认。使设备具量化指标，易于确认。**在位检测**（inspection in place，IIP）是指制品在原系统或设备上不需转位到其他系统或设备的条件下，可直接进行质量检测，适应验证需要数字化测试的要求。

第四节　我国制药设备的发展历史和趋势

一、我国制药设备发展历史

我国制药装备行业从无到有，从小到大，经历了半个多世纪的发展历程。新中国成立至 1978 年，全国药机厂只有 27 家，均为实力单薄的小厂，仅能生产 39 个品种 98 种规格，技术水平极其低下。随着我国改革开放逐步深入，1985 年起，一些军工企事业及其他行业、地方企业及科研单位相继进入制药装备行业，为我国制药装备行业增添了新生力量。据统计，"七五"后期的药机企业增加到 180 家，可生产原料药机械与设备、制剂机械、饮片机械、制药用水设备、药用粉碎机械、药品包装机械、药物检测设备及其他制药机械与设备共八大类 635 个品种规格的产品，其中高速压片机、碟片离心机等一批产品已达到了当时国外同类产品水平。

我国制药工业的快速发展及中药现代化政策，特别是《药品生产质量管理规范（2010 年修订）》的实施,为我国制药装备企业提供了前所未有的发展机遇,不仅制药装备的制造厂家、产品的品种规格迅速增加,更重要的是产品技术、质量水平等方面都登上了一个新台阶,有力促进了制药装备行业的发展。这不仅基本满足我国制药、保健品、食品等行业的需求,而且还出口到北美、欧洲、东南亚、南亚、中东、非洲等地区。

我国现有制药装备制造厂 1000 余家,可生产八大类 3000 多品种规格制药装备产品,以 20 世纪 90 年代末水平的产品占主导地位,部分产品已具有国际同类产品先进水平,可谓名副其实的制药装备大国。每年两次的制药机械博览会为全国的制药企业和设备企业提供了广阔的交流平台,促进了设备企业和我国制药工业的发展。

二、制药设备发展趋势

1. 密闭化

密闭化是指设备在生产中将药品与外界隔离开来,如采用隔离系统等手段。密闭化的优势是可以减少药品污染的概率。

2. 集成化

集成化是指将药品各生产工序的设备组织在一起,成为一条生产线。如安瓿注射剂采用联动生产线生产,理瓶、洗瓶、烘干、灌封等工序都在个密闭空间内连续完成,药液被污染的可能性大幅度降低。

3. 高速化

高速化是指药品生产的效率高,单位时间内生产产品多。高速设备可以提高人均产值和降低生产成本,增强竞争优势,实现规模效应。

4. 自动化

自动化是指机器设备、系统或过程(生产与管理过程)在没有人或较少人的直接参与下,按照人的要求,经过自动检测、信息处理、分析判断、操纵控制,实现预期目标的过程。自动化程度越高,需要人的参与就越少,有利于减少药品生产过程中污染。近些年来,制药装备的自动化水平逐渐提高,自动化装备将逐步替代手动、半自动的装备。如全自动灯检设备逐步取代人工灯检设备等,有效提高了制药行业的生产效率和降低了工作人员的劳动强度。

5. 智能化

智能化是指事物在网络、大数据、物联网和人工智能等技术的支持下,所具有的能动地满足人的各种需求的属性。目前世界范围内都在朝着智能化制造的方向发展。在历史上已经有过三次工业革命,智能化被称为第四次工业革命。

"工业 1.0":第一次工业革命,是指 18 世纪从英国发起的一次巨大技术发展革命,以机械化的诞生开始,以蒸汽机作为动力源被广泛使用为标志。

"工业 2.0":第二次工业革命,指到了 1870 年以后,以电力的广泛应用为显著特点的工业革命。

"工业 3.0":第三次工业革命,也称之为科技革命,是指主要以原子能、电子计算机、空间技术和生物工程的发明和应用为主要标志,涉及信息技术、新能源技术、新材料技术、生物技术、空间技术和海洋技术等诸多领域的信息控制技术的工业革命。第三次工业革命从 1980 年开始,电子计算机的广泛应用,促进了生产自动化、管理现代化、科技手段现代化和国防技术现代化,推动了情报信息的自动化。以全球互联网络为标志的信息高速公路缩短了人类交流的距离。同时,合成材料的发展、遗传工程的诞生以及信息论、系统论和控制论的发展,也是这次技术革命的结晶。

"工业 4.0":第四次工业革命,是指由德国政府于 2013 年提出来的高科技战略计划,旨在提升制造业智能化水平，将生产中的供应、制造、销售信息数据化、智能化，最终实现快速、有效、个性化的产品供应，以推动传统制造业模式向智能化模式转化升级。

附：不锈钢材料

一、不锈钢概念

不锈钢是不锈钢和耐酸钢的简称或统称。不锈钢具有在大气、蒸汽、水等弱腐蚀介质中不生锈或具有不锈性质，Cr 含量≥10.5%。耐酸刚是指在酸、碱、盐和海水等苛刻腐蚀介质中耐腐蚀的钢，含更高的Cr，且常含有 Ni、Mo、Si、Cu、N 等元素。

二、不锈钢不锈和耐蚀原因

在介质作用下，钢的表面上会形成一层很薄（大约 1nm）的富铬氧化膜，称作钝化膜。钝化膜的特点是连续、无孔、不溶解、可修复。钝化膜的成分、性质是可变的，随钢的化学成分、加工处理方法、使用环境而不同。随着 Cr 含量增加，钝化膜从晶态膜变为非晶态膜，非晶态膜缺陷少、结构均匀，具有更高的强度和耐蚀性。

不锈钢的不锈性是由钢中 Cr 含量决定的，没有 Cr 就没有不锈钢。Cr 是使钢钝化并使钢具有不锈、耐蚀性的唯一有价值的元素。所谓无 Cr 不锈钢是不存在的。

三、不锈钢使用与维护

尽量放置在干燥清洁的地方。表面质量对不锈钢的成功使用起着非常重要的作用。良好的表面质量不仅可以提高不锈钢的可清洁性，还可以减少腐蚀。比如 2B 和 BA 板。如果不锈钢设备在检修时如发现表面出现腐蚀，经常是缝隙腐蚀，要及时对腐蚀的表面进行清理。不锈钢应用手册中的不锈钢耐蚀数据只是实验室的实验结果，与实际介质环境出入大，需具体问题具体分析。

四、制药行业用不锈钢应具备特点

GMP 对选材只做了定性规定，而没有作具体要求。如"与药品直接接触的设备表面应光洁、平整、易清洗或消毒、耐腐蚀、不与药品发生化学变化或吸附药品""储罐和输送管道所用材料应无毒、耐腐蚀"。

不锈钢以其良好耐腐蚀性、表面加工精度高、易清洗、易杀菌或消毒、美观等特点，已成为医药行业GMP 改造的理想材料，大量用于各种设备、管道、容器、阀门等。

制药行业使用最普遍的是 304 和 316L 奥氏体不锈钢两个品种，一般固体制剂、口服液制剂等生产设备的材料大多使用 304 不锈钢，而对注射剂生产设备的材料则大多选用 316L 不锈钢。

制药装备及食品行业用不锈钢的安全性影响因素包括：①外因，如溶液类型、浓度、温度、浸泡时间等均会不同程度地影响不锈钢中金属离子的析出；②内因，如不锈钢材料及加工方式等。

五、不锈钢新材料

1. 超纯铁素体不锈钢

超纯铁素体不锈钢是指碳、氮等间隙元素含量极低的铁素体不锈钢。C＋N≤120～400ppm（250ppm，150ppm）；在任何温度下其金相组织呈铁素体组织；铬含量 17%～30% 和钼含量 0～4% 的铁基铬钼合金。其中 SUS445J2 的耐蚀性能优于 316L 不锈钢，热膨胀系数小于 316L 不锈钢，导热性能好于奥氏体不锈钢，不含 Ni，且成本低于 316L 不锈钢。

2. 双相不锈钢

不锈钢的固溶组织中铁素体与奥氏体两相约各占一半，一般较少相的含量至少为 30%。

| 铁素体不锈钢 0% Ni | 双相不锈钢 5% Ni | 奥氏体不锈钢 >8% Ni |

新型不锈钢微观结构

参考文献

中华人民共和国制药机械行业标准制药机械产品型号编制方法，JB/T20188—2017.

第二章
制药设备动力传动基础

第一节　动力部分

如绪论中所述，完整机器由五部分组成，即动力部分、传动部分、工作部分、控制部分、机身。当前的制药机械大部分都为机电气一体化，而制药机械的动力部分有电动机、空气压缩机、油泵三种。本节先对电力机械传动的原动部分——电动机进行介绍，之后再对气压传动系统和液压传动系统作简要介绍。

一、电动机系统

电动机是把电能转换成机械能的一种设备（图 2-1-1）。电动机按使用电源分为直流电动机和交流电动机。制药机械中的主电机大部分是交流电机。交流电机分为同步电机和异步电机。其中异步电机是指电机定子的磁场转速与转子的旋转转速不保持同步。电动机主要由定子与转子组成。电动机工作原理是磁场对电流受力的作用，使电动机转动。根据电机可逆性原则，电动机也可作发电机使用。通常电动机的做功部分做旋转运动，称为转子电动机；也有做直线运动的，称为直线电动机。电动机能提供的功率范围很大，从毫瓦级到千瓦级。

二、气压传动系统

气压传动是以压缩空气为工作介质来进行能量和信号的传递。气压传动系统包括：①**动力部分**，指获得压缩空气的设备，如空压机、空气干燥机等；②**执行元件**，将气体的压力能转换成机械能的装置，也是系统能量输出的装置，如气缸、气马达等；③**控制元件**，用以控制压缩空气的压力、流量、流动方向以及系统执行工作程序的元件，如压力阀、流量阀、方向阀和逻辑元件等；④**辅助元件**，起辅助作用，如过滤器、油雾器、消声器、散热器、冷却器、放大器及管件等。

气压传动的优点：①用空气作介质，来源方便，无环境污染，不需要回气管路，管路简单。②空气黏度小，管路流动能量损耗小，适合集中供气远距离输送。③安全可靠，不需要防火防爆问题，能在高温、辐射、潮湿、灰尘等环境中工作。④气压传动反应迅速。⑤气压元件结构简单，易加工，使用寿命长，维护方便，管路不容易堵塞，介质不存在变质更换等问题。**缺点**：①空气可压缩性大，因此气动系统动作稳定性差，负载变化时对工作速度的影响大。②气动系统压力低，不易做大输出力度和力矩。③气控信号传递速度慢于电子及光速，不适应高速复杂传递系统。④排气噪声大。

1. 动力部分

气压传动系统的动力部分属于空气压缩机，是一种用于压缩气体的设备。空气压缩机（图 2-1-2）按工作原理可分为速度式和容积式两大类。**速度式空气压缩机**是气体在高速旋转叶轮的作用下，获得较大的动能，随后在扩压装置中急剧降速，使气体的动能转变成势能，提高气体压力。速度式空气压缩机又分为离心式和轴流式。**容积式空气压缩机**是通过直接压缩气体，使气体容积缩小而达到提高气体压力的目的。容积式空气压缩机又可分为回转式和往复式两类。回转式空气压缩机中活塞做旋转运动，活塞又称为转子，转子数量不等，气缸形状不一。往复式空气压缩机中活塞做往复运动，气缸呈圆筒形。其中往复式空气压缩机是目前应用最广泛的一种类型。

2. 执行元件

（1）气缸

气缸（图 2-1-3）是气压传动中将压缩气体的压力能转换为机械能的气动执行元件。气缸可做往复直线运动和往复摆动。做往复直线运动的气缸又可分为单作用气缸、双作用气缸、膜片式气缸和冲击气缸 4 种。做往复摆动的气缸称为摆动气缸，由叶片将内腔分隔为二，向两腔交替供气，输出轴做摆动运动，摆动角小于 280°。擅长做往复直线运动的气缸，适于工件的直线搬运。

图 2-1-1 电动机　　　　图 2-1-2 空气压缩机　　　　图 2-1-3 气缸

（2）气马达

气马达也称为气泵，是采用压缩气体的膨胀作用，把压力能转换为转动机械能的动力装置。按结构类型分为叶片式气马达、活塞式气马达以及齿轮式气马达。气马达可以无级调速，能够实现双向旋转。气马达不受振动、高温、电磁、辐射等影响，适用于恶劣的工作环境，如易燃、易爆、高温、振动、潮湿、粉尘等工作条件；有过载保护作用，不会因过载而发生故障；具有较高的起动力矩，可以直接带载荷起动，停止迅速，操纵方便，维护检修较容易。

3. 气动系统和电动系统比较

当代制药机械中系统复杂而精细，并非某种驱动控制技术就可满足系统的多种控制功能，气动系统和电动系统应互相补充。气动驱动器的优势可实现快速直线循环运动，结构简单，维护便捷，适合如灰尘、油脂、水或清洁剂等恶劣的环境条件，也适合有防爆要求的工况，适用于简单的运动控制。电动执行器主要用于需要精密控制、多点定位控制、同步跟踪等情况。

三、液压传动系统

液压系统的作用是通过改变压力增大作用力，实现动力和运动的输出和传递。液压系统可分为两类：**液压传动系统**和**液压控制系统**。液压传动系统以传递动力和运动为主；液压控制系统则要使液压系统输出满足特定的性能要求。通常所说的液压系统主要指液压传动系统。一个完整的液压系统由动力元件、执行元件、控制元件、辅助元件（附件）和液压油五个部分构成。

动力元件是指液压系统中的油泵，其作用是将原动机的机械能转换成液体的压力能，它向整个液压系统提供动力。液压泵的结构形式一般有齿轮泵、叶片泵和柱塞泵。

执行元件（如液压缸和液压马达）的作用是将液体的压力能转换为机械能，驱动负载做直线往复运动或回转运动。

控制元件即在液压系统中控制和调节液体的压力、流量和方向的各种液压阀。根据控制功能的不同，液压阀可分为压力控制阀、流量控制阀和方向控制阀。压力控制阀又分为溢流阀（安全阀）、减压阀、顺序阀、压力继电器等；流量控制阀包括节流阀、调整阀、分流集流阀等；方向控制阀包括单向阀、液控单向阀、梭阀、换向阀等。**辅助元件**包括油箱、滤油器、油管及管接头、密封圈、快换接头、高压球阀、胶管总成、测压接头、压力表、油位油温计等。**液压油**是液压系统中传递能量的工作介质，如各种矿物油、乳化液和合成型液压油等。

液压传动的优点：①体积小、重量轻，惯性力较小，当突然过载或停车时，不会发生大的冲击；②能在给定范围内平稳自动调节牵引速度，实现无级调速；③换向容易，在不改变电机旋转方向，方便地实现工作机构旋转和直线往复运动的转换；④液压泵和液压马达之间用油管连接，在空间布置上不受严格限制；⑤由于采用油液为工作介质，元件相对运动表面间能自行润滑，磨损小，使用寿命长；⑥操纵控制简便，自动化程度高；⑦容易实现过载保护。

液压传动的缺点：①使用液压传动对维护要求高，工作油要始终保持清洁；②对液压元件制造精度要求高，工艺复杂，成本较高；③液压元件维修较复杂，且需有较高的技术水平；④用油作工作介质，在工作面存在火灾隐患；⑤传动效率低。

第二节　传动机构

　　一个物体相对于另一个物体的位置的改变叫做**机械运动**，简称运动。机械运动的基本运动形式包括直线运动、转动和摆动等。其中运动轨迹是一条直线的运动，为直线运动；转动是物体以一个点为中心或以一条直线为轴做圆周运动；而摆动是以一个基点或枢轴点为摇摆中心，也指绕一定轴线在一定角度范围内做往复运动。

一、传动机构概述

　　传动是指机械之间的动力传递，即将机械动力通过中间媒介传递给终端设备的过程。根据工作原理的不同，传动方式可分为**机械传动**、**液压传动**、**气压传动**、**电气传动**、**复合传动**等。其中机械传动是指利用机械方式传递动力和运动的传动；液压传动是依靠液体的静压力来传递能量的。气压传动是利用气体的压力传递能量的；电气传动是指用电动机把电能转换成机械能去带动各种类型的运动，也称电力拖动。复合传动是指利用两种或两种以上传动方式的机构完成传动。目前制药机械多是机电气一体化设备，因此传动属于复合传动。气压传动、液压传动前面已作简略介绍，本章主要介绍机械传动机构，包括平面四杆机构、凸轮机构、齿轮机构、挠性件机构、间歇运动机构、丝杆机构等。

　　如绪论所述，**机构**是具有确定相对运动的构件组合，它是用来传递运动和力的构件系统。满足下列两点要求就可以称为机构：①一种人为的实体的组合；②各部分之间有确定的相对运动。机构的组成要素包括构件和运动副，其中**构件**是机构中可以运动的刚性实体。

　　零件是构成机器的基本要素，可分为两大类：一类是在各种机器中都能用到的零件，如齿轮、轴等，称为**通用零件**；另一类是在一定类型的机器中才会用到的零件，称为**专用零件**。一些协同工作的零件组成的零件组合体被称为**部件**或**组件**，如联轴器、减速器等。

　　构件和零件的区别在于：构件是独立的运动单元，而零件是独立的制造单元。比如自行车链条和链轮即是链传动的构件，而套筒滚子链的组成有销轴、套筒、滚子、滚子内链板、外链板等零件。

运动副是两构件直接接触并能产生相对运动的活动联接。运动副不是指两个构件加在一起，也不是一个联结加两个构件，而是单指连接，即包括两个构件上的各一部分。运动副分为平面运动副和空间运动副。平面运动副只能在同一平面或相互平行平面做相对运动；空间运动副只能做空间相对运动，如螺旋副（图 2-2-1）、球面副（图 2-2-2）。平面运动副按照运动副的接触形式又可以分为低副和高副。面和面接触的运动副为低副，点或线接触的运动副称为高副，高副比低副容易磨损。低副又可以分为转动副和移动副。转动副只能在一个平面内做相对转动，也称为铰链。移动副是指两构件只能沿某一轴线做相对移动。高副有凸轮及其从动件、齿轮传动等。

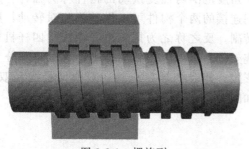

图 2-2-1 螺旋副

图 2-2-2 球面副

二、传动机构的分类

1. 摩擦传动和啮合传动

摩擦传动是靠机件间的摩擦力传递动力的摩擦传动；啮合传动是靠主动件与从动件啮合或借助中间件啮合传递动力或运动的啮合传动。如平型带传动属于摩擦传动机构；齿轮属于啮合传动机构。

2. 平面机构和空间机构

若组成机构的所有构件都在同一平面或相互平行的平面内运动，则称该机构为平面机构，否则称为空间机构。如平面连杆机构、圆柱齿轮机构为平面机构；空间连杆机构、蜗轮蜗杆机构为空间机构等。

3. 其他分类

按运动副类别可分为低副机构（如连杆机构等）和高副机构（如凸轮机构等）；按结构特征可分为连杆机构、齿轮机构、斜面机构、棘轮机构等；按所转换的运动或力的特征可分为匀速和非匀速转动机构、直线运动机构、换向机构、间歇运动机构等；按功用可分为安全保险机构、联锁机构、擒纵机构等。

三、传动机构的组成

在机构中的功能分为机架、主动件、联运件和从动件。机架是机构中相对静止，支承各运动构件运动的构件；主动件又称为原动件或输入件，是输入运动和动力的构件；从动件又称为被动件或输出件，是直接完成机构运动要求，跟随主动件运动的构件；联运件是联接主、从动件的中介构件。

第三节 平面四杆机构

平面四杆机构是由四个刚性构件用低副链接组成的，各个运动构件均在同一平面内运动的机构。所有运动副均为转动副的四杆机构称为铰链四杆机构。铰链四杆机构是平面四杆机构的基本形式，其他四杆机构都可以看成是在它的基础上演化而来的。

一、铰链四杆机构的组成

选定其中一个构件作为机架之后，直接与机架链接的构件称为连架杆，不直接与机架连接的构件称为连杆，能够做整周回转的构件被称作曲柄，只能在某一角度范围内往复摆动的构件称为摇杆。如果以转动副连接的两个构件可以做整周相对转动，则称之为整转副，反之称之为摆转副。在铰链四杆机构中，按照连架杆是否可以做整周转动，可以将其分为三种基本形式，即曲柄摇杆机构、双曲柄机构和双摇杆机构，如图 2-3-1 所示。

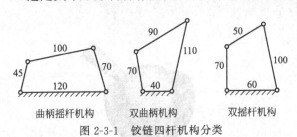

曲柄摇杆机构　　双曲柄机构　　双摇杆机构

图 2-3-1　铰链四杆机构分类

二、铰链四杆机构的运动转化

根据铰链四杆机构的分类，曲柄摇杆机构运动转化是曲柄摇杆可以将整周运动转换为往复摆动，也可以将往复摆动转换为整周运动，如缝纫机驱动机构（图 2-3-2）是将往复摆动转换为整周运动。双摇杆机构的运动转化是即将摆动转变为摆动。双曲柄机构运动转化是两连架杆都是曲柄，主动曲柄和从动曲柄都做圆周运动，即将圆周运动转变为圆周运动。

三、铰链四杆机构的演化

1. 曲柄滑块机构

用曲柄和滑块来实现转动和移动相互转换的平面连杆机构，也称曲柄连杆机构，如图 2-3-3 所示。曲柄滑块机构中与机架构成移动副的构件为滑块。在制药设备中，二维运动混合机的传动机构中用到了曲柄滑块。曲柄滑块还可以作为自动推盒机构。曲柄滑块可以将把往复移动转换为不整周或整周的回转运动，也可以将不整周或整周运动转变为往复直线运动，如压缩机、冲床以曲柄为主动件，可把整周转动转换为往复移动。

2. 偏心轮机构

偏心轮，顾名思义，是指轮的旋转点不在圆心上，即运动中心与几何中心不重合，一般指的是圆形轮。当圆形轮没有绕着自己的中心旋转时，即为偏心轮（图 2-3-4），如手机振动器。偏心轮的运动转化也是将圆周运动转变成往复直线运动。

缝纫机驱动机构

图 2-3-2　曲柄摇杆机构举例　　　　图 2-3-3　曲柄滑块机构　　　　图 2-3-4　偏心轮

第四节 凸轮机构

凸轮是一个具有曲线轮廓或凹槽的构件。**凸轮机构**是由凸轮、从动件和机架三个构件组成的高副机构。凸轮通常做连续等速转动；而从动件根据使用要求设计使它获得一定规律的运动，能实现复杂的运动要求。

一、凸轮的分类

一般凸轮按外形可分为盘状凸轮、平板（移动）凸轮、圆柱凸轮。盘状凸轮（图 2-4-1）为绕固定轴线转动且有变化直径的盘形构件；移动凸轮（图 2-4-2）相对机架做直线移动；圆柱凸轮（图 2-4-3）是圆柱体，可以看成是将移动凸轮卷成一圆柱体。

图 2-4-1 盘状凸轮（凹槽）

图 2-4-2 平板（移动）凸轮

图 2-4-3 圆柱凸轮

二、从动件的分类

根据从动件的形状可分为：尖端从动件、滚子从动件以及平底从动件。其中尖端从动杆适用于作用力不大，且速度较低的场合；滚子从动杆适用于传递较大动力的传动；平底从动杆适用于高速传动。按从动件的运动形式分类可分为直动从动件和摆动从动件。

三、凸轮机构的特点

凸轮机构的**优点**：结构简单、紧凑、设计方便，只需设计适当的凸轮轮廓，便可使从动件得到任意的预期运动。凸轮机构**缺点**：凸轮与从动件间为点或线接触，易磨损，只宜用于传力不大的场合；凸轮轮廓精度要求较高，需用数控机床进行加工；从动件的行程不能过大，否则会使凸轮变得笨重。

四、凸轮的运动转化

凸轮的运动转化分为：转动转变为往复直线运动（盘状凸轮、圆柱凸轮），等速转动转变为摆动（盘状凸轮、圆柱凸轮），往复直线运动转变为往复直线运动（平板凸轮）。

第五节 齿轮机构

齿轮是轮缘上有齿，能连续啮合传递运动和动力的机械元件，是应用最广泛的传动机构之一。配对齿轮上轮齿互相接触持续啮合运转。齿轮上的每一个用于啮合的凸起部分称为轮齿。齿槽是指齿轮上两相邻轮齿之间的空间。端面是指圆柱齿轮或圆柱蜗杆上垂直于齿轮或蜗杆轴线的平面。齿轮的法面指的是垂直于轮齿齿线的平面。

一、齿轮分类

齿轮按其外形分为圆柱齿轮、圆锥齿轮、齿轮齿条、蜗杆蜗轮；按齿线形状分为直齿轮、斜齿轮、人字齿轮、曲线齿轮；按轮齿所在的表面分为外齿轮、内齿轮。其中圆柱齿轮用于平行两轴间的传动；圆锥齿轮用于相交两轴间的传动；螺旋齿轮和蜗轮蜗杆齿轮用于空间交错两轴间的传动。蜗轮蜗杆传动具有自锁性，即运动只能由蜗杆传递给蜗轮，反之则不能运动。图 2-5-1 为齿轮的分类图。

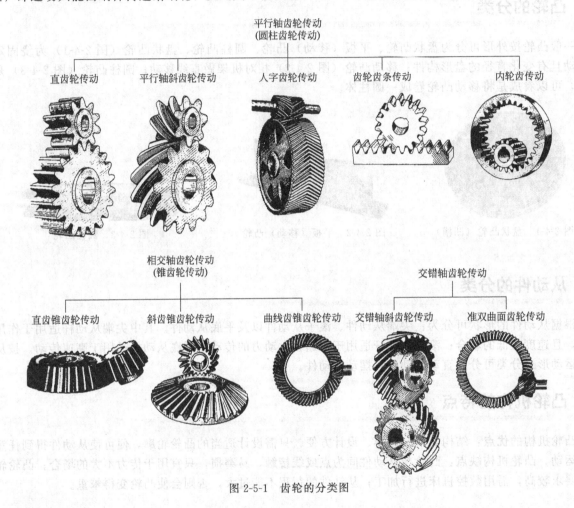

图 2-5-1　齿轮的分类图

二、齿轮的特点

齿轮的**优点**：传动比❶准确，可实现平行轴、任意角相交轴和任意角交错轴之间的传动。**缺点**：要求较高的制造和安装精度，成本较高，不适宜远距离两轴之间的传动。

三、齿轮的运动转化

齿轮可将转动转化为转动，包括同一平面平行轴的转动转化（相同或不同方向），也包括不同平面的

---

❶　传动比是指在机械传动系统中，始端主动轮与末端从动轮的角速度或转速的比值。对于单个齿轮来说，传动比是主动轴和从动轴的角速度和（或）转速之比，等于齿数的反比，即传动比 $i = n_1/n_2 = d_2/d_1$，其中 n 是指转速，d 是指直径。

相交两轴和空间交错两轴的转动转化。齿轮齿条还可以把往复的圆周运动（摆动）转变为往复直线运动，或反之。

第六节　挠性件传动机构

挠性件传动是利用中间挠性构件将主动轴的运动和动力传递给从动轴。挠性件包括带和链。

一、带传动

1. 带传动概念

带传动（图 2-6-1）是利用张紧在带轮上的柔性带进行运动或动力传递的一种机械传动。

带传动的组成：固联于主动轴上的带轮（主动轮）；紧套在两轮上的传动带；以及固联于从动轴上的带轮（从动轮）。

2. 带传动和带的分类

如前所述，根据传动原理，带传动分为摩擦传动和啮合传动。摩擦靠带与带轮间的摩擦力传动，同步带靠带与带轮上的齿相互啮合传动。带的类型有平型带、三角带、圆形带、新型带。**平型带**（图 2-6-2）的截面形状为矩形，内表面为工作面，平型带的传动型式有开口传动、交叉传动和半交叉传动等。**三角带**（Ｖ带）（图 2-6-3）的截面形状为梯形，两侧面为工作表面。**圆形带**横截面为圆形，只用于小功率传动。三种带的承载能力依次为三角带＞平型带＞圆形带。**新型带**包括同步带（图 2-6-4）和多楔带（图 2-6-5）。其中同步带横截面为矩形，带面是具有等距横向齿的环形传动带，带轮轮面也制成相应的齿形。同步带靠带齿与轮齿之间的啮合实现传动，两者无相对滑动，使圆周速度同步，故称为同步带传动。它的优点是无滑动，能保证固定的传动比，适用于传动比需要精确的场合。

图 2-6-1　带传动（齿形带）

图 2-6-2　平型带

图 2-6-3　Ｖ带

图 2-6-4　同步带

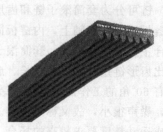

图 2-6-5　多楔带

3. 带传动的运动转化

带传动的运动转化包括转动转化为相同方向的转动、转动转化为直线运动。

4. 带传动的特点

带传动的优点：传动平稳，结构简单，成本低，使用维护方便，有良好的挠性和弹性，过载打滑。缺点：传动比不准确（非齿形带），带寿命低，轴上载荷较大，传动装置外部尺寸大，效率低。

带传动适合于主、从动轴间中心距较远，传动比要求不严格的远距离传动（除齿形带外）。

5. 带的张紧

根据带的摩擦传动原理，带必须在预张紧后才能正常工作；运转一定时间后，带会松弛。为了保证带传动的能力，必须重新张紧，才能正常工作。

二、链传动

1. 链传动的概念和组成

链传动是通过链条将主动链轮的运动和动力传递到从动链轮的一种传动方式。链传动利用可以屈伸的链条作为中间挠性件，并通过链节与具有特殊齿形的链轮啮合来传动运动和动力。链传动由主动链轮、从动链轮和从动链组成（图 2-6-6）。

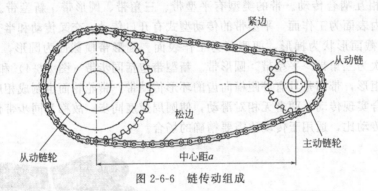

图 2-6-6　链传动组成

2. 链的分类

（1）按照用途分类

链可分为起重链、牵引链和传动链和输送链。起重链主要用于起重机械中提起重物，其工作速度 $v \leqslant 0.25\text{m/s}$；牵引链主要用于链式输送机中移动重物，其工作速度 $v \leqslant 4\text{m/s}$；传动链用于一般机械中传递运动和动力，通常工作速度 $v \leqslant 15\text{m/s}$。

（2）按照结构分类

链可分为套筒滚子链和齿形链。套筒滚子链由内链板、外链板、套筒、销轴、滚子组成，见图 2-6-7。外链板固定在销轴上，内链板固定在套筒上，滚子与套筒间和套筒与销轴间均可相对转动，链条与链轮的啮合主要为滚动摩擦。套筒滚子链可单列使用，也可多列并用，其中多列并用可传递较大功率。套筒滚子链比齿形链重量轻、寿命长、成本低。在动力传动中应用较广。齿形链结构见图 2-6-8，是用销轴将多对具有 60°角的工作面的链片组装而成，利用特定齿形的链片和链轮相啮合来实现传动的。齿形链传动平稳，噪声很小，故又称无声链。齿形链允许的工作速度可达 40m/s，但制造成本高，重量大，故多用于高速或运动精度要求较高的场合。

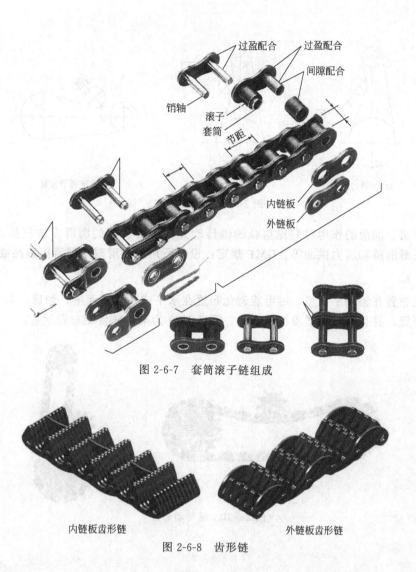

图 2-6-7 套筒滚子链组成

内链板齿形链　　　　　　　　　　　外链板齿形链

图 2-6-8　齿形链

3. 链传动特点

优点：①与带传动相比，无弹性滑动和打滑现象，平均传动比准确，工作可靠，效率高；②传递功率大，过载能力强，相同工况下的传动尺寸小；③所需张紧力小，作用于轴上的压力小；④能在高温、潮湿、多尘、有污染等恶劣环境中工作，尤其适用于温度变化较大或潮湿粉尘等恶劣环境中。缺点：仅能用于两平行轴间的传动，成本高，易磨损，易伸长，传动平稳性差，运转时会产生附加动载荷、振动、冲击和噪声，不宜用在急速反向的传动中。

4. 链传动运动转化

链传动的运动转化包括：转动转化为相同方向的转动（速度相同或不同）；转动转化为直线运动。

5. 链的张紧、润滑和布置

（1）链的张紧

随着使用时间的延长，链被拉伸，长度增加，而长度增加会引起链条的振动，进而引起跳齿和脱链，因此链需要张紧。张紧方法可通过调整中心距张紧；也可将链条除去1～2个链节或者加装加张紧轮实现。如图 2-6-9 所示，一般紧压在松边靠近小链轮处。

（2）链传动润滑

链传动中销轴与套筒之间产生磨损，链节就会伸长，这是影响链传动寿命的主要因素。润滑是延长链

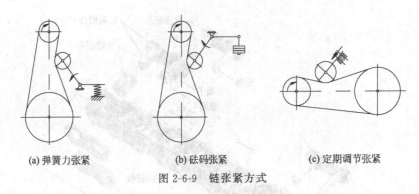

| (a) 弹簧力张紧 | (b) 砝码张紧 | (c) 定期调节张紧 |

图 2-6-9　链张紧方式

传动寿命有效的方法。润滑的作用对高速重载的链传动尤为重要。链的润滑方法包括人工润滑、滴油润滑、油浴供油、飞溅润滑和压力供油等。**GMP 规定：设备所用的润滑剂不得污染药品或容器。**

（3）链传动布置

链轮机构一般布置在铅垂平面里，尽可能避免布置在水平或倾斜平面里，如确有需要，则应考虑加装拖板或装紧轮等装置，并且设计成紧凑的中心距。图 2-6-10 为某种链传动布置示意。

图 2-6-10　链传动布置

第七节　间歇运动机构

间歇运动机构是能够将原动件的连续转动转变为从动件周期性运动和停歇的机构。间歇运动机构按照结构的形状可以分为包括棘轮机构、槽轮机构、连杆机构和不完全齿轮机构等。

一、棘轮机构

棘轮机构是由棘轮和棘爪组成的一种间歇运动机构。

1. 棘轮的组成

棘轮包括棘轮、摇杆、驱动棘爪、制动棘爪、机架，如图 2-7-1 所示。

2. 棘轮的分类

棘轮按结构形式分为齿式棘轮机构和摩擦式棘轮机构；按啮合方式分为外啮合棘轮机构（图 2-7-2）和内啮合棘轮机构；按从动件运动形式为分单动式棘轮机构（图 2-7-3）、双动式棘轮机构（图 2-7-4）和双向式棘轮机构（图 2-7-5）。

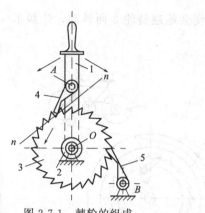

图 2-7-1 棘轮的组成

1—摇杆；2—机架；3—棘轮；4—驱动棘爪；5—制动棘爪

图 2-7-2 外啮合棘轮机构

图 2-7-3 单动式棘轮机构

图 2-7-4 双动式棘轮机构

图 2-7-5 双向式棘轮机构

3. 棘轮机构的特点

棘轮机构的**优点**：结构简单，制造容易，步进量易于调整。**缺点**：有较大的冲击和噪声，而且定位精度差，因此只能用于速度不高、载荷不大、精度要求不高的场合。

4. 棘轮的运动转化

棘轮中主动件做往复运动，从动件做间歇运动，可实现把连续摆动转换为间歇的圆周运动。

5. 棘轮机构应用

棘轮机构的应用包括间歇送进、制动、超越。

（1）间歇送进

如牛头刨床（图 2-7-6），为了切削工件，刨刀需做连续往复直线运动，工作台 7 做间歇移动。当曲柄 1 转动时，经连杆 2 带动摇杆 4 作往复摆动；摇杆 4 上装有双向棘轮机构的棘爪 3，棘轮 5 与丝杠 6 固连，棘爪带动棘轮做单方向间歇转动，从而使螺母（即工作台 7）做间歇进给运动。若改变驱动棘爪的摆角，可以调节进给量；改变驱动棘爪的位置（绕自身轴线转过 180°后固定），可改变进给运动方向。

（2）制动

如杠杆控制的带式制动器。

（3）超越

棘轮机构可以用来实现快速超越运动。运动由蜗杆传到蜗轮，通过安装在蜗轮上的棘爪驱动棘轮固连的输出轴按一定方向慢速转动。当需要轴快速转动时，可按输出轴的方向快速转动输出轴上的手柄，这时由于手动转速大于蜗轮转速，所以棘爪在棘轮齿背滑过，从而在蜗轮继续转动时，可用快速手动来实现输出轴超越蜗轮的运动。自行车后轮轴上的棘轮机构：如图 2-7-7 所示，当脚蹬踏板时，经链轮 1 和链条 2 带动内圈具有棘齿的链轮 3 顺时针转动，再通过棘爪 4 的作用，使后轮轴 5 顺时针转动，从而驱使自行车前进。自行车前进时，如果令踏板不动，后轮轴 5 便会超越链轮 3 而转动，让棘爪 4 在棘轮齿背上滑过，从而实现不蹬踏板的自由滑行。

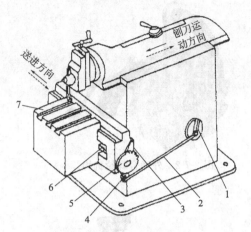

图 2-7-6　牛头刨床送进机构
1—曲柄；2—连杆；3—棘爪；4—摇杆；
5—棘轮；6—丝杠；7—工作台

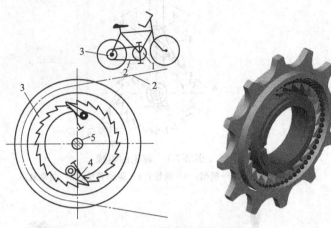

图 2-7-7　超越棘轮示意图
1,3—链轮；2—链条；4—棘爪；5—后轮轴

二、槽轮机构

1. 槽轮机构的组成

槽轮机构由带圆销的拨盘、具有径向槽的槽轮、机架组成。图 2-7-8 和图 2-7-9 分别为外槽轮和内槽轮机构图。

2. 槽轮的运动转化

槽轮的运动转化是把连续的圆周运动转化为间歇的圆周运动。如电影放映机槽轮的卷片槽轮机构模型（图 2-7-10）。

图 2-7-8　外槽轮机构　　　图 2-7-9　内槽轮机构　　　图 2-7-10　电影放映机槽轮的卷片槽轮机构模型

第八节　滚珠丝杆

滚珠丝杆是由丝杆、螺母和滚珠组成的，可将回转运动转化为直线运动，或将直线运动转化为回转运动的传动机构。

一、滚珠丝杆的循环方式

滚珠丝杆的循环方式有外循环和内循环两种方式。滚珠在循环过程中有时与丝杆脱离接触的称为外循环，在外循环中，滚珠在循环过程结束后通过螺母外表面的螺旋槽或插管返回丝杆螺母间重新进入循环。始终与丝杆保持接触的称为内循环，在内循环中，内循环采用反向器实现滚珠循环。滚珠每一个循环闭路称为列，每个滚珠循环闭路内所含导程数称为圈数。

二、滚珠丝杆的组成

滚珠丝杆由丝杆、螺母和滚珠组成，如图 2-8-1 所示。

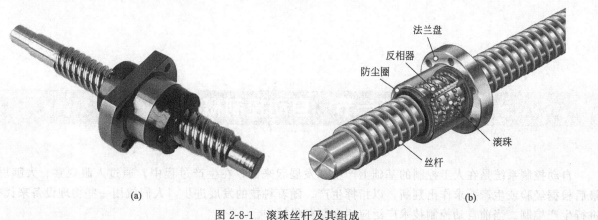

(a)　　　　　　　　　　　　　　　　(b)

图 2-8-1　滚珠丝杆及其组成

三、滚珠丝杆螺母的分类

根据钢球的循环方式，滚珠丝杆螺母可分为：弯管式、循环器式、端盖式。

四、滚珠丝杆的运动转化

它的运动转化是将旋转运动转化成直线运动。

五、滚珠丝杆的特点

①摩擦损失小、传动效率高。滚珠丝杆副的丝杆轴与丝杆螺母之间有很多滚珠在做滚动运动，所以能得到较高的运动效率。②精度高。滚珠丝杆副制造机器精度高。③高速进给和微进给。滚珠丝杆副由于是利用滚珠运动，所以启动力矩极小，不会出现滑动运动那样的爬行现象，能保证实现精确的微进给。④轴向刚度高。滚珠丝杆副可以加预压，由于预压力可使轴向间隙达到负值，进而得到较高的刚性。⑤传动可逆性。

除了滚珠丝杆之外，还有梯形丝杆。当丝杆作为主动体时，螺母就会随丝杆的转动角度按照对应规格的导程转化成直线运动，被动工件可以通过螺母座和螺母连接，从而实现对应的直线运动。

第三章

制药设备自动控制系统

第一节　自动控制概述

　　自动控制系统是在人工控制的基础上产生和发展起来的，在生产过程中，通过人眼观察、大脑思考，最后根据经验或生产要求作出判断，以指挥生产。随着科技的发展进步，人们就用一些物理设备来代替人进行生产控制。当前自动控制技术广泛应用在制药机械中。

一、自动控制的基本概念和发展历程

　　自动控制是在无人直接参与的情况下，利用控制装置使工作机械或生产过程（被控对象）的某一个物理量（被控量）按预定的规律（事先设定的量）运行的过程。自动控制系统是对生产中某些关键性参数进行自动控制，使它们在受到外界干扰的影响而偏离正常状态时，能够被自动地调节而回到工艺所要求的数值范围内的自动控制装置。

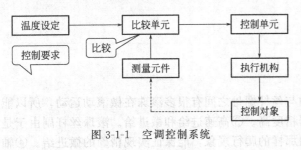

图 3-1-1　空调控制系统

　　在自动控制系统中，被控制的设备或过程称为被控对象或对象；被控制的物理量称为被控制量；决定被控制量的物理量称为控制量或给定量。

　　图 3-1-1 是空调控制系统的流程图。比较单元将人事先设定好的温度与测量元件测得的房间温度进行比较、运算，将运算结果输送给控制单元，控制单元发出命令控制执行机构，如压缩机、风扇的转速等，进而控制房间的温度。

二、开环控制与闭环控制

　　自动控制有两种基本的控制方式：开环控制与闭环控制。与这两种控制方式对应的系统分别称为开环控制系统和闭环控制系统。

1. 开环控制系统

　　开环控制系统是指系统的输出端和输入端不存在反馈关系，系统的输出量对控制作用不发生影响的系统。这种系统既不需对输出量进行测量，也不需将输出量反馈到输入端与输入量进行比较，控制装置与被控对象之间只有顺向作用，没有反向联系。开环控制系统特点是结构和控制过程简单，稳定性好，调试方便，成本低。但这种控制由于缺乏反馈，当系统受到扰动因素影响时，能使输出量发生变化，缺乏自动调节能力，因此控制精度较低。

2. 闭环控制系统

闭环控制系统则是在开环控制基础上引入负反馈原理，将系统的输出信号引回到输入端，与输入信号进行比较，利用所得的偏差信号进行控制，达到减小误差、消除偏差的目的。在这个系统中，输出量直接（或间接）地反馈到输入端形成闭环，使输出量参与系统的控制。与开环闭环控制系统相比，闭环控制系统抗干扰能力增加，控制精度也大为提高，适用范围更加广泛。在控制过程中，只要输出量偏离设定量，系统就会通过反馈来减小这种偏差。

三、自动控制系统的性能指标

自动控制系统种类很多，对于不同控制目的的自动控制系统，要求也不同。但就其共性，对自动控制系统的基本要求主要有以下几方面。

1. 稳定性

系统受到干扰后往往会偏离原来的工作状态，扰动消失后，能自动回到原工作状态，这样的系统是稳定的。稳定性也就是自动控制系统的第一要求。

2. 动态性能

在控制系统中系统响应需要一定的时间，这个时间越短，系统的快速响应性越好。

3. 稳态性能

稳态性是指系统的控制精度。系统由一个稳态过渡到另一个稳态时，总希望系统的输出尽可能地接近给定值，但在控制过程中，总会有干扰信号存在，使系统的输出产生误差。因此系统的稳态性是评价控制系统工作性能的重要指标。

第二节　可编程控制器

可编程控制器（programmable logical controller，PLC）是微机技术与继电器常规控制技术相结合的产物，是在顺序控制器和微机控制器基础上发展起来的新型控制器，是一种以微处理器为核心的数字控制的专用计算机，是将计算机技术、自动控制技术、通信技术融为一体的一种新型工业控制装置。早期的可编程控制器编程逻辑控制器（programmable logic controller），主要用来代替继电器实现逻辑控制。当今这种装置的功能已经大大超过了逻辑控制的范围，被称作可编程控制器（programmable controller），简称PC。为了避免与个人计算机（personal computer）的简称混淆，所以将可编程控制器简称为PLC。

一、可编程控制器概念

可编程控制器采用可编程序的存储器，用来在其内部存储执行逻辑运算、顺序控制、定时、计数和算术等操作命令，并通过数字式、模拟式的输入和输出，控制各种类型的机械或生产过程。图3-2-1为可编程控制器及其组成示意。

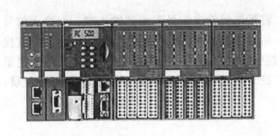
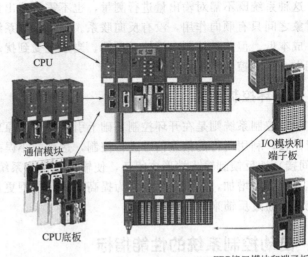

CPU

通信模块

CPU底板

I/O模块和端子板

FBP接口模块和端子板

图 3-2-1　可编程控制器及其组成

二、PLC 的特点

PLC 的特点有以下几个方面：

① 可靠性高，抗干扰能力强。PLC 是专为在工业环境下应用而设计的，因此人们在设计 PLC 时，从硬件和软件都采取抗干扰措施，提高了其可靠性。

② 通用性强，使用方便。采用模块化设计的 PLC 配备了各种 I/O 模块和配套部件，在使用时只需根据控制要求进行模块配置，进而设计出满足控制对象要求的控制程序。而当控制要求更改时，也仅仅修改一下用户程序就能变更控制要求。

③ 编程直观，便于掌握。目前 PLC 几乎都采用了继电器控制形式的"梯形图"编程语言，既直观又适合电气技术人员读图。对初学者而言更加易学、易懂。

④ 功能强大。PLC 具有数字和模拟量输入输出、逻辑和算术运算、定时、计数、顺序控制、功率驱动、通信、人机对话、自检、记录和显示等功能。

⑤ 能有效地提高系统设计效率。用户在设计系统时根据控制要求配置模块，不需要设计具体的接口电路，大大提高了设计效率。

⑥ 模块结构，自由组合。不同配置模块的有机连接可以满足不同工业控制的需要，适应不同输入输出方式。

⑦ 体积小、重量轻，安装简单，调试方便。PLC 是一种专业的工业计算机，不像继电器一样用接线来实现控制功能，只要将现场的各种设备与 PLC 相连，就可在实验室进行程序设计和调试，由模拟实验开关代替输入信号，其输出状态可由 PLC 自带的发光系统显示出来。模拟调试好后，再将 PLC 控制系统拿到现场进行联机调试，这样省时省力。

三、PLC 的构成

专用的工业控制计算机的基本结构如图 3-2-2 所示。

1. 中央处理器（CPU）

PLC 中所配置的 CPU 常用的有三类：通用微处理器（如 8086、80286、80386 等），单片微处理器（如 8031、8096 等）和位片式微处理器。中型的 PLC 大多采用 16 位、32 位微处理器或单片机作为 CPU，具有集成度高、运算速度快、可靠性高等优点。大型 PLC 大多采用高速位片式微处理器，具有灵活性强、速度快、效率高等优点。

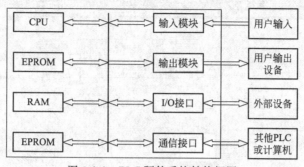

图 3-2-2　PLC 硬件系统结构框图

2. 存储器

PLC 配备两种存储器，即系统存储器（EPROM）和用户存储器（RAM）。系统存储器用来存放系统管理程序，用户不能访问或修改。用户存储器用来存放编制的应用控制程序及工作数据状态。

3. 输入/输出接口

PLC 所控制的各种设备所需的信号电平是多种多样的，而 PLC 内部 CPU 只能处理标准电平，这就要用相应的 I/O 接口将 PLC 与 CPU 有机地联系起来，同时 I/O 口还要有光电隔离和滤波功能，以提高 PLC 的抗干扰能力。

4. 通信接口

PLC 在工业控制过程中往往要与编程器、打印机、人机界面（如触摸屏）、其他 PLC、计算机等设备进行连接，实现管理与控制相结合。

四、　PLC 的作用

在现代制药机械中，PLC 类似于制药机械的大脑，实现温度控制、速度控制、报警等各种功能。

第三节　触摸屏

触摸屏（touch screen）又称触控面板、人机界面，是一种可接收触头等输入讯号的感应式液晶显示装置。当触碰到触摸屏屏幕上的图形按钮时，屏幕上的触觉反馈系统可根据预先编程的程序驱动各种连接装置。触摸屏取代了机械式的按钮面板，并由液晶显示画面显示出生动的影音效果。触摸屏是目前最简单、方便、自然的一种人机交互方式，是操作人员与机器设备之间双向沟通的桥梁。触摸屏广泛应用于现代化制药机械中。

触摸屏能够显示并告知操作员机电设备目前的状况，使操作变得简单生动，并可减少操作上的失误，同时触摸屏的使用还可以使机器的配线标准化、简单化，减少 PLC 控制器所需的输入/输出点数，在降低成本的同时，由于面板控制的小型化及高性能，相对提高了整套设备的性价比。

图 3-3-1 为蒸馏水机触摸屏；图 3-3-2 为 BFS 触摸屏。

一、触摸屏的工作原理

触摸屏通常依据手指或其他物体触摸安装在显示器前端的触控屏时，所触位置（以坐标形式）由触摸

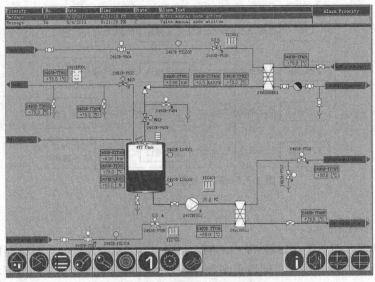

图 3-3-1　蒸馏水机触摸屏

图 3-3-2　BFS 触摸屏

屏控制器检测，并通过接口送到 CPU，从而确定输入信息。触摸屏系统一般由触摸屏控制器（卡）和触摸装置两部分组成。其中触摸屏控制器（卡）的主要作用是从触摸点检测装置上接收触摸信息，并将信息转换成坐标形式送给 CPU，它同时能接收 CPU 发来的命令并加以执行。触摸检测装置一般安装在显示器的前端，主要作用是检测触摸位置，并传送给触摸屏控制器（卡）。

二、触摸屏的分类

常用触摸屏主要有电阻式触摸屏、红外线触摸屏、电容式触摸屏、表面声波式触摸屏四种。

1. 电阻式触摸屏

电阻式触摸屏的屏体部分是一块与显示器表面相匹配的多层复合薄膜，由一层玻璃或有机玻璃作为基层，表面涂有一层透明的导电层，上面再盖有一层外表面硬化处理、光滑的防刮塑料层，其内表面也涂有一层透明导电层，在两层导电层间有许多细小的透明隔离点把它们隔开绝缘，如图 3-3-3 所示。当有物体触摸屏幕时，相互绝缘的两层导电层就在触摸点位置有了一个接触，其中一个导电层接通 Y 轴方向的 5V 均匀电压场，使得侦测层的电压由零变为非零，这种接通状态被控制器侦测到，由 A/D 转换后输出一个电压与 5V 标准电压相比较，即可得到触摸点 Y 轴坐标，同理可得出 X 轴坐标，进而确定触摸点的位置。

2. 红外线触摸屏

红外线触摸屏结构简单，只需在显示器上加上光点距离框，光点距离框四边排列了红外线发射管及接收管，在屏幕表面形成一个红外网。如图 3-3-4 所示，当手指触摸屏幕时，手指便会挡住经过该位置的横竖两条红外线，这样 CPU 便能确定触点的位置。教学用电子白板就属于这种触摸屏。

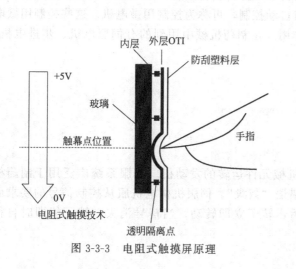

图 3-3-3　电阻式触摸屏原理

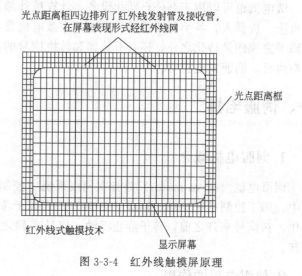

图 3-3-4　红外线触摸屏原理

3. 电容式触摸屏

电容式触摸屏的构造主要是在玻璃屏幕上镀一层透明的薄膜导体层，再在导体层上加一块保护玻璃。如图 3-3-5 所示，当手指触摸在金属层上时，由于人体电场、手指与导体层间会形成一个偶合电容。对于高频电流来说，电容是直接导体，四边形电极发出的电流会流向触点，而强弱与手指到四极的距离成正比，位于触摸屏幕后控制器便会计算电流的强弱，准确算出触摸点位置。

4. 表面声波式触摸屏

表面声波屏的三个角分别粘贴着 X、Y 方向的发射和接收声波的换能器，四个边刻着反射表面超声波的反射条纹。如图 3-3-6 所示，当手指或软性物体触摸屏幕，部分声波能量被吸收，于是改变了接收信号，经过控制器的处理得到触摸的 X、Y 坐标。

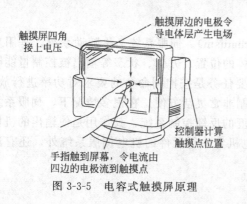

图 3-3-5　电容式触摸屏原理

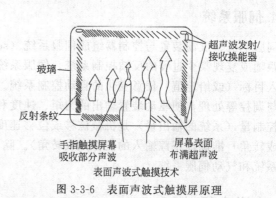

图 3-3-6　表面声波式触摸屏原理

第四节　微电机

微电机全称微型电动机，是指直径小于 160mm 或额定功率小于 750mW 的电机。微电机涉及电机、微电子、计算机、自动控制、精密机械、新材料等多门学科。微电机可以用于无特殊控制要求的驱动场合，作为运动机械负载的动力源，这一类微电机可以称为驱动用微电机，如家用电器中风扇、洗衣机、计算机、电动牙刷、剃须刀等。在这些家用电器中，驱动用微电机主要完成能量转换，即将电能转换为动能。微电机也可以用于办公自动化设备、计算机外部设备和工业自动化设备，如磁盘驱动器、复印机、数控机床、机器人、各类制药机械等。这一类微电机参与自动控制，可称为控制用微电机。这些控制用微电机除了完成能量转化之外，还具有传递和转换信号的作用。在制药机械中用到的有伺服电机、步进电机、自整角机、测速发电机等。

一、伺服电机

1. 伺服电机概念

伺服电机（servo motor）是指在伺服系统中控制机械元件运转的发动机。伺服系统广泛用于制药机械中，用于控制精密运动。伺服（servo）一词源于希腊语"奴隶"。伺服机构电机服从控制信号的要求而动作，在信号来到之前，转子静止不动；信号来到之后，转子立即转动；当信号消失，转子能即时自行停转。

2. 伺服电机的作用

伺服电机的工作原理是将电压信号转化为转矩和转速以驱动控制对象。使机械元件转动的力矩或力偶称为转动力矩，简称转矩。机械元件在转矩作用下都会产生一定程度的扭转变形，故转矩有时又称为扭矩。力矩是由一个不通过旋转中心的力对物体形成的，而力偶是一对大小相等、方向相反的平行力对物体的作用。所以转矩等于力与力臂或力偶臂的乘积。在国际单位制（SI）中，转矩的计量单位为牛顿·米（N·m）。

3. 伺服电机的特点

可使控制速度、位置精度非常准确，伺服电机转子转速受输入信号控制，并能快速反应。伺服电机分为直流和交流伺服电动机两大类，其主要特点是：当信号电压为零时无自转现象，转速随着转矩的增加而匀速下降。

4. 伺服系统

伺服电机、反馈装置与控制器组成伺服系统（servo mechanism）。伺服系统又称随动系统，是用来精确地跟随或复现某个过程的反馈控制系统。伺服系统是使物体的位置、方位、状态等输出被控制量能够跟随输入目标（或给定值）任意变化的自动控制系统。它的主要任务是按控制命令的要求对功率进行放大、变换与调控等处理，使驱动装置输出的力矩、速度和位置控制非常灵活方便。在很多情况下，伺服系统专指被控制量（系统的输出量）是机械位移或位移速度、加速度的反馈控制系统，其作用是使输出的机械位移（或转角）准确地跟踪输入的位移（或转角）。除了伺服电机为执行元件的机电伺服系统外，还有液压伺服系统和气动伺服系统。

二、步进电机

步进电机的作用是将电脉冲信号转变为角位移或线位移。步进电机的转速、停止的位置只取决于脉冲信号的频率和脉冲数。当步进驱动器接收到一个脉冲信号，它就驱动步进电机按设定的方向转动一个固定的角度，称为"步距角"，它的旋转是以固定的角度一步一步运行的。不同步进电机，步的角度也不同，因此，步进电机可为分三种：永磁式、反应式和混合式。混合式步进电机混合了永磁式步进电机和反应式步进电机的优点，分为两相步进角和五相步进角，其中两相步进角一般为 1.8°，五相步进角一般为 0.72°。步进电机可以通过控制脉冲个数来控制角位移量，从而达到准确定位的目的，同时可以通过控制脉冲频率来控制电机转动的速度和加速度，从而达到调速的目的。

步进电机的工作原理：利用电子电路将直流电变成分时供电的、多相时序控制电流，用这种电流为步进电机供电，步进电机才能正常工作，其中驱动器就是为步进电机分时供电的多相时序控制器。

三、自整角机

在自动控制系统中，常需要指示位置和角度的数值，或者需要远距离调节执行机构的速度，或者需要某一根或多根轴随着另外的与其无机械连接的轴同步转动，在这种情况下往往需使用自整角机。自整角机是利用自整步特性将转角变为交流电压或由交流电压变为转角的感应式微型电机。

自整角机在伺服系统中被用作测量角度的位移传感器，还可用以实现角度信号的远距离传输、变换、接收和指示。如图 3-4-1 所示，自整角机通常是两台或两台以上组合使用，产生信号的自整角机称为发送机，它将轴上的转角变换为电信号，接收信号的自整角机称为接收机，它将发送机发送的电信号变换为转轴的转角，从而实现角度的传输、变换和接收。在随动系统中，主令轴只有一根，而从动轴可以是一根，也可以是多根，主令轴安装发送机，从动轴安装接收机，故而一台发送机带一台或多台接收机。自整角机按用途分为力矩式和控制式（变压器式）两种。力矩式自整角机用于同步指示；控制式自整角机用作测角元件。

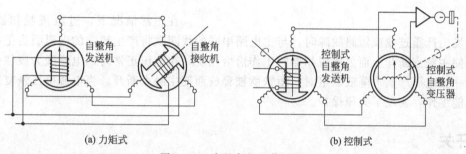

图 3-4-1　自整角机工作原理

四、测速发电机

测速发电机的作用是将速度转变为电压信号。测速发电机输出电动势与转速成比例，改变旋转方向时输出电动势的极性也相应改变。在被测机构与测速发电机同轴联接时，只要检测出输出电动势，就能获得被测机构的转速，故又称速度传感器。测速发电机广泛用于各种速度或位置控制系统。在自动控制系统中常作为检测速度的元件。

第五节　开关

开关主要包括：空气开关，漏电开关，接近开关，行程开关和微动开关。

一、空气开关

空气开关也称空气断路器。其作用是线路和负载发生过流保护（过载、短路）、欠压保护等。

1. 空气开关工作原理

如图 3-5-1 所示，当线路发生一般性过载时，过载电流虽不能使电磁脱扣器动作，但能使发热元件产

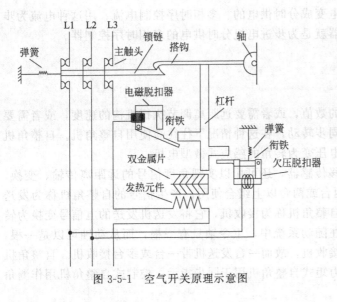

图 3-5-1 空气开关原理示意图

生一定热量，促使双金属片受热向上弯曲，推动杠杆使搭钩与锁链脱开，将主触头分断，切断电源。当线路发生短路或严重过载电流时，短路电流超过瞬时脱扣整定电流值，电磁脱扣器产生足够大的吸力，将衔铁吸合并撞击杠杆，使搭钩绕转轴座向上转动与锁链脱开，锁链在反力弹簧的作用下将三副主触头分断，切断电源。开关的脱扣机构是一套连杆装置。当主触点通过操作机构闭合后，就被搭钩锁在合闸的位置。如果电路中发生故障，则有关的脱扣器将产生作用使脱扣机构中的搭钩脱开，于是主触点在释放弹簧的作用下迅速分断。按照保护作用的不同，脱扣器可以分为过电流脱扣器及欠压脱扣器等类型。

2. 空气开关作用

在正常情况下，过电流脱扣器的衔铁是释放着的；一旦发生严重过载或短路故障时，与主电路串联的线圈就将产生较强的电磁吸力把衔铁往下吸引而顶开搭钩，使主触点断开。而欠压脱扣器的工作恰恰相反，在电压正常时，电磁吸力吸住衔铁，主触点才得以闭合。一旦电压严重下降或断电时，衔铁就被释放而使主触点断开。当电源电压恢复正常时，必须重新合闸后才能工作，实现了失压保护。

二、漏电开关

漏电开关的作用是过流保护、欠压保护、漏电保护等。漏电保护的原理是通过检测电路中地线和火线中电流大小差异来控制开关。当火线有漏电时（单线触电），通过火线的电流大，而通过地线的电流小，引起绕在漏电保护器铁芯上磁通变化，而自动关掉开关，切断电路。漏电开关的动作原理是：在一个铁芯上有两个组，一个输入电流绕组和一个输出电流绕组，当无漏电时，输入电流和输出电流相等，在铁芯上二磁通的矢量和为零，就不会在第三个绕组上感应出电势，否则第三绕组上就会有感应电压形成，经放大去推动执行机构，使开关跳闸。

三、接近开关

接近开关是利用对接近它的物件有"感知"能力的元件，即位移传感器，对接近物体的敏感特性控制通断。接近开关是无触点开关。当有物体移向接近开关，并接近到一定距离时（通常把这个距离叫"检出距离"），位移传感器有"感知"，当物体接近开关的感应面到动作距离时，不需要机械接触及施加任何压力即可使开关动作，从而驱动直流电器或给计算机或 PLC 装置提供控制指令，开关就会动作。不同接近开关的检出距离不同。

接近开关是种开关型传感器，它既有行程开关、微动开关的特性，同时具有传感性能，且动作可靠，性能稳定。宾馆、饭店、车库的自动门及自动热风机上都可以采用接近开关；位移、速度、加速度的测量和控制，也都使用着大量的接近开关。在制药机械中，接近开关可以作为计数及控制，如检测生产线上流过的产品数，高速旋转轴或盘的转数计量等。接近开关也可作为流量控制元件。

四、行程开关

行程开关属于位置开关（限位开关）的一种。它是一种根据运动部件的行程位置来切换电路的控制元件，其作用是利用生产机械运动部件的碰撞使触头动作以实现控制线路通断，工作原理与按钮类似。在生产中，行程开关预先安装，当装于生产机械运动部件上的模块撞击行程开关时，行程开关触点动作，实现电路切换。

在电气控制系统中，行程开关可以用于控制机械设备的行程及限位保护，起连锁保护的作用。如洗衣机的脱水（甩干）过程中转速很高，如果洗衣机的门或盖被打开，容易对人造成伤害。为避免事故，在洗衣机的门或盖上装行程开关，一旦开启洗衣机的门或盖时，行程开关自动断电，使门或盖一打开就立刻"刹车"，避免人身伤害。冰箱门内侧也装有行程开关，当门关闭时，行程开关被冰箱门压紧，冰箱内的灯关闭；当冰箱门被打开，行程开关被释放，冰箱内的灯启亮。在制药机械中，行程开关主要用于将机械位移转变成电信号，使电动机的运行状态得以改变，控制机械动作或用作程序控制。

五、微动开关

微动开关是具有微小接点间隔和快动机构，用规定的行程和规定的力进行开关动作的接点机构，用外壳覆盖，且外部有驱动杆的一种开关，如图 3-5-2 所示。因为其开关的触点间距比较小，力矩较大，用很微小的力度即可以打开，故称为微动开关，又叫灵敏开关。微动开关最常见的应用是鼠标按键，在制药机械中常作为自动控制的元件使用。

微动开关工作原理如图 3-5-3 所示：外机械力通过传动元件（如按销、按钮、杠杆、滚轮等）将力作用于动作簧片上，当动作簧片位移到临界点时产生瞬时动作，使动作簧片末端动触点与定触点快速接通或断开。当传动元件上的作用力移去后，动作簧片产生反向动作力，当传动元件反向行程达到簧片的动作临界点后，瞬时完成反向动作。微动开关动触点的动作速度与传动元件动作速度无关。微动开关的特点是动作行程短、按动力小、通断迅速、随时复原。这些特点使微动开关广泛应用在自动控制和手动控制中。

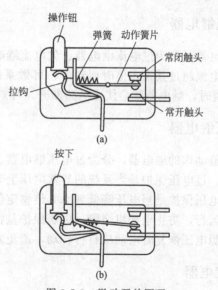

图 3-5-2　微动开关外形图　　　　　　图 3-5-3　微动开关原理

第六节　继电器

继电器是一种当输入量（如电流、电压、功率、速度、光等）达到一定值时，输出量发生跳跃式变化的自动控制器件。具有控制系统（输入回路）和被控制系统（输出回路），通常应用于自动控制电路中。

继电器可以远距离控制交直流控制小回路，是用较小的电流去控制较大电流的一种"自动开关"。继电器广泛应用于制药机械自动控制中，在电路中起着自动调节、安全保护、转换电路、综合信号、自动、遥控、监测等作用。

一、继电器的工作原理

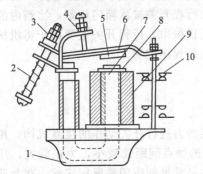

图 3-6-1　电磁继电器基本结构

1—底座；2—反力弹簧；3，4—调节螺钉；
5—非磁性垫片；6—衔铁；7—铁芯；
8—极靴；9—电磁线圈；10—触点系统

继电器的种类很多，原理差别也很大，下面以电磁继电器为例，解释继电器的基本原理。电磁继电器是利用输入电路、内电路在电磁铁铁芯与衔铁间产生的吸力作用而工作的一种电气继电器。

电磁继电器的工作原理：电磁式继电器一般由铁芯、电磁线圈、衔铁、触点系统等组成（图 3-6-1）。在线圈两端加电压，线圈中流过电流，随之产生电磁效应，衔铁在电磁力的吸引作用下克服返回弹簧的拉力吸向铁芯，带动衔铁的动触点与静触点❶（常开触点）吸合。当线圈断电后，电磁吸力消失，衔铁在弹簧的作用力下返回原来位置，动触点与静触点（常闭触点）吸合。这样的吸合、释放，达到了在电路中连通、切断的目的。

二、继电器的分类

按照性能，继电器可以分为以下四类。

1. 电流继电器

电流继电器可分为过电流继电器、欠电流继电器，其作用分别是过电流保护和欠电流保护。过电流保护作用是当电流超过其设定值时而动作，可做系统线路过载的保护用；欠电流保护作用是当电流降低到0.8倍整定值时，继电器就会使主电路断开，可对系统和电机进行保护。

2. 电压继电器

按电压值动作的继电器，分为过电压继电器、欠电压继电器，其作用分别是过电压保护、欠电压保护和失压保护。过电压保护是当系统的异常电压上升至120%额定值以上时，主电路切断，保护电力设备免遭损坏；欠电压保护是当电压降低到0.8倍整定值时，使主电路断开。欠压保护可保证电动机不在电压过低的情况下运行，防止电动机烧毁。失压保护是指当电源停电时，继电器能使电动机自动从电源上切除，可避免当电源电压恢复时电动机自行转动，避免发生事故。

3. 热继电器

热继电器的作用是电动机的过载（过热）保护。热继电器的原理是电流流入热元件产生热量，使有不同膨胀系数的双金属片发生形变，当形变达到一定距离时，推动连杆动作，使控制电路断开和主电路断开，实现电动机的过载（过热）保护。

4. 时间继电器

时间继电器的作用是定时控制电路通断。

---

❶ 继电器线圈未通电时处于断开状态的静触点，为"常开触点"；处于接通状态的静触点，为"常闭触点"。

第七节　传感器

传感器是能感受被测量并按照一定规律转换成可输出信号的器件或装置。传感器是人类五官的延长，又称为电五官。常将传感器的功能与人类五大感觉器官相比拟：压敏、温敏传感器相当于人类的触觉；气敏传感器相当于嗅觉；光敏传感器相当于视觉；声敏传感器相当于听觉；化学传感器相当于味觉。传感器让物体有了触觉、味觉和嗅觉，让制药机械"活"起来，是自动化、智能化不可缺少的控制元件。

一、传感器的组成

传感器通常由敏感元件和转换元件组成。敏感元件是指传感器中能直接感受被测量的部分，可以将电量转换为非电量。而转换元件是把非电量转换为电量，即传感器中能将敏感元件感受的被测量转换成可传输和测量的电信号的部分。通常根据感知功能，敏感元件可分为热敏元件、光敏元件、气敏元件、力敏元件、磁敏元件、湿敏元件、声敏元件、放射线敏感元件、色敏元件和味敏元件 10 大类。图 3-7-1 为各式各样的传感器。

图 3-7-1　传感器

二、传感器的分类

（1）电化学传感器

电化学传感器通过与被测气体发生反应并产生与气体浓度成正比的电信号来工作。如一氧化碳传感器、二氧化氮传感器、甲醛传感器等。

（2）电量传感器

电量传感器是将被测电量参数（如电流、电压、功率、频率、功率因数等信号）转换成直流电流、直流电压并输出模拟信号或数字信号的装置。

（3）电阻式传感器

电阻式传感器是将被测量如位移、形变、力、加速度、湿度、温度等转换成电阻值的一种器件。电阻式传感器有电阻应变式、压阻式、热电阻、热敏、气敏、湿敏等电阻式传感器件。

（4）称重传感器

称重传感器是能够将重力转变为电信号的力电转换装置，是电子衡器的关键部件。能够实现力电转换的传感器有多种，常见的有电磁力式、电容式、电阻应变式等。电磁力式主要用于电子天平，电容式用于部分电子吊秤，而绝大多数衡器产品采用电阻应变式称重传感器。如中药饮片包装设备中就用到称重传感器。

（5）温度传感器

温度传感器是能够测量温度的传感器，分为热电阻和热电偶，根据电阻阻值或热电偶的电势随温度不同发生有规律变化的原理，进而得到所需要测量的温度值。

（6）位移传感器

位移传感器也称线性传感器，是把位移转换为电量的传感器。转换过程中有许多物理量（如压力、流量、加速度等）需要先变换为位移，然后再将位移变换成电量。位移的测量一般分为测量实物尺寸和机械位移两种。机械位移包括线位移和角位移。按被测变量变换的形式不同，位移传感器可分为模拟式和数字式两种。模拟式位移传感器又可分为物性型（如自发电式）和结构型两种。数字式位移传感器的重要特点是便于将信号直接送入计算机系统。

（7）压力传感器

压力传感器是将压力转换为电信号输出的传感器。通常把压力测量仪表中的电测式仪表称为压力传感器。压力传感器一般由弹性敏感元件和位移敏感元件（或应变计）组成。弹性敏感元件使被测压力作用于某个面积上并转换为位移或应变，然后由位移敏感元件或应变计转换为与压力成一定关系的电信号。有时把这两种元件的功能集于一体。压力传感器广泛应用于各种工业自控环境中。

（8）液位传感器

液位传感器是测量液位的压力传感器。液位传感器可应用到液位变送器中，详见后述液位变送器。

（9）视觉传感器

视觉传感器分为二维视觉传感器和三维视觉传感器，其中二维视觉传感器基本上就是一个可以执行多种任务的摄像头。二维视觉应用于智能相机，可以检测零件并协助机器人确定零件的位置。三维视觉传感器必须具备两个不同角度的摄像机或使用激光扫描器，并检测对象的第三维度。三维视觉传感器可以应用于如零件取放、检测物体并创建三维图像，分析并选择最好的拾取方式。

（10）力/力矩传感器

力/力矩传感器是一种将力信号转变为电信号输出的电子元件。力/力矩传感器赋予了机器人触觉。机器人利用力/力矩传感器感知末端执行器的力度。

（11）安全传感器

符合安全标准的传感器称为安全传感器。安全传感器产品分为安全开关、安全光栅和安全门系统。安全开关可在所有安全条件得到满足之前防止人员进入危险区域。例如要想让工业机器人与人进行协作，可以利用安全传感器，如摄像头和激光等。当特定的区域/空间出现人时，机器人会自动减速运行；如果人员继续靠近，机器人则会停止工作。

（12）触觉传感器

触觉传感器是用于机器人中模仿触觉功能的传感器。触觉传感器按功能可分为接触觉传感器、力矩觉传感器、压觉传感器和滑觉传感器等。传感器一般安装在抓手上，用于检测和感觉所抓的物体是什么。传感器通常能够检测力度，并得出力度分布的情况，获取对象的确切位置。此外，触觉传感器还可以检测热量的变化。

第八节　其他

一、电磁阀

电磁阀是用电磁控制的工业设备，是控制流体的自动化元件。它可以用来控制气动、油压、水压系统管路的通断，在工业控制系统中可用于调整介质的方向、流量、速度和其他参数。电磁阀种类较多，最常用的有单向阀、安全阀、方向控制阀、速度调节阀等。电磁阀工作原理（图 3-8-1）是：以常闭型为例，通电时，电磁线圈产生电磁力把敞开件从阀座上提起，阀门打开；断电时，电磁力消失，弹簧把敞开件压在阀座上，阀门敞开。图 3-8-2 为某种电磁阀的外形图。

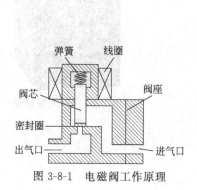

图 3-8-1　电磁阀工作原理

图 3-8-2　电磁阀外形

二、变频器

目前，变频调速技术在制药设备中应用广泛。变频器是变频调速系统的核心，主要由整流、滤波、逆变、控制单元、驱动单元、检测单元以及微处理单元组成。根据用途的不同，变频器可分为通用变频器和专用变频器。变频器的工作原理是：利用电力半导体器件的通断作用，将工频交流电变换成频率、电压连续可调的交流电的电能控制装置。在制药设备和空调系统中，变频器的作用是调速和节能。

三、工业摄像机

用于工业检测等领域的高分辨率彩色数字摄像机称为工业摄像机（图 3-8-3）。工业摄像机原理：当拍摄一个物体时，此物体上反射的光被摄像机镜头收集，使光聚焦在摄像器件的受光面（如摄像管的靶面）上，再通过摄像器件把光转变为电能，即得到了"视频信号"。光电信号很微弱，需通过预放电路进行放大，再经过各种电路进行处理和调整，最后将得到的标准信号送到录像机等记录媒介上记录下来，或通过传播系统传播或送到监视器上显示出来，或打印图文报告。工业摄像机还可以拍摄显微图像，测量拍摄物体的长度、角度、面积等。工业摄像机的特点：传输速度快；色彩还原性好，成像清晰；安装使用操作简单，可通过 USB 2.0 接口，不需要额外的采集设备，即插即用，即可获得实时的无压缩数码图像。如片剂外观检测设备用到了工业摄像机。

按摄像器件划分，工业摄像相机分为电真空摄像器件（摄像管）摄像机和固体摄像器件（CCD 器件、CMOS 器件）摄像机两大类。电真空摄像管开发早、种类多，但成本高，体积大，目前已经较少应用。固体摄像器件的优点：惰性小，灵敏度高，抗强光照射，几何失真小，均匀性好；抗冲振，没有微音效应；小而轻，寿命长。工业摄像机的发展趋势是小型化、轻量化、廉价化。

四、不间断电源

不间断电源不属于控制元件，但是在制药机械中经常用到，因此我们在这里简要介绍一下。不间断电源（uninterruptible power system/uninterruptible power supply，UPS）一般由充电器、逆变器、静态开关、蓄电池和控制部分组成，如图 3-8-4 所示。不间断电源作用是：①在电网电压工作正常时，给负载供电，同时给储能电池充电；②当突发停电时，UPS 电源开始工作，由储能电池供负载所需电源，维持正常的生产；③当因生产需要，负载严重过载时，由电网电压经整流直接给负载供电。

图 3-8-3　工业摄像机

图 3-8-4　不间断电源

第四章

原料药机械与设备

一、概述

疫苗生产是一个从无到有、从混合物到高纯度目标物的过程。其中每一个步骤有其对应的工艺目标，主要是营造疫苗生产所需的物理、化学条件（如温度、pH、电导、溶解氧、物料混合比例等），同时为了保证最终产品的安全性，需要在设备生产前后进行设备处理（如 CIP、SIP）等。疫苗生产设备在生产操作过程中确保无菌是至关重要的。

二、疫苗类设备的分类

1. 分类

（1）根据设备的功能

① 生产主工艺设备　反应器以及离心、盐析、超滤、层析、灭活、配制、过滤等设备。

② 生产工艺辅助设备　配液系统、CIP 系统。

（2）根据培养细胞或菌种的生长条件

核心工艺设备"反应器"可以分为：

① 细胞罐　微载体细胞生物反应器、片状载体生物反应器、全悬浮生物反应器。

② 细菌罐　好氧发酵罐、厌氧发酵罐、兼性厌氧发酵罐。

2. 疫苗类设备的设计原则

（1）控制结构及控制策略原则

采用 PLC 或 DCS＋HMI 或工业 PC 实现自动化生产的同时可以与相关设备进行交互操作，将运行数据被数据处理系统获取。控制目标材料自动化，减少人为干预，确保生产批次间的一致性，系统防止误操作，容错操作策略完善。

（2）可追溯原则

设计施工过程中，设计依据、设计文件、施工记录、调试记录、变更记录要集全，坚持"质量源于设计"的理念。在系统运行过程中，设备投入运行后生产过程的检测数据需要形成电子批记录，作为产品质量支撑体系的追溯文件。

（3）系统风险可控原则

在设计方案时需要分析设备相关部件、技术方案的重要性和关键性以及进一步分析技术方案的风险性。设备运行过程中要进行定期预防性维护、定制保养方案；应用新技术时需要进行严格的方案论证以保证方案的可行性。

三、反应系统

1. 反应系统组成

反应系统（图 4-1-1）基本结构主要由罐体、搅拌系统、通气系统、温度控制系统、无菌补料系统、无菌重复取样系统、酸碱平衡系统以及自动化控制系统等组成，如图 4-1-2 所示。

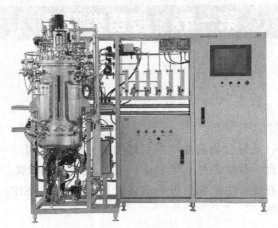

图 4-1-1 反应系统

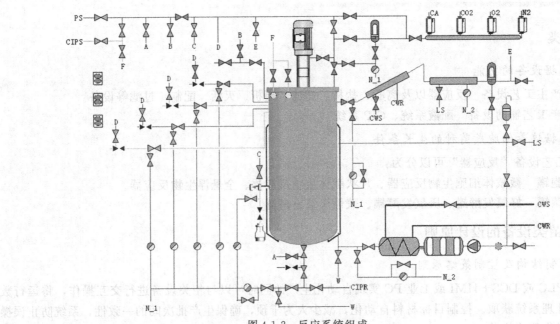

图 4-1-2 反应系统组成

2. 反应系统的功能

（1）清洗功能

生物反应器配备在线 CIP 供回液管路，连接专门的清洗设备 CIP 站来提供对生物反应器进行清洗的清洗液及清洗动力。清洗的对象包括生物反应器的罐体、补料管路、通气管路、取样管路、出液管路。清洗流程：纯化水冲洗→常温洁净压缩空气吹扫→碱液清洗→常温洁净压缩空气吹扫→纯化水冲洗→常温洁净压缩空气吹扫→注射用水冲洗→常温洁净压缩空气吹扫→清洗合格检测。

（2）灭菌功能

生物反应器具备自动灭菌功能，包含空罐灭菌和实罐灭菌。需要灭菌的设备包含罐体、补料管路、通气管路、取样管路、出液管路；其中管路灭菌可同罐体灭菌同时进行，也可单独进行。灭菌要求为灭菌温度 121℃维持 30min，罐体温度及各管路温度均达到此要求时灭菌结束。

（3）补料功能

培养基、营养液、细胞液、病毒液、酸碱液、消泡剂等补料，通过蠕动泵、软管、无菌加料管路来实现向罐内自动补加液体。

（4）通气功能

生物反应器具备通气功能，包含进行管路及排气管路。罐内通入的气体含洁净压缩空气、氧气、氮气、二氧化碳，这四种气体分别通过质量流量计调节，按比例混合后经过除菌过滤进入罐内。进气分为表层进气和深层进气，其中深层通气一般采用微泡通气，孔径很小的微泡通过烧结网通气头，这样减小气泡对细胞的剪切力。罐排气也要经过除菌过滤后排出罐外，以免污染环境。

（5）搅拌功能

生物反应器具备搅拌装置，用于罐内溶氧、传热传质。细胞培养需用低剪切力的搅拌桨叶，以免损伤细胞，搅拌转速不宜过高。现代主流的生物反应器配备磁力搅拌系统，其卫生型特点突出，且采用磁密封不易泄漏，维护维修方便。

（6）温度控制功能

生物反应器具备温度控制功能，能对罐内进行升温及降温。温控系统包含夹套补水管路、夹套循环管路、夹套溢水管路、升温蒸汽板式换热器、降温板式换热器、电加热器等，可自动控制罐内所需温度，培养温度可设定 $30\sim40℃$ 范围内，温控精度 $\pm0.2℃$。

（7）灌流或流加培养功能

① 微载体细胞培养生物反应器具有旋转过滤器细胞截留装置，而篮式生物反应器具有篮子截留片状载体，这两种生物反应均采用灌流培养方式。灌流培养方式是指在细胞增长和产物形成过程中，一方面新鲜培养液不断地进入反应器内，另一方面又将培养液连续不断地取出，使细胞数和营养浓度处于一种恒定状态，可使细胞一直处于对数生长期状态的培养系统中。

② 悬浮细胞培养生物反应器是细胞直接悬浮于生物反应器内，不具有细胞的截留装置，因此采用流加培养方式，间歇或连续地向罐内加入新鲜培养液。

③ 灌流或流加培养功能可以采用设定蠕动泵自身参数来自动控制加料量，或者通过蠕动泵关联罐液位或罐体质量来自动控制加料量。

（8）检测控制功能

生物反应器具备压力传感器，关联进气与排气控制阀自动控制罐压力。生物反应器也具备液位传感器或称重传感器，关联进料和出液阀自动控制罐内液体体积或质量。此外，生物反应器还具备 pH 传感器，关联酸碱蠕动泵自动控制罐内 pH 值；具备 DQ 传感器，关联进气、罐压力、搅拌等参数，自动控制罐内溶氧值。

（9）取样功能

细胞培养过程中，需取样离线检测一些参数（如细胞浓度等），所以需设计罐侧壁取样功能。每次取样前可对取样管路进行单独灭菌，实现无菌取样。

（10）移液功能

培养完成后进行物料转移，可以通过蠕动泵抽取进行上出液，也可以通过罐底出液管路进行物料输送。转移前均对转移管路进行清洗灭菌处理，实现物料的无菌转移。

四、灭活系统

灭活是指用物理或化学手段杀死病毒、细菌等，但不损害它们体内有用抗原的方法。灭活的病毒具有抗原性，但失去感染力。经灭活后的疫苗使受种者产生以体液免疫为主的免疫反应，产生的抗体有中和、清除病原微生物及其产生的毒素的作用，对细胞外感染的病原微生物有较好的保护效果。

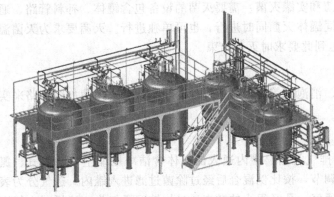

图 4-1-3 灭活系统

1. 灭活系统组成

灭活系统的基本结构主要由罐体、搅拌系统、通气系统、温度控制系统、无菌补料系统、物料转移系统、无菌重复取样系统及自动化控制系统等组成。图 4-1-3 为灭活系统的构造图。

2. 灭活系统功能

与反应系统类似。

五、乳化系统

乳化是将一种液体以极小液滴均匀分散在互不相溶的另一种液体中。乳化是液-液界面现象，两种互不相溶的液体，如油与水，在容器中分成两层，相对密度小的油在上层，相对密度大的水在下层。若加入适当的表面活性剂，在强烈的搅拌下，油被分散在水中，形成乳状液，该过程叫乳化。

1. 乳化系统组成

乳化系统的基本结构主要由罐体、搅拌系统、通气系统、温度控制系统、无菌补料系统、物料转移系统、无菌重复取样系统及自动化控制系统等组成。图 4-1-4 为乳化系统的构造图。

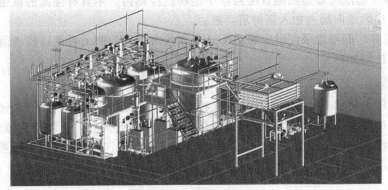

图 4-1-4 乳化系统

2. 乳化系统功能

与反应系统类似。

六、超滤纯化系统

超滤是指利用切项流膜系统对制品进行浓缩或提纯的一种工艺。

1. 超滤纯化系统组成

超滤纯化系统的基本结构主要由罐体、搅拌系统、通气系统、温度控制系统、无菌补料系统、物料转移系统、超滤膜包、超滤夹具、超滤泵、取样系统及自动化控制系统等组成（图4-1-5）。

2. 超滤纯化系统功能

与反应系统类似。

图 4-1-5　超滤纯化系统

七、配液系统

1. 配液系统组成

配液系统的基本结构主要由罐体、搅拌系统、通气系统、温度控制系统、补料系统、取样系统以及自动化控制系统等组成。图4-1-6是配液系统的构造。

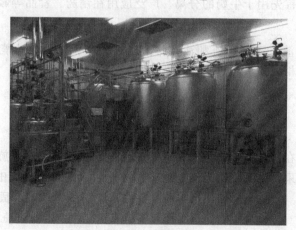

图 4-1-6　配液系统

全自动配液系统

2. 配液功能

与反应系统类似。

第二节　分离设备

制药过程中的分离操作指根据物态、粒径、密度、分子大小、吸附性质的不同，将混合在一起的不同物态、颗粒、分子分开的过程。分离包括固液分离、气液分离、液液分离、气固分离、固固分离、分子与分子之间的分离等。例如，原料药生产过程中的物料结晶过滤、液体制剂生产过程中的过滤，属于固液分离；流化床干燥机中滤袋将小粉末和空气分离，空气净化系统中对空气的过滤，属于气固分离。固固分离也称为筛分或筛析；色谱分离也称为层析，依靠吸附性质的不同将不同的分子与分子分离，如可用于液体中不同的蛋白质、多肽等可溶性大分子的分离。在生物制药过程中，层析是最重要的分离纯化手段。

本节主要介绍固液分离，即将分散在液体中的固体颗粒与液体进行分离。其中蝶式分离设备和管式分离设备是依靠密度不同将固体颗粒与液体分离；板框压滤机、钛滤棒、套筒式过滤器、膜分离设备是根据粒径不同将固体颗粒和液体分离。比较特殊的是，膜过滤中孔径最小的反渗透膜过滤，可以将无机盐分子和水分子分离。

一、碟式分离设备

1. 碟式分离机概述和分类

（1）用途

碟式分离机的分离因数一般大于3500。分离因数是悬浮液或乳浊液在离心力场中所受的离心力与其重力的比值，即离心加速度与重力加速度的比值，转鼓的转速一般为4000～12000r/min。常用于高度分散物系的分离，如密度相近的液-液组成的乳浊液，高黏度液相中含细小颗粒所组成的液-固两相悬浮液等。碟式分离机由于分离因数高，生产能力大，可以处理一般离心分离机难以有效分离的高分散的液-液两相乳浊液和固相沉降速度很小的液-固两相悬浮液。

（2）历史

碟式分离机首创于19世纪70年代，首先用于牛奶的分离。广泛应用在制药、食品等领域。

（3）分类

碟式分离机按排渣方式可分为人工排渣、喷嘴排渣和活塞排渣三种机型；按分离功能不同，可分为固-液两相悬浮液的澄清分离和液-液-固三相乳浊液的离心分离两种机型。

2. 设备基本原理、结构、特点

（1）基本原理

碟式分离机是立式离心机，转鼓安装在立轴上端，通过传动装置由电动机驱动而高速旋转。转鼓内有一组互相套叠在一起的碟形零件——碟片束，碟片之间留有很小的间隙。料液由位于转鼓中心的进料管加入转鼓，当料液流过碟片之间的缝隙时，固相颗粒（或液滴）在离心力作用下沉降到碟片上形成沉渣（或液层）。沉渣沿碟片表面滑动而脱离碟片并聚集在转鼓内直径最大的部位，分离后的液体从出液口排出转鼓。碟片的作用是缩短固体颗粒（或液滴）的沉降距离，扩大转鼓的沉降面积，大大提高了分离机的生产能力。积聚在转鼓内的固体可在分离机停机后由人工拆开转鼓进行清除，或通过排渣机构在不停机状态下从转鼓内由离心力排出。图4-2-1为碟式分离机工作原理示意。

（2）基本结构

碟式分离机主要由转鼓、传动系统、进出料装置、机座、机壳及控制系统等组成（图4-2-2）。机座上安装的电机通过离心离合器、横轴、螺旋齿轮副及立轴带动

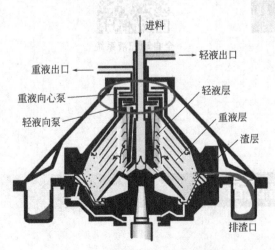

图 4-2-1　碟式分离机工作原理示意

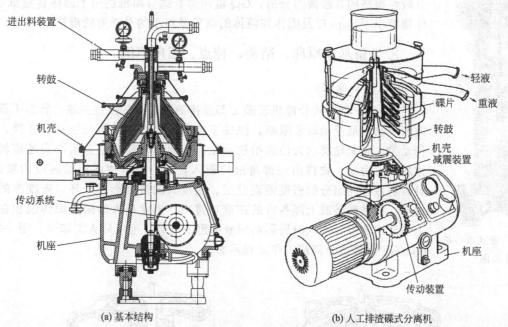

图 4-2-2 碟式分离机结构

图 4-2-3 碟式离心机外形图

转鼓高速旋转。立轴为挠性轴结构，转鼓安装在立轴上端。碟式分离机转速较高，增速传动机构除采用螺旋齿轮副外，也可用皮带传动结构或电机直联结构来实现。机壳大部分为圆筒形或圆锥形，机壳下部固定在机座上，上部装有进出料装置，机壳内是高速旋转的转鼓组件。转鼓内装有碟片架和若干碟片组成的碟片束，转鼓上部设有收集澄清液的集液室和撇液泵。碟式分离机大多设有自动控制系统，实现分离机的自动加料、排渣、清洗、启动、停机等功能。图 4-2-3 为碟式离心机外形图。

（3）特点

碟式分离机是一种效率高、产量大、占地面积小、自动化程度高的先进离心分离设备。适合固含量较低的悬浮液、相对密度差较小的互不相容的液体分离，是制药、食品、化工、生物制品、饮料制品等多个行业的必备设备。

二、管式分离设备

1. 管式分离机概述和分类

（1）用途

管式分离机（图 4-2-4）分离因数一般高达 12000～24000，是工业离心机中分离因数最高的设备。适用于液相黏度大、固相浓度少、颗粒细、固-液（液-液）密度差小的悬浮液的澄清或乳浊液的分离。在制药领域中常用于血液制品、生物制品、中药提取、保健品、蛋白质、细菌培养液等分离。

（2）历史

我国 20 世纪 70～80 年代从国外引进并广泛应用于生物制药领域。

（3）分类

管式分离机分为 GF 分离型和 GQ 澄清型两种。GF 分离型管式分离机适用于轻液与重液密度差小及

图 4-2-4 管式离心机
外形图

分散性很高的乳浊液的分离；GQ 澄清型管式分离机适用于固体含量低于 1%、固体颗粒小于 5μm 以及固体与液体的密度差很小的悬浮液的澄清。

2.设备基本原理、结构、特点、适用范围

（1）基本原理

GQ/GF 型管式分离机转鼓上部连接的是细长的挠性主轴，转鼓下部底轴由径向可滑动阻尼浮动轴承限幅，挠性主轴同连接座缓冲器与被动轮连接，电机通过传动带、张紧轮将动力传递给被动轮，从而使转鼓绕自身重心高速旋转，形成强大的离心力场。物料由底部进液口射入，离心力迫使料液沿转鼓内壁向上流动，且因料液不同组分的密度差而分层。密度大的液相形成外环，密度小的液相形成内环，流动到转鼓上部各自的排液口排出，密度最大的微量固体沉积在转鼓内壁上形成沉渣层，当沉渣层影响到液相澄清度时，停机后人工卸除。图 4-2-5 所示为 GQ/GF 型管式分离机工作原理示意。

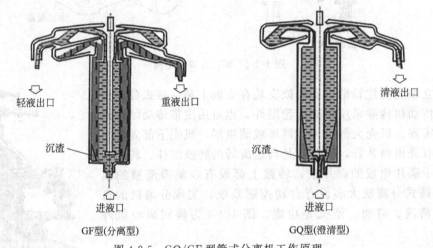

GF型(分离型)　　　　　　　　　GQ型(澄清型)

图 4-2-5 GQ/GF 型管式分离机工作原理

（2）基本结构

管式分离机为立式结构，主要由转鼓、机身、传动部件、主轴、集液盘、进液轴承座等主要部件构成（图 4-2-6）。管式分离机结构比较简单，管状的转鼓悬挂在上轴承系统中的细长挠性主轴上，转鼓下部安装在滑动轴承中，该滑动轴承为径向可滑动的阻尼轴承，从而防止转鼓产生过大的摆动。电机通过平皮带传动带动挠性主轴和转鼓高速旋转。细长的挠性主轴通过弹性连接悬挂在机器上部被动轮中的轴承上，这种结构使转鼓具有自动对中特性，其临界转速远低于工作转速，即使转鼓内物料分布有稍许不平衡，分离机仍然能够平稳运转。机身一般较重，主要起支撑和固定作用，机身内部可安装换热管，对高速运转的转鼓及物料起到保温或降温作用。转鼓内沿轴向装有细长的三叶板，或在转鼓下部装有较短的半圆形四叶板，其作用是带动转鼓内的物料与转鼓同速旋转。物料由进液轴承座内的喷嘴从下向上进入转鼓内部后从上部出液口排出，在转鼓上端附近装有集液盘，收集排出的液体。

（3）特点

管式分离机具有分离能力强，结构简单，操作维修方便，占地面积小等特点。

（4）适用范围

管式分离机的分离因数高，分离效果好，适于处理固体颗粒直径小于 5μm、固相浓度小于 1%、轻相与重相的密度差大于 0.01 的难分离悬浮液或乳浊液，每小时处理能力为 100～3000L。管式分离机常用于油水、细菌、蛋白质的分离以及香精油的澄清等。特殊的超速管式分离机可用于不同密度气体混合物的分离、浓缩。

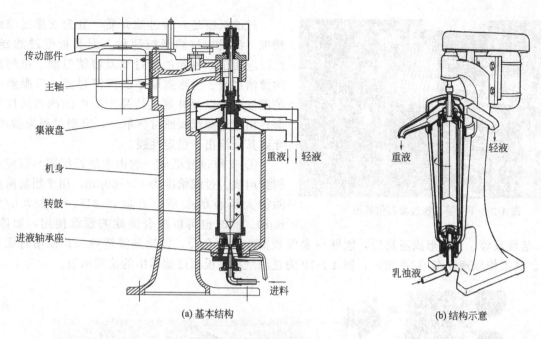

图 4-2-6　管式分离机结构

三、板框过滤器

板框过滤器是一种过滤设备。工作原理如图 4-2-7 所示。板框过滤器适用于浓度 50％以下、黏度较低、含渣量较少的液体作密闭过滤以达到提纯、灭菌、澄清等精滤、半精滤的要求。图 4-2-8 是 10 层板框过滤器俯视图，滤网直径 200mm，过滤压力 0.3MPa，进液端与出液端均配有压力表，用于监控进出液压力，判断滤材情况，以便及时更换滤材。板框过滤器可使用中速滤纸或尼龙滤布作为滤材，过滤精度可以达到 10～100μm。

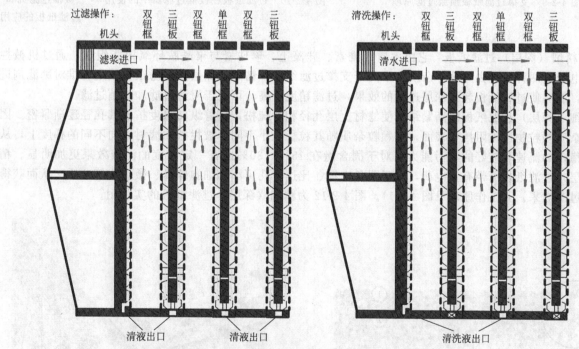

板框两侧压紧滤布，由多个板框组装而成，滤浆从两板框之间进入分别流过相邻滤板之间的滤布，得到的清液由板下方小管排出，滤渣截流在滤布上。经洗涤后，卸下板框和滤饼，进入下一轮过滤操作

图 4-2-7　板框过滤器工作原理

图 4-2-8 10 层板框过滤器俯视图

过滤纸板是一种过滤介质，分为支撑过滤纸板与精细（深层）过滤纸板两种。配套板框过滤器使用。广泛应用于原料药的粗过滤及澄清过滤、植物提取中的澄清过滤、生物提取中的澄清过滤、口服液产品中的澄清过滤以及针剂类药品生产中的截留活性炭过滤等。由于过滤纸板原材料单一，成型过程为物理过程，导致其低溶出、稳定性强。

① 支撑过滤纸板　它由木质纤维素与聚酰胺环氧树脂组成。过滤精度为 45～80μm，用于粗滤阶段，去除加大颗粒的杂质。流量在 4150～13800L/(m² · min)。同时也可以配合助滤剂预涂使用，如珍珠岩、硅藻土、活性炭等。预涂形成滤饼后，能够在表面截留小颗粒杂质，以达到澄清效果。使用时压差小于 0.3MPa。其工作原理如图 4-2-9 所示。图 4-2-10 为过滤纸板在板框过滤器中的使用示意。

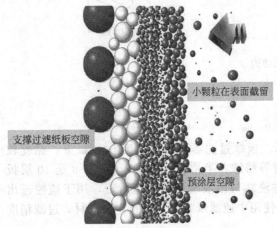

图 4-2-9　支撑过滤纸板预涂过滤原理

图 4-2-10　过滤纸板在板框过滤器中的使用

板框过滤机和过滤纸板的应用

② 精细（深层）过滤纸板　它由木质纤维素、硅藻土、珍珠岩与聚酰胺环氧树脂组成，通过机械拦截和静电吸附两种机理去除液体杂质。不同于支撑过滤纸板，精细（深层）过滤纸板使用纤维对助滤剂进行包裹，能够使过滤纸板起到深层过滤的效果，过滤精度更高，可用于澄清过滤和除菌过滤。

精细（深层）过滤纸板的渐紧结构使滤材上层孔径相对疏松，随着纵向深度扩展其孔径逐渐紧密。因此大的杂质颗粒物可被阻挡在表面，小颗粒杂质随其粒径大小不同，被拦截在滤材纵向不同的梯度上，从而保证稳定的流速和较好的容污能力。对于固含量在 15%～30% 或有一定黏度的溶液效果更加明显。精细（深层）过滤纸板可带有正电荷，可吸附负电荷、比过滤孔更小的细胞碎片、微生物等杂质，从而获得更好的过滤效果。其工作原理见图 4-2-11。图 4-2-12 为精细（深层）过滤纸板的实物图。

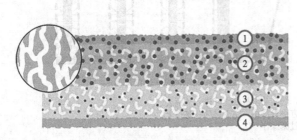

图 4-2-11　精细（深层）过滤纸板预涂过滤原理

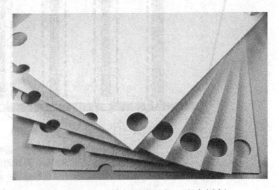

图 4-2-12　精细（深层）过滤纸板

精细（深层）过滤纸板精度范围在 0.2～10μm。流量在 21～310L/(m² · min)。根据过滤精度不同，精细（深层）过滤纸板又分为澄清过滤纸板、细过滤纸板、部分除菌过滤纸板和除菌过滤纸板。其过滤精度分布见图 4-2-13。

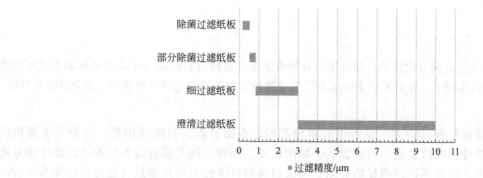

图 4-2-13　精细（深层）过滤纸板的过滤精度分布

在使用过滤纸板过程中，在澄清及细过滤阶段，压差要小于 0.3MPa；部分除菌过滤阶段，压差小于 0.2MPa；除菌过滤阶段，压差小于 0.15MPa。

四、钛棒过滤器

钛棒过滤器以 316L 或 304 不锈钢材料作外壳，内部滤芯采用钛棒，具有耐高温、高压、强酸、强碱、耐腐蚀，滤芯可反复再生等特点。它是采用粉末高温烧结的方法加工制成的空心滤管。图 4-2-14 为钛棒过滤器实物图。

由于钛棒过滤芯本身材质较脆，使用过程中需要格外小心，以免钛棒受损，影响过滤效果。在工作前，应检查整个管路是否连接完好，然后开启排污阀、反吹阀、关闭进料阀、出口阀，用干净的空气进行滤前反吹，然后关闭排污阀、反吹阀，依次打开进料阀和出料阀，最后过滤器进行工作。钛棒过滤芯运行一定时间后要进行反吹或反洗再生，再生周期视规定的允许压差和流量而定。

五、筒式滤袋过滤器

筒式滤袋过滤器内置液体过滤滤袋，材质多样，可选不锈钢、聚丙烯、尼龙等材质，过滤精度为 1～1200μm，精度范围广泛，高流量、耐腐蚀，清洁方便。图 4-2-15 为筒式滤袋过滤器的实物图。

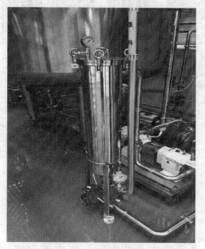

图 4-2-14　钛棒过滤器　　　　　　　　　　　图 4-2-15　筒式滤袋过滤器

六、膜分离设备

1. 概述和分类

（1）概述

膜分离设备的核心技术就是膜分离技术，即利用具有特殊选择分离性的有机高分子和无机材料形成不同形态结构的膜，在一定驱动力作用下，使双元或多元组分因透过膜的速率不同而达到分离或特定组分富集的目的。

（2）分类

由于膜的构型和分离过程各具特点，设备也有多种类型。根据过程、目的或用途，可分为电渗析设备、反渗透设备、超滤设备、渗析设备、纳滤设备、微滤设备。超滤、微孔膜过滤和反渗透均属于膜分离技术，它们之间各有分工，但并不存在明显的界限。美国药典与日本药典将反渗透与超滤结合作为注射用水的法定生产方法，同时，欧盟药典已通过决议允许膜过滤法应用于注射用水的制备，并将于2017年4月开始正式实施，意味着膜分离技术在去除热原方面的应用已成熟。反渗透、超滤、微孔膜过滤有其相似之处，它们都是在压差的驱动下，利用膜的特定性能将水中离子、分子、胶体、热原、微生物等微粒分离，但它们分离的机理及对象有所不同。

按照膜的材质，可分为有机高分子膜和无机膜两类。目前在制药工业生产中使用最为广泛的是聚砜（PS）类材料，约占32%；纤维素材料中的醋酸纤维素（CA）和三醋酸纤维素（CTA）分别占13%和7%；聚丙烯腈（PAN）占6%；无机膜占22%；其他的膜材料约占20%。

2. 膜分离装置

膜分离装置一般由膜组件、泵、过滤器、阀、仪表、管路等组成。常用的膜组件有板框式装置、螺卷式装置、管式装置以及中空纤维式装置。

（1）板框式装置

板框式装置是在尺寸相同的片状膜组之间，相间地插入隔板，形成两种液流的流道（图4-2-16）。由于膜组可置于均匀的电场中，这种结构适用于电渗析器。板框式装置也可应用于膜两侧流体静压差较小的超过滤和渗析。

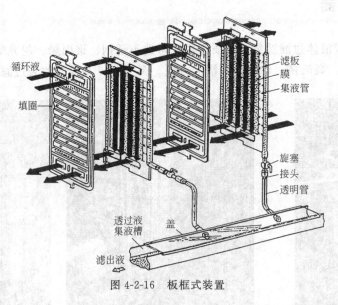

图 4-2-16　板框式装置

（2）螺卷式装置

螺卷式装置是把多孔隔板（供渗透液流动的空间）夹在两张膜之间，使它们的三条边粘着密合，开口边与用作渗透液引出管的多孔中心管接合。再在上面加一张作为料液流动通道的多孔隔板，并一起绕中心管卷成螺卷式元件（图4-2-17）。料液通道与中心管接合边及螺卷外端边封死。多个螺卷元件装入耐压筒中，构成单元装置。操作时料液沿轴向流动，可渗透物透过膜进入渗透液空间，沿螺旋通道流向中心管引出。该设备适用于反渗透和气体渗透分离，不能处理含微细颗粒的液体。

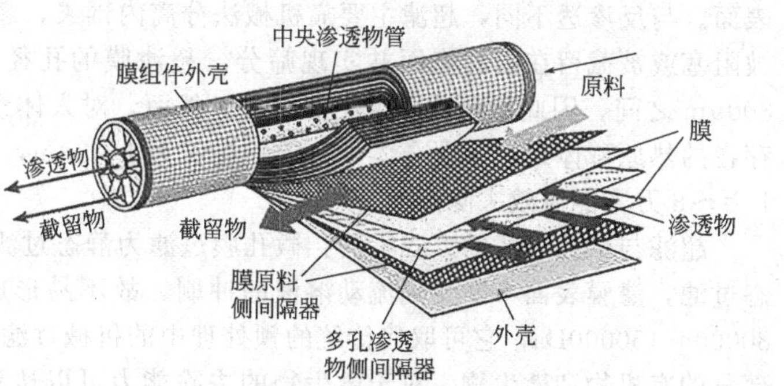

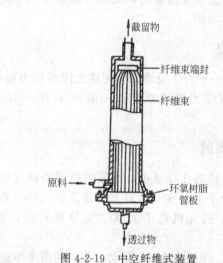

图4-2-17 螺卷式装置

（3）管式装置

管式装置是用管状膜并以多孔管支撑，构成类似于管壳式换热器的设备（图4-2-18），可分为内压式和外压式两种，各用多孔管支撑于膜的外侧或内侧。内压式管式装置的膜面易冲洗，适用于微过滤和超过滤。

（4）中空纤维式装置

中空纤维式装置是用中空纤维构成类似于管壳式换热器的设备（图4-2-19）。中空纤维不需要支撑而能承受较高的压差，在各种膜分离设备中，它的单位设备体积内容纳的膜面积最大。中空纤维直径为0.1~1mm，并列达数百万根，纤维端部用环氧树脂密封，构成管板，封装在压力容器中。中空纤维式装置适用于反渗透和气体渗透分离。

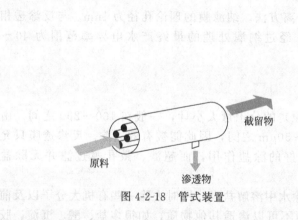

图4-2-18 管式装置

图4-2-19 中空纤维式装置

3. 微滤

微滤也叫微孔过滤器，微滤是用于去除细微颗粒和微生物的膜工艺。根据滤芯规格的不同，可以用在进反渗透（RO）之前的保安过滤器中，过滤颗粒物质，防止颗粒物质对RO膜的损伤。也可以用在紫外线杀菌器后，截留微生物。但是也容易滋生微生物，故若在纯化水末端采用微孔过滤器，需要有效地控制微生物。微孔过滤器有一定去除热原的功效，可利用筛分、静电吸附和架桥原理拦截直径比较大的那一部分热原物质。应当指出，这种去除热原是很不完全的，直径比较小的热原物质会通过$0.22\mu m$的微孔滤膜，微小的热原可以透过$0.025\mu m$的滤膜，最小的热原体甚至可以穿透所有的微孔滤膜。由于热原分子量越大，其致热作用就越强，因此利用微孔滤膜进行除菌过滤时，客观上可能会起到某些截留热原的积极作用，但它不能作为去除热原的可靠方法而单独使用。故企业需要在生产过程中控制细菌内毒素指标符合药典的限定要求。

4. 超滤

从非匀质超滤膜电子扫描图可以看到，超滤的过滤介质具有类似筛网的结构，而过滤仅发生在滤膜的表面。与反渗透不同，超滤主要靠机械法分离内毒素，超滤过程同时发生三种情况：分离物被吸附滞留、被阻塞或被截留在膜的表面并实现筛分。超滤膜的孔径大致在 $0.005\sim1\mu m$ 之间，细菌的大小在 $0.2\sim800\mu m$ 之间，因此用超滤膜可去除细菌。然而，对人体致热原效应的热原分子量为 80 万～100 万，自然存在的热原群体是一个混合体，小的一端仅为 $1\sim3\mu m$，因此，用以截留热原的超滤膜的分子量级需达到 1 万～8 万方能有效去除热原。

超滤与微孔过滤的方式不同：微孔膜过滤为静态过滤，将溶液搅拌，以消除浓差极化层；超滤则为动态过滤，滤膜表面不断受到流动溶液的冲刷，故不易形成浓差极化层。超滤装置过滤截留分子质量约为 $80000\sim150000$Da，它可取代传统的预处理中的机械过滤，且产水水质比机械过滤要好，也可有效截留一部分的有机物和微生物，对于微生物的去除能力可以达到 10^4 以上，且在原水浊度小于 100NTU 的情况下均可使用，产水浊度小于 0.1NTU。

超滤的使用可以更有效保护反渗透装置，使反渗透免受污染，通常情况下使用寿命可从 3 年延长至 5 年甚至更长时间；同时可提高反渗透的回收率，在同等进水流量下产出更多的纯化水，提高了水的利用率。超滤与反渗透采用相似的错流工艺，进水通过加压平行流向多孔的膜过滤表面，通过压差使水流过膜，微粒、有机物、微生物和其他的污染物不能通过膜，进入浓缩水流中（通常是给水的 5%～10%）并排放，这使过滤器可以进行自清洁，并减少更换过滤器频率。与反渗透一样，超滤不能抑制低分子量的离子污染。超滤不能完全去除水中的污物，离子和有机物的去除随着不同的膜材料结构和孔隙率的不同而不同，对于许多不同的有机物分子的去除非常有效。另外，超滤不能阻隔溶解的气体。大多数超滤通过连续的废水流来除去污染物，超滤流通量和清洁频率根据进水的水质和预处理的不同而变化。很多超滤膜是耐氯的，短期可以耐受 100mg/L 左右，故不需要从进水中去除余氯，亦可实现次氯酸钠消毒的功能。

5. 纳滤

纳滤是一种介于反渗透和超滤之间的压力驱动膜分离方法。纳滤膜的理论孔径为 1nm。与反渗透相比，其操作压力要求更低，一般为 $4.76\sim10.2$bar。经过纳滤处理的最终产水电导率范围为 $40\sim200\mu S/cm$。

6. 反渗透

反渗透膜的孔径最小，按其阻滞污染物（包括热原）的分子量大小计，一般在 $100\sim200$ 之间。由于热原的分子量在 50000 以上，其直径大小一般在 $1\sim50\mu m$ 之间，因此能被有效去除。反渗透膜只允许 1nm 以下的无机离子为其主要分离对象，故有良好的除盐作用，而超滤、微孔膜过滤并无除盐性能。

反渗透（RO）是压力驱动工艺，利用半渗透膜去除水中溶解盐类，同时去除一些有机大分子以及前阶段没有去除的小颗粒等。半渗透的膜可以渗透水，而不可以渗透其他物质，如很多盐、酸、沉淀、胶体、细菌和内毒素等。通常情况下反渗透膜单根膜脱盐率可大于 99.5%。

反渗透系统包括精密过滤器、增压泵、反渗透膜组件、pH 加药装置以及反渗透清洗装置等。当原水经过预处理后的出水经精密过滤器后，通过增压泵直接进入 RO 膜组件中，除去大部分离子与细菌，同时有效去除微生物和 TOC。RO 进水前的精密过滤器一般加装 $5\mu m$ 或 $3\mu m$ 的过滤滤芯，保护 RO 膜免受机械损伤。由于反渗透膜最佳的工作温度是 $20\sim25$℃，在同样操作压力下，水温下降 1℃，产水量就会降低 3% 左右。所以设计时需增加换热器来提升水温，从而保证产水量。

经过预处理后的产水在高压泵的压力作用下进入反渗透膜组件。大部分水分子和微量的其他离子透过反渗透膜，经收集后成为产品水，通过产水管道进入后序设备。水中的大部分盐分、胶体和有机物等不能透过反渗透膜，残留在少量的浓水中，由浓水管道排出。反渗透膜对各种离子的过滤性能具有如下特征：一价离子透过率大于二价离子，二价离子透过率大于三价离子。

在反渗透装置开机或停止运行时，浓水侧需用大流量自动冲洗 $3\sim5$min，以去除沉积在膜表面的污垢，对反渗透膜进行有效的保养，大大延缓 RO 膜的使用寿命。

反渗透膜经过长期运行后，会沉积某些难以冲洗的污垢，如有机物、无机盐结垢等，造成反渗透膜性能下降，这类污垢必须使用化学药品进行清洗才能去除，以恢复反渗透膜的性能。化学清洗使用反渗透清洗装置进行，该装置通常包括清洗液箱、清洗过滤器、清洗泵以及配套管道、阀门和仪表，当膜组件受污染时，可以用清洗装置进行 RO 膜组件的化学清洗。

反渗透能大量去除水中细菌、内毒素、胶体和有机大分子，不能完全去除水中的污染物，很难甚至不能去除分子量极小的有机溶解物。反渗透不能完全纯化原水，通常通过浓水的排放去除被膜截留的污染物。很多反渗透的用户利用反渗透单元的浓水作为冷却塔的补充水或压缩机的冷却水等，当然需要注意的是浓水的钙镁离子含量。如果预处理没有软化器，浓水中钙镁离子含量升高，可能导致压缩机或冷却塔结垢。

第三节　提取设备

一、概述

提取设备在中药生产中的作用主要是将中药材中的有效成分提取出来，用于后续制剂生产。提取生产通常是采用水或乙醇（有机溶剂类）等溶剂作为载体，利用加温、浸泡等方法使有效成分溶解出来，变成中药溶液。同时，提取设备也可以将药材中的芳香类成分蒸出，通过冷凝设备冷凝成液体后，再分离收取。中药提取设备广泛适用于中药、植物、食品、生物、轻化行业的常压、加压、减压提取，温浸，热回流，强制循环，渗漉，分离及有机溶媒的回收。

二、提取设备的分类

按照提取工艺不同，传统中药提取设备有多功能提取罐、冷浸提取罐、渗漉提取罐等几种类型。最近随着生物化学技术的发展，为满足生产工艺与中药品种的多样化要求，新产生了多种新的提取工艺与装置，如篮式提取设备、搅拌提取设备、超声波提取设备、微波提取设备、连续逆流提取设备、超临界二氧化碳萃取装置、酶解后通过层析或大孔树脂吸附成套生物化学提取设备等。

常用的提取设备有多功能提取罐、微波提取设备、超声波连续逆流提取组、渗漉提取罐以及热回流提取浓缩机组。

三、多功能提取罐

多功能提取罐工作的基本原理是通过蒸汽对罐内的药材进行加热煎煮，使药材中的有效成分溶解到溶剂中，然后将药渣与药液分离。

成套提取设备由投料筒、提取罐、除沫器、气动控制出渣口、冷凝器、冷却器、油水分离器、芳香油罐、过滤器、循环与出料泵及出渣车等组成。提取生产虽然是间隙式的，但现代中药生产已经可以对整套装置进行全自动控制，即从投料到煎煮直到出渣后清洗的整个过程按照中药生产参数要求实现无人化自动生产，生产效率大大提高。

图 4-3-1 为提取罐带控制点流程图。

从投料方式来区分，提取罐有内置篮式提取罐、多功能提取罐及搅拌提取罐等几种。篮式提取罐（图 4-3-2）是将药材或物料置于带筛孔的一个或多个篮中，再将篮吊入上开盖的提取罐内，煎煮完成后，将篮吊出，倒渣即可完成提取。这种提取原较多用于骨头类提取，采用的是单个的篮子装骨，后对篮子进行结构改造后用于中药提取，改造主要是将篮子做成空心，使溶剂与篮中的物料接触面积更大，溶剂在罐

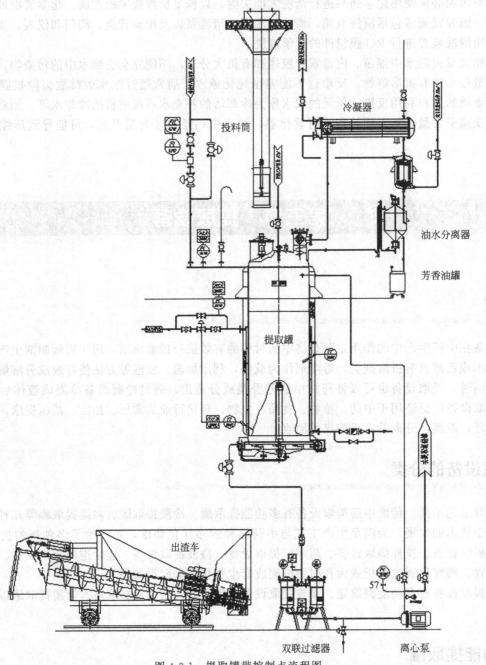

投料筒

冷凝器

油水分离器

芳香油罐

提取罐

出渣车

双联过滤器   离心泵

图 4-3-1 提取罐带控制点流程图

内的循环流动更有利于有效成分的溶出。篮式提取罐应用于中药生产中可以有效提高提取收率，同时投料与出渣的自动控制也较成熟，但其应用并不广泛，主要原因是中药材中的多糖类物质易粘附在篮上，清洗比较困难，所以这种提取罐主要用于单一品种的生产。

传统的多功能提取罐从结构形式方面来区分，有斜锥形、正锥形、直筒形和倒锥形等几种。斜锥形提取罐（图 4-3-3）为三十年前提取罐的常见形式，现在已经很少能看到了。与正锥形提取罐（图 4-3-4）相同的是提取罐上部为圆柱形，区别在于下部的正锥形和斜锥形，实际使用时并没有多少差异。

斜锥形提取罐锥形的一条边与罐体同为直边，在出渣方面与正锥形提取罐相比较稍好，但并不能根本解决出渣难的问题，所以现代提取罐以直筒形为主（图 4-3-5）。倒锥形提取罐（图 4-3-6）采用上小下大的锥形结构，这种结构形式可以完全防止出渣时药渣起拱而需要人工辅助出渣的现象，同时因底盖的过滤面积更大，提取完成后出料也更快，所以这种形式的提取罐多用于全自动控制的提取生产线。

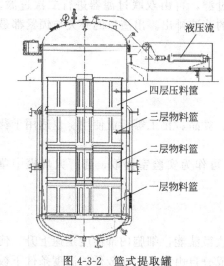

四层压料筐

三层物料篮

二层物料篮

一层物料篮

液压流

图 4-3-2　篮式提取罐

图 4-3-3　斜锥形提取罐

图 4-3-4　正锥形提取罐

提取罐是容器类的设备，因为需要满足对药材进行煎煮、蒸馏、收取挥发油等功能，所以提取罐的基本结构（图 4-3-7）包括内罐体、夹套、上椭圆封头、下出渣口等。另外，根据需求配套的还有搅拌装置、防漂浮机构以及其他过滤装置等。因需要采用夹套通蒸汽加热，提取罐属特种设备中的一类压力容器。

图 4-3-5　直筒形提取罐　图 4-3-6　倒锥形提取罐

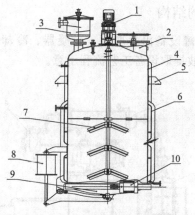

图 4-3-7　提取罐的结构简图
1—减速器与机架；2—投料口；3—捕沫器；4—内罐体；5—支耳；6—夹套；
7—搅拌器；8—开门气缸；9—出渣口（底盖）；10—锁口气缸

并不是所有的提取罐都会配搅拌机构。在加热煎煮时，因夹套加热，罐中心的药材的加热是通过对流传热来实现的，相对于离罐体较近的药材，罐中心药材的加热与提取有一定的滞后，而在现代高效率的生产要求下，提取时间都规定的极其严格，这样就会产生罐内离罐壁近的药材提出率高，而罐中心部分的药材提出率低。因此，罐体有搅拌机构就完全可以改变这个现象。在提取煎煮时，通过搅拌，可以强制罐内药材与溶剂改变位置，并强制罐内对流，可以有效提高药材提取收率。

投料口的设置分为气动和手动两种，通常在上一楼层投料的情况下，都采用气动开关。捕沫器可以有效地防止罐内煎煮时产生的泡沫通过排气口溢出，同时可以防止漂浮的药材通过排气口溢出。捕沫器的结构需便于去渣清洗。

罐体夹套用于通蒸汽对罐内的物料进行加热。出渣口底盖也可设置夹套或加热盘管对物料进行加热，底盖的加热可以有效改变罐内药材受热状况。

罐底出渣口有几种功能：①通过底盖有两种加热方式，一种是直通蒸汽加热，另一种是夹套或盘管通蒸汽加热，其中直通蒸汽加热一般用于挥发油收取。②出料时的过滤，底盖上部的过滤筛板及过滤网可以防止药渣进入药液中，通常先采用 40～80 目滤网对提取液进行粗过滤，再由双联过滤器进行二次过滤。③排出药渣，通过气缸控制，出渣口底盖可以打开，将提取完成后的药渣排出。出渣口的开关与锁紧都是通过气缸来控制的，所以可以进行自动控制操作。

四、微波提取设备

微波提取设备是利于微波能进行溶剂提取的设备，适应于制药、食品、化工等行业使用。也适用于药厂的大批量中草药物料的提取。

微波提取设备根据其提取罐的容积分为 50～3000L 提取设备，可作为实验室提取、药厂大规模中草药提取设备。

1. 基本原理

微波提取罐的基本原理是利用微波能来进行溶剂提取。由于吸收微波能，细胞内部温度迅速上升，使其细胞内部压力超过细胞壁膨胀承受能力，细胞破裂。细胞内有效成分自由流出，在较低的温度条件下被提取介质捕获并溶解。

浸膏的提取是指将中草药中有效成分通过热能或微波能的作用使其分离，并有效溶解到提取溶剂中。浸膏的浓缩是指将含有中草药成分的提取溶液通过热能或微波能使其和提取溶剂分离，成为黏稠膏状的药汁。浸膏的干燥是将提取浓缩后的浸膏通过电能或微波能干燥成固状，以便保存和运输。常用箱式微波真空干燥机进行浸膏的干燥。

2. 设备的结构

微波提取罐设备由提取罐、冷凝器、冷却器、分离器、过滤器、出渣门气动控制系统等部分构成。图 4-3-8 为微波提取设备工艺流程示意。

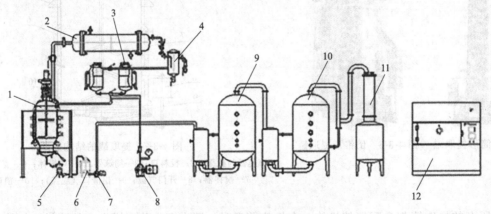

图 4-3-8 微波提取设备工艺示意

1—提取罐；2—冷凝器；3—酒精回收罐；4—油水分离器；5—过滤器；6—储液罐；7—输液泵；8—真空泵；
9—储液罐；10—双效浓缩设备；11—酒精回收罐；12—箱式微波真空干燥机

提取罐由一个主罐构成，在提取罐上分布有多个磁控管组合工件，可实现功率选择灵活，且提取均匀、操作简便。微波发生器由多个独立供电的控制电路组成，每个磁控管均由一个过载保护、温度保护装置独立保护，并可根据用户需要分别工作。

五、超声波连续逆流提取机组

超声连续逆流提取技术是将超声波技术与连续逆流提取技术有机整合、优势互补的新一代逆流提取技术，系统采用卧式螺旋推进结构，操作时植物原料与溶剂在提取单元中沿反方向运动，实现固-液二相连续接触性提取，主要应用于植物提取领域，可选择各种有机溶媒进行提取，系统可实现防爆。

1. 基本原理

当超声波作用于提取介质时，产生强烈的空化效应，介质中形成许多小空穴，这些小空穴瞬间闭合产生几千个大气压的压力，促使植物细胞组织破壁，加速有效成分的溶出、扩散。此外，超声波的多级效应（如机械波动或振动、加速度、热效应、乳化、扩散、搅拌、击碎、化学效应等），可进一步加速欲提取成分的扩散，所以超声波可以加快可溶物质有效成分高效充分地溶出、扩散。

2. 特点

本设备具备连续逆流提取设备的全部优点，同时超声强化提取还具有如下优点：①实现连续化作业，提高生产效率、降低能耗，使生产过程科学合理，实现提取效率最大化；②提取时间短，提取速度更快，减少无效成分的溶出；③提取液杂质少、质量高；④易于分离、纯化；⑤提取温度低（有时不需要加热），大幅度节能，保护热敏性物质有效成分；⑥不受有效成分极性、分子量大小的限制，适用于绝大多数中药材、天然植物的提取。

六、渗漉罐

渗漉罐适用于制药、生物、食品等行业的渗漉操作，除乳香、松香、芦荟等非组织药材因遇到溶剂软化成团会堵塞孔隙使溶剂无法均匀通过药材而不宜用渗漉外，其他药材都可用此法浸取。常用于贵重药材、毒性药材以及高浓度制剂的提取；也可用于有效成分含量较低的药材的提取。

1. 基本原理

渗漉法是往药材粗粉中不断添加浸取溶剂使其渗过药粉，从下端出口流出浸取液的一种浸取方法。渗漉时，溶剂渗入药材的细胞中溶解大量的可溶性物质之后，浓度增加，密度增大而向下移动，上层的浸取溶剂或稀浸液置换位置，形成良好的浓度差，使扩散较好地自然进行，故浸润效果优于浸渍法，提取也较安全。

2. 结构与特点

渗漉罐大多由筒体、椭圆形封头（或平盖）、气动出渣门、气动操作台等组成。特点：①本设备上部设有大口径快开人孔作为投料口，方便投料；②溶剂从上部经分布管加入，缓慢经过药材后得到渗漉液；③整套设备均采用不锈钢制造，内、外精抛光处理，无死角，易清洗，符合 GMP 要求。

七、热回流提取浓缩机组

热回流提取浓缩机组适用于植物、动物、中药、食品添加剂等热敏性物料的提取、浓缩、收膏、渗漉、挥发油提取和酒精回收等，可满足高等院校、科研机构、医院等作为新药提取、新工艺技术参数的确定，中间试验，新品种研制，贵重药材提取和药液浓缩之用。

1. 基本原理

热回流提取浓缩机组综合回流、渗漉提取、逆流提取与热回流抽提浓缩四种提取原理，将中药的提取、浓缩两道工序同时进行，一次完成中药提取、浓缩新工艺，并改进提取罐内带压于常压的高温煎煮工艺，利用真空负压进行低温提取、低温浓缩，使提取罐内的工作温度控制在 60～80℃，浓缩温度控制在 50～70℃，最大保持了中药材有效成分不被蒸发流失。同时将提取、浓缩产生的蒸汽经热冷器冷凝，回流到提取罐中，作为新溶剂加到药材里面，新溶剂从上至下通过药材层，起了动态渗漉作用，溶解药材中可溶性物质到达提取罐底部，进入浓缩器进行浓缩。根据多年的实践与研究，在真空低温汽化热的作用下，浓度差越大，有效成分提取率越高，回流的热冷凝液根据相应的型号规格在合适的时间内将提取罐原溶剂全部更换一次，使提取罐内药材组织中溶质与浸出液中的溶质在单位时间能保持一个较高的浓缩差。

2. 特点

① 工艺适应性好。能采用常压、负压、正压工艺操作进行水提和醇提，特别适于热敏性物料的低温提取、浓缩。其中水提低温可在 45℃ 以上进行。②收膏率高，节约溶媒，节省时间。因药物为动态提取，药物与溶剂间含溶质高梯度，这增加了浸出推动力，增加了得膏率，可比常规法高 5%～20% 以上；全封闭闭路循环，可节约溶媒 30%～50%；提取、浓缩一步完成，且可采用比常规大一倍的回流量，全程仅需 4～6h。③能耗低。因采用二次蒸汽作为热源，提取、浓缩同时进行，且回流冷凝液温度又接近提取罐内沸腾温度；且又有聚氨酯现场发泡作保温绝热层，另外温度、真空度是随机自控，可节约蒸汽 50% 以上。④提取物药用成分质量提高。由于提取时间短，温度又随机自控，提取物质量明显提高。⑤自动化程度高。温度、压力、流量、液面、浓度均能设定、自控，操作方便，性能稳定。仪器仪表、执行元件、PLC 的可靠性高。⑥加热浓缩器可一面出料，一面进料，不易结垢、结焦。浓缩液相对密度可达 1.1～1.3。特殊物料（如易结垢、结焦物料）可改自然循环为强制循环系统，以满足企业特殊物料需要。

第四节 蒸发设备

一、概述

蒸发设备又称蒸发器，是通过加热使溶液浓缩或从溶液中析出晶粒的设备。蒸发器分为循环型和膜式两大类。蒸发器主要由加热室和蒸发室两部分组成。加热室向液体提供蒸发所需要的热量，促使液体沸腾汽化；蒸发室使汽液两相完全分离。加热室中产生的蒸汽带有大量液沫，到了较大空间的蒸发室后，这些液体借自身凝聚或除沫器等的作用得以与蒸汽分离。通常除沫器设在蒸发室的顶部。本节主要介绍原料药生产所用的蒸发设备。

二、蒸发设备的分类

蒸发器按操作压力分常压、加压和减压三种。按溶液在蒸发器中的运动状况，蒸发器可分为：①循环型。沸腾溶液在加热室中多次通过加热表面，如中央循环管式、悬筐式、外热式、列文式和强制循环式等。②单程型。沸腾溶液在加热室中一次通过加热表面，不做循环流动，即行排出浓缩液，如升膜式、降膜式、搅拌薄膜式和离心薄膜式等。③直接接触型。加热介质与溶液直接接触传热，如浸没燃烧式蒸发器。

蒸发器按效数可分为单效与多效蒸发。若蒸发产生的二次蒸汽直接冷凝不再利用，称为单效蒸发。若将二次蒸汽作为下一效加热蒸汽，并将多个蒸发器串联，此蒸发过程即为多效蒸发。蒸发装置在操作过程中，要消耗大量加热蒸汽，为节省加热蒸汽，可采用多效蒸发装置和蒸汽再压缩蒸发器。蒸发器广泛用于化工、轻工等部门。下面主要对循环型蒸发器、单程型蒸发器、单效蒸发器以及多效蒸发器来进行简要讲述。

三、循环型蒸发器

顾名思义，循环型蒸发器中溶液都在蒸发器中做循环流动。根据引起循环流动的原因不同，又可分为自然循环和强制循环两类。

1. 中央循环管式蒸发器

这种蒸发器又称作标准式蒸发器。它的加热室由垂直管束组成，中间有一根直径很大的中央循环管，其余管径较小的加热管称为沸腾管（图4-4-1）。由于中央循环管较大，其单位体积溶液占有的传热面，比沸腾管内单位体积溶液所占有的传热面要小，即中央循环管和其他加热管内溶液受热程度不同，从而沸腾管内的汽液混合物的密度要比中央循环管中溶液的密度小，加之上升蒸汽的向上的抽吸作用，会使蒸发器中的溶液形成由中央循环管下降、由沸腾管上升的循环流动。这种循环主要是由溶液的密度差引起，故称为自然循环。

2. 悬筐式蒸发器

为了克服循环式蒸发器中蒸发液易结晶、易结垢且不易清洗等缺点，对标准式蒸发器结构进行了更合理的改进，这就是悬筐式蒸发器（图4-4-2）。加热室像个篮筐，悬挂在蒸发器壳体的下部，并且以加热室外壁与蒸发器内壁之间的环形孔道代替中央循环管。溶液沿加热管中央上升，而后循着悬筐式加热室外壁与蒸发器内壁间的环隙向下流动而构成循环。由于环隙面积约为加热管总截面积的100%～150%，故溶液循环速度比标准式蒸发器为大，可达1.5m/s。

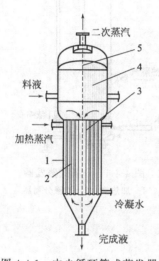

图4-4-1 中央循环管式蒸发器

1—外壳；2—加热室；3—中央循环管；4—蒸发室；5—除沫器

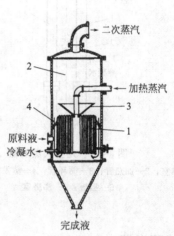

图4-4-2 悬筐式蒸发器

1—加热器；2—分离室；3—除沫器；4—环形循环通道

3. 列文式蒸发器

以上两种自然循环蒸发器，其循环速度不够大，一般均在1.5m/s以下。为使蒸发器更适用于蒸发黏度较大、易结晶或结垢严重的溶液，并提高溶液循环速度以延长操作周期和减少清洗次数，可在加热室上增设沸腾室。加热室中的溶液因受到沸腾室液柱附加的静压力的作用而并不在加热管内沸腾，直到上升至沸腾室内当其所受压力降低后才能开始沸腾，因而溶液的沸腾汽化由加热室移到了没有传热面的沸腾室，从而避免了结晶或污垢在加热管内的形成，这就是列文式蒸发器（图4-4-3）。除了上述自然循环蒸发器外，在蒸发黏度大、易结晶和结垢的物料时，还采用强制循环蒸发器。在这种蒸发器中，溶液的循环主要依靠外加动力，用泵迫使它沿一定方向流动而产生循环。

四、单程型蒸发器

单程型蒸发器的溶液在蒸发器中只通过加热室一次，不做循环流动即成为浓缩液排出。溶液通过加热室时，在管壁上呈膜状流动，故习惯上又称为液膜式蒸发器。根据物料在蒸发器中流向的不同，单程型蒸发器又分以下几种。

1. 升膜式蒸发器

升膜式蒸发器的加热室由许多竖直长管组成。常用的加热管直径为 25～50mm，管长和管径之比约为 100～150。如图 4-4-4 所示，料液经预热后由蒸发器底部引入，在加热管内受热沸腾并迅速汽化，生成的蒸汽在加热管内高速上升，一般常压下操作时适宜的出口汽速为 20～50m/s，减压下操作时汽速可达 100～160m/s 或更大些；故溶液被上升的蒸汽所带动，沿管壁成膜状上升并继续蒸发，汽液混合物在汽液分离器 2 内分离，完成液由分离器底部排出，二次蒸汽则在顶部导出。

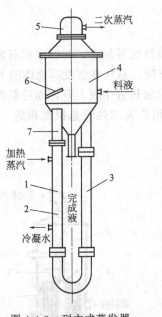

图 4-4-3 列文式蒸发器
1—加热室；2—加热管；3—循环管；4—蒸发室；5—除沫器；
6—挡板；7—沸腾室

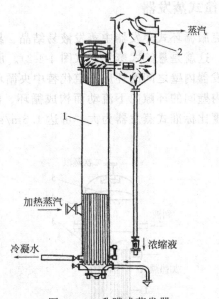

图 4-4-4 升膜式蒸发器
1—加热室；2—汽液分离器

2. 降膜式蒸发器

降膜式蒸发器和升膜式蒸发器的区别是：如图 4-4-5 所示，料液是从蒸发器的顶部加入，在重力作用下沿管壁成膜状下降，并在此过程中蒸发浓缩，在其底部得到浓缩液。由于成膜机理不同于升膜式蒸发器，故降膜式蒸发器可以蒸发浓度较高、黏度较大（例如在 0.05～0.45Ns/m² 范围内）、热敏性的物料。但因液膜在管内分布不易均匀，传热系数比升膜式蒸发器的较小，仍不适用易结晶或易结垢的物料。

由于溶液在单程型蒸发器中呈膜状流动，因而对流传热系数大为提高，使得溶液能在加热室中一次通过不再循环就达到要求的浓度，因此比循环型蒸发器具有更大的优点：①溶液在蒸发器中的停留时间很短，因而特别适用于热敏性物料的蒸发；②整个溶液的浓度，不像循环型那样总是接近于完成液的浓度，因而这种蒸发器的有效温差较大。其主要缺点是：对进料负荷的波动相当敏感，当设计或操作不适当时不易成膜，此时，对流传热系数将明显下降。

3. 刮板式蒸发器

如图 4-4-6 所示，料液经预热后由蒸发器上部加入，经转轴中部的分布盘，离心分布到蒸发器内壁四周，在重力和旋转刮板作用下，分布在内壁形成下旋薄膜，在下降过程中不断被蒸发浓缩，完成液由底部排出，二次蒸汽经汽液分离器，将二次蒸汽可能挟带的液滴或泡沫分离，二次蒸汽从上端的出口逸出。在某些场合下，刮板式蒸发器可将溶液蒸干，在底部直接得到固体产品。

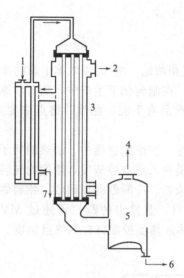

图 4-4-5 降膜式蒸发器
1—进料口；2—蒸汽进口；3—加热器；4—二次蒸汽出口；
5—分离器；6—浓缩液出口；7—冷凝水出口

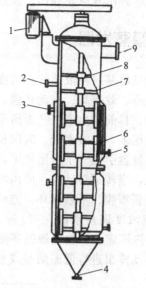

图 4-4-6 刮板式蒸发器
1—电机；2—进料管；3—加热蒸汽管；4—排料口；5—冷凝水排出孔；
6—刮板；7—分布盘；8—除沫器；9—二次蒸汽排出管

4. 真空减压浓缩器

真空减压浓缩器包括浓缩器、冷凝器、汽液分离器、冷却器、受液桶五部件，其中浓缩器为夹套结构，冷凝器为列管式，冷却器为盘管式结构。真空减压浓缩器适用于制药、食品、化工等行业对料液的浓缩，并且可作为回收酒精和简单的回流提取之用。

真空减压浓缩器采用真空加料。先开启真空泵，同时开启进料阀，使罐内液面不要超过罐身上的视镜，以保证一定的蒸发空间并可减少雾沫夹带。关闭加料阀后即可打开夹套蒸汽进入阀门，使罐内料液适当沸腾并开始蒸发（加热蒸汽经减压阀减至≤1.5kg/cm²后方可进入夹套）。为加快蒸发速度、降低蒸发温度可采用减压浓缩，其真空度由用户根据不同要求自行确定。在打开夹套蒸汽阀的同时，应开启冷却水进口阀。随着罐内料液的不断蒸发，液面下降。因此其加料可采用连续加料，以保证罐内液面不变动。也可间断加料。不管哪种，均可在操作中随时利用罐内真空进行加料。当操作完毕后，必须在完全排除真空或负压的情况下（即真空泵停止，排气管口上的阀门打开，p_1、p_2 真空表上无真空度），再进行人工操作，如打开出料口、出渣口、排液口等。

5. 离心薄膜蒸发器

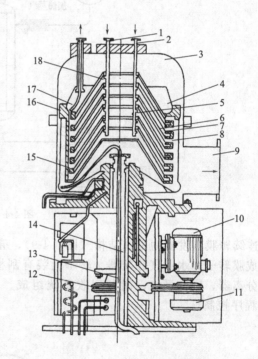

图 4-4-7 离心薄膜蒸发器
1—清洗管；2—进料管；3—蒸发器外壳；4—浓缩液槽；5—物料喷嘴；6—上碟片；7—下碟片；8—蒸液通道；9—二次蒸汽排出管；10—马达；11—液力联轴器；12—皮带轮；13—排冷凝水管；14—进蒸汽管；15—液液通道；16—离心转鼓；17—浓缩液吸管；18—清洗喷嘴

离心薄膜蒸发器的构造（图 4-4-7）与碟片式离心机相仿，但碟片具有夹层，内通加热蒸汽。操作时，通过旋转碟片产生的离心力，将料液分布于碟片的内表面，形成薄膜；碟片夹层内的蒸汽遂对此液膜进行加热蒸发；浓缩液则汇集于周边液槽内，由吸料管借真空将其吸出；二次蒸汽经碟片顶部空间汇集上升，进入冷凝器冷凝，并由真空泵抽出。加热蒸汽由底部空心转轴通入，经通道进入碟片夹层。

五、连续转膜蒸发器

连续转膜蒸发器是一种浓缩终点浓度可达99％的适用于液-液相浓缩、液-固相浓缩干燥的新型高效蒸发器，具有体积小、效率高、自动化强、耐粘结、无堵塞的特点。在制药化工生产中，蒸发浓缩是广泛又关键的工艺步骤。目前的生产工艺上所采用的蒸发浓缩设备，因产品有低温、黏性、终点浓度高等要求，还是采用浓缩釜居多，但效率低、时间长、能耗高。

连续转膜蒸发器引用分子蒸馏技术，采用负压下薄膜蒸发原理。在浓缩过程中，加热的转子布置了足够大的换热面积，当转子转动时，腔内料液在转子上均匀形成薄膜进入真空腔蒸发，浓缩物随转子浸入热料液腔洗掉并重新布膜，不断循环，连续蒸发。蒸发气体通过除沫器、冷凝器得到回收，物料终点固含量可达99％，终点浓度误差精确到＜1％。对较大量（一般＞2T/H）蒸发出的蒸汽可通过MVR蒸发器（图4-4-8）中蒸汽压缩机回收能源循环使用。同时，料液通过腔体加热面控温，控制终点温度。达到终点浓度时，料液自动排出进行低温结晶或直接干燥成粉体排出。

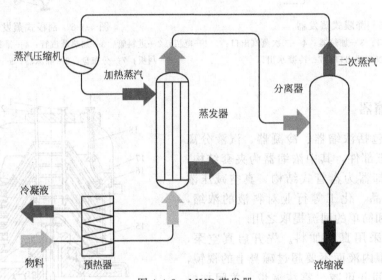

图 4-4-8　MVR 蒸发器

连续转膜蒸发器为卧式结构（图4-4-9），壳体上部有汽液分离腔，除沫器连接真空系统。内置大面积成膜转子和水蒸气分配器。转子上装有刮板，完成对物料刮削与推动出料。该设备由主机、除沫器、分离器、真空系统、能源回收系统组成。系统的液位、温度、压力、进料量、蒸发量等指标由PLC程序控制。

图 4-4-9　连续转膜蒸发器

除浓缩釜外，一般浓缩器以列管循环居多，特点是管内走料，管外加热，管内容易结疤、粘料、堵管。本设备特点是管内加热，管外接触物料，工作中有自清洗功能，因此不怕粘料，无堵塞，适用范围极广。具有蒸发效率高、耗能小、占地面积小、运行稳定、过程简单等特点。液相物料可直接浓缩成胶体或固体自动排出。

第五节　中药浓缩设备

一、概述

中药材的提取基本上都是采用水及乙醇为溶剂，其他如乙醚、氯仿等也有少量的应用。提取是一个溶解的过程，通过提取，药材中的有效成分溶解到溶媒中。因为药材的有效成分含量较低，需要先浓缩，提高药液中有效成分的浓度，再进入后续的制剂工序。

中药提取液的浓缩是通过溶媒蒸发从而提高溶液浓度，浓缩过程中的溶剂蒸发需要吸收大量的热量用于克服汽化潜热，所以，浓缩设备是中药生产中耗能最大的设备之一。浓缩能耗的大小取决于浓缩设备的选型与设备的节能性能。故浓缩设备的节能性能与指标是中药提取生产成本的关键因素之一。

二、中药浓缩设备的特点

中药生产存在品种多、各种成分复杂、物料量多少不一，加上药品生产的特殊要求，对浓缩器的结构方面也有特殊的要求。故中药成套浓缩设备与食品、化工、生物发酵等生产所用的浓缩器有很大的区别，主要区别有以下几点。

① 清洗更方便，确保无残留。因浓缩器用于不同的中药品种的生产，故在每次更换品种前需进行清洗。

② 浓缩温度可控。中药有效成分复杂，含有很多热敏性成分，浓缩温度的控制可以减少热敏性成分的破坏，对保持药品的疗效有至关重要的作用。

③ 溶剂回收效率高。中药的提取以及醇沉等都要大量地用到乙醇等有机溶剂，浓缩时有机溶剂被蒸发后需要进行冷凝回收。所以浓缩器通常都配有溶剂冷凝回收系统。

基于以上几点，所以对单一物料进行浓缩的升膜、降膜浓缩器虽然加热效果好，但在中药生产的浓缩里却比较少应用，主要原因是升膜或降膜浓缩器的加热管比较长，而中药的提取液浓缩比较大，所以容易造成管内壁结垢。

三、中药浓缩设备的分类

在中药生产中，浓缩设备种类较多，根据工艺具体需求分为以下 3 种。

（1）水提取液浓缩用的浓缩器

这类真空浓缩器有双（三）效外循环浓缩器（图 4-5-1）、MVR 浓缩器等；用于醇提取液浓缩和酒精回收用的浓缩器有双效外循环浓缩器、单效浓缩器等。

（2）醇沉液浓缩的浓缩器

该类设备主要有单效酒精回收浓缩器（图 4-5-2）。

（3）浓缩收膏的浓缩器

该类设备主要有（刮板）真空减压浓缩器（图 4-5-3）、球形浓缩器（图 4-5-4）以及夹层锅（图 4-5-5）等类型。

四、单效浓缩器

单效浓缩器适用于制药、食品、化工、轻工等行业液体物料的蒸发浓缩。具有浓缩时间短、蒸发速度快的特点，能较好地保持热敏性物料不被破坏。

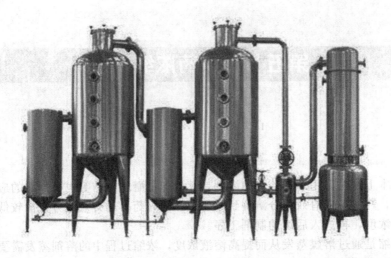

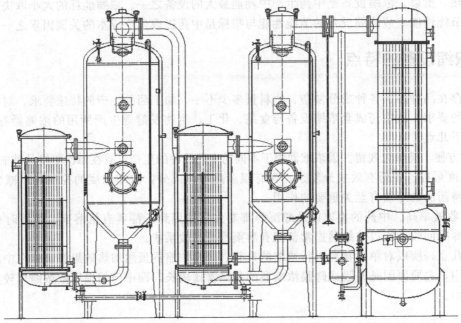

图 4-5-1　双效外循环浓缩器

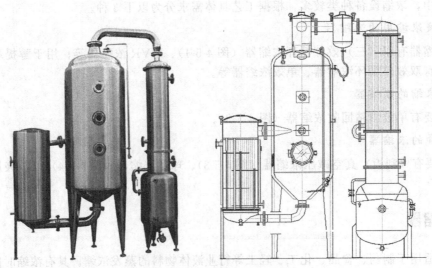

图 4-5-2　单效酒精回收浓缩器

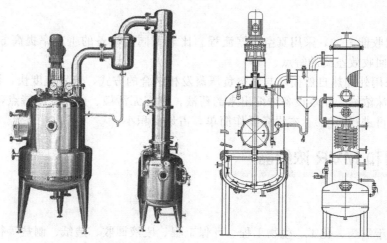

图 4-5-3　真空减压浓缩器

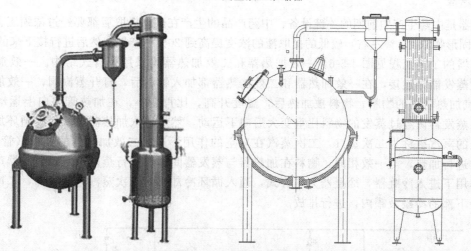

图 4-5-4　球形浓缩器图

1. 工作原理

蒸汽（锅炉蒸汽）进入一效加热室壳程将管程中料液加热，同时在真空的作用下，料液从喷管被切向吸入一效蒸发室，物料在单效浓缩器中失去了加热源，一部分物料在惯性和重力的作用下螺旋下降，同时另一部分水分在真空作用下蒸发，进入汽液分离器，螺旋下降的料液从蒸发室底部弯道回到加热室，再次受热又喷入蒸发室形成循环，蒸发室蒸发出来的二次蒸汽进入冷凝器，被循环冷却水冷凝，流入受水器经排水泵排出。往复多次，料液里的水不断被蒸发掉，浓度得以提高，直至浓缩到所需的相对密度后由出液（膏）口出液（膏）。

2. 结构与性能

单效浓缩器由加热室、分离器、除沫器、汽液分离器、冷凝器、冷却器、贮液桶、循环管等部件组成，整套设备采用优质不锈钢材料制成。加热室内部为列管式，壳程接入生蒸汽，加热列管内部的液体，加液室并配有压力表、安全阀，以确保生产安全。分离室正面设有视镜，供操作者观察料液的蒸发情况，后面人孔便于更换品种时清洗室内部，并设有温度表、真空表，以便观察掌握蒸发室内部的料液温度与负压蒸发时的真空度。

图 4-5-5　夹层锅

3. 特点

① 酒精回收。回收能力大，采用真空浓缩流程。比老型同类设备的生产率提高 5～10 倍，能耗降低 30％，具有投资小、回收效益高的特点。

② 浓缩液料。采用外加热自然循环与真空负压蒸发相结合的方式，蒸发速度快，浓缩比可达 1.3，液料在全密封状态无泡沫浓缩，用本设备浓缩出来的药液，具有无污染、药味浓的特点，而且清洗方便（打开加热器的上下盖即可进行清洗）。本设备操作简单，占地面积小。

五、双效浓缩器和 MVR 浓缩器

1. 双效浓缩器

双效浓缩器适用于制药、化工、生物工程、环保工程、废液回收、造纸、制盐等行业进行低温浓缩。

（1）基本原理

双效浓缩器是中药生产中前期的关键设备，中药产品的生产在药材提取后都要经过浓缩工艺，使提取后得到的浓度（固形物浓度 1％ 左右）较低的提取液的浓度提高到 20％～35％，然后进行接下来的工艺处理。

双效浓缩器的工艺流程见图 4-5-6，一效加热器和二效加热器均采用列管式结构。一效加热器上部和下部均与一效蒸发器相连接，在一效加热器和二效加热器都加入物料后，打开蒸汽阀，一效加热器的壳程（管外）通蒸汽加热管内的物料，物料被加热后，温度升高，比重变小，在加热管内向上运动后进入蒸发器进行蒸发，蒸发器内经过蒸发的物料比重变大后向下运动，然后进入加热器内，如此循环加热蒸发。一效蒸发器产生的蒸汽被称为二次蒸汽，二次蒸汽在真空的作用下进入二效加热器的壳程（管外），对二效加热器列管内进行加热，与一效相同，物料在加热器与蒸发器间循环进行蒸发。二效蒸发器产生的二次蒸汽在真空的作用下进入冷凝器，冷凝器为列管式，通入循环冷却水对二次蒸汽进行冷却，二次蒸汽凝结成流体后流入最下部的冷凝液罐内，进行排放。

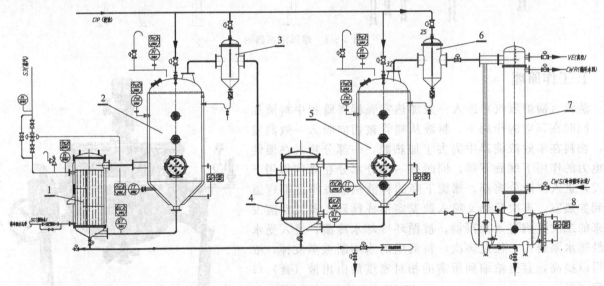

图 4-5-6 双效浓缩器带控制点的工艺流程图

1—一效加热器；2—一效蒸发器；3—一效汽液分离器；4—二效加热器；5—二效蒸发器；6—二效汽液分离器；7—冷凝器；8—冷凝液罐

由于利用了一效产生的二次蒸汽对二效的物料加热蒸发，与二次蒸汽被直接冷凝相比，双效浓缩器更节能，按蒸发 1t 水来计算，单效浓缩器的蒸汽消耗 1.1t，而双效仅消耗蒸汽 0.55t，同时循环水的用量也减少一半左右。当然，三效浓缩器又比双效浓缩器的节能效果更好。

（2）基本结构

浓缩设备是蒸发类的设备，需要满足对药材进行浓缩、回收溶剂等功能，如图 4-5-6 中所示，有对药液进行加热的加热器,加热后的药液进行蒸发的蒸发器,防止产生泡沫后带走药液的汽液分离器,回收溶剂用的冷凝器、冷却器及收集罐等。收膏类浓缩器的加热采用的是在蒸发器外的夹套加热,所以加热器与蒸发器为一体式。还有一种盘管式浓缩器则是将加热器置于蒸发器内的下部制成一体式的形式。

2. MVR 浓缩器

MVR 是蒸汽机械再压缩技术(mechanical vapor recompression)的简称。在环保领域中,可用于工业废水的浓缩和循环再利用,如电镀行业、涂料生产行业、医药和农药行业、金属加工行业、造纸行业和原油生产行业等污水处理。在化工工业中,可用于生产空心纤维分子工艺用水的处理,香料提纯,亚氯酸钠和过硫酸钠等化工原料的生产,有机添加剂的浓缩和洁净等。在制药行业可用于化学药品的蒸发、浓缩、结晶和干燥,中药的浓缩。其他如食品行业、制酒行业、牛奶行业等都有应用。

(1)基本原理

MVR 是重新利用自身产生的二次蒸汽的能量,从而减少对外界能源的需求的一项节能技术。早在 20 世纪 60 年代,德国和法国已成功地将该技术用于化工、食品、造纸、医药、海水淡化及污水处理等领域。

MVR 浓缩器的运行过程:溶液在一个降膜蒸发器里,通过物料循环泵在加热管内循环。初始蒸汽用新鲜蒸汽在管外给热,将溶液加热沸腾产生二次蒸汽,产生的二次蒸汽由涡轮增压风机吸入,经增压后,二次蒸汽温度提高,作为加热热源进入加热室循环蒸发。正常启动后,涡轮压缩机将二次蒸汽吸入,经增压后变为加热蒸汽,就这样源源不断进行循环蒸发。蒸发出的水分最终变成冷凝水排出。在多效蒸发过程中,蒸发器某一效的二次蒸汽不能直接作为本效热源,只能作为次效或次几效的热源。如作为本效热源必须额外给其能量,使其温度(压力)提高。蒸汽喷射泵只能压缩部分二次蒸汽,而 MVR 蒸发器则可压缩蒸发器中所有的二次蒸汽,从蒸发器出来的二次蒸汽,经压缩机压缩,压力、温度升高,热焓增加,然后送到蒸发器的加热室当作加热蒸汽使用,使料液维持沸腾状态,而加热蒸汽本身则冷凝成水。

这样,原来要废弃的蒸汽就得到了充分的利用,回收了潜热,又提高了热效率,生蒸汽的经济性相当于多效蒸发的 30 效。为使蒸发装置的制造尽可能简单和操作方便,经常使用单效离心再压缩器,也可以采用高压风机或透平压缩器。

(2)基本结构

MVR 浓缩器由单效或双效蒸发器、分离器、压缩机、真空泵、循环泵、操作平台、电气仪表控制柜及阀门、管路等系统组成,结构非常简单。MVR 的核心设备是压缩机系统,主要是压缩水蒸气,目前国内普遍采用整体撬装式的离心风机、罗茨压缩机和高速离心压缩机,配备有密封系统、润滑系统、油冷系统、控制监测系统、驱动系统。

(3)特点

① MVR 蒸发器每蒸发 1t 水消耗 25~70kW·h 电量,而常规蒸发器消耗 1.25t 生蒸汽,三效蒸发器消耗约 0.4t 生蒸汽。对同一种溶液,MVR 能源消耗量和生产成本显著低于常规蒸发器,是一种高新节能蒸发技术。

② MVR 蒸发器没有冷却水消耗,公用工程配套少,可以节省 90% 以上的冷却水。MVR 蒸发器比常规蒸发器更节水更环保。

③ MVR 蒸发器使用清洁能源,没有任何污染。系统只要有电就可以运行,采用的是工业电源,没有任何二氧化碳排放的问题。不用蒸汽,不用锅炉,不用烧煤和油,不用烟囱,不用冷却水,没有 CO_2 和 SO_2 的排放。

④ MVR 蒸发器应用范围广,所有常规蒸发器应用的领域都适用于 MVR 蒸发器,MVR 蒸发器蒸发温度低、温差小,更适合于热敏性溶液。溶液在蒸发器内流程短,且停留时间短,溶质不宜变质。

⑤ MVR 蒸发器采用全自动电脑控制,并且可以在低负荷下稳定运行,自动化程度高,人力成本低;可通过 PLC、工业计算机(FA)、组态等形式来控制系统温度、压力、马达转速,保持系统蒸发平衡。

⑥ MVR 蒸发器不属于压力容器范畴。传统多效蒸发器在使用时,操作人员必须持有压力容器使用资格证,且需要按照国家相关标准进行申报、审批、安检等程序,而 MVR 蒸发器只利用电能,不需要安监部门的监管。

⑦ MVR 蒸发器是国家发改委科委节能技术推广项目,符合国家节能减排和环保高新技术推广范围,政府有专项资金支持。

⑧ MVR 蒸发器建设成本比常规蒸发器高 2～3 倍，但是由于节约能源，运行成本低，一般运行 2 年的节能费用可以抵消前期建设投资。

六、热泵双效浓缩器

热泵双效浓缩器不仅适用新建厂，还可以对原中药厂使用的普通双效浓缩器和单效浓缩器进行技术改造，在保持原蒸发量不变的情况下，达到显著节能和节水效果。

1. 工作原理

一效蒸汽除作为二效热源外，还通过低噪声热压泵将其中的部分蒸汽再压缩作为一效热源，使蒸发过程的蒸汽耗量大大降低，节约能源。

2. 结构组成

热泵双效浓缩器由热泵系统、一效加热室、一效蒸发室、二效加热室、二效蒸发室、冷凝器、受液罐、系统管阀件。

3. 特点

由于使用了热泵，第一效蒸发量为总蒸发量的 65％～70％，第二效蒸发量为总蒸发量的 30％～35％；而普通双效浓缩器的一、二效蒸发量相同。采用带热泵的蒸发器，使第二效蒸发量减少约 35％，使冷却末效蒸汽所用的冷却水节省约 30％。第一效的加热蒸汽温度大幅降低。中药用普通双效浓缩器第一效由于只使用锅炉供给的蒸汽，其加热温度最低只能到 105℃，由热泵产生的锅炉蒸汽和第一效部分二次蒸汽混合后组成的混合汽的温度为 90℃左右，实现了第一效的低温加热，其蒸发温度为 75℃，由此可见，热泵型二效实现了低温加热和低温蒸发，适用于热敏性物料。

七、三效浓缩器

三效浓缩器适用于制药、食品、化工、轻工等行业液体物料的蒸发浓缩。具有浓缩时间短、蒸发速度快的特点，能较好地保持热敏性物料不被破坏。此外，一效二次蒸汽作为二效的热源给物料加热，再次利用热能，提高利用率，能有效节能。

三效浓缩器在一、二效分离器内隔板隔出顶部与内腔相通的蒸汽腔，蒸汽腔底部接直管与下一级加热器连接，为二次或三次蒸汽管。蒸汽从分离器顶部进入蒸汽腔，直接进入下一级加热器。因蒸汽腔的横截面比一般蒸汽管大得多，直管通入下一级加热器无折转，距离近，大大降低了蒸汽阻力，增加了流量，提高了分离效率。且因蒸汽腔是位于分离器内，减少了引出蒸汽的热量损失。一效加热器的疏水管通入分离器的冷凝室，冷凝水从其下排出，避免了蒸汽损失，也解决了疏水器的噪声和污染。下联管前端设有清洗手孔，便于清洗加热器底部边角的残留物。各分离器有独立进料口，便于观察和控制进料流量。三组加热器和分离器按扇形排列布置，缩短了设备总长度，便于操作。

第六节　干燥设备

一、概述

干燥设备利用热能、电能、微波能等，将各种物料如中药材、原料药、湿颗粒等进行干燥，得到固体物料，并使物料内部水分达到要求。

自然干燥是药厂最古老而又最简单的干燥，随着科技的发展自然干燥远远不能满足人们的日常生活和生产发展需要，各种机械化干燥设备越来越广泛，被称之为烘干机。进入 21 世纪，烘干机不断向高品质、低能源、环保、降低劳动力方向发展。

二、干燥设备的分类

干燥分人工干燥和自然干燥两种。所有人工干燥过程都需要消耗能源，即需要将热量传递给被干燥的物料；而传热方式主要包括导热、对流、辐射三种，其中，对流干燥（也称气流干燥）是应用最广泛的一种干燥方式。欲实现对流干燥，必须提供湿度相对较低、温度相对较高的气体作为干燥气源，而提供该气源的系统称为干燥动力源系统。目前，热风炉或蒸汽换热器为气流干燥中主要的干燥动力源系统，这两种方式热效率低、污染严重。作为一种将热管节能技术与热泵节能技术紧密结合的新型高效节能型干燥动力源系统，其既具有热管换热系数高、等温性好、热流方向可逆、环境适应性强、使用方式灵活、温度适用范围广的特性；也具有热泵以消耗少量电能或燃料能为代价将大量无用的低热能变为有用的高热能，制冷制热双重功能的特性。根据干燥设备的结构形式，可以分为喷雾干燥设备、气流干燥设备、流化床干燥设备、滚筒式干燥设备以及各类箱式干燥设备（如带式翻板干燥机、热风循环烘箱、真空干燥箱等）。当然，发展到现在也出现了一些组合式干燥设备，如微波真空、隧道式微波、带式真空等干燥设备。

由于干燥设备类别较多，在其用途上也有所区别。其中可用于滤饼态的原料药干燥的是气流干燥机；用于固态的原料药干燥或溶剂回收的是双锥式回转真空干燥机或耙式真空干燥机；能够将液体直接制备成粉末的是喷雾干燥机，适合制剂湿颗粒批次干燥或连续干燥的是流化床干燥器，适合粉针剂制备是冷冻干燥机。每个设备的具体用途将在本节单个设备的介绍中进行详细阐述。

三、热风循环烘箱

热风循环烘箱属盘架式间歇干燥，是通用性较大的设备。适用于制药、化工、食品等行业的物料成品、半成品的除湿、固化乃至灭菌的单元操作。整个热风循环系统大部分热风在箱体内循环，传热效率高，节约能源，内部温差小。温度自动控制，操作维护方便，符合 GMP 要求。

1. 基本原理

一般用蒸汽或电作为热源（蒸汽散热器或电加热元件产生热量），利用风机进行对流换热，对物料进行热量传递，并不断补充新鲜空气和排除潮湿空气。干燥期间箱内能保持适当的相对湿度和温度。

2. 国内外生产使用现状

热风循环烘箱是通用的干燥产品，1978 年由原江苏武进干燥设备厂最先制造生产，其配用低噪声耐高温轴流风机和自动控温系统，整个循环系统全封闭，热效率从传统的烘房 3％～7％提高到 35％～45％，成为国内首创产品。后经过三次不断改进升级，热效率可达 50％以上。为我国节约了大量能源，提高了经济效益，1990 年由国家医药管理局发布了行业标准，统一型号为 RXH。后经过 2004 年、2011 年对此产品的行业标准进行了修订。目前，大多数厂家仍沿用 20 世纪 80 年代的 CT-C 叫法。

3. 基本结构

本设备主要由主体、蒸汽散热器或电加热、轴流风机、烘车、烘盘、控制柜等组成。箱内左右两侧装有控制气流均衡流动的调风板，可使箱内上下各部温度均匀，减少温差。在箱顶上部留有进气口和排湿口，使箱内潮湿空气及时排出，补充新鲜空气，加快物料干燥速度。箱体上部装有电气控制系统，有控制器、数字显示温度控制仪，显示和自动控制箱内工作温度。其结构示意如图 4-6-1 所示。

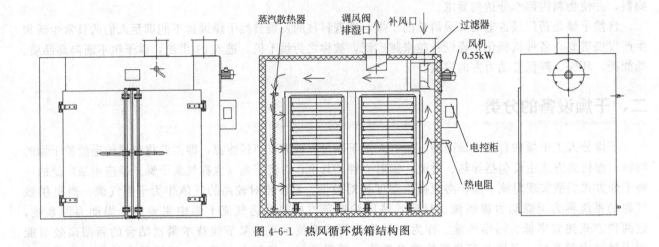

图 4-6-1　热风循环烘箱结构图

4. 特点

大部分热风在箱内进行循环，从而增强了传质与传热，节约了能源。

四、热管热泵热风循环烘箱

热管热泵热风循环烘箱适用于干燥胶囊、中药丸、中药材等。

1. 基本原理

该类干燥设备为动态工作系统，两类不同物质同时处于运动状态：一是热泵机组内工质周而复始地循环，实现热量传递；另一是给定状态的空气在系统内往复封闭循环，带走中药丸、胶囊等的热量及水分。图 4-6-2 为热管热泵热风循环烘箱原理图。该设备的最大特点是能够精确控制干燥期间箱内相对湿度和温度，应用于热风对流干燥场合和过程中，具有降低能耗、干燥速度快、效果好等优点。

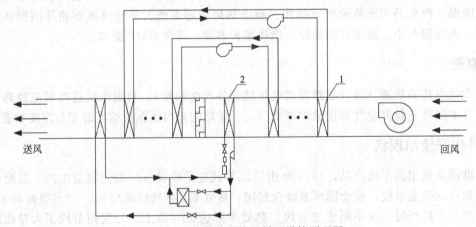

图 4-6-2　热管热泵热风循环烘箱原理图
1—内外复合式两相流热管冷量回收子系统；2—压缩制冷子系统

2. 基本结构

本设备将动力室与干燥室联为一体，如图 4-6-3 所示，其无需消耗任何冷气（水）及热气（水），只需少量电能便可完成中药丸的干燥工艺。干燥动力源系统由热管节能技术与热泵节能技术有机结合而形成。

图 4-6-4 为其实物图。

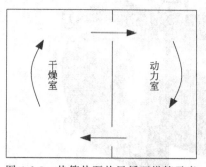

图 4-6-3　热管热泵热风循环烘箱示意

图 4-6-4　热管热泵热风循环烘箱实物

3. 特点

使用该机与使用原有干燥方式相比，具有下列特点：①大幅度降低了能耗，不仅大大节约了不可再生能源，也减轻了环境污染。②实现了温湿度逐渐变化的干燥过程，大大缩短了干燥周期。③进一步提高了产品的质量指标，改善了卫生条件，实现了封闭循环，使外界环境的污染大幅度减轻。④干燥后的产品含湿量更为均匀一致。⑤该设备包括动力源在内占地面积仅 $4.8m^2$，大大减少了占地面积。⑥噪声大幅度降低，操作人员的工作环境改善。⑦操作简便易学，避免了人为因素产生的干燥质量问题，也避免了各种随机因素（如外界环境温度、锅炉供汽情况等）对干燥质量的影响。⑧本机组容量较大，每批次可满足 500kg 中药丸的干燥需求。

五、真空干燥箱

1. 基本原理

真空干燥，又名解析干燥，是一种将物料置于负压条件下，并适当通过加热达到负压状态下的沸点或者通过降温使得物料凝固后通过熔点来干燥物料的干燥方式。我们经常将真空干燥方式分为通过沸点和通过熔点两种。真空干燥机使物料内水分在负压状态下的沸点随着真空度的提高而降低，同时辅以真空泵间隙抽湿降低水汽含量，使得物料内水等溶剂获得足够的动能脱离物料表面。如采用冷凝器，物料中的溶剂可通过冷凝器加以回收。

真空干燥过程受供热方式、加热温度、真空度、冷却剂温度、物料的种类和初始温度及所受压紧力大小等因素的影响，通常供热有热传导（如蒸汽、热水）、热辐射和两者结合三种方式。热传导（如蒸汽、热水等）是常用的加热方式，随着技术的不断发展，也有带微波功能的或直接电加热辐射功能的真空干燥箱。

2. 国内外生产使用现状

真空干燥箱为较传统的干燥装置，主要用于中药浸膏以及原料药中热敏性物料的干燥。传统的干燥箱内被盘管或加热板分成若干层。盘管或加热板中通入热水或低压蒸汽作为加热介质，将铺有待干燥药品的料盘放在盘管或加热板上，关闭箱门，箱内用真空泵抽成真空。盘管或加热板在加热介质的循环流动中将药品加热到指定温度，水分即开始蒸发并随抽真空逐渐抽走。此设备易于控制，可冷凝回收被蒸发的溶媒，干燥过程中药品不易被污染。缺点是干燥速度慢，工人劳动强度大，不易对料盘进行在线清洗和在线灭菌，药品干燥均一性不易控制，而且还需增加后道工序。

3. 基本结构和基本工作过程

真空干燥箱根据其外形可分为方形和圆形两种，如图 4-6-5 和图 4-6-6 所示。

图 4-6-5　方形真空干燥箱

图 4-6-6　圆形真空干燥箱

典型的工艺流程图见图 4-6-7。

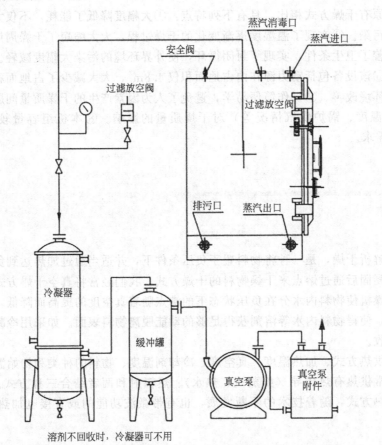

溶剂不回收时,冷凝器可不用

图 4-6-7　真空干燥箱系统

六、微波真空干燥设备

微波真空干燥设备是微波能技术与真空技术相结合的一种新型微波能应用设备,它兼备了微波与真空干燥的一系列优点,克服了常规真空干燥周期长、效率低的缺点,在一般物料的干燥过程中,具有干燥产量高、品质好、加工成本低等优点。微波真空干燥设备集电子、真空、机械、热力等为一体。微波真空干燥设备根据结构特点分为箱式微波干燥设备和带式微波真空干燥设备。

微波真空干燥设备主要应用于高附加值且具有热敏性的物料的脱水干燥;在制药行业,微波真空干燥设备主要用于大批量中药药丸、颗粒、浸膏等固态制剂的低温干燥。

1. 基本原理

微波真空干燥设备是利用微波能在真空状态下对物料进行干燥的一种设备。它是微波能在真空中的应用，属于物料低温干燥的一种。微波是频率在 300MHz～300GHz 的电磁波。被加热的介质物料中的水分子是极性分子，极性水分子在快速变化的高频电磁场的作用下，其极性取向将随着外电场的变化而变化，造成分子的运动和相互摩擦效应，也就是所谓的加热效应。微波加热主要使水分子在微波交变电磁场的作用下，引起强烈的极性振荡摩擦，产生热量，达到干燥物料的目的。

2. 基本结构

（1）箱式微波真空干燥设备结构

箱式微波真空干燥设备由微波发生器、真空干燥腔、物料转盘机构、真空系统及控制等系统组成。设备的主要部件均采用不锈钢制造，符合制药设备 GMP 标准。整机采用模块化设计，清洗、装拆、检修均很方便。图 4-6-8 为该设备的结构示意；图 4-6-9 为该设备的实物图。

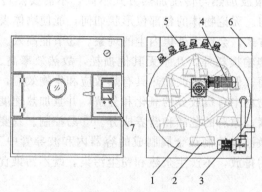

图 4-6-8　箱式微波真空干燥设备结构示意
1—干燥腔；2—物料盘；3—真空系统；4—转盘机构；
5—微波发生器；6—微波电源箱；7—电控系统

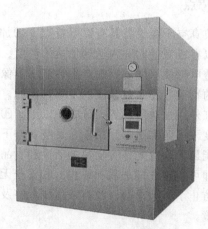

图 4-6-9　箱式微波真空干燥设备外形

微波发生器由微波磁控管及微波电源组成。其特点是功率选择灵活、加热均匀、操作简便。微波发生器由多个独立供电的控制电路组成，每个微波电源均有一个独立的短路、过载保护装置控制，可根据用户需求分别工作。物料干燥腔是由不锈钢加工而成的，符合国家 GMP 卫生标准。物料转盘机构是由聚丙烯材料加工而成，使物料在真空干燥腔内做圆周运动，保证每个物料盘中物料的均匀性，保证有良好的干燥效果。

电气系统采用国外先进的 PLC 触摸屏进行程序化控制，测温配备红外辐射测温仪，测温准确，性能稳定；可设置温度控制点，可实现温度自动调节，也可连续调节真空度，精确控制产品的质量。

（2）带式微波真空干燥设备结构

带式微波真空干燥设备是利用微波技术与真空低温干燥技术相结合，采用自动进出料装置，且在设备的真空腔内设置输送机构，使物料的干燥处于连续状态；在罐体上设置微波加热系统，根据物料干燥的时效因素及均匀性来布置其微波馈口，有效地利用了微波能源，并在罐体上通过真空泵及真空管道对设备的罐内抽真空，以期达到在真空的状态下进行微波干燥。该设备主要是从生产能力、微波的合理利用、物料的干燥速度以及设备的空间利用率等角度出发，有效地解决了现有技术中存在的物料干燥过程中产量不高，并为制药工艺下道工序的连续作业提供了保障。可广泛适用于制药、食品、化工、纸制品等领域的连续生产线中。

该设备主要由干燥腔体、微波加热系统、输送系统、进料布料系统、出料粉碎系统、冷却系统、真空系统、CIP 清洗系统、电气控制系统等组成，如图 4-6-10 所示。其中微波加热系统由多个单独微波控制系统组成，微波源功率可调，可根据温度反馈进行闭环控制；电气控制系统采用 PLC 触摸屏进行程序化控制，测温配备红外辐射测温仪，测温准确，性能稳定；可设置温度控制点，可实现温度自动调节，也可连续调节真空度，精确控制产品的质量。

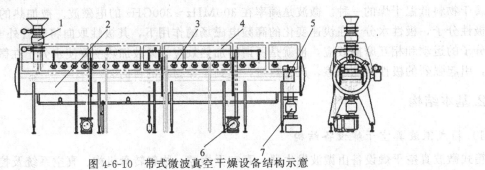

图 4-6-10　带式微波真空干燥设备结构示意

1—进料机构；2—真空加热腔；3—微波发生器；4—微波电源；5—传动机构；6—真空系统；7—出料机构

3. 特点

微波真空干燥设备具有以下特点：①加热迅速。微波加热与传统加热方式不同，不需要热传导的过程，可以在极短的时间内达到加热的温度。②加热均匀。无论物体的各部位形状如何，能使物体表里同时均匀渗透电磁波（微波）而产生热能。不像传统加热方式，会产生外焦内生的现象。③节能高效。由于含有水分的物质容易吸收微波而发热，因此，除少量的传输损耗外，几乎无其他损耗，故热效率高、节能。它比远红外线加热节能约三分之一以上。④防霉、杀菌、保鲜。微波加热具有热效应和生物效应，能在较低的温度下灭菌和防霉。由于在真空状态下，避免了物料中有机成分的氧化和分解，并且加热速度快、时间短，能最大限度地保存物料的活性和食品中的维生素、原有的色泽和营养成分。⑤易控制。只要控制微波功率即可实现立即加热和终止。⑥安全无害。由于微波是控制在金属制成的容器内和波导管中工作的，有效地防止了微波泄漏。没有放射线危害及有害气体的排放，不产生余热和粉尘污染，既不污染食物也不污染环境。

七、隧道式微波干燥灭菌设备

隧道式微波干燥灭菌设备主要应用于具有热敏性的农副产品、保健品、食品、药材、果蔬、化工原料等的脱水干燥。在制药行业，该设备适用于药厂大批量中药药丸、颗粒、粉末等固态制剂的干燥；还可适用于制药厂大批量口服液的灭菌。

1. 基本原理

隧道式微波干燥加热技术是依靠以每秒几亿次速度进行周期变化的微波穿透物料内，与物料的极性分子相互作用，物料中的极性分子（水分子）吸收微波后，改变其原来的分子结构以同样的速度做电场极性运动，致使彼此间频繁碰撞产生大量的热能，从而使物料内部在同一瞬间获得热能而升温，相继产生热化、膨化和水分蒸发，从而达到加热干燥的目的。

微波灭菌是利用电磁波的热效应和生物效应共同作用的结果。生物细胞是由水、蛋白质、核酸、碳水化合物、脂肪等复杂化合物构成的一种凝聚态介质。该介质在强微波场的作用下，温度升高，其空间结构发生变化或破坏，蛋白质变性，从而失去生物活性。

2. 基本结构

隧道式微波干燥灭菌设备是由微波加热器、微波发生器、微波抑制器、机械传输机构、冷却系统、排湿系统及控制操作系统等组成。其中微波加热器是由多个单元加热箱组成，每个单元由不同数量的微波管组合工作。在设备的进出口均装有微波抑制器，保证微波泄漏符合国家安全标准。传送机构采用聚四氟乙烯输送带，其速度调节为无级变频调速。排湿系统是将干燥时蒸发出的水分排出室外。设备的主要部件均采用不锈钢制造，符合制药设备 GMP 标准。图 4-6-11 为该设备的外形图。

图 4-6-11　隧道式微波干燥灭菌设备外形图

隧道式微波干燥灭菌设备可根据物料产量的要求增加或减少微波加热箱，微波输出功率也随之改变。设备还可根据物料的要求增加或减少输送的层数，以满足物料的均匀性。

整机采用可编程控制器 PLC 控制，人机界面操作，可设置干燥温度、输送带速、排湿量等参数。

3. 特点

隧道式微波干燥灭菌设备除具有微波真空干燥设备的优点外，还有如下优点：①整机采用模块化设计，清洗、装拆、检修均很方便。②在设备的进出口均装有微波抑制器，保证微波泄漏符合国家安全标准。③每个单元加热箱内有多个微波输入馈能口，先进的设计使馈能口之间相互干扰极小。

八、双锥回转式真空干燥机

双锥回转式真空干燥机多用于原料药中粉状、结晶状、粒状等热敏性物料的混合与干燥，还可用于部分溶液的浓缩及物料的消毒、灭菌等。

1. 基本原理

双锥回转式真空干燥机是将被干燥物料置于真空状态下，通过干燥容器夹套热媒间接加热，使物料达到干燥的目的，其是在动态真空下完成干燥过程的。本机在干燥过程中容器整体缓慢旋转，不断翻动被干燥物料表面，加速被干燥物料所含液体的蒸发，蒸发气体被不断通过真空泵排出容器，若排出液体需回收，可加回收装置予以回收。容器整体转动设有正、反转，并可定时换向，从而充分利用容器内整个的传热面积，以提高干燥效率。

2. 国内外生产使用现状

20 世纪 80 年代初宝鸡化机厂首先制造了双锥回转式真空干燥机，并在东北制药总厂使用。同时，上海医药工业研究院开发了适合无菌生产的双锥回转式真空干燥机，用于华北药厂青霉素干燥，解决了真空引出管与旋转轴之间的在位清洗（CIP）及在位灭菌（SIP）问题。此外还配套了可在真空下回收蒸发溶剂的低温冷凝器。至此，该装置在医药行业获得了大力推广。在此基础上还开发了单轴型回转真空干燥机，即由单一转轴支撑筒体，使筒体留在无菌区而将传统系统移至无菌区外，从根本上消除了污染源。

目前，此设备对要求残留挥发物含量极低的物料，需回收溶剂和有毒气体的物料，有强烈刺激、有毒性的物料，不能承受高温的热敏性物料，容易氧化、有危险的物料，对结晶形状有要求的物料等仍然有很多需求，在技术上、产品的制造上都较以前有很大的改观。

3. 基本结构

（1）基本结构

双锥回转式真空干燥机系统由主机、冷凝器、缓冲罐、真空抽气系统、加热系统与控制系统等组成。就主机而言，由回转筒体、真空抽气管路、左右回转轴、传动装置与机架等组成。如图 4-6-12 所示为该设备的主机结构示意。

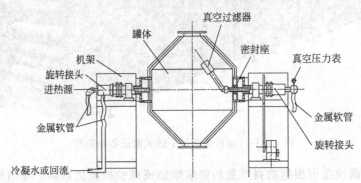

图 4-6-12 双锥回转式真空干燥机主机结构示意

（2）工艺流程图（以热水加热为例）

在实际应用过程中，由于各厂家生产原料药特性不同，这就导致了其工艺流程也有所不同。目前，根据其加热方式以及溶剂回收状况的不同，有二种典型的工艺流程：一是蒸汽加热、不需要回收溶剂工艺流程；二是热水加热、溶剂回收工艺流程。图 4-6-13 是热水加热型工作系统的流程示意。

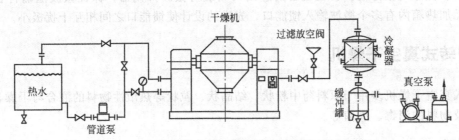

图 4-6-13 双锥回转式真空干燥机工作系统（热水加热）

4. 特点

①筒体不断旋转、物料加热表面得以更新；②间接加热，不会被污染，符合 GMP 要求；③热效率高，比一般烘箱提高 2 倍以上；④筒体转速可根据用户需求进行无级调速或变频调速；⑤恒温控制，温度可由数显显示；⑥具备皮带、链条两级弹性联接方式，因而运行平稳；⑦特别设计的工装，能确保左右回转轴的良好同心；⑧热媒及真空系统均采用可靠的旋转接头；⑨当需干燥黏性物料时，还可在回转筒内特别设计"抄板"结构或设置滚珠；⑩加热系统可有多种菜单选择，即热媒介质可在高温导热油、中温蒸汽及低温热水中选择。

九、耙式真空干燥机

耙式真空干燥机主要用于原料药、中间体、中药制品等粉体物料的干燥，尤其适用于热敏性、黏性、低温、易燃、易爆物料的干燥和批次清场。

由于传统的耙式真空干燥机清洗不便，逐渐不符合 GMP 的要求。随着新技术的不断发展，出现了全开式耙式真空干燥机，解决了此类设备的清洗、卫生问题，它是一种高效、洁净的新型真空干燥机。在此，着重介绍全开式耙式真空干燥机，如图 4-6-14 所示。其前门快开、动态搅拌，具有不结块、易清场、满足药品生产 GMP 要求的特点，广泛用于制药领域中原料药的生产和溶剂的回收。

1. 工作原理

区别于传统的耙式真空干燥机，该设备筒体、前门、后盖、转子均有热源加热。待干燥的物料在设备腔内，在 PLC 程序控制下，通过转子带动刮板对内壁黏结的物料进行刮削同时翻动物料做不规则正反方向运行，物料在转子、前门、筒体及后盖均匀有效地换热，转子转动同时对物料的块状物进行拍打粉碎。干燥时，被蒸发的气体通过热态捕集器由真空泵吸入到冷凝器中进行回收，干燥好的物料通过无死角出料阀自动推出。

图 4-6-14　全开式耙式
干燥机外形图

2. 基本结构

该设备为卧式筒体结构，有洁净区隔离板。筒体设有快速开启的前门。搅拌带刮削转子。转子、前门、后盖、筒体、捕集器均有热源加热。转子刮板与内壁距离＜3mm，配有热态捕集器、无死角自动出料阀、在线取样器、主轴密封在线清洗装置等。

3. 特点

①干燥速度快，高效节能、物料不结块、不起球、物料受热均匀。②整机包括捕集器与物料接触加热的各部分无温差，无结露回流现象。③进、出料实现密闭对接，全过程实现自动化操作。④干燥温度低，解决热敏性物料的干燥。⑤真空条件下隔绝物料与空气中氧气的接触，避免一些物料的氧化反应。⑥对含有化学溶剂的物料，真空系统非常容易进行回收重复利用。⑦前门快开，易清洁。

十、滚筒式干燥设备

滚筒式干燥设备适用于制药、食品、粮食加工、化工、饲料等颗粒状、卷层状、小块状物料的干燥，尤其适用于中药小丸的干燥。

1. 基本原理

滚筒式干燥设备由热风机将洁净空气经加热器加热到工艺要求的温度后，热风通过转筒小孔与转筒内物料进行充分的传热、传质，在短时间内使物料得到干燥，干燥后的余热空气经除尘器、空气过滤器净化后进入热风机，在热风机入口处设有新鲜空气补充阀，在热风机出口处设有湿空气排放阀，以调节循环系统内的温度、湿度。热空气循环系统充分利用余热提高热效率。转筒由开有小孔的孔板制成，转筒在传动机构带动下可做正、反转运动，转筒的转数可随意调整。物料由转筒一端进入，转筒内设有导料板，干燥后的物料在导料板的作用下由转筒另一端排出。

2. 基本结构

滚筒式干燥设备是由主机转筒、传动机构、风室、热风机、加热器、除尘机构（布袋除尘器或旋风分离器）、空气过滤器、电气控制系统、温湿度变送器等部分构成，如图 4-6-15 所示。整机采用可编程控制器 PLC 控制，人机界面操作，可设置干燥温度、输送带速、热风风压及排湿分压等参数。

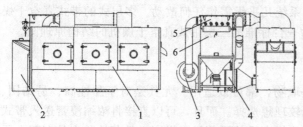

图 4-6-15　滚筒式干燥设备结构示意
1—转筒；2—传动机构；3—热风机；4—热交换器；
5—风室；6—除尘机构

3. 特点

①能够设定适宜的干燥条件。可任意设定干燥各阶段的温度、湿度，所以能获得理想的干燥产品。②装置小、处理量大。用通风的方式送入大量热风，

被干燥的物料可装到转筒容积的 20%～30%。③由于转筒的转动，使物料在运动状态下进行干燥，受热均匀，干燥速度快，物料形状完整，成品率高。特别对于需要长时间干燥的物料效果明显。另外由于送风量大，即使温度较低也能高效进行干燥。④结构简单，维护、管理容易，方便在线清洗。⑤运行中最大限度地利用余热。

十一、带式真空干燥机

带式真空干燥机广泛用于液状、粉料以及颗粒料的低温真空连续干燥和造粒，如大批量丸剂、片剂、蔬菜、农产品、化工类物料的干燥。对中药饮片等含水率高而物料温度不允许过高的物料尤为适合，对脱水滤饼类的膏状物料，经造粒或制成棒状后亦可干燥。

1. 基本原理

带式真空干燥机是一种连续进料、连续出料形式的接触式真空干燥设备，待干燥的物料经送料机构进入处于高度真空的干燥机内部，通过布料系统将物料均匀摊铺在干燥机内的干燥带上。干燥带由胶辊带动以设定的速度沿干燥机筒体轴线方向运动。每条干燥带的下面都设有相互独立的热交换板，热交换板的上表面与干燥带背面紧密贴合，将干燥所需的能量传递给干燥带上的物料，这样实现在真空状态下连续对物料进行低温干燥。通过对真空度、热交换温度和物料在输送带上的停留时间等参数的控制，在物料到达传送带末端的出口时，可得到需要的干燥物料。干燥后的料块从干燥带上在胶辊张紧处剥离，通过一个上下运动的铡断装置，将块料打落到粉碎装置中，经粉碎后物料通过出料机构出料。

带式真空干燥机分别在机身的两端连续进料、连续出料，故有些生产厂家也称为连续真空带式干燥机（continuous vacuum belt dryer，简称 CVBD）。

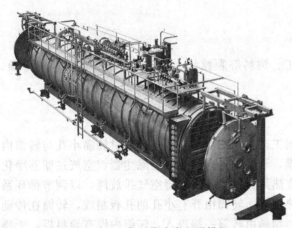

图 4-6-16　典型带式真空干燥机

由于物料直接进入高真空度的干燥机内经过一段时间（通常是 30～60min）的匀速干燥，干燥后所得的颗粒有一定程度的结晶效应，同时从微观结构上看内部有微孔。经过粉碎、整粒、筛分后得到所需要的颗粒，在这种条件下得到的干燥颗粒的流动性很好，可以直接压片或者灌胶囊，同时由于颗粒具有微观的疏松结构，速溶性极高。而且颗粒的外观好，对于速溶（冲剂）产品，可以大大提升产品的品质。典型的带式真空干燥机外形如图 4-6-16 所示。

2. 基本结构

一般情况下，带式真空干燥机主要由带双面铰链连接的可开启舱盖、圆柱状舱体、装于壳体上的多个带灯视窗、浆料泵、输送带、输送带可驱动系统、真空设备、冷凝器、横向摆动布料装置、加热系统、冷却系统、破碎装置、成品罐、清洗系统等组成。带式真空干燥机的干燥处理量和履带面积可按照需要进行设计和制造，可以在不改变干燥机壳体的前提下通过增加壳体内的履带层数来达到进给量调整，同时只需相应加大真空设备的排量和温控单元的容量即可，控制系统几乎无需作任何改动。多层式的带式真空干燥机更有利于提高设备的经济性和使用效益。图 4-6-17 为一台标准的三层带式真空干燥机的结构原理图。

3. 特点

①带式真空干燥机对于绝大多数的天然植物或其提取物，都可以适用。尤其是对于黏性高、易结团、热塑性、热敏性、压敏性的物料，带式真空干燥机是比较理想选择。而且，可以直接将浓缩浸膏送入带式真空干燥机进行干燥无需添加任何辅料，这样可以减少最终产品的服药量，提高产品药效。产品在整个干燥过程中，处于真空、封闭环境，干燥过程温和（产品温度 40～60℃）。对于天然提取物制品，可以最大限度地保持其自身的生物特性，得到高端的最终产品。②料层薄、干燥快、物料受热时间短；物料松脆，

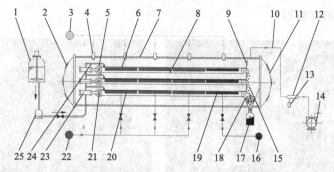

图 4-6-17　三层带式真空干燥机基本结构

1—浆料罐；2—视窗；3—清洗水源；4—清洗喷头；5—纠偏器；6—湿物料；7—舱体；8—输送带；9—铡料刀；10—真空管路；
11—舱盖；12—冷凝器；13—结露罐；14—真空机组；15—干物料；16—冷媒源；17—成品罐；18—破碎机构；
19—冷却板组；20—加热板组；21—皮带辊；22—热媒源；23—张紧器；24—布料管；25—浆料泵

容易粉碎；隔离操作，避免污染；动态操作，不易结垢；流水作业，自动控制。带式真空干燥机则能克服喷雾干燥粉太细太密和温度过高的缺点，且损耗率基本为零。低温真空封闭运行，无过热现象，水分易于蒸发，成品的自然属性和营养价值保持良好，还能避免由空气所导致的油脂氧化和细菌污染。另外，干燥产品可形成多孔结构，有较好的溶解性、复水性，有较好的色泽和口感；干燥时所采用的真空度和加热温度范围大，干燥时间短，速度快，通用性好；设备在整个运行过程中振动小、噪声低，运行安静，生产环境干净。它的缺点就是设备成本和动力消耗较高，结构组成相对较为复杂。

十二、带式（翻板）干燥机

带式（翻板）干燥机（一般简称为"带干机"）是常用的连续干燥设备。主要用于透气性较好的片状、条状、颗粒状和部分膏状物料或一些生产量较大的丸剂的干燥。对于根状、花、果实等中药材及中药饮片尤为合适，并具有干燥速度快、蒸发强度高、产品质量好等优点。现在常见的是穿流带式干燥机，平行流干燥方法仅还用于隧道干燥机中。

带式（翻板）干燥机按输送带的层数分类，可分为单层带干机、多层带干机和箱体内串联型带干机；按热风穿流方向分类，可分为向下热风穿流型、向上热风穿流型和交叉复合热风穿流型；按排风方式分类，可分为逆流排风、并流排风和单独排风方式。

1. 基本原理

将湿物料置于一层或多层连续运行的网带上，物料与穿过网带的穿流式热风、冷风相遇，进行传热、传质，热风循环利用可使能耗更低，达一定湿度后，部分强制排湿带走水分，物料完成干燥并冷却。

2. 基本结构

带干机由若干个独立的单元所组成。每个单元由箱体、输送网带和传动系统、循环风机、加热装置、单独或公用的新鲜空气抽入系统和尾气排出系统组成。单元数量可根据需要确定。也可以说，带干机由进料系统、布料系统、进风过滤系统、加热冷却系统、主机、传动系统、旁路过滤系统、出料系统、排风排湿系统、控制系统等组成。

由于单层带式干燥机干燥周期长、生产效率低，已不能满足现代中药材大规模生产以及提高干燥品质、降低能耗的需要。因此，多层带式（翻板）干燥机登上了历史的舞台，较为常见的为3层和5层带式（翻板）干燥机，目前国内最多可做到7层。图4-6-18是常见的三层带干机的结构示意图。图4-6-19是某药厂

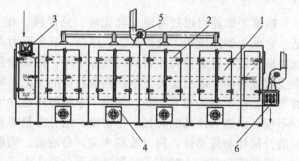

图 4-6-18　三层带式干燥设备结构示意图

1—干燥加热箱；2—输送机构；3—振动进料机构；
4—热风系统；5—排湿系统；6—出料机构

生产中药饮片的五层带干机实物图。

图 4-6-19 某药厂中药饮片生产五层带干机实物图

3. 特点

无论是单层还是多层，从总体结构和使用上来说，其优点如下：①热风进风温度通过比率调节阀显示控制，从而控制进风温度在设定范围内。②网带速度变频可调，保证了物料的停留时间，也确保了出料品质。③传动电机、搅拌电机、排湿风机变频可调。④带干机底层网带底部做成倾斜面，以便物料收集、清理。⑤在带搅拌料仓上设置超声波料位检测器，保证合理料位，并与前段输送线联动，使生产线更流畅。⑥箱体上各部位门保温好、密封好，并开启关闭方便。⑦每个单元两侧均设有清洗检修门，可以直接冲洗设备内部。⑧上、下热循环单元根据用户需要可灵活配备，单元数量也可根据需要选取。⑨层间设置隔板以组织干燥介质的定向流动，使物料干燥均匀。

多层带干机的优点：①新型布料装置，克服了传统单层带式干燥机布料不均匀而造成干燥机内部网带上中药湿料分布不均的现象，实现了手工调节到自动调节的"质"的飞跃。②设计了清洗系统，完成物料干燥后的彻底清洗，充分保证了干燥机的清洁度，从而避免了多种物料使用一种干燥机进行干燥产生的交叉污染现象，满足中药材多品种干燥的多样化需求，符合新版 GMP 的要求。③采用热风循环式技术，特殊设计导流均风板以及保温框架结构，达到节能、保质和实用的目的。智能化自动控制技术的应用，对传统带式干燥机进行了升级。④采用 PLC 编程操作控制，动态显示整个工艺流程和工艺参数，在线控制铺料速度、输送带速度、温度及湿度控制、风量大小等参数，各工艺参数也能储存与打印，并且具有自动故障诊断系统，有断路、短路、过载等异常情况时报警，同时联动保护并停机。这些智能化控制技术恰当地凸显了现代化设备标志，也体现了 cGMP 所要求的可说明性与可追溯性的内涵。

十三、喷雾干燥器

喷雾干燥器可以使溶液、乳化液、悬浮液、糊状液的物料经过喷雾干燥成为粉状、细、小颗粒的制品。它的干燥速度快、效率高、工序少、节省人力，特别适应热敏物料。目前主要用于解决中药浸膏、植物提取液或具有类似特性物料的喷雾干燥。例如中药浸膏用离心式喷雾干燥机将中药浸膏类的物料从液体直接喷成粉体，改变了传统中药颗粒制备的工艺，解决了中药浸膏、植物提取液等含糖量高、黏性大或具有类似特性物料的喷雾干燥，解决了中药类产品在干燥时物料粘壁、焦化变质、易吸潮等现象问题。干燥时不仅可以调节产品的粒径、松密度、水分含量等技术要求，而且干燥后的物料颜色好、不变质，具有良好的分散性和流动性，同时收粉率高，易清洗。当前，该产品已用于单方或多方中药配方颗粒的生产。

按其雾化形式，喷雾干燥器通常可分为压力式、气流式、离心式三种。这种三种形式在制药行业都有采用，一般抗生素类无菌药品采用气流式喷雾干燥器居多，用于中药浸膏干燥或提取物的主要是离心式喷雾干燥器，也有部分厂家采用压力式喷雾干燥器。

1. 压力式喷雾干燥器

（1）基本原理

压力式喷雾干燥器是通过高压将液料送入喷嘴雾化成小液滴，经过雾化后的液滴表面积大大增加，并与热空气充分接触，迅速完成干燥过程，从而得到粉体或细小颗粒的成品。它是一种可以同时完成干燥和造粒的装置，按工艺要求不同，可以调节料液泵的压力、流量、喷孔的大小，得到所需的一定大小比例的球形颗粒。

（2）基本结构

压力式喷雾干燥器主要由进出风系统、供液系统（高压均质泵）、雾化系统（喷嘴）、收料系统、除尘系统以及控制系统等组成。其结构示意如图 4-6-20 所示。

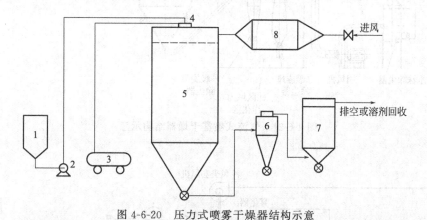

图 4-6-20　压力式喷雾干燥器结构示意

1—液料槽；2—液料泵；3—压缩空气；4—气流喷嘴；5—干燥塔；6—旋风分离器；7—布袋除尘器；8—加热器

2. 气流式喷雾干燥器

（1）基本原理

气流式喷雾干燥器是料液在喷嘴出口处与高速运动（一般为 200～300m/s）的蒸汽或压缩空气相遇，由于料液速度小，而气流速度大，两者存在相当高的相对速度，液膜被拉成丝状，然后分裂成细小的雾滴。

（2）基本结构

气流式喷雾干燥机由液料槽、液料泵、加热器、气流喷嘴、干燥塔、旋风分离器、布袋除尘器以及控制系统等组成。其结构示意如图 4-6-21 所示。

3. 离心式喷雾干燥器

（1）基本原理

离心式喷雾干燥器利用高速离心式雾化器将黏稠液体物料雾化，之后与热空气充分接触，完成瞬间干燥，形成粉状或小颗粒状成品。

（2）基本结构

该设备主要由进风过滤系统、加热系统、供料系统、喷雾系统、干燥塔、排风系统、吹扫装置、风送冷却装置以及控制系统组成。该设备的典型工艺流程如图 4-6-22 所示。由于中药浸膏物料的特殊性，在此着重说明一下吹扫装置、风送冷却装置。

a. 吹扫装置：该系统由高压风机将室内空气通过高温高效空气过滤器送入带有小孔的吹扫管中，以高速吹扫干燥室内壁，吹扫管同时被电机、减速机构驱动，沿着塔内壁转动，对这个干燥室（塔顶除外）进行吹扫，将吸附在干燥室内壁的干粉吹落。

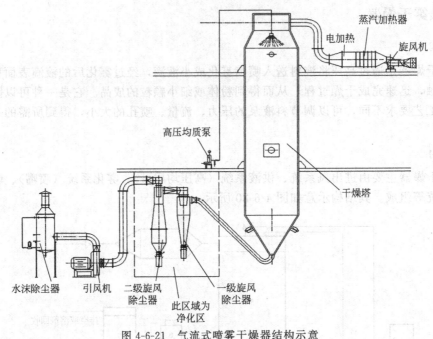

图 4-6-21　气流式喷雾干燥器结构示意

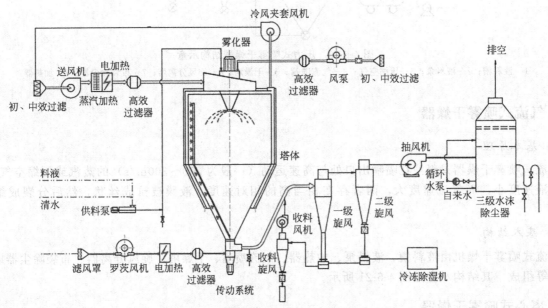

图 4-6-22　离心式喷雾干燥机基本结构示意

　　b. 风送冷却装置：该系统由除湿机、鼓风机、电加热箱、高温高效空气过滤器、旋涡阀、最终收粉小旋风分离器、引风机以及连接各部分的快装卫生管道组成。

　　为了使风送的物料不至于吸湿结块，风送系统的风经过除湿系统进行除湿。鼓风机将除湿风鼓入加热系统，加热后使用。流入旋涡阀的物料被除湿空气输送到最终收粉小旋风分离器进行收集，尾气由引风机送到干燥系统中再利用。

　　（3）特点

　　由于喷雾干燥物料受热时间短，干燥迅速，同时中药提取液或浸膏可直接喷雾干燥制成干粉或颗粒，简化了传统工艺所需的蒸发、结晶、分离、干燥、粉碎等一系列单元操作，方便调节产品的粒径、松密度、水分含量等，干燥后的产品具有良好的分散性和流动性。它改变了原有中药生产半自动、半人工化的状态，大大简化并缩短了中药提取液到半成品或成品的工艺和时间，提高了生产效率和产品质量。图 4-6-23

为某中药喷雾干燥工艺流程图。

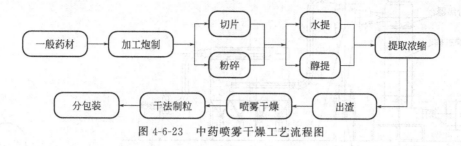

图 4-6-23　中药喷雾干燥工艺流程图

十四、气流干燥器

气流干燥器适用于高含湿量、高稠度、热敏性、触变性、膏状、粉状或粒状物料的干燥。主要有旋转闪蒸干燥机和气流干燥机。目前，制药工业中占有率较高的当属旋转闪蒸干燥机。

气流干燥器具有以下特点：①气流干燥强度大，操作是连续的，适宜于连续化大规模生产。②气流干燥速度非常快，干燥时间一般在 0.5～2s，最长为 5s。③气流干燥采用气固相并流操作，干燥的热效率比较高。④该设备简单，占地小，投资省。同时，可以把干燥、粉碎、筛分、输送等单元过程联合操作，不但流程简化，而且操作易于自动控制。

1. 旋转闪蒸干燥机

（1）基本原理

热空气由底部沿切线进入干燥室，产生螺旋上升气流，形成较强的离心力。浆料在旋转气流和离心力作用下甩向器壁，受到碰撞、摩擦、剪切而被粉碎微粒化，从而达到增速干燥的目的。

该干燥机底部采用了内倒锥体与圆桶构成上大下小的截面积，与之对应的气流速度形成了上小下大的速度分布，与颗粒下大上小相匹配，有些大颗粒若未得到完全干燥和粉碎，则在落到靠近底部时，会被高速气流重新吹上去，再次经过粉碎与干燥。而已经干燥的细小颗粒由上被气流带出，这样使每个粒子都能达到均匀干燥的目的。

在干燥机的下部设置有多层刮板型搅拌器，物料在这个区域内不断被强制搅拌粉碎，使单位体积的表面积不断扩大，使物料不断得到干燥、粉碎，直到脱离床层。

该机上部装有分级器，干燥的干粉随同热空气经分级后带出机外，部分未完全干燥的颗粒，由于密度大，螺旋运动半径大于分级器内径，因而它被挡在机内继续粉碎和干燥。

（2）基本结构

旋转闪蒸干燥机的破碎干燥室是一个含有内桶体和夹套、底部为倒锥形的容器，桶体与床底形成环形缝隙；在干燥室中心垂直安装有搅拌器，设置加料管；分级室开设有物料出口；干燥机的底部有热空气入口，中部设有加料口。其结构示意如图 4-6-24 所示。

2. 气流干燥机

（1）基本原理

气流干燥机是应用负压或微负压技术，实现质热交换完成物料干燥的设备。该设备系统采用了按钮控制，操作方便，干燥过程稳定、生产效率高，可实现连续进料、连续出料、连续干燥。

（2）基本结构

气流干燥机由空气过滤装置、除湿机、鼓风机、加热系统、加料系统、干燥管、收料除尘系统、风机和控制系统等组成。工作时，湿物料由螺旋加料器送入干燥管，物料在干燥管中与高速的热风相遇，物料在此过程中得到快速干燥。整机可连续进料出料。其流程示意如图 4-6-25 所示。

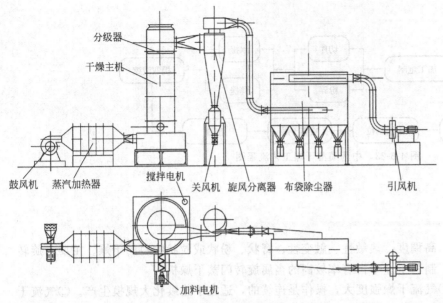

分级器

干燥主机

鼓风机　蒸汽加热器　　搅拌电机　　关风机　旋风分离器　布袋除尘器　　引风机

加料电机

图 4-6-24　旋转闪蒸干燥机结构示意图

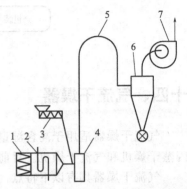

图 4-6-25　气流干燥机结构示意图
1—空气过滤器；2—空气加热器；3—加料器；4—强化干燥器；5—干燥管；6—旋风分离器；7—风机

十五、流化床干燥器

流化床干燥器用于制药行业固体制剂的无尘生产，也适用于食品、化工等行业对粉体物料的干燥。它是一种应用高度净化的载热气流鼓动物料至沸腾流化态，使物料与热空气充分接触，水分迅速蒸发，快速干燥成为成品颗粒的机电一体化设备。流化床干燥器有立式和卧式之分，可间隙或连续操作。由于其具有传热效果良好、温度分布均匀、操作形式多样、物料停留时间可调、投资费用低廉和维修工作量较小等优点，得到了广泛的发展和应用。

流化床干燥设备种类很多，根据待干燥物料性质的不同，所采用的流化床也不同，按其结构大致可分为：单层和多层圆筒型流化型、卧式多室流化型、搅拌流化型、振动流化型、离心式流化型、脉冲流化型等类型。在此我们主要讨论目前国内药厂所使用较多的立式流化床干燥器（图 4-6-26）、卧式多室流化床干燥器（图 4-6-27）以及振动流化床干燥器（图 4-6-28）。

图 4-6-26　立式流化床干燥器

图 4-6-27　卧式多室流化床干燥器

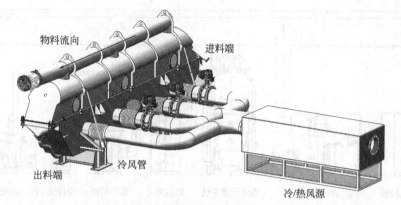

图 4-6-28　振动流化床干燥机的整体结构

1. 立式流化床干燥器（沸腾干燥机）

（1）基本原理

空气经过滤、加热后从气流分布板进入干燥室，使其中的粉末因气流的推动及自身重力的共同作用而悬浮形成流化态，高度洁净的载热气流穿过原料容器底部筛网进入设备，将物料颗粒吹起悬浮，热气流在悬浮的物料间通过，在动态下进行热交换，带走水分，达到干燥要求。图 4-6-29 为其工作原理示意。在干燥物料的过程中，在捕集室内的捕尘装置的作用下，干燥用的新风带着水蒸气或有机溶剂蒸汽排出主机。同时，滤过新风所携带的物料，防止物料被带出，减少物料损耗。并通过抖袋或脉冲反吹的清灰方式，清理吸附于捕集袋或滤筒上的粉末，使之回落到干燥室内，再次循环干燥，从而完成干燥作业。

（2）基本结构

沸腾干燥机的外形见图 4-6-30，主要由独立的空气处理单元、流化干燥主机、除尘单元、在位清洗泵站等组成，如图 4-6-31 所示。物料接触部分可采用 304 或 316L 不锈钢精制，所有转角均是圆弧过渡，无死角、不残留、无任何凹凸面。内外表面经高度抛光，粗糙度达到 $Ra \leqslant 0.4\mu m$，外表面亚光处理，粗糙度达到 $Ra \leqslant 0.8\mu m$。该机进出料方便，易于清洗，有效避免物料的粉尘及交叉污染，均符合药品生产的 GMP 要求。

图 4-6-29　沸腾干燥机工作原理示意

图 4-6-30　沸腾干燥机外形

① 空气处理单元　空气处理单元是专门为沸腾干燥机提供洁净、高温、（低湿）空气的设备。主要组成结构包括机柜柜体、初效过滤器、中效过滤器、除湿机（表冷除湿或转轮除湿段，根据用户需求配置）、混合栅风门、加热段、高温高效过滤器等。进风口配不锈钢防虫滤网，初、中效过滤器设压差表本地显示，高效过滤器设压差变送器可远程显示，所有过滤器拆卸、清洗方便。加热器采用不锈钢管不锈钢翅片（也可采用电加热方式），表冷器采用铜管铝翅片。蒸汽加热器配置气动比例调节阀，与冷热风栅阀门联动调节，实现连续的进风温度 PID 控制，能够精细调节进风温度。高效过滤器前后设有 PAO 检测，确保高效过滤器的可靠性。

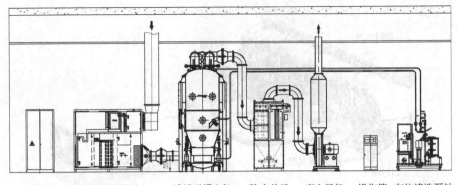

| 电控柜 | 空气处理单元 | 沸腾干燥主机 | 除尘单元 | 离心风机 | 操作箱 | 在位清洗泵站 |

图 4-6-31　沸腾干燥机的组成

② 沸腾干燥主机　沸腾干燥主机主要包含基座、物料容器、扩散室、过滤室四个部分，各部分间通过双气缸联动平衡顶升保证硅胶密封圈与凸面法兰压紧密封，整个腔体密封良好，无泄漏。此外，沸腾干燥主机也有部分采用气囊充气密封，也可使主机机体密封良好，无泄漏。

沸腾干燥主机是物料干燥的场所，物料通过真空上料、重力垂直进料或人工加料的方式进入主机的物料容器中。在离心风机的作用下，干燥用的新风经空气处理单元净化、除湿、加热处理后，进入主机，通过物料容器底部气流分布板后，进入物料容器内，并将物料容器内的物料吹起，使物料呈沸腾流化状态。在物料容器中，物料和新风不断地进行热交换，使物料不断地被加热、干燥，直至物料干燥完成。

③ 除尘单元　出于环境考虑，为防止物料干燥过程中产生的粉尘对大气造成污染，沸腾干燥机中都会对干燥后的新风进行除尘处理，即在干燥机系统中加入除尘单元。根据物料性质的不同，除尘单元一般采用滤筒脉冲反吹除尘、水沫除尘、旋风除尘等除尘方式。采用滤筒脉冲反吹时，过滤精度等级一般选用F9，也可根据特殊要求增加 H13 级高效过滤器。

④ 离心风机　离心风机作为整个该干燥机系统的动力源，一般采用医药专用高压低噪声离心风机，可变频调节风机转速，实现进风量的智能调节。风机自带减震，进风口通过软连接与风管连接，出风口配置消声器，叶轮进行严格的动平衡校验，运转平稳，噪声控制在 75dB 内。电机 IP55，F 级绝缘，能效等级不低于 2 级，可根据要求选用防爆型。

⑤ 在位清洗泵站　为降低人工劳动强度，减少实际生产中人工清洗的工作量，沸腾干燥机大部分配备在位清洗功能。根据生产厂房供水情况，一般均需配备在位清洗泵站。在位清洗泵站可提供出口压力为 0.4~0.6MPa 的清洗介质，以提高清洗效率及清洗的可靠性。同时，还具有自动提供清洁剂功能，并可配备清洗介质加热器，以满足部分无热水源的厂房。

⑥ 控制系统　沸腾干燥机采用可编程控制器（PLC）和工业平板电脑，通过人机界面（HMI）进行操作。控制系统具有手动和自动两种操作模式。操作权限分操作员、工艺员、管理员多级管理，各级分设密码，权限明确。控制系统可设置、存储并自动执行的产品主要工艺控制参数，可实时检测并显示工艺参数；具有故障报警功能，能够自动诊断并报警；带有信息输入、数据记录和导出打印功能。自动化程度高，结合专业软件响应快、可靠稳定性高、扩展性强，设定参数详细，控制关键点多，实际参数精确度高。机械、操作者和程序之间可进行交互，友好、安全、可靠。

2. 卧式多室流化床干燥器

（1）基本结构

卧式多室流化床干燥器是由空气过滤器、沸腾床主机、旋风分离器、布袋除尘器、高压离心通风机、操作台组成。由于干燥物料的性质不同，配套除尘设备时，可按需要进行，可同时选择旋风分离器、布袋除尘器，也可选择其中的一种。一般来说，相对密度较大的物料只需选择旋风分离器。相对密度较轻的物料需配套布袋除尘器，并备有气力送料装置供选择。目前，国内药厂使用较多的是内置式布袋除尘方式，布袋内置式卧式多室流化床干燥器的基本结构如图 4-6-32 所示。

（2）特点

卧式多室流化床干燥器主要适用于散粒状物料的干燥，如原料药、压片颗粒、中西药冲剂等。具有如下优点：①在相邻隔室间安装挡板，从而可制得均匀干燥的产品，改善了物料停留时间的分布；②物料的冷却和干燥可结合在同一设备中进行，简化了流程和设备；③由于分隔成多室，可以调节各室的空气量，增加的挡板可避免物料走短路排出。

3. 振动流化床干燥机

振动流化床干燥机主要用于中药颗粒、保健品颗粒、营养品颗粒的干燥；还可用于物料的冷却、增湿等。

（1）基本原理

振动流化床干燥机是用振动电机激振用弹簧支撑的流化床身，使流化床板上的颗粒物料在激振力作用下腾空向前跳跃，下箱体的热风则从流化床板的孔眼吹出形成气流穿过颗粒料层，使气固两相充分接触，在物料层向前运动的同时完成高效的热交换，从而达到干燥物料的目的。振动流化床干燥机通常简写为 GZL，其中 G 为干燥、Z 为振动、L 为流化，其整体结构如图 4-6-28 所示。

（2）基本结构

振动流化床干燥机主要由进料装置、布料装置、下箱体、上箱体、流化床板、振动电机、支撑弹簧、出料装置、热风系统、冷却系统以及控制系统组成，如图 4-6-33 所示。

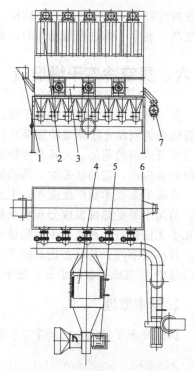

图 4-6-32　布袋内置式卧式多室
流化床干燥器
1—进料口；2—内置布袋；3—主机；4—空气加热器；5—鼓风机；6—引风机；7—出料口

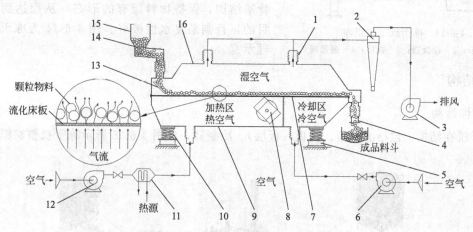

图 4-6-33　振动流化床的基本结构
1—抽风软管；2—旋风分离器；3—抽风风机；4—出料装置；5—安装基础；6—冷气风机；7—流化床板；8—振动电机；9—下箱体；10—弹簧；11—加热器；12—热风机；13—布料装置；14—湿颗粒物料；15—进料装置；16—上箱体

（3）特点

相对于普通的沸腾干燥机，振动流化床干燥机主要有以下特点：①热交换率高。在振动流化和热风流化双重作用下，物料受热均匀，热交换充分，干燥强度高。②节能效果好。在振动流化床中，热风仅用于热交换，风量仅为沸腾干燥的 20%～30%，有明显的节能作用，比普通干燥机节能 30% 左右。③干燥范围大。降低了物料的最低流化速度，特别是靠近流化床板的底层颗粒首先开始流化，有效消除粘壁现象，因此对于黏性和热塑性物料表现出优良性能，扩大了颗粒干燥的范围。④运行平稳。振动源采用振动电机驱动，运转平稳、维修方便、噪声低、寿命长。⑤流态化稳定，无死角和吹穿现象。⑥可调性好，适应面宽。⑦成粒率高。对物料表面损伤小，可用于易碎物料的干燥，物料颗粒不规则时亦不影响工作效果。

⑧密封性好。采用全封闭式的结构，有效地防止了物料与空气间的交叉污染，作业环境清洁干净。⑨可连续生产。整个干燥过程是连续的，易于实现生产线整线的自动化管理。

十六、真空冷冻干燥设备

真空冷冻干燥设备俗称冻干机，适用于以下制剂的制备：①理化性质不稳定，耐热性差的制品；②细度要求高的制品；③灌装精度要求高的制剂；④使用时需要迅速溶解的制剂；⑤经济价值高的制剂。近年来很多开发出的药品，尤其是生物药品，都是用真空冷冻干燥设备制成药剂的，而且冷冻干燥处于制药流程的最后阶段，它的优劣对于药品的品质起着关键的作用。

冷冻干燥技术被广泛应用，主要具有以下的优点：药品低温下干燥，一般不会产生变性或失去生物活力；药品中易受热挥发成分和易受热变性的营养成分损失很少；含水量极低药品中微生物的生长和酶的作用几乎无法进行；药品冻干后能最好的保持药品原来的体积和形状；复水时，与水的接触面大，能快速还原，并形成溶液；药品在近真空下干燥，环境中的氧气极少，使药品中易氧化的物质可以得到保护；能除去药品中95％或更多的水分，便于运输和长期保存；冻干药品可以在室温或冰箱内长期储存。

1. 基本原理

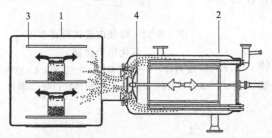

真空冷冻干燥设备的基本工作原理是：将含有大量水分的物质，先冷却至共熔点或玻璃化转变温度以下，使物料中的大部分水冻结成冰，其余的水化和物料成分形成非晶态（玻璃态）。然后，在真空条件下，对已冻结的物料进行低温加热，以使物料中的冰升华干燥（一次干燥）。接着，在真空条件下对物料进行升温，以除去吸附水，实现解析干燥（二次干燥），而物质本身留在冻结的冰架子中，从而使得干燥制品不失原有的固体骨架结构，保持物料原有的形态，从而达到冷冻干燥的目的，且制品复水性极好。图4-6-34为冻干机的工作原理示意。

图 4-6-34　冻干机工作原理
1—冻干箱；2—冷凝器；3—板层；4—蘑菇阀

2. 基本结构

（1）冻干机结构

常规冻干机在结构上包括冻干箱、搁板（板层）、冷凝器，如图4-6-35所示冻干机整机图。

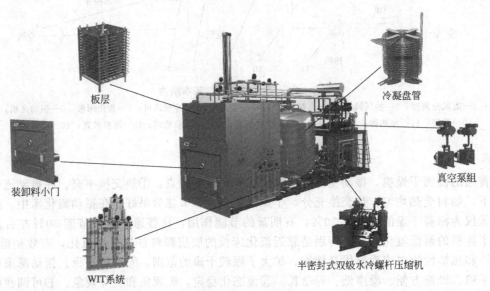

图 4-6-35　冻干机整机图

① 冻干箱　冻干箱一般简称为"前箱"，通常由冻干箱体和密封门组成，其主要作用是形成一个密闭的空间，制品在冻干箱内，在一定的温度、压力等条件下完成冷冻、真空干燥、全压塞等操作。冻干箱一般为矩形容器，少数采用圆筒形容器。箱体内部材料采用优质不锈钢制成，采用碳钢或不锈钢进行箱体加强，不锈钢拉丝外包壳处理。考虑到无菌性的要求，与产品直接接触的材料选用 AISI 316L，箱体内表面（门、内壁、顶部和底部表面）粗糙度 $Ra \leqslant 0.5\mu m$，箱体内角为圆角，便于清洗，箱体底面略向后倾斜，排水口设计在最低点，箱体内角均为满足 R50 圆角，以利于排水等。

冻干箱采用无菌隔离设计，箱体前采用不锈钢围板与洁净室墙板之间形成密封，采用人工开冻干箱大门进出料或采用自动升降小门进出料。箱门与不锈钢门采用特殊形状的硅橡胶密封，箱门内壁与冻干箱内壁粗糙度相同。同时箱门的平整度也有较高的要求，确保在真空条件下能与密封条紧密贴合，冻干箱门中央有观察窗，便于在无菌室观察产品状态，箱门有半门冻干箱箱门和带有自动小门的冻干箱箱门。多门的冻干机，门可互锁。与洁净室相连的门和锁定硬件，伸缩在一般的维修区域。

冻干箱的主要参数指标：设计压力为常压容器或压力容器，压力容器设计压力可分为 $-0.1\sim$ $0.15MPa$ 或 $-0.1\sim0.2MPa$，设计温度为 128℃ 或 134℃，内表面粗糙度 $Ra \leqslant 0.5\mu m$，设计材料为符合 GMP 要求的优质不锈钢。

② 搁板　产品的冷冻干燥是在冻干箱中进行，在其内部主要有搁置产品的搁板，也称板层。搁板通过支架安装在冻干箱内，由液压活塞杆带动做上下运动，便于进出料、清洗和真空压塞。搁板采用不锈钢制成，表面平整，内设置长度相等的流体通道，搁板的冷却和加热就是通过导热媒体在搁板板层内部通道中的强制循环得以实现的，导热的媒体在搁板内流动，均一地将能量传递给放置于搁板表面的制品容器，贯穿于整个冻干过程。

搁板组由 $N+1$ 块搁板组成，其中 N 块搁板装载制品用，称为有效搁板，如图 4-6-36 所示。最上层的一块搁板为温度补偿加强板，不装载制品，目的是保证箱体内所有板层与板层之间的热辐射环境相同。每一块搁板内均设置有长度相等的流体管道，充分保证搁板温度分布的均匀性。搁板组件上面和下面有刚度很大的支撑板和液压板，目的是使压塞时板面变形很小。搁板组侧面有导向杆，引导搁板的运动方向，搁板间通常用螺栓吊挂，以便根据需要调节其间距。

③ 冷凝器　冷凝器内部设置有不锈钢盘管，称为冷凝盘管，如图 4-6-37 所示。主要作用是用来捕捉冻干机箱体内升华出的水蒸气，升华出的水蒸气形成从冻干箱到冷凝器的压差推动力，使其在冷凝表面结成冰，从而使得冷冻干燥得以正常运行，冷凝器又称为"捕水器""冷阱""后箱"。

图 4-6-36　搁板

图 4-6-37　冷凝盘管

按照冷凝器结构分为卧式和立式。若按照冷凝器放置的位置（以冻干箱为参照物）来分，可以分为内置式、后置式、上置式、下置式以及侧置式。冷凝器箱体有方形体、卧式圆筒体和立式圆筒体。

（2）冻干机系统

冻干机按系统分，主要由制冷系统、真空系统、循环系统、液压系统、CIP/SIP 系统、气动系统、控制系统等组成，如图 4-6-38 所示。

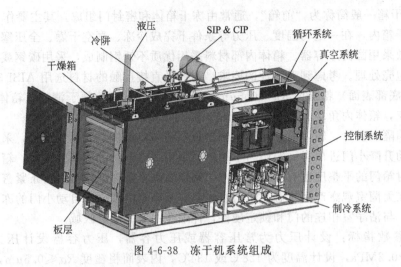

图 4-6-38 冻干机系统组成

① 制冷系统　制冷系统的作用主要是在制品预冻时给液态制品提供冻结成型的冷量，在制品升华时给冷凝器提供捕捉制品溢出的水汽冷量，将其凝结成霜。制冷系统主要由压缩机、冷凝器、蒸发器、膨胀阀构成。除上述必备的四大部件外，制冷系统还设置有汽液分离器、油分离器、干燥过滤器、板式换热器、电磁阀及各种关断阀、继电器等构成，具有一系列的多重保护，充分保证制冷系统的稳定运行。随着冻干机的不断发展，制冷系统的配置也可根据用户需求进行相应的选择，如压缩机可选择活塞式压缩机或螺杆式压缩机，其中螺杆压缩机又可选择定频螺杆机或变频螺杆机。膨胀阀也可选择电子膨胀阀或机械热力膨胀阀等。

主要参数指标：板层制冷速度（空载，搁板进口）：＋20～－40℃≤60min，冷凝器制冷速度（空载）：＋20～－50℃≤30min。

② 真空系统　真空系统的主要作用是在冻干箱腔体和冷凝器腔体形成一个人为的真空环境，一方面促使冻干箱内制品的水分在真空状态下蒸发（升华），另一方面该真空还会在冻干箱和冷凝器之间造成一个真空梯度（即压力差）环境，使冻干箱内制品中的水汽溢出后更容易流向冷凝器，并被冷凝器盘管捕获，实现水分的移除。真空系统主要由冻干箱、冷凝器、真空泵组、小蝶阀、箱阱隔离阀、真空测试装置、放气装置、真空管道及相关辅助装置组成。其中真空泵目前可选择螺杆式真空泵或旋片式油泵，真空测量装置可选择皮拉尼真空计或电容式真空计，真空掺气阀可选择手动微调式或 PID 自动控制式，根据用户需求进行相应的配置选择。

为了维持冻干箱体内适宜的无菌环境，真空系统通常通过真空挡板阀来实现防倒吸。真空系统的真空度是与制品的升华温度和冷凝器的温度相匹配的，真空度过高或者过低都不利于制品升华干燥，因此，冻干箱内的真空度应维持在一个合适的范围内，方能达到缩短制品升华周期的目的，这个就要通过设备上的小蝶阀动作来配合实现。

主要参数指标：极限真空可达 1Pa，抽空速度从大气压抽至 10Pa≤30min，系统真空泄漏率通常达到 $5×10^{-3}$Pa·m^3/s 即可满足工艺需求。

③ 循环系统　循环系统的主要作用是给导热油提供冷、热源及循环的动力和通路，使冷媒在循环管路、电加热器、搁板之间周而复始地循环流动。循环系统主要有循环泵、电加热器、板式换热器、集管、搁板、温度继电器、压力继电器、膨胀桶、温度变送器、冷媒及循环管道等组成。循环系统需要装有压力表、压力继电器主要用于监测冷媒循环系统中的工作压力，当循环系统发生故障时或者循环管路中混入空气形成气塞时，系统的循环压力就会降低，低于压力继电器设定压力时，备用泵将会自动投入运行，保证生产。压力表除了以上作用外，还可以作为循环系统打压的观察点。因为打入循环系统的压力不允许超过 0.2MPa（一般控制在 0.15MPa 或以下），如果没有压力表，就无法直接观察打入系统的压力。同时循环系统中还需装有温度控制器，以限制电加热器工作时的上限温度，用以对制品加热时温度的控制。

作为循环系统中最为重要的循环泵，冻干机上常用的循环泵都是双头屏蔽泵或双循环泵备份，充分保证当一台泵在使用过程中发生故障时，就会自动切换到另一台泵备用，保证冻干制品的安全。

主要参数指标：加热速度达 1℃/min，搁板温度范围是－55～＋80℃，冷凝器盘管最低温度达

$-75℃$。

④ 液压系统　液压系统的主要作用是给搁板在压塞和清洗及进出料时提供上下运动的动力；液压系统还给冻干箱和冷凝器间的中隔阀启闭提供前后移动动力源，包括箱门液压锁紧。液压系统主要由液压泵站、油缸和各种阀门集成组件组合而成。主要参数指标：压塞压力在 $0\sim1.0bar$ 内可调。

⑤ CIP/SIP 系统　CIP 和 SIP 系统的作用主要是：a. CIP 系统是给前箱、搁板、冷凝器提供清洗水源的启闭和排放，可配备外置清洗站；b. SIP 系统是给设备在位消毒灭菌时提供对纯蒸汽源的启闭以及箱体容器在灭菌时对蒸汽压力、温度和时间的控制，同时 CIP/SIP 系统承担了冷凝器捕冰后化霜的功能。

CIP 和 SIP 系统主要由水环式真空泵、清洗喷淋架、安全阀、压力变送器、温度变送器、压力表等组成。其中，喷淋球可选用陶瓷式旋喷，避免出现生锈，连接方式采用快插式连接，避免出现快开卡箍连接带来的清洗死角，排水管路设有一定坡度，如 $0.5\%\sim2\%$，保证排水时无残留；箱体内部的管口采用 3D 设计，保证所有的管口都不会产生积水，并配置水环式真空泵，在清洗结束后，抽取残余的水汽，保证无残留；排水口末端设置防倒吸装置，防止清洗水排尽时造成的地漏空气倒吸。管路及管路上安装的阀门等部件均选用符合行业规范的卫生级材质，一般为 316L 材质。管路自动焊避免人工焊接带来的应力变形或泄漏的风险。

⑥ 气动系统　气动系统的主要作用是对设备安装的气动隔膜阀、气动球阀、气密封等提供动力源。气动系统主要由气动先导电磁阀、气动汇流板、油雾过滤器、减压器等组成。

⑦ 控制系统　控制系统的作用主要是对设备进行合适的配电以及对设备中使用的软、硬件进行有效的手动和自动逻辑控制，包括电子签名、电子记录、真空趋势、温度趋势、报警状态、历史事件、批次查询等所有报表，都可自动生成并实现互锁、联动及报警功能。

全自动控制（冷冻、清洗、灭菌、化霜）系统要求工艺控制稳定，符合 GAMP5、21CFR Part11 要求，具体如下：

a. 冻干工艺　进料前预冷、出料前降温功能，对于特殊药品在生产前期需要进行降温、保温等操作，以保证药品成型，并保证符合药品进出箱要求；冷冻控制二次回冻功能，即药品在降温到一定值后，需要升温到设定值并保持，可满足特殊药品工艺要求；自动压塞功能，针对西林瓶药品，在生产结束后对胶塞压紧，实现自动控制能更多避免人为操作失误；定制化设备工艺通过客户的 URS 需要，定制设备的控制工艺，配方无限制可保存无数组，针对不同药品，应具有不同配方保存，在生产过程中由操作权限人员下载即可；掺气选择可分为掺气阀掺气、小蝶阀掺气方式，真空度是影响药品质量的重要因素，为实现设定真空度的稳定控制，可根据情况选择任意一种掺气方式；便于管理公共冻干、灭菌、清洗、化霜参数界面，可恢复到出厂设置；冷冻控制、一次升华、解析干燥各阶段，可定制详细工艺配方。

b. 灭菌工艺　采用脉动灭菌进蒸汽、排冷凝水、抽真空原理，使箱体升温后将冷凝水及时排出箱体，能更快到达灭菌需要温度，并保证灭菌无残留冷空气，快速对箱体进行整体升温，并达到对箱体灭菌的效果。

c. 化霜工艺　采用负压化霜进蒸汽、排冷凝水、抽真空原理，由于结霜在冷凝盘管上，蒸汽化霜时可能整块掉落堵塞排水口，利用水环式真空泵抽真空排水口将不会产生冰堵现象，使后箱达到化霜效果，保证化霜不会产生冰堵现象。

d. 清洗工艺　采用等高清洗隔板，由于隔板清洗喷嘴位置固定，需要每块隔板移动到对应等高位置，并循环清洗隔板、箱体、排水保证清洗无死角，由于清洗进水量大于排水的进水量，设有两个排水阶段进行排水。

e. 多级权限管理　对于管理员组，拥有对系统操作的所有权限（配置系统参数，管理用户，分配用户权限等）；对于参数设定组，设定配方、参数，不能对机器进行操作；对于操作员组，启动手动、自动对机器进行控制，下载配方、电子记录运行批次记录、生产运行批次数据、运行报警记录、设备运行故障报警、系统操作记录，系统登入、登出，系统锁定、解锁。按照批号可查询冻干、灭菌、清洗、化霜的曲线报表、操作事件、历史报警、报警消息分析等。

f. 远程短信报警功能　通过接收冻干机报警信息，第一时间知晓并提供应对方案，可有效降低产品的生产风险。此外，通过以太网传输到制造商服务器，分析设备状况，自动分析历史数据，结果可通过短信或其他方式自动通知到客户，对设备进行预防性维护。通过远程维护模块（3G 路由器），可实现供应商远程修改客户现场的 PLC 程序。

图 4-6-39 为冻干机的工作过程。

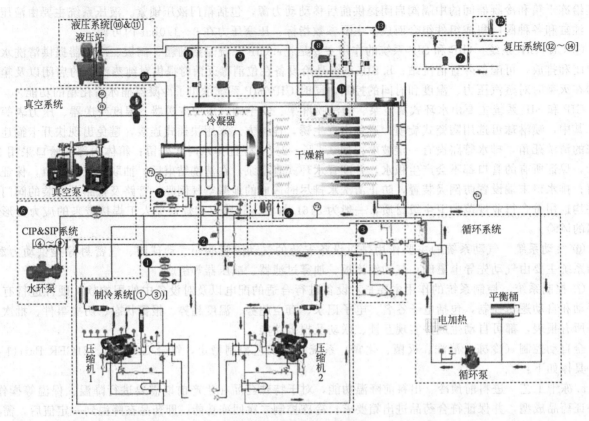

图 4-6-39 冻干机工作过程

第七节 消毒与灭菌设备

一、脉动真空灭菌器

脉动真空灭菌器适用于制药、生物工程、医疗卫生、实验动物等领域，如对灭菌要求极高的工器具、无菌衣、胶塞、铝盖、原敷料、过滤器、培养基及各种废弃物等物品的灭菌处理。

图 4-7-1 脉动真空灭菌器外形

1. 基本原理

脉动真空灭菌器是使用范围最广泛的灭菌类设备，如图 4-7-1 所示，适用于织物（无菌服、抹布等）、器具（金属、玻璃等）、培养基等物品的灭菌。它是利用多次脉动真空（抽真空→复压→抽真空…）这一过程保证腔体内空气被排除 99％以上，确保饱和蒸汽能够充满整个内室并且能够附着在待灭菌物品表面或进入其内部，从而保证灭菌时温度的均匀性。腔体内可通入蒸汽加热达到设定的灭菌温度从而转入灭菌阶段，同时夹套内也可通入蒸汽以达到加快升温过程、保温以及均匀受热的目的。灭菌结束后再利用脉动真空的方式快速排气以及由除菌过滤后的空气复压实现物品的冷却、干燥。

2. 基本结构

脉动真空灭菌器整机由主体、密封门、控制系统、管路系统、装载系统、装饰、外罩等部分组成，如图 4-7-2 所示。主体按照压力容器设计标准制造，一般设计压力为 0.3MPa；主体通常采用环形加强筋结构，矩形主体外附环形加强筋加强；主体的设计建造除满足一般压力容器建造标准外，还应满足制药行业的一般要求，比如内室粗糙度要 $\geq 0.6\mu m$，材质为 316L 等，设置温度验证接口等。密封门按照门开关的动作型式分为机动门与平移门，矩形主体一般为机动门结构；密封门采用密封圈气动密封；密封门必须有安全联锁设计。控制系统采用 PLC 控制，上位机通常为触摸屏，触摸屏控制大大减轻了操作者的劳动强度，使得整个灭菌监视过程更加直观、方便。灭菌过程的温度、压力、时间、过程阶段、预置参数等均在触摸屏显示器中自动显示并可以实时储存，并配有微型打印机进行打印，可记录工作过程参数以便于归档、备查。数据可审计追踪，满足 FDA 21CFR Part11 的要求。管路系统通常分为工业蒸汽、纯蒸汽、空气、水路和压缩空气管路等部分。管道采用内外抛光的无缝不锈钢卫生级管件，经自动轨迹焊接机氩气保护焊接，保证焊接质量。装载系统通常采用灭菌车、搬运车方式，用于装载和运输灭菌物品，灭菌车支架通常采用 316L 不锈钢制造，达到洁净卫生标准。外罩通常采用 304 不锈钢板制成，结构便于拆卸，外形美观。

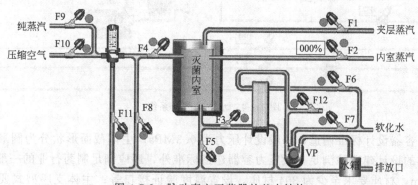

图 4-7-2　脉动真空灭菌器的基本结构

二、水浴灭菌器

水浴灭菌器是目前国际上对瓶装或袋装液体进行灭菌处理的先进设备。该设备广泛应用于制药厂、医疗单位、生物制品厂、食品厂等，是灭菌工艺的最佳设备。

1. 基本原理

水浴灭菌器是一种高性能、高智能化的大输液灭菌设备，如图 4-7-3 所示，主要用于软袋、玻璃瓶、塑料瓶大输液的灭菌处理。它利用高温过热水作为循环加热载体，采用三面喷淋或顶面喷淋方式，灭菌时过热水均匀喷淋到被灭菌物品上，将过热水携带的热能传递给被灭菌物品，从而保证灭菌的温度均匀性。利用循环过热水作为灭菌介质，能保证灭菌物品在升温过程中实现均匀快速升降温，可实现较低温度下的均匀灭菌，消除了蒸汽灭菌时因冷空气存在而造成的温度死角，并可避免在灭菌后的冷却过程中由于冷却水不洁净而造成的大输液再污

图 4-7-3　水浴灭菌器

染现象。灭菌过程中采用独特的压力平衡技术，以保证软袋、塑料瓶包装灭菌后仍然会保持良好的形状，保证玻璃瓶无爆瓶现象。

2. 基本结构

水浴灭菌器整机由主体、密封门、控制系统、管路系统、保温系统等部分组成，如图 4-7-4 所示。

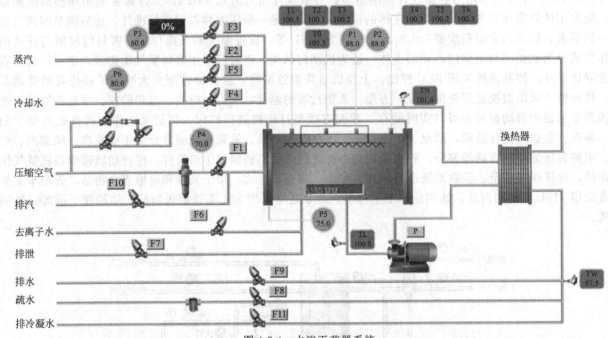

图 4-7-4　水浴灭菌器系统

主体按照压力容器设计标准制造，一般设计压力为 0.3MPa；主体截面形状分为圆形，圆形主体外附加强圈加强；主体的设计建造除满足一般压力容器建造标准外，还应满足制药行业的一般要求，比如内室粗糙度 $Ra \geqslant 0.8\mu m$，材质要求至少为 304 材质，设置温度验证接口等；主体支座型式要根据药厂使用场地的承重要求合理选择。

密封门开关的动作形式为平移门；密封门的密封形式采用密封圈气动密封；密封门必须有安全联锁设计。

控制系统采用 PLC 控制，上位机为触摸屏或 PC 控制；PLC 程序根据上位机的参数设置以及柜体内部的温度、压力等信号反馈进行水泵、阀等的控制，实现完整的灭菌工艺。

管路系统按照灭菌工艺要求设计；设计应避免内室循环死点，提高内室管路的卫生环境等级；配置能源监测，实时检测外接能源状况，对异常工况进行及时准确报警提示，保证灭菌器、人员安全。

主体以及需要保温、保冷的循环管道都需要增加保温系统，以提高能源的利用效率，防止设备维护人员烫伤事故的发生；应采用无氯材料进行保温，防止氯离子对柜体产生腐蚀，并增加保温外罩，提升保温效果与设备的美观程度。

三、通风干燥式灭菌器

通风干燥式灭菌器适用于需要快速升温并在灭菌后需要干燥和冷却的产品；主要用于预灌装针、粉液双室袋、塑料安瓿、铝塑包装敷料、玻璃塑料瓶注射剂、单腔袋或多腔袋注射液、血液制品袋等制剂的灭菌。

1. 基本原理

通风干燥式灭菌器由强制对流风扇和导流风板组成，在风机的强力驱动和导流风板的导引下，灭菌室内的高温混合灭菌介质（纯蒸汽与洁净空气）沿风机叶轮形成从中间向上、沿两侧向下的涡旋气流，该涡旋气流均匀流过产品，将产品加热，达到灭菌条件。灭菌时的温度分布在允许的标准范围内。产品的冷却是通过将冷却水引入冷凝盘管组将灭菌室内的蒸汽冷凝，使空气冷却，冷的空气流过产品，将产品冷却；而干燥是通过盘管中进入工业蒸汽，使内室维持在一定的干燥温度（可以设定）从而使产品表面的水汽蒸发，最后实现干燥的目的。在升温、灭菌过程中，内室通入一定量的洁净压缩气对产品施加灭菌压力，以保证产品不会由于内部的压力过大而造成产品损坏。

图 4-7-5　通风干燥式灭菌器

图 4-7-5 为通风干燥式灭菌器实物图。

2. 基本结构

通风干燥式灭菌器整机由主体、密封门、控制系统、管路系统、保温系统、强制循环系统等组成。图 4-7-6 为通风干燥式灭菌器的系统组成示意。

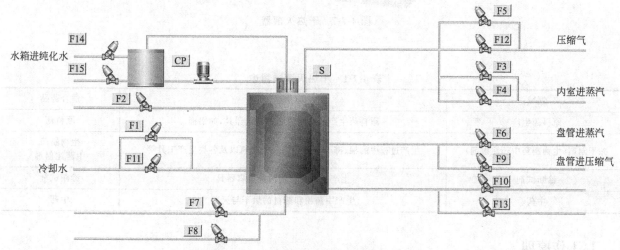

图 4-7-6　通风干燥式灭菌器的系统组成

主体按照压力容器设计标准制造，一般设计压力为 0.3MPa；主体按截面形状分为矩形主体与圆形主体，矩形主体外附环形加强筋加强，圆形主体外附加强圈加强；主体的设计建造除满足一般压力容器建造标准外，还应满足制药行业的一般要求，比如内室粗糙度要≥0.8μm，材质要求至少为 304 材质，设置温度验证接口等；主体支座型式要根据药厂使用场地的承重要求合理选择。

密封门按照门开关的动作形式分为机动门与平移门，矩形主体一般为机动门结构，圆形主体一般为平移门结构；密封门的密封形式采用密封圈气动密封；密封门必须有安全联锁设计。

控制系统采用 PLC 控制，上位机为触摸屏或 PC 控制；PLC 程序根据上位机的参数设置以及柜体内部的温度、压力等信号反馈控制风机、水泵、阀等，实现完整的灭菌工艺。

管路系统按照灭菌工艺要求设计；设计应避免内室循环死点，提高内室管路的卫生环境等级；配置能源监测，实时检测外接能源状况，对异常工况进行及时准确报警提示，保证灭菌器、人员安全。

主体以及需要保温、保冷的循环管道都需要增加保温系统，以提高能源的利用效率，防止设备维护人员烫伤事故的发生；应采用无氯材料进行保温，防止氯离子对柜体的腐蚀，并增加保温外罩，提升保温效果与设备的美观程度。

强制循环系统为通风干燥式灭菌器的核心工作系统，包括导流罩、风机、换热盘管等，通过风机的强制驱动以及导流罩的导流使内室灭菌介质强制循环起来，在冷却以及干燥的过程中，换热盘管通入冷却水或蒸汽以实现灭菌器的灭菌工艺要求。

四、干热灭菌器

干热灭菌器（图 4-7-7）采用循环式的热风进行灭菌，主要用途见表 4-7-1。

图 4-7-7　干热灭菌器

表 4-7-1　干热灭菌器用途

领域	应用场合	适合药品
原料药生产	原料药生产线重复使用的装载器具，如铝桶	原料药
冻干制剂（生物制药中药注射剂）	生产过程中的桶、冻干盘、西林瓶、安瓿瓶以及各类生产工具等	生物制药 中药注射剂
诊断试剂	生产中重复使用的各类容器具	诊断试剂
中药	生产中药粉和药材的烘干与灭菌	中药

1. 工作原理

将物料放入灭菌器内，启动程序，内循环风机工作，加热管、排风阀门同时开启，内室迅速升温。在内循环风机作用下，干燥热空气通过耐高温高效过滤器进入箱体，在微孔调节作用下形成一个均匀分布的空气层流在箱体内流动。干燥热空气使物品表面的水分蒸发，水蒸气进入排风通道排出，温度达到一定数值后排风阀门关闭。干燥热空气在风机作用下定向循环流动，同时间歇性补充新鲜过滤空气，使室内保持微正压状态。恒温结束，过程控制完毕。开启送风或进水强制冷却，室内温度达到冷却设定值，自动阀门关闭，声光提示开门。

2. 基本结构

干热灭菌器在结构上大体可分为箱体组件、热风循环系统和控制系统。图 4-7-8 为干热灭菌器系统示意。

① 设备主体　主体为卧式灭菌腔，矩形截面，环形加强筋结构。内壳与加强筋组合的结构增强了主体的强度和刚度。设备内壁密焊，内下角为 R 角圆弧过渡，半径≥10mm；R 角也使内壁在频繁热胀冷缩时起到缓冲作用，使内腔体变形小。设备内室（接触物料部分）材质为 316L 不锈钢，表面抛光度 $Ra <$ 0.5μm。其余外露部件为 304 不锈钢。

② 机架部分　采用优质 SS304 不锈钢焊接而成。为避免机架处存积灰尘，包覆 SS304 不锈钢压光拉丝板。直接与地面接触，安装时便于与地面自流坪过渡连接。

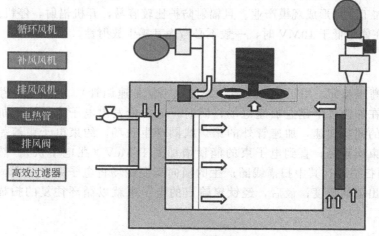

循环风机
补风风机
排风风机
电热管
排风阀
高效过滤器

图 4-7-8　干热灭菌器系统示意

③ 保温层　保温层选用符合 GMP 要求的硅酸铝保温材料，厚度 150mm，保温罩采用全焊结构，有效防止保温材料外渗污染环境。保证操作人员能直接接触部位的温度不超过 50℃。

④ 灭菌车（选项）　可为设备配备一个或一个以上小车，用于装料和卸料。小车具有可移动车筐和轮子，可在导轨上滑动，小车根据客户要求定做。

⑤ 密封门　设备有两个密封门，其内壁抛光度与腔体相同。在门的周边配有密封胶条，胶条选用耐高温硅橡胶，可在 300℃ 高温下长时间工作。门开关系统采用电动启动模式。密封门内壁采用 3mm 厚316L 不锈钢镜面板，外板 5mm 厚 304 不锈钢板拉丝处理，美观大方。密封胶条采用耐高温医用硅橡胶，最高承受温度大于 350℃，长时间使用不变形、抗老化、门密封性好。

双开门设备采用电子联锁装置，不能同时开启，洁净侧门在运行设定灭菌程序后方可开启，开机运行过程中两门都打不开。灭菌程序完毕只能开启净化级别高一侧的门，高级别侧门关闭后方可开启另一侧门，在不符合设定条件下门不能开启。

⑥ 外罩　外罩均采用 304 不锈钢拉丝板制成。维修区一侧罩板可拆卸，便于维修，设备采用穿墙式设计，所有机械和电气部件均位于非无菌侧。

⑦ 控制和安全　控制底板用碳钢板制成，安装上柜体一侧，四周用不锈钢板防护，分成强电动力板（空开，交流变频器等）和弱电控制板（PLC，电源，继电器等）两部分。

在灭菌器前、后两端（双扉设备）均设有操作面板，前操作面板上主要有触摸屏、记录仪、打印机、蜂鸣器、电源开关和急停开关。后操作面板上主要有指示灯、蜂鸣器、电源开关、开关门按钮。前、后控制面板的全部装配及电缆和接线端子排是作为成套单元连接到控制箱的，便于维护、保养。

其他关键控制部件：①电动门闭锁装置，如果温度高于预先设定的数值，可防止门打开。②保安继电器，以及可在未达到灭菌条件之前防止无菌侧门打开的灭菌锁。③所有电动机的断路器。④位于设备两侧带有手动复位功能的急停开关。⑤显示报警情况的显示器。⑥检查门是否正确关闭的位置开关。

五、射线灭菌设备（电子直线加速器）

射线灭菌设备主要用于医疗器械和卫生用品的辐照消毒灭菌、食品辐照保鲜、中成药灭菌、抗生素降解等。电子辐照方法灭菌可用于西药和中药。特别是中药，产量大、储存周期长、易发霉变质，适合电子辐照方法灭菌，包括绝大多数中药材和中成药以及各种剂型，如片剂、丸剂、丹剂、散剂、胶囊剂等。

电子加速器产生的电子射线的能量可以转移给被辐照物质，引起电离、激发、自由基等分子水平变化，使被辐照物质发生物理、化学或生物效应，成为人们所需要的新物质，或使生物体（微生物等）被杀灭，从而实现对物质的消毒、灭菌，这一过程即为辐照加工技术。辐照加工技术有别于传统的机械加工技术和热加工技术，具有能耗低、无残留、无环境污染、加工流程简单、易于控制以及加工处理后的产品附加值高等优势，被称为人类加工技术的第三次革命。加速器作为电子束辐射源，产生的瞬间剂量率要比钴

60 伽马射线源高出 3～4 个数量级，方向集中、能量利用率低、辐射功率大、照射时间短、生产效率高，适合于大批量的辐照加工，可形成规模产业。且辐射防护比较容易，开机辐射，停机无辐射，发生辐射安全事故的概率极低，在能量低于 10MV 时，一般不必考虑其感生放射性。

1. 基本原理

脉冲调制器产生高压脉冲，用于驱动微波功率源（也就是速调管），功率源产生的高功率微波经传输波导馈入加速管，在加速管中建立加速电场；同时，电子枪发出电子束并注入加速管，电子束在加速管中受到加速电场的同步加速，加速管外的聚焦线圈产生磁场，约束电子束流始终沿着加速管中心传输，并保持很小的束团直径，直到电子束的能量增加到 10MeV（兆电子伏）；然后从加速管出射的 10MeV 电子束传输到扫描段，其中扫描线圈产生的横向交变磁场将电子束在一个固定的角度内往复地扫描，扩大了电子束出射的宽度；最后，经钛窗输出的电子束就以循环往复的扫描方式完成货物的辐照加工。

2. 基本配置

电子加速器辐照系统示意见图 4-7-9，其基本配置包含以下 8 种。

① 电子加速器辐照加工装置硬件配置　该装置包括电子加速器系统、束下传输系统、安全联锁系统、水系统、辐照剂量检测系统、通风系统和视频监控系统等。

② 电子加速器系统硬件配置　该装置主要包括供电柜、加速管柜、速调管柜、充电柜、放电柜、脉冲变压器、速调管、微波传输波导、陶瓷窗、加速管、水负载、扫描磁铁、扫描输出盒等。主要完成电子束的产生、加速、聚焦、扫描输出等功能。

③ 束下传输系统硬件配置　该装置主要包括束下链板机、货物传输线和控制柜等。主要完成被加工货物按设定速度通过加工区功能，如图 4-7-10 所示。

图 4-7-9　电子加速器辐照系统示意

图 4-7-10　束下线（电子束下的传动线）

④ 安全联锁系统硬件配置　该装置主要包括主机室安全联锁、辐照室安全联锁、主控室安全联锁和辅机室安全联锁等。主要完成对包括操作人员在内的工作人员的人身安全保护功能。

⑤ 水系统硬件配置　该装置主要包括恒温水柜、冷却水柜、二次水箱和喷淋冷却塔等。主要完成加速管管体、速调管管体和陶瓷窗的恒温和聚焦线圈、波导、脉冲变压器、充电模块等的冷却功能。

⑥ 辐射剂量监测系统硬件配置　该装置主要包括主机室辐射剂量检测仪、辐照室辐射剂量检测仪、主机室及其他控制区辐射剂量监测仪和主机等。辐射剂量联锁主要包括主机室门和辐照室门的联锁。主要完成加速器工作时指定区域辐射水平的实时监测和门联锁控制功能。

⑦ 通风系统硬件配置　该装置主要包括主机室通风、辐照室通风和室外集中通风等。主要完成主机室、辐照室的通风功能。

⑧ 视频监控系统硬件配置　该装置主要包括主机室视频监控摄像头、辐照室视频监控摄像头、其他控制区摄像头和视频监控主机等。主要完成主机室、辐照室和其他控制区的实时视频监控和存储功能。

六、胶塞（铝盖）清洗灭菌设备

胶塞清洗灭菌设备主要应用于制药行业内各类卤化丁基胶塞（主要是各类无菌制剂用）的清洗（去除胶塞表面的纤维、污点、不溶性微粒和热原，其中部分胶塞还带有硅化需求）、灭菌、干燥与冷却处理。铝盖清洗灭菌设备主要应用于制药行业内各类铝盖（主要是各类无菌制剂用）的清洗（去除铝盖表面的纤维、污点等）、灭菌、干燥处理。

胶塞（铝盖）清洗灭菌设备是由以前的胶塞（铝盖）清洗机演变而来。胶塞（铝盖）清洗机只有清洗功能，清洗结束后要将胶塞（铝盖）转移到灭菌器中进行灭菌处理，过程繁琐且存在二次污染风险。此类设备在清洗机的基础上，增加了压力容器主体及灭菌功能，使得胶塞（铝盖）的清洗、灭菌在同一设备上完成，从而降低了人员的操作强度及风险。图 4-7-11 为胶塞（铝盖）清洗灭菌设备的传动原理。图 4-7-12 为其外形图。

图 4-7-11　胶塞（铝盖）清洗灭菌设备的传动原理

图 4-7-12　胶塞（铝盖）清洗灭菌设备的外形图

胶塞（铝盖）清洗灭菌设备可分为两类：卧式结构（清洗腔室＋滚笼，可适用于较大批量生产）和立式结构（罐体，适用于中小批量生产）。其中卧式结构为传统类型，技术源自以前的胶塞清洗机和脉动真空灭菌器，国内设备供应商存在和发展的时间较长，技术相对成熟，也有少量国外供应商提供此类设备；而立式结构为近几年由国外引入的新技术，国内仅有个别供应商刚开始研发。

目前，国内多数用户因生产批量较大（每个批次的产量在数万至数十万），对设备产能要求较高，因而多使用卧式结构，可同时满足性能和产能要求；仅有极少数小批量生产高附加值药品的用户，使用了立式清洗设备且多为进口。而国外多数用户因生产批量较小，两种类型的设备均有使用。

1. 卧式胶塞（铝盖）清洗灭菌器

（1）基本原理

首先使用清洗介质（包括纯化水和注射用水）对胶塞（铝盖）进行清洗（气水混合冲击方式），然后使用饱和蒸汽（纯蒸汽）对胶塞（铝盖）进行灭菌处理（同"脉动真空灭菌器"），最后使用除菌过滤后的空气或压缩空气对胶塞（铝盖）进行干燥处理。

（2）基本结构

图 4-7-13 为卧式胶塞（铝盖）清洗灭菌器的外形，图 4-7-14 为其内部结构。

该设备主要由清洗腔室（图 4-7-15）、滚笼、滚笼驱动系统、出料系统、管路系统、控制系统构成。其中，清洗腔室是压力容器，包括主体和密封门，整个清洗、灭菌过程在该腔室内完成；滚笼是胶塞（铝盖）清洗灭菌处理的载体；滚笼驱动

图 4-7-13　卧式胶塞（铝盖）清洗灭菌器外形

系统由电机、齿轮箱、在线清洗部件等组成，是滚笼旋转的动力源；出料系统由出料口、层流保护、转运组件组成，用于处理结束后胶塞（铝盖）从设备内转出，并在层流保护下进入转运容器；管路系统包含清洗介质管路、蒸汽管路、压缩气管路、工艺用水管路、真空管路以及对应的控制阀门等，为设备传输完成各功能所需要的工作介质；控制系统包含 PLC、触摸屏、各种控制阀、检测开关等，用于控制设备的工艺动作，并反馈设备运行状态，实现人机交互。

图 4-7-14　胶塞（铝盖）清洗灭菌器内部结构

图 4-7-15　卧式胶塞（铝盖）清洗灭菌器清洗腔室

　　该类设备目前有几种具体结构形式，各有各自的特点：一种是矩形主体＋快开门＋活动滚笼结构，可一机多用且维护保养方便；一种是圆形主体＋封头＋滚笼结构，批处理能力较大；一种是矩形主体＋分笼结构，可减少清洗过程中的胶塞（铝盖）堆积，增强清洗效果，此类设备目前国内用户较少。

　　（3）简要工作过程

上料　自洗　粗洗　漂洗　精洗　硅化　精洗　脉动　升温　灭菌　干燥　冷却　结束　卸料

　　① 上料　胶塞（铝盖）通过滚笼上的进料口倒入滚笼（一般装载率不超过滚笼容积的 35%），然后将滚笼推入清洗腔室。

　　② 自洗—粗洗—漂洗—精洗　启动程序后，胶塞（铝盖）在滚笼内完成全部清洗过程。首先对设备自身进行清洗，然后依次对胶塞（铝盖）进行粗洗、漂洗和精洗，在此过程中分别用到纯化水和注射用水。清洗用水先进入清洗腔室，然后在增压泵的作用下，通过滚笼中心的喷淋管喷淋到胶塞（铝盖）表面，去除胶塞（铝盖）上的纤维、微粒等。在此过程中，滚笼处于缓慢转动状态，胶塞（铝盖）随着滚笼的转动上下翻滚，不断进出水面，完成整个清洗过程。

　　③ 脉动—升温—灭菌　清洗结束后，纯蒸汽进入清洗腔室，对胶塞（铝盖）进行灭菌处理，同脉动柜原理。

　　④ 干燥—冷却—结束　灭菌结束后，除菌过滤后的压缩空气对胶塞（铝盖）进行干燥和冷却处理，然后程序流程结束。

　　⑤ 卸料　程序程序运行结束后，设备另一端的出料口打开，滚笼反向转动，胶塞（铝盖）沿着滚笼内部的导向槽向出料口移动并排出，进入转运储存容器。卸料完成后，设备整个批次的处理流程结束，等待下个批次。

2. 胶塞（铝盖）清洗灭菌工作站

（1）基本原理

同"卧式胶塞（铝盖）清洗灭菌器"。

（2）基本结构

该设备主要由罐体、工作站对接系统、管路系统、控制系统构成。

罐体为压力容器，整个清洗、灭菌过程在罐体内完成；对接系统是指罐体与管路系统的对接及密封；管路系统包含清洗介质管路、蒸汽管路、压缩气管路、工艺用水管路、真空管路以及对应的控制阀门等，为设备完成各功能所需要的工作介质进行传输；控制系统包含 PLC、触摸屏、各种控制阀、检测开关等，控制设备的工艺动作，并反馈设备运行状态，实现人机交互。

七、过热蒸汽瞬间灭菌设备

过热蒸汽瞬间灭菌设备适用于粉体粒径不少于 $10\mu m$ 的粉体物料，特别是用于中药原粉的灭菌。具有时间短、效率高、可连续操作、物料回收率高等特点，对物料成分特别是热敏性成分影响小。

1. 基本原理

过热蒸汽瞬间灭菌设备利用加压过热蒸汽与粉体物料混合，加热粉体物料，使物料表面附着的细菌、霉菌、酵母菌、大肠杆菌等菌体细胞中的水分升温，然后通过音速喷嘴将其迅速释放到大气压中，由于压力瞬间降低，菌体细胞中的水分剧烈沸腾汽化，菌体细胞爆裂死亡，从而达到灭菌目的。该设备的最大优点是物料受热时间短，不足 0.2s，对物料质量影响小，可以连续运行。

2. 基本结构

该设备主要由主机和辅助设备组成。主机包括上料罐、加热管、旋风分离器、冷却风机、控制柜等，辅助设备包括粉体输送设备、粉体接受设备、自动清洗设备、蒸汽发生器、空气压缩机等，如图 4-7-16 所示。

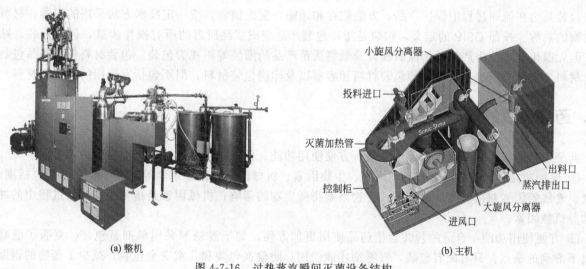

(a) 整机　　　　　　　　　　　　　　　　　　(b) 主机

图 4-7-16　过热蒸汽瞬间灭菌设备结构

第五章

药品包装机械

第一节　包装概述

一、包装的概念

包装是为在流通过程中保护产品、方便贮存和运输，促进销售，按一定技术方法采用的容器、材料和辅助物的总称。按照 GMP 的定义，包装是指待包装产品变成成品所需的所有操作步骤，包括分装、贴签等。但无菌生产工艺中产品的无菌灌装以及最终灭菌产品的灌装等不视为包装。包装材料是指药品包装所用的材料，包括与药品直接接触的包装材料和容器以及印刷包装材料，但不包括发运用的外包装材料。

二、药品包装的作用

药品包装的作用可以概括为保护功能、方便使用功能、促进销售功能、便于贮存运输功能。

① 保护功能　保护方面涉及环境因素、生物因素、机械因素和社会因素等。其中环境因素包括潮湿、温度、光线等因素对内装物品的侵害；生物因素指微生物的影响；机械因素是指药品在流通过程中的冲击振动等机械因素。

② 方便使用功能　合适的包装会使药品使用更加方便，如干混悬剂采用单剂量包装，克服了混悬剂剂量不准确的缺点。只有配有包装，气雾剂才能使用；防偷换包装和儿童安全包装，减少了药物的误服。

③ 促进销售功能　合理规范的包装，是传递信息的媒介，使患者产生信任感，从而促进药品销售。

④ 便于贮存运输功能　为方便流通，采用的运输包装、集合包装、防震包装、隔热包装，这样方便药品的贮存、运输和装卸。

三、药品包装的分类

按照包装物和药品的接触关系，分为内包装、中包装和外包装。内包装也称为直接包装，如玻璃安瓿、塑料安瓿、西林瓶、口服液瓶等内包装形式。内包装材料有塑料、玻璃、金属、复合材料等。中包装的形式如瓦楞纸板（图 5-1-1，图 5-1-2）盒，外包装的形式如折叠纸箱（图 5-1-3）、塑料桶、胶合板桶（图 5-1-4）等。按照包装容器的密封性能，包装容器可以分为密闭、气密和密封。密闭容器可以防止固体异物侵入，气密容器可以防止固体异物液体浸入，密封容器可以防止气体微生物进入。

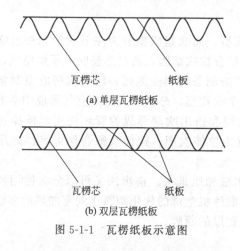

(a) 单层瓦楞纸板

(b) 双层瓦楞纸板

图 5-1-1　瓦楞纸板示意图

图 5-1-2　瓦楞纸实物图

图 5-1-3　折叠纸箱

图 5-1-4　胶合板桶

四、包装材料

1. 纸材料及容器

药品包装用纸有多种，常见的是蜡纸、过滤纸、可溶性滤纸和包装纸。蜡纸是用低熔点石蜡处理的纸，具有防潮、耐油的特点。通常用来包装蜜丸。大部分过滤纸由棉质纤维组成，按不同的用途而使用不同的方法制作。其材质是纤维制成品，因此它的表面有无数小孔，可供液体粒子通过，而体积较大的固体粒子则不能通过。过滤纸本是用于液态及固态物质的分离，在包装上可以用来包装袋泡茶；可溶性滤纸用来制备纸型片。包装纸是用于包装目的的一类纸的统称，可分为普通包装纸、专用包装纸、商标纸、防油包装纸和防潮包装纸等，在临床上用来包装散剂。白纸板用于制作折叠纸盒，牛皮纸用来作为中医临床包装饮片，瓦楞纸板是由瓦楞芯和纸板用黏合剂黏结而成，可分为单面（双面）瓦楞纸板、双瓦楞纸板、三瓦楞纸板等。按照瓦楞的波形可以分为 U、V、UV 型三种。

纸制包装容器是指以纸或纸板为原料，以包装为目的制成的容器，简称纸容器，包括纸袋、纸盒和纸箱等。纸盒分为固定式和折叠式。固定式纸盒有多种结构形式，如套盖盒、抽屉盒等，折叠式有扣盖式、插装式等多种结构形式。

2. 塑料与容器

（1）塑料的种类和用途

塑料是合成树脂经加工形成的塑性材料或固化交联形成的刚性材料。塑料的种类有聚乙烯（PE）、聚丙烯（PP）、聚氯乙烯（PVC）、聚偏二氯乙烯（PVDC）、聚酯（PET）以及聚碳酸酯（PC）等。聚乙烯通常用来制造薄膜。聚丙烯用来制备注射用塑料袋或塑料瓶，聚氯乙烯和聚偏二氯乙烯可以用来制备泡罩包装的底材，聚碳酸酯用来制备注射器等。塑料容器的类型有中空容器、薄膜、片材等。

（2）塑料容器的制备方法

① 中空容器成型方法　中空塑料容器多采用吹塑成型，而吹塑成型分为注射吹塑和挤出吹塑。注射吹塑是由注射剂将熔融塑料注入注射膜内形成管坯，然后合拢吹塑膜，通过芯膜吹入压缩空气，将型坯吹胀形成中空容器，此法适合小型精制的塑料瓶。如BFS法制备塑料安瓿瓶，注射吹塑成型制备塑料滴眼剂瓶等。挤出吹塑是向挤出机挤出的管坯中连续加入多个吹塑模，分别吹入压缩空气形成中空容器，冷却得到成品。挤出吹塑法适合制备大型的容器。将注射吹塑和挤出吹塑形成的管坯先用延伸棒进行纵向拉伸，然后引入压缩空气进行吹胀达到横向拉伸的技术成为拉伸吹塑。拉伸吹塑会使得容器的质量进一步提高。

② 塑料薄膜制备方法　塑料薄膜的生产方法有挤出法和压延法。挤出法又可以分为使用圆头机头的吹塑法和使用狭缝机头的流延法。压延法是将配好的经混炼机塑炼的软化塑料送到有加热的多辊辊筒的压延机上压延。随后在冷却辊筒上冷却，可以生产薄片或稍厚的薄膜。

（3）药品和塑料的相互作用

药品和塑料之间的相互作用可以分为渗透、溶出、吸附、反应、变性五个方面。渗透是指外界气体、液体穿过塑料容器的渗透，也包含药品中特别是液体和气体的药品通过塑料容器向外渗透。溶出是指塑料包装中的增塑剂、着色剂等由容器向液体药品渗透；吸附是指药品中的物质被吸附到容器中；反应是指塑料中的成分与药品中的成分发生化学反应；变性是指塑料由于发生了物理变化或（和）化学变化而引起的性质改变。如溶剂可使塑料增塑剂溶出，使聚氯乙烯变硬。

（4）塑料的安全性

药品包装的常用塑料属于高分子化合物，本身无毒，其毒性来自于单体和添加剂。如聚氯乙烯、聚乙烯的单体具有一定毒性。

3. 玻璃容器

玻璃性能稳定，是优良的包装容器。其最大的缺点是易碎。

（1）玻璃的分类

① 按耐水性能分类　分为Ⅰ类玻璃和Ⅲ类玻璃。Ⅰ类玻璃为硼硅类玻璃，具有高的耐水性；它是一种中性玻璃，也叫硼硅酸盐玻璃，配方中氧化硼的含量约占10%，理化性能好，但价格较贵。Ⅲ类玻璃为钠钙类玻璃，具有中等耐水性。Ⅲ类玻璃制成容器的内表面经过中性化处理后，可达到高的内表面耐水性，称为Ⅱ类玻璃容器。现在有相当一部分输液瓶采用Ⅱ类玻璃，即钠钙玻璃。钠钙玻璃的化学稳定性较差，因此，通常需要对内表面做酸化处理。国内已有一种改良性Ⅱ类玻璃，生产厂家在钠钙玻璃的配方中加了约1%的氧化硼并同时对内表面做酸化处理。钠钙玻璃中含 SiO_2、Na_2O、K_2O、CaO 等成分。

② 按成型方法分类　药用玻璃容器根据成型工艺的不同，可分为模制瓶和管制瓶。模制瓶的主要品种有大容量注射液包装用的输液瓶、小容量注射剂包装用的模制注射剂瓶（或称西林瓶）和口服制剂包装用的药瓶。管制瓶的主要品种有小容量注射剂包装用的安瓿、管制注射剂瓶（或称西林瓶）、预灌封注射器玻璃针管、笔式注射器玻璃套筒（或称卡氏瓶）、口服制剂包装用的管制口服液体瓶或药瓶等。

（2）玻璃容器与药物的相容性研究

玻璃容器与药物相容性研究应主要关注玻璃成分中金属离子向药液中的迁移，玻璃容器中有害物质的浸出量不得超过安全值，各种离子的浸出量不得影响药品的质量，如碱金属离子的浸出应不导致药液的pH值变化。药物对玻璃包装的作用应考察玻璃表面的侵蚀程度，以及药液中玻璃屑和玻璃脱片等；评估玻璃脱片及非肉眼可见和肉眼可见玻璃颗粒可能产生的危险程度，考察玻璃容器能否承受所包装药物的作用，确保药品贮藏的过程中玻璃容器的内表面结构不被破坏。

4. 金属包装材料

铁基包装材料有镀锡薄钢板和镀锌薄钢板。镀锡薄钢板俗称马口铁，镀锌薄钢板俗称白铁皮。金属软管是软膏的包装容器，多由铝质制成，金属管无回吸现象。如铝质材料经常作为气雾剂的包装容器。

5. 复合材料

复合材料是由两种或数种不同材料组合而成的材料。复合材料改进了单一材料的性能，并能发挥各组合材料的优点。薄膜和塑料瓶均可复合。由纸和聚乙烯组成的复合薄膜，可写成纸/PE：前者代表外层，提供拉伸强度和印刷表面；后者代表内层，提供阻隔性能和热合性能。

复合薄膜的制造方法可分为胶黏复合、熔融涂布复合和共挤复合。胶黏复合是通过胶黏剂将两种或两种以上的基材复合成一体。熔融涂布复合是通过挤出机将热塑性塑料熔融塑化成膜，立即与基材相贴合，压紧，冷却后即成为一体的复合膜。共挤复合是采用数个挤出机将塑料塑化，利用吹塑法或流延法制备成复合膜。特别注意的是，金属化塑料薄膜是在塑料薄膜表面利用真空金属蒸镀，在表面形成一层极薄的金属薄膜。

五、包装技术概述

常用的包装技术包括防湿包装、遮光包装、热收缩包装、安全包装和防偷换包装。

（1）防湿包装

为了保证容器内药品不受外界湿气或气体影响而编制的方法或容器，称为防湿包装，也称为隔气包装。防湿包装的形式有真空包装和充气包装。真空包装是将包装容器内气体抽出后再加以密封的方法，可以避免内部的湿气和氧气对药品的影响，并可防止霉菌和细菌的繁殖。充气包装是指用惰性气体置换包装容器内的空气以避免药品氧化变质的方法。常用的气体有氮气和二氧化碳及其混合气体。如安瓿或输液等多冲氮气。

（2）遮光包装

为防止光敏药物降解，应采用遮光包装容器或在容器外再加避光包装。如可采用遮光材料如金属或铝箔等，或在材料中加入紫外线吸收剂或可见光遮断剂等方法。可见光遮断剂有氧化铁、氧化钛、蒽醌类等。紫外线吸收剂有水杨酸衍生物等。遮光的容器有琥珀色的玻璃瓶、安瓿瓶、口服液瓶等。琥珀色玻璃能屏蔽 $290 \sim 450nm$ 的光线，而无色玻璃可透过 300nm 以上的光线，故前者能滤除有害的紫外线，较好地防止日光对容器内药品的破坏。有些药品对光极不稳定，除采用琥珀色玻璃外还要在容器外加避光外包装如黑色或红色的遮光纸、带色玻璃纸、黑色片材等泡罩包装。除了琥珀色玻璃外，白色高密度聚乙烯的塑料瓶和琥珀色塑料瓶的遮光效果都比较好。故常用来包装片剂、胶囊剂等。

（3）热收缩包装

根据热塑性塑料在加热条件下能复原的特性，将物品用热收缩薄膜进行包封，在经过加热时使薄膜收缩而包装的方法称为热收缩包装。在制备过程中预先将薄膜进行加热拉伸，在经过强制冷却而定型。热收缩薄膜的常用的塑料有 PE、PVC、PP、PVDC 等。

（4）安全包装

安全包装包括防偷换包装和儿童安全包装。儿童安全包装是为了防止幼儿误服药物的具有带保护功能的特殊包装形态，通过各种封口、封盖使容器的开启有一种复杂顺序，以有效防止好动幼儿开启。但对成人却不会感到困难。儿童安全包装可以采用安全帽盖、高韧性塑料薄膜的带状包装、撕开式泡罩包装等。安全帽盖的开启方式有按压旋开盖、挤压旋开盖、锁舌式嵌合盖、制约环盖等。

（5）防偷换包装

防偷换包装指具有识别标志或保险装置的一种包装。如包装被启封可从识别的标志或保险装置的破损或脱落而识别。包装容器的封口纸盒的封签和厚纸箱用压敏胶带的封条等都可起到防偷换的目的。防偷换包装还包括下列形式：

① 防盗瓶盖　这种瓶盖与普通螺旋瓶盖的区别在于它的下部有较长的裙边，此裙边超过螺纹部分形成一个保险环，保险环内下侧有数个棘齿，被限定于瓶颈的固定位置，保险环内上侧有数个联结条联结于

盖的下部，当拧转瓶盖时，联结条断裂，由此从保险环是否脱落来判断瓶盖是否被开启，起到防偷换的目的。

② 复合铝箔封口　复合铝箔封口是指在固体制剂瓶口粘结一层铝箔或纸塑膜，可起到密封和显示是否被启封的作用。

③ 单元包装　采用带状包装和泡罩包装可以方便使用，而且可以起到防偷换包装。

④ 透明薄膜外包装　利用透明薄膜将药品包装盒进行包装。

⑤ 瓶盖套　利用单向热收缩薄膜对瓶盖进行封口。

第二节　瓶装联动线的容器进给

药品的剂型按物态分类分为固体、半固体、液体和气体等。目前药品包装主要有三种形式：瓶装、泡罩和软袋。泡罩包装适合片剂、胶囊剂、蜜丸剂等；软袋包装适合颗粒剂、散剂和软膏剂等；瓶装适合混悬剂、乳剂、输液等液体制剂。其中瓶装线适合固体、液体和气体，如注射剂的洗烘灌封联动线、滴眼剂的联动线、气雾剂的联动线。由于考虑到制剂的质量要求或生产要求，将其归属于制剂设备。如果单从设备结构上来看，也属于瓶装线。本节主要介绍瓶装线的容器进给路线和粒状固体药品的瓶装线。

一、瓶装线的容器进给路线

瓶装线以容器的进给路线为主线，药品的计量、封口附件的（铝塑复合膜、胶塞、盖）供给、盖的供给、标签的供给等顺次并入主线。根据容器的运动形式，容器的进给可以分为直线间歇式、旋转连续式、直线连续式、旋转间歇式。其中采用挡销式隔料器的多为直线间歇式；采用旋转式工作台对应多个灌装头或封盖装置的多为旋转连续式；容器在输送机上运动，灌装头随动的为直线连续式；输送机将容器供给间歇旋转工作台的为旋转间歇式。

二、瓶装线的容器进给路线的组成

瓶装线的容器进给路线主要包括：输送机、上料装置、定向机构、隔料器、定距分隔装置以及计量装置。

1. 输送机

（1）输送机的作用

输送机的作用是沿一定方向连续依次输送药品或容器。

（2）输送机分类

输送机可分为重力输送机、滚筒式输送机、带式输送机、螺旋式输送机、振动输送机、气力输送机、升运机和齿板传送装置等。

① 重力输送机　利用重力使物体从高位向低位输送，如各种形状的敞口斜槽或封闭的溜槽。

② 滚筒式输送机　也称为辊子输送机，如图5-2-1所示。主要由传动滚筒（图5-2-2）、机架、支架、驱动部件等部分组成。滚筒式输送机适用于底部为平面的物品输送，如各类箱、包、托盘等货件的输送。散料、小件物品或不规则的物品需放在托盘上或周转箱内由输送滚筒输送。滚筒式输送机从驱动形式上可分为有动力、无动力、电动滚筒等；按布局形式分为水平输送、倾斜输送、转弯输送和多层输送。具有输送量大、速度快、运转轻快、能够实现多品种共线分流输送的特点。

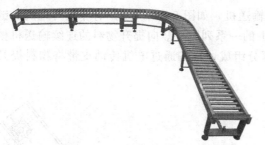

图 5-2-1 滚筒式输送机

图 5-2-2 滚筒式输送机的传动滚筒

③ 带式输送机 主要由张紧套装在两端主、从动轮之间的传送带等构成的一个闭合的传动系统，由两个端点滚筒及紧套其上的闭合输送带组成，如图 5-2-3 所示。主动轮由电动机通过减速器驱动，输送带依靠主动轮与输送带之间的摩擦力拖动。主动轮一般都装在卸料端，以增大牵引力，有利于拖动。物料由喂料端喂入，落在转动的输送带上，依靠输送带摩擦带动运送到卸料端卸出。带式输送机所用的输送带有橡胶带、钢带（链片）、金属丝网带、塑料链片。其中在药品生产中橡胶带通常用于中包装纸板盒、外包装纸板箱等；塑料链片通常用于输送西林瓶、输液瓶、口服液、固体制剂药瓶等；金属丝网带用于安瓿瓶的灭菌干燥机中。

图 5-2-3 带式输送机

④ 螺旋式输送机 螺旋式输送机是利用螺旋的旋转将物料输送的机械设备。如螺杆式粉剂针分装机中的计量装置属于螺旋式输送机。

⑤ 振动输送机 振动输送机是利用振动槽的连续振动使槽内的物品前进，达到输送目的的机械设备，如图 5-2-4 所示。振动输送机分为弹性连杆式、电磁式和惯性式三种。其中弹性连杆式振动输送机由偏心轴、连杆、连杆端部弹簧和料槽等组成。偏心轴旋转使连杆端部做往复运动，激起料槽做定向振动，从而促使槽内物料不断地向前移动。一般采用低频率、大振幅或中等频率与中等振幅。电磁式振动输送机由铁芯、线圈、衔铁和料槽等组成。整流后的电流通过线圈时，产生周期变化的电磁吸力，激起料槽产生振动。一般采用高频率、小振幅。惯性式振动输运机由偏心块、主轴、料槽等组成，偏心块旋转时产生的离心惯性力激起料槽振动。一般采用中等频率和振幅。振动输送机采用电动机作为振动源，使物料被抛起的同时向前运动，达到输送的目的。惯性式振动运输机按结构形式可分为开启式、封闭式；按输送形式可为槽式输送和管式输送。

⑥ 气力输送机 利用高速气流通过管子使颗粒状、粉状物料在管内输送，再通过分离器将物料分出达到物料输送目的输送机，如图 5-2-5 所示。气力输送机的形式有压送式和吸入式。气力输送机可进行水平、倾斜和垂直输送，也可组成空间输送线路，输送线路一般是固定的。输送机输送能力大，运距长，还可在输送过程中同时完成若干工艺操作，所以应用十分广泛。可以单台输送，也可多台组合或与其他输送设备组成水平或倾斜的输送系统，以满足不同布置形式的作业线需要。

图 5-2-4 振动输送机

图 5-2-5 气力输送机

⑦ 升运机　升运机是以垂直或倾斜方向输送物体的输送机，如图 5-2-6 所示。有斗式升运机和链板式升运机等。斗式升运机是利用均匀固接于末端牵引构件上的一系列料斗竖向提升物料的连续输送机械，如图 5-2-7 所示。如上料升运机是由电机、机架、皮带等部分组成，设备通过电机传动皮带将物料提升至一定高度。

图 5-2-6　升运机

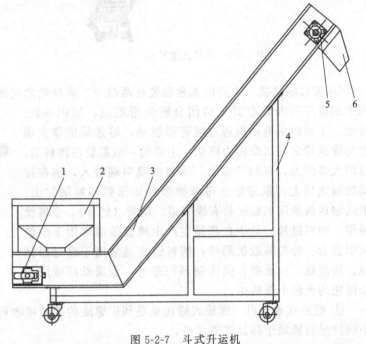

图 5-2-7　斗式升运机

1—输送组件；2—进料斗；3—墙板；4—机架；5—传动装置；6—出料斗

⑧ 齿板传送装置　安瓿瓶的传送多采用齿板传送装置。通过曲轴的带动，使移动齿板做有规律的摇动，将倾斜 45°置于固定齿板上的安瓿瓶按顺序向前移动，从而进行药液的灌注与封口。各种规格安瓿瓶液封机的传送装置大多采用与上述相同的机构。齿板上的齿形为三角形，安瓿瓶位于齿的凹槽内，位置准确，可满足药液灌封的要求，故得到广泛的应用。可采用多种方法将来自料斗的安瓿瓶以适当间距逐个地送至齿板凹槽或进行其他操作（如印字、装盒等）。

2. 单件产品上料装置

单件产品上料装置包括上料装置和定向机构。其中上料装置的作用是将大量无序的容器逐渐分离并送出；定向机构的作用是将方向不一致的物料变成一致的方向。单件产品上料装置的代表是理瓶机。

理瓶机可将杂乱无章的塑料瓶，通过理瓶机构的整理，将瓶子整理成瓶口朝上，整齐有序地输送给下位机。

（1）按原理分类

① 重心式理瓶机　用瓶子重心分布的特点，如果瓶子正向，重心就会靠近瓶子下部，这样瓶子就会不改变排列，如果瓶子反向，重心就会在瓶子上部，瓶子重心就会不稳，然后瓶子在挡板内反转，从而达到向上的要求。该功能适合在重量较大的玻璃瓶理瓶机中使用。

② 摩擦式理瓶机　利用皮带的摩擦力，输送瓶子并调整瓶子方向成一致。

③ 离心式理瓶机　利用转动圆盘的离心力，使瓶子靠近理瓶筒圈内侧，再利用瓶底与瓶口尺寸不同的特点，将瓶口向下的瓶子进行翻转。该机是由人工将物料加入储料瓶库进行存放，储料瓶库的物料将自动定量或按设定的速度供料给转盘，转盘通过旋转把瓶子按要求供出，蹼轮清除不规范瓶子。

（2）按塑料瓶的形状分类

① 圆盘式理瓶机　利用圆形瓶筒内圆盘转动的离心力，使瓶子靠近圆筒的内侧，再利用瓶身直径与

瓶颈直径不同的特点，瓶口向下的瓶子，通过翻瓶机构整理成瓶口向上。这种理瓶方式只适用圆瓶，理瓶速度也较慢。圆盘式理瓶机主要由理瓶机箱、理瓶桶、传动机构、理瓶部件、出瓶部件及电气操作系统等部件组成。图 5-2-8 为圆盘式理瓶机的实物图。

如图 5-2-9 所示，电机驱动小齿轮带动安装在主轴上的大齿轮。通过上下摩擦片的作用，使主轴带动理瓶盘工作。瓶斗内的瓶子通过理瓶盘的半圆槽将瓶子从理瓶盘的下方转动到理瓶盘上方，半圆槽内的瓶子经过理瓶机构的翻瓶板理瓶，自动将瓶口朝下瓶底朝上的瓶子进行翻转，将瓶子理成瓶口向上，通过出瓶板传送到联接下位机的送瓶轨道上。

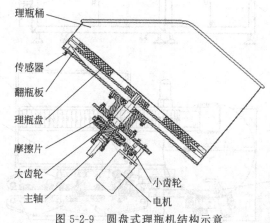

图 5-2-8 圆盘式理瓶机　　　　图 5-2-9 圆盘式理瓶机结构示意　　　　圆盘式理瓶机

② 直线式理瓶机　直线式理瓶机（图 5-2-10）主要由理瓶机箱、阶梯送瓶、理瓶桶、理瓶系统、电气控制系统等部件组成，如图 5-2-11 所示。

图 5-2-10 直线式理瓶机　　　　　　　　　　直线式理瓶机

阶梯送瓶装置将瓶子源源不断地输送到理瓶桶，理瓶桶内的转盘在传动机构的驱动下逆时针转动，桶内的瓶子在离心力的作用下落入转盘槽，转盘槽内的瓶子经转动的转盘带动，通过出瓶板和出瓶瓶距装置进入理瓶装置，瓶子在理瓶装置中一对同步带夹持下向扶瓶装置传送的过程中，瓶底在前面的瓶子到达扶瓶装置就被自动扶正（瓶口向上），瓶口在前面的瓶子经钩瓶杆拨动和压瓶装置挡压，瓶子转成瓶底在前，到达扶瓶装置被自动扶正成瓶口向上。

在瓶装线中，当玻璃瓶、瓶型特殊不好理瓶或产能不高时，在数粒机之前采用送瓶机（图 5-2-12）供瓶。送瓶机也可看作是一种理瓶机，只是其无法定向。送瓶机的功能是方向一致的空瓶通过送瓶转盘将空瓶平稳地输送到药品电子数粒机的送瓶输送带上。相同的设备用在其他设备后称为集瓶机。集瓶机与上位包装机联机使用，其功能是使已装物料的瓶通过送瓶轨道平稳地输送到集瓶机的集瓶盘上。

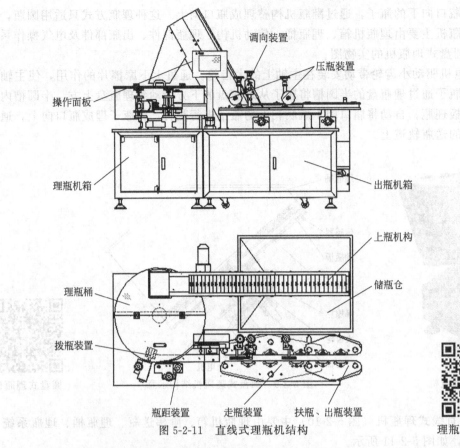

调向装置

压瓶装置

操作面板

理瓶机箱

出瓶机箱

上瓶机构

理瓶桶

储瓶仓

拨瓶装置

瓶距装置　　走瓶装置　　扶瓶、出瓶装置

图 5-2-11　直线式理瓶机结构

理瓶机反瓶剔除

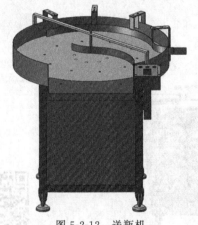

图 5-2-12　送瓶机

送瓶机

3. 定向机构

单件产品供料时，进入包装工位的定向方法主要依靠形状大小和重心位置为定向。定向是把方向不一致的物料变为一致方向。定向的方法有两种：积极定向和消极定向。消极定向法是按照选定的定向基准，采取适当的措施让符合要求的物件在输送中保持稳定，设法剔除不符合所选方向的物件，实现按一定方向的物料输出。积极定向是把原来非选定方向的物件改变为选定方向。

4. 隔料器

隔料器是将输送机送来的容器相互分离，单个或成组的输送到工作台或下一个包装工位。有许多灌装机的灌装头直对瓶类的输送带，如药液灌装机、片子瓶装机等。在传送带上需设定位装置，以实现对瓶子进行灌装。定位装置可采用挡瓶器或夹板等。在转送带的侧面设置两个电磁挡瓶器。挡瓶器内有电磁铁，有挡销自侧面伸出，控制电磁铁可使挡销起到挡瓶的作用，如图 5-2-13 所示，同时有四个灌装头对四个靠紧的药瓶灌装，第一挡瓶器的挡销设在正在灌装药瓶的右侧，第二挡瓶器的挡销与第一个挡销之间有四个药瓶的间距，灌装后第一挡销脱离，药瓶前进，被第二挡销挡住之后，第一挡销将空瓶挡住，对空瓶进行灌装，第二挡销脱离，已灌装后的药瓶前进，进行下一步操作。挡瓶器定位方法适用于链片式输送带输送药瓶的灌装。

5. 定距分隔装置

定距分隔装置可定时定距地将容器输送到包装工位。定距分隔装置的种类有拨轮式定距分隔与转送装置、螺杆式定距分隔与转送装置、链带式定距分隔与转送装置和动梁式定距分隔与转送装置。

图 5-2-14 为螺杆式定距分隔与转送装置的结构示意，瓶子由链片式输送带输送，在靠近灌装机处设有螺旋输送器，输送带上的瓶子在此被定时送出，利用三爪拨轮使其转向，并送至灌装机的转盘上。灌装后，瓶子由拨轮拨回输送带，以进行下一步工序。

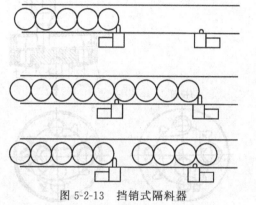

图 5-2-13　挡销式隔料器

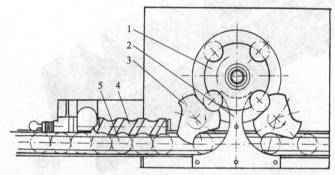

图 5-2-14　螺杆式定距分隔与转送装置结构示意
1—工作台；2—导轨；3—星形拨轮；4—螺杆；5—瓶类容器

第三节　计量装置

粉体药物计量是为了便于分装与销售，实现包装自动化。根据待计量物料的形态和性质，可以分为粉体药物计量装置、粒状药物计量装置和液体药物计量装置。

一、粉体药物计量装置

粉体药物计量的方法可分为定容法和称重法。定容法的装置简单，计量速度快，计量精度较低，适用于堆积密度比较稳定、计量量较小的药品，流动性较好。称重法的装置复杂，精度高，速度慢，适用于堆积密度不稳定、流动性差（易结块）、计量量较大的药品。表 5-3-1 为两种计量方法比较。

表 5-3-1　计量方法比较

名称	装置结构	计量速度	计量精度	适用范围(堆密度/计量量/流动性)
定容法	简单	快	低	稳定/较小/好
称重法	复杂	慢	高	不稳定/较大/差，易结块

（1）称重法

目前称重法主要依靠重量传感器进行工作，如图 5-3-1 所示。

（2）定容法

定容法可以分为量杯式、转鼓式、螺杆式和插管式。

① 量杯式　固定量杯式计量装置的组成如图 5-3-2 所示，由供料斗、转盘、计量杯、活门、底盖及固定内外挡销等组成。工作过程是：a. 计量，物料由供料斗 1→粉罩 2→自重进入随转盘转动的计量杯 8→刮粉板 5 刮去多余药物。b. 分装，转到卸料位时容杯底活门 3 被外挡销打开→药物落入容器。c. 复位，继续转动→活门 3 被内挡销重新关上→准备下一次计量分装。量杯式计量装置的计量精度与药物的相对密度和装料速度有关，误差±2%～3%。量杯式计量装置结构简单，但计量固定，装量范围 5～100g。适合固定剂量、相对密度稳定的药物计量分装。除了固定量杯式之外，还有可调量杯式。可调量杯式装量可调，结构比固定量杯式复杂，适用于相对密度稳定的药物计量分装。量杯作为计量装置的典型应用是制袋充填封口包装机。

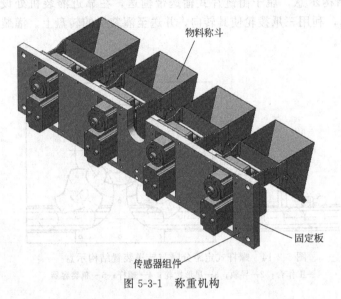

图 5-3-1　称重机构

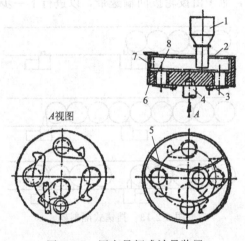

图 5-3-2　固定量杯式计量装置
1—供料斗；2—粉罩；3—活门；4—立轴；
5—刮粉板；6—转盘；7—护圈；8—计量杯

② 转鼓式　转鼓式计量装置是利用转鼓外缘与外壳之间所形成的容积进行计量的。转鼓形状有圆柱形、棱柱形等，构成槽形、扇形、轮叶形等容腔形状。转鼓式计量装置由料斗、转鼓、下料引导管等组成。扇形转鼓式计量装置的工作过程：a. 计量，料斗 1→扇形转鼓 2→转动后与外壳形成计量容腔。b. 分装，扇形转鼓转过 180°→药物进入下料引导管。转鼓式计量装置的计量精度与上述量杯式相近。特点是结构简单，装量不可调。适用于流动性较好的药物定量包装。转鼓容腔可以是固定的，也可设计成可调的，如图 5-3-3 和图 5-3-4 所示。

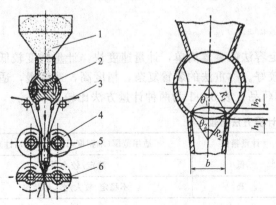

图 5-3-3　扇形转鼓式计量装置
1—料斗；2—扇形转鼓；3—导辊；4—纵封器；
5—下料引导管；6—横封器

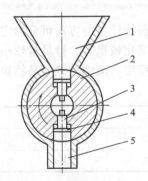

图 5-3-4　可调转鼓式计量装置
1—料斗；2—转鼓；3—螺钉；
4—调节板；5—出料口

③ 螺杆式　螺杆式计量装置是利用螺旋给料原理来进行计量的，即利用螺杆槽的空腔作为计量的容积，在每一分装循环中，控制螺杆转数，便可控制螺杆每次旋转传送的物料量，从而达到计量目的。计量的调节方法是调整驱动单向离合器的偏心调节盘的偏心量（微调）；更换不同型号的螺杆（粗调）。机械式螺杆计量分装机构是通过机械传动和单向离合器来控制计量螺杆间歇旋转并进行计量分装的。螺杆式的典型应用是粉针剂的分装。图 5-3-5 所示为螺杆式计量装置的结构示意。

④ 插管式　如图 5-3-6 所示，药粉置于储粉斗 9 内，储粉斗由主动大齿轮 10 带动间歇旋转，其内有 7、8 组成的振荡刮粉板，可将药粉刮匀以保证装填量的精确。插管 4 由插管轴 12 带动，插入具有一定厚度疏松药粉的储粉斗内，药粉即被压入并附着于插管内。然后将插管连同药粉升起并旋转 180° 转到卸粉工位，插杆压板轴 3 带动插杆压板 6 向下运动，压迫卸粉顶杆 5 将插管内药粉推入直管瓶 2 内。该装置每次装五瓶，药粉充填后，直管瓶被工作花盘 1 的带动旋转 60°，按上述顺序继续分装另五瓶。工作花盘共 36 个瓶槽开口，每一周分六次充填。

直齿轮 11 为主动齿轮，由电机通过蜗形槽凸轮带动做间歇转动，分别带动主动大齿轮 10 和从动大齿轮 15，使储粉斗 9、插管 4 和工作花盘 1 做间歇回转。插管 4 和卸粉顶杆 5 的上下运动是由凸轮及插管轴杠杆 13、14 来拨动的，以使插管轴 12 连同插管做上下升降运动，并使插管压板轴 3 连同插杆压板 6 做周期性下压，致使卸粉顶杆 5 将插管内的药粉推出，实现卸料。

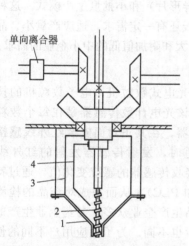

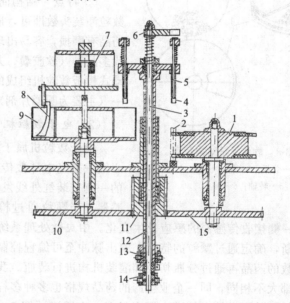

图 5-3-5　螺杆式计量装置
1—下料嘴；2—螺杆；3—料筒内壁；
4—搅拌叶片

图 5-3-6　插管式计量装置
1—工作花盘；2—直管瓶；3—压板轴；4—插管；5—卸粉顶杆；6—插杆压板；
7—刮粉板振荡器；8—刮粉板；9—储粉斗；10—主动大齿轮；11—直齿轮；
12—插管轴；13、14—插管轴杠杆；15—从动大齿轮

二、粒状药物计量装置

根据药品数粒机工作原理的不同，已成功应用在制药行业的数粒机经历了两代的发展，从第一代机械筛动式数粒机发展到目前已成为主流的光电式数粒机。

（1）筛动式模板数粒机

筛动式模板数粒机属于第一代机械筛动式数粒装置，采用模板上预制一组与被计量药品形状相同的孔进行计数，如图 5-3-7 所示。

① 工作原理　数粒灌装头内装有数粒模板，模板下装有固定落药板和落药通道，模板上分若干份孔组，每份孔组的孔数等于每瓶的装量，灌装头内部装有偏心振动机构，在传动电机的带动下完成药品的筛动填充，同时在传动电机的带动下灌装头按相反方向旋转药品到落药通道处落入瓶中完成数粒灌装。为了

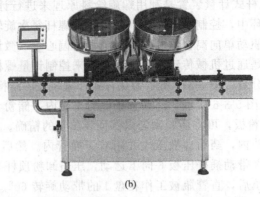

(a)   (b)

图 5-3-7　筛动式模板数粒机

提高灌装速度，数粒灌装头一般做成两个，称之为两头筛动式模板数粒机，如图 5-3-7（b）所示。该设备的数片计量结构示意见图 5-3-8。

② 特点　结构简单，价格较低，要提高灌装速度，只要增加数粒灌装头数即可，适用单一、批量大的品种。其不足之处有：对药品有磨损，容易出现缺粒现象，而且更换品种耗时长，不适应现代多品种（软胶囊、丸剂和异形片）和小批量生产模式。这种以筛动式模板数粒机组成的生产线还有一定需求，适应产量小、品种单一（主要为圆形片剂）、批量大和附加值低的中小企业的需求。

（2）电子数粒机

电子数粒机属于第二代光电式数粒机，电子数粒机的技术核心之一是光电计数传感器。该光电计数传感器是在每个数粒通道的一侧安装红外线发射传感器，在其正对面安装红外线感接收传感器。当颗粒通过检测通道时，发射传感器发射的红外线被遮

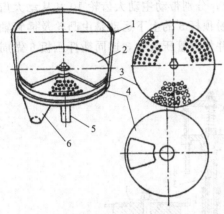

图 5-3-8　数片计量结构示意
1—料斗；2—盖板；3—数片模板；4—托板；
5—转轴；6—漏斗

挡，引起另一侧接收传感器的感应发生变化。中央微处理系统实时接收传感器的感应变化值，通过特定算法识别、判断，确定通过颗粒的特性，输出脉冲至可编程控制器（如 PLC），从而完成对药品的检测和计数，已经计数的药品再通过分瓶切换和灌装机构进行装瓶。我国药品生产企业众多，各药企生产的药品规格品种也都大不相同，同一企业生产的药品规格也多种多样，产量也不同。为了适应用户不同的使用要求，电子数粒机的振动输送轨道由原来只有一个通道［图 5-3-9(a)］发展成有 4、6、8、12、16、24、32 等多通道［图 5-3-10(a)］定型的标准产品。

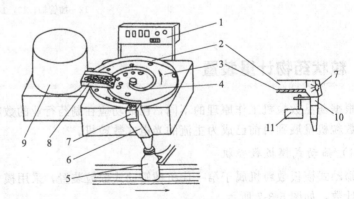

(a) 实物图   (b) 单通道电子数粒机的结构与原理

图 5-3-9　单通道电子数粒机
1—控制器面板；2—围墙；3—旋转平盘；4—回形拨针；5—药瓶；6—药料溜道；
7—光电传感器；8—下斜溜板；9—斜桶；10—翻板；11—磁铁

(a) 实物图

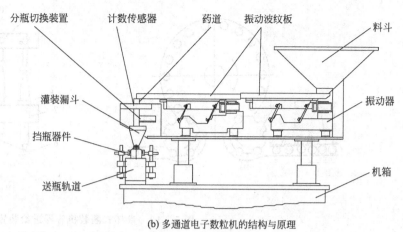

分瓶切换装置　计数传感器　药道　振动波纹板　料斗

灌装漏斗

挡瓶器件

送瓶轨道

振动器

机箱

(b) 多通道电子数粒机的结构与原理

图 5-3-10　多通道电子数粒机

单通道电子数粒机的结构与原理见图 5-3-9(b)，多通道电子数粒机的结构与原理见图 5-3-10(b)：输送瓶机构中送瓶轨道上的挡瓶器件将由上道设备传送过来的瓶子，挡在装瓶位置，等待灌装。药品通过送料波纹板的振动，有序地进入药仓，在药仓上装有计数光电传感器，落入药仓的药品经光电计数传感器定量计数后装入装瓶位置的瓶中。

三、液体药物计量装置

液体药物计量装置有多种分类方法，按灌装方式分为常压、真空和等压灌装。常压灌装是包装容器保持常压，内部气体自然排出，液体及灌装头处于高位，包装容器置于低位，液体靠自重或活塞的作用从定量机构中排出，灌入包装容器中。常用的常压灌装设备有阀式、量杯式和等分圆槽定量式灌装机构。真空灌装是包装容器密封，抽去容器中的空气，造成负压，液体在大气压力作用下被吸入包装容器中。真空灌装适用于快速灌装或剧毒药品的灌装，可避免滴漏，确保人体健康。等压灌装是先向包装容器内充气，使容器内气压和料液容器内气压相等，然后靠液体的自重进行灌装。等压灌装适用于溶有大量气体的液体灌装。

液体药物计量装置按分装容器的输送形式分可分为旋转型灌装机和直线型灌装机；按灌装连续性可分为有间歇式灌装机和连续式灌装机；按自动化程度可分为有手工灌装、半自动灌装、自动灌装。

液体药物计量装置按计量方式可分为称重法和容积法。由于液体密度一致，容积法较为广泛，容积法又可分为量杯式、容器液面式、计量泵式、漏斗式、时间压力管道式、流量计式、旋转等距自流式等计量方式。

1. 量杯式

量杯式液体计量装置是在标准大气压力下，药物依靠自重产生流动从计量桶或贮液槽灌入包装容器的灌装方式，所以又称为重力灌装。该灌装机构可安装在自动生产线上，容器的移动与升降由专门的输送带和升降机构控制。

如图 5-3-11 所示，旋转的药液槽内安装有若干个量杯，量杯下部装有灌装阀接头。通常在弹簧作用下，量杯沉浸在药液槽的液面下，充满药液；量杯与灌装阀接头是不相通的，在阀体上开有连接通道；阀体通过螺母固定于药液槽底板上。

量杯式液体计量装置的工作过程：容器上升顶起灌装阀接头→弹簧被压缩，量杯随灌装阀接头上升而被顶出液面→此时阀体上的连接通道与量杯的上下两个小孔接通→量杯中的药液靠自重流入容器→实现定量灌装。容器下降时，弹簧使灌装阀接头下降→量杯与灌装阀体之间的通道被切断→量杯又下沉到贮液槽液面下量取药液→准备下一次计量灌装。

图 5-3-12 为量杯式灌装机的容器进给装置示意。

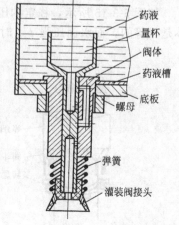

药液
量杯
阀体
药液槽
底板
螺母

弹簧

灌装阀接头

图 5-3-11　量杯式液体计量装置

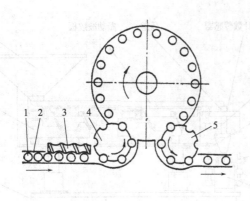
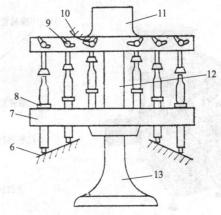

图 5-3-12　量杯式灌装机容器进给装置

1—待装瓶；2—输送带；3—螺杆；4—进瓶拨轮；5—出瓶拨轮；6—升瓶凸轮；7—下转盘；

8—托瓶台；9—灌装阀；10—开阀挡块；11—药液槽；12—立轴；13—机座

2. 容器液面式

如图 5-3-13 所示，容器液面式液体计量装置是通过插入包装容器内排气管位置的高低来控制液位，以达到定量装料的目的。当液体从进液管进入瓶时，瓶内空气由排气管排出，随着液面上升至排气管时，因瓶口被垫片密封，瓶子内部的气体不能排出，当液体继续流入时，这部分空气被压缩，液面稍超过排气口就不再升高，但可从排气管内上升，直至与液槽中的液位相平衡为止。瓶子随托盘下降时，排气管内的少量液体立即流入瓶内，至此定量装液工作完成。改变排气管下口在瓶内的位置，既可改变其装料量。该装置构简单，使用方便，辅助设备少。由于以瓶内液位来定量，装料精度与瓶的制造质量有直接关系。

3. 漏斗式（等分圆槽定量式灌装机构）

半圆槽与上方漏斗一一对应，等分圆槽与转盘同步匀速转动，使流入每一分格的药液量相等，再通过漏斗将定量药液灌入由转盘带动的容器中，从而实现定量灌装。

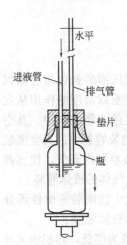

图 5-3-13　容器液面式液体计量装置

该设备的具体过程（图 5-3-14）：打开阀门，配好的药液以恒定流量由高位流入匀速转动的等分圆槽→每一分格的等量药液经漏斗灌入同步转动的容器中→完成定量灌装→容器被输送至下一工位。

4. 时间压力管道式

如图 5-3-15 所示，稳定的压力下管道内液体的流速是恒定的，在管口处单位时间内流出一定量的液体是相等的，而水面压强 p、时间 S 和水面 H 是变量。对于水面压强 p，采用气体压力控制装置可以控

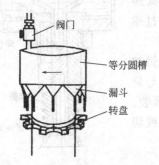

图 5-3-14　漏斗式灌装机的结构与原理

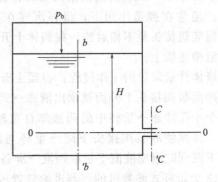

图 5-3-15　时间压力管道式灌装机的原理

制到毫巴级；对于时间 S，高精度的继电器动作可以控制在毫秒内；对于水面高度 H，可以控制到 9.1mmHg（0.001MPa）压力内波动，气体控制技术的装量控制精度控制在 1.5% 范围内。其特点：装量调整方便，触摸屏操作，药液均为管道式，无摩擦，无死角，无产生微粒之处；可处于惰性气体保护之下，灌装结束后残留药液少。

5. 流量计式

流量计式灌装机是使药液通过感应式流量计来实现灌装的。当液体通过流量计时会产生脉冲值，变成电信号输出，当流量达到设定要求时，受此控制的电磁阀进行工作，此电磁阀的阀杆推动流有药液的硅胶管，使其闭合，以达到关闭之目的。该设备的灌装精度高，易于操作与调整。

流量计种类繁多，对于无菌制药工艺系统来说，需要考虑到卫生型设计要求，因此较为适用的流量计包括浮子流量计、涡街流量计、电磁流量计、质量流量计、差压式流量计与表面声波流量计等。

（1）浮子流量计

浮子流量计也称为转子流量计，其流量检测元件是由一根自下向上扩大的垂直锥形管和一个沿着锥管轴上下移动的浮子组所组成，如图 5-3-16 所示。浮子流量计的工作原理：被测流体从下向上经过锥管和浮子形成的环隙时，浮子上下端产生差压形成浮子上升的力，当浮子所受上升力大于浸在流体中浮子的重量时，浮子便上升，环隙面积随之增大，环隙处流体流速立即下降，浮子上下端差压降低，作用于浮子的上升力亦随着减少，直到上升力等于浸在流体中浮子的重量时，浮子便稳定在某一高度。浮子在锥管中的高度和通过的流量呈对应关系，即为体积流量的基本方程。浮子流量计的透明锥形管一般由硼硅玻璃制成，习惯简称玻璃管浮子流量计。

图 5-3-16 浮子流量计

按被测流体的类型划分，浮子流量计分为液体用、气体用和蒸汽用等三种类型。按被测流体通过浮子流量计的量划分，浮子流量计分为全流型（即被测流体全部流过浮子流量计的仪表）和分流型（相对于全流型只有部分被测流体流过浮子等流量检测部分）两大类。

（2）涡街流量计

涡街流量计根据卡门（Karman）涡街原理测量气体、蒸汽或液体的体积流量，并作为流量传感器应用于自动化控制系统中，如图 5-3-17 所示。其工作原理（图 5-3-18）是流体在管道中经过涡街流量变送器时，在三角柱的旋涡发生体后形成上下交替正比于流速的两列旋涡，旋涡的释放频率与流过旋涡发生体的流体平均速度及旋涡发生体的特征宽度有关。

图 5-3-17 涡街流量计

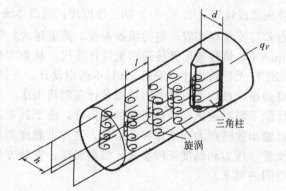

图 5-3-18 涡街流量计的工作原理图

（3）电磁流量计

电磁流量计是采用电磁感应原理测量介质流体流速的电磁流量计，如图 5-3-19 所示。其原理是在管道的两侧加一个磁场，被测介质流过管道切割磁力线，在两个检测电极上产生感应电势，其大小正比于流体的运动速度。电磁流量计用来测量电导率＞5μS/cm 的导电液体的流量，是一种测量导电介质流量的仪表。除可以测量一般导电液体的流量外，还可以用于测量强酸、强碱等强腐蚀性液体和均匀含有液固两相悬浮的液体，如泥浆、矿浆、纸浆等。电磁流量计在制药用水系统中应用广泛，可用于原水和浓水阶段的流量测量。

（4）质量流量计

流体在旋转的管内流动时会对管壁产生一个力，简称科氏力。质量流量计以科氏力为基础，在传感器内部有两根平行的流量管，中部装有驱动线圈，两端装有检测线圈，传感器提供的激励电压加到驱动线圈上时，振动管做往复周期振动，工业过程的流体介质流经传感器的振动管，就会在振动管上产生科氏力效应，使两根振动管扭转振动，安装在振动管两端的检测线圈将产生相位不同的两组信号，这两个信号的相位差与流经传感器的流体质量流量成比例关系，计算机解算出流经振动管的质量流量。不同的介质流经传感器时，振动管的主振频率不同，据此可解算出介质密度，安装在传感器振动管上的铂电阻可间接测量介质的温度。图 5-3-20 为质量流量计外形和原理示意。

图 5-3-19　电磁流量计

(a) 外形

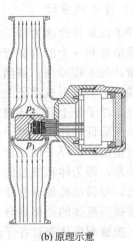

(b) 原理示意

图 5-3-20　质量流量计

质量流量计可直接测量通过流量计的介质的质量流量，还可测量介质的密度及间接测量介质的温度。质量流量计在制药流体工艺系统中应用广泛，可用于配液罐体的注射用水定容，或者 CIP 工作站清洗用水的用量控制。单台质量流量计仪表既可直接测量质量流量、密度和温度，也可间接计算体积流量和浓度（质量或体积）。质量流量计适用于液体、气体、浆液及黏性介质、高黏介质、非匀质混合物、含固或含气的介质，适合流量范围广，适应温度宽，温度可高达 400℃，低至－200℃。测量管可耐高压，易于排污，易于清洗。

（5）差压式流量计

差压式流量计（图 5-3-21）的工作原理：当流体流经节流装置时，节流装置前后产生压力差（p_1-p_2），该压力差与流量存在着一定的函数关系，流量越大，压力差就越大。差压信号传送给差压传感器，转换成 4～20mA DC 信号输出并传递给流量计算仪，从而实现流体流量的计量。卫生型差压式流量计则将节流装置内部进行无死角设计，采用 316L 不锈钢设计，并进行抛光处理。经过这种卫生型的设计处理后，使得卫生型差压流量计可以代替质量流量计在制药用水、制药工艺与在线清洗等系统实现应用。卫生型差压式流量计除了瞬时流量、累计流量的输出外，由于其差压传感器内部集成了压力传感器和温度传感器，因此还可以输出管道压力和液体温度信号。这种带温度和压力信号输出的卫生型流量计的设计方式能同时显示输出流量、压力和温度三种参量，结构简单，安装方便，不仅节省了用户的应用成本，而且降低了现场对安装空间的要求。

（6）表面声波流量计

表面声波（surface acoustic waves，SAW）会在地震活动等自然现象中产生。表面声波流量计（图 5-3-22）采用表面声波进行液体流量在线测量。如图 5-3-23 所示，通过电信号触发叉指换能器并产生表面声波，该表面声波传播到管道表面，以一定的角度折射到液体中，然后通过液体产生一个或多个接收信号，该过程可以顺流向和逆流向双方向进行。这种波运行的时间差与流量成正比关系，通过比较穿过液体介质的单个波和多个波，具有极好的测量性能，同时也具有关于液体类型和其他物理特性的评估价值。

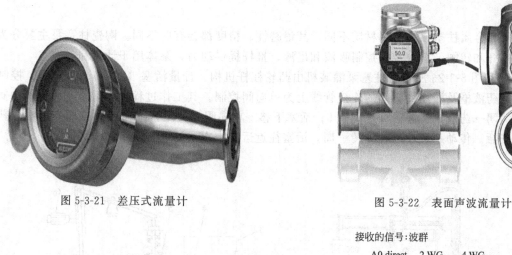

图 5-3-21　差压式流量计　　　　　　　　图 5-3-22　表面声波流量计

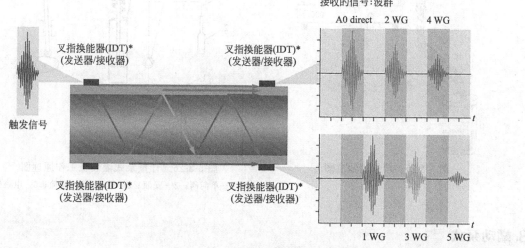

图 5-3-23　表面声波原理图

表面声波流量计的测量管内没有与介质接触的测量元件，属于典型的卫生型流通式传感器，具有明显的"无死角"优势，同时，该测量不受液体介质电导率高低的影响和限制，对外界环境的强磁强电干扰不敏感。与差压式流量计一样，表面声波流量计具有体积小、重量轻等明显的安装优势，为卫生型无菌行业的设备模块组装提供了便利。

6. 旋转自流式（恒液位）

旋转自流式（恒液位）灌装也称为恒压灌装、电磁阀灌装、恒液面灌装。恒压灌装机构的罐内液面始终不变，出口处压力不变，速度恒定，控制相同时间，灌装量相同。该设备的灌装原理见图 5-3-24。

流量控制原理：流量 $u = Vt$。其中，u 为流量，V 为流速，t 表示时间。因此，流量正比于灌装头面积和压力，因为液面恒定，故 p 恒定，具体到某一台灌装机，截面积是固定的，因此流量大小和灌装时间成正比关系，只需要控制每个电磁阀的打开时间就能控制流量。旋转式自流灌

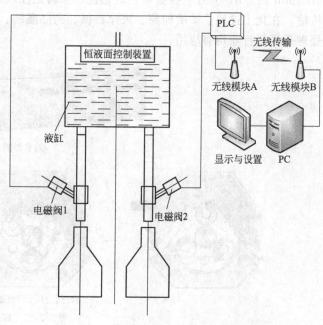

图 5-3-24　旋转自流式（恒液位）灌装原理

装可实现漏斗式灌装电磁阀的控制灌装，计量准确，灌装精度高（0～2%），无机械磨损产生的微粒。

7. 柱塞泵

陶瓷柱塞泵和金属柱塞泵的使用材质不同；其耐磨性、精度都会有些不同。陶瓷柱塞泵主要分为三个部分：泵体、推杆和转阀。其中转阀控制吸液和出液，推杆提供动力，泵体用于计量和装液。

如图 5-3-25 和图 5-3-26 所示，柱塞泵灌装机由凸轮杠杆机构、计量活塞（唧筒）、单向阀、控制装置等组成。活塞与药液槽及灌注针头间的连接管线上为单向阀控制。其工作过程是：活塞上移→单向阀 1 打开，单向阀 4 关闭→药液自药液槽吸入唧筒 5；活塞下移→单向阀 1 关闭，单向阀 4 打开→活塞推药液通过针头 3 注入安瓿。传动系统使凸轮旋转一周，活塞往返运动一次，即可实现一次灌装。

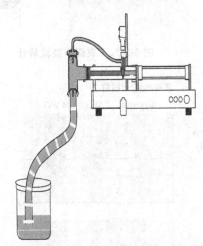

图 5-3-25　单向阀示意图

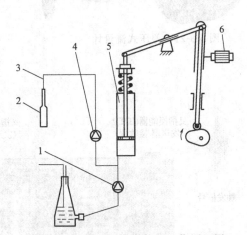

图 5-3-26　计量泵式灌装机工作原理图
1,4—单向阀；2—安瓿；3—针头；5—唧筒；6—电磁铁

8. 蠕动泵式

蠕动泵又称恒流泵或软管泵，是一种广泛应用于各行业流体传输的新型泵，如图 5-3-27(a) 所示。蠕动泵通过滚轮带动滚柱挤压硅胶管中的药液来实现定量灌装。它几乎可以传输任何性质的液体，流量范围从 μL/min 到 t/h，并且一些黏稠、敏感性、强腐蚀性以及含有一定粒状物的介质输送，都可以用蠕动泵来传输，在化工进料、矿冶加药、医疗器械、药品灌装、食品灌装、实验送液、印刷包装、涂料油漆以及水处理采样等行业均有应用。

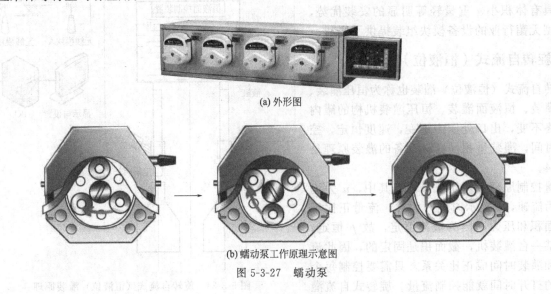

(a) 外形图

(b) 蠕动泵工作原理示意图
图 5-3-27　蠕动泵

蠕动泵系统由三个部分组成：驱动器、泵头、泵管。驱动器一般包括电机和电机控制系统，可带动泵头里的转子旋转。泵头一般包括外壳和转子；泵管一般为硅胶材质，弹性很好，泵头内滚轮挤压软管产生真空吸力，随着滚轮的不断转动，管内形成负压，流体随之流动，完成液体传输的工作，如图 5-3-27（b）所示。蠕动泵在液体传输时只经过泵管，不与泵的其他部分接触，卫生等级非常高，符合 GMP 要求。尤其适合药品灌装和输送。

蠕动泵的操作注意事项如下：①如果蠕动泵长期处于非工作状态，需将压住软管的压块松开，避免因长时间挤压导致泵管变形，影响其使用寿命。泵管需要定期更换。②蠕动泵处于工作状态时，因负压与液体的吸入靠泵管自身的弹力产生，在实际应用中，软管属高频次、反复磨损部件，所以需定时检查、定期更换，以防软管过度磨损后破裂，发生漏液污染现象。③灌装型蠕动泵一般有校准功能，为保证灌装精度，在进行药液灌装时要提前校准。④如不慎将腐蚀性液体流入滚轮缝隙，应及时拆卸，并用油清洗泵头。滚轮表面需保持清洁干燥，避免因外部因素发生滚轮卡住，影响正常使用。⑤蠕动泵不适合灌装液量很大和灌装速度很快的产品；不能输送非常黏稠及流动性不好的液体。

四、黏性液体的灌装机构

黏性液体的灌装主要通过机械压力灌装，有柱塞泵和齿轮泵两种形式。

1. 柱塞泵

如图 5-3-28 所示，活塞由活塞体 4 和活塞托架 5 组成，滑套在活塞杆 14 上；锥形阀门 3 与活塞杆 14 固定；活塞杆 14 由偏心轮机构带动。计量原理是在偏心轮机构驱动下，活塞泵进行上下往复运动，使靠自重流入活塞下腔的冷霜定量挤出灌装嘴而进入灌装盒中。

2. 齿轮泵

齿轮泵在体中装有一对回转齿轮，一个主动齿轮，一个被动齿轮，依靠两齿轮的相互啮合，把泵内的整个工作腔分两个独立的部分，如图 5-3-29 所示。A 为吸入腔，B 为排出腔。齿轮油泵在运转时主动齿轮带动被动齿轮旋转，当齿轮从啮合到脱开时在吸入侧（A）就形成局部真空，液体被吸入。被吸入的液体充满齿轮的各个齿谷而带到排出侧（B），齿轮进入啮合时液体被挤出，形成高压液体并经泵排出口排出泵外。

3. 黏稠液体适用的阀门

黏稠液体灌装不能用单向阀，而需要用滑阀、旋塞阀、泵阀。滑阀的工作原理如图 5-3-30 所示，阀体与料槽及活塞体间歇相通，使物料先进入活塞腔，再排入容器。旋塞阀结构如图 5-3-31 所示，其原理为利用旋塞的打开与关闭来控制灌装通道，并通过活塞上下运动以实现药液的吸取与灌注。泵阀的结构如图 5-3-32 所示，泵阀的阀套在活塞与活塞体之间，为圆筒形，在活塞前端的泵阀上开有两个物料出入口，一个口正对活塞体上方的料槽时，物料在活塞的作用下可吸入活塞体内，待泵阀旋转 90°，出料口正对出料管式，在活塞的作用下，物料可进行灌装。

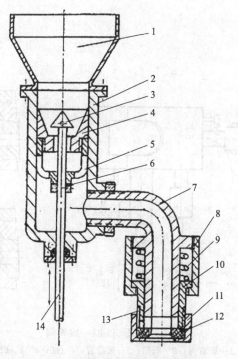

图 5-3-28 冷霜灌装机构的柱塞泵结构
1—料斗；2—定量泵体；3—锥形阀门；4—活塞体；5—活塞托架；6—挡圈；7—输液管；8—套筒螺母；9—弹簧；10—管套；11—螺母；12—橡皮衬圈；13—余料出口处；14—活塞杆

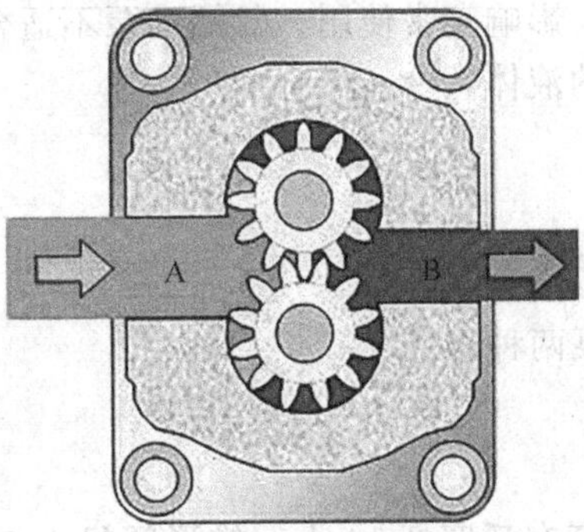

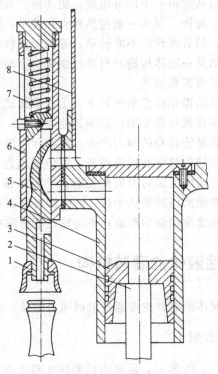

图 5-3-29　齿轮泵工作原理示意

图 5-3-30　滑阀的工作原理
1—瓶罩；2—活塞杆；3—活塞；4—活塞体；
5—滑阀；6—阀体；7—弹簧；8—料槽

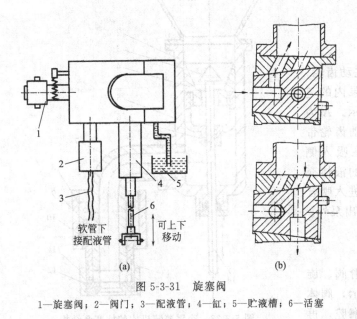

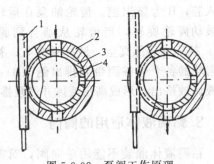

图 5-3-31　旋塞阀
1—旋塞阀；2—阀门；3—配液管；4—缸；5—贮液槽；6—活塞

图 5-3-32　泵阀工作原理
1—齿条；2—泵体；3—泵阀；4—活塞

第四节　药品电子数粒瓶装生产线

药品电子数粒瓶装生产线是用来分装粒装药品的生产线，这里的粒装药品是指能够计数的片剂、胶囊剂、丸剂等。药品数粒瓶装生产线按药品计量方式分为计数和称重（含容积式）两种方式。数粒装瓶用药者安全方便，加之随着药品成型设备技术的发展，成品药的重量、尺寸精度不断提高，数粒装瓶已在制药企业广泛使用。本节主要讲述计数式的电子数粒瓶装线。

一、发展过程

药品数粒瓶装生产线在欧美发达地区 20 世纪 50 年代就开始使用，我国则是在 20 世纪 80 年代后，随着外资制药企业进入中国，才逐步使用。由于固体制剂计量的特殊性，所以整线的核心设备是计量分装设备，其他单机设备适用性广，可与其他药品剂型的设备技术甚至其他行业的设备技术融合发展。如前所述，固体制剂的计量在具体实现形式上可转化为重量、容积、数量等，结合人们的用药习惯，以固体制剂的数量为计量单位的分装被广泛采用，俗称数粒机。称重式和容积式的计量方式较少采用。根据药品数粒机工作原理的不同，已成功应在制药行业的数粒机经历了两代的发展，从第一代机械筛动式数粒机发展到目前已成为主流的光电式数粒机。20 世纪 60 年代，依靠红外感应计数的电子式数粒机在欧美开始出现，20 世纪 90 年代引进我国，经过多年发展，尤其是近十几年来获得了快速的发展。以电子数粒机为主组成的固体制剂装瓶生产线，已在制药行业得到广泛使用，并延伸至保健品、食品、电子、五金等需计数包装的各行各业。

二、组成设备

药品数粒瓶装生产线一般由六个基本设备组成：①自动理瓶设备，把各种形状的瓶子，按一定的规律，整齐排列，并自动输送到瓶装生产线上。②自动计量装瓶设备，按每瓶装量要求，对药品进行自动计数并灌入瓶内。③自动塞入设备，根据装瓶工艺要求，自动把辅料（干燥剂、棉花、纸片）塞入瓶内。④锁盖设备，自动把瓶盖对准瓶口，旋紧或压紧。⑤封口设备，自动对瓶口上的铝箔加热，使铝箔粘合在瓶口上，以达到密封的效果。⑥贴标签设备，自动将标签贴在药瓶上。

药品数粒瓶装生产线的工作过程见图 5-4-1。

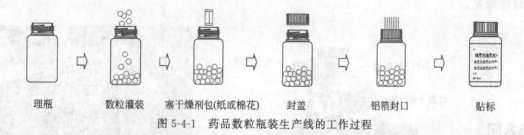

| 理瓶 | 数粒灌装 | 塞干燥剂包(纸或棉花) | 封盖 | 铝箔封口 | 贴标 |

图 5-4-1　药品数粒瓶装生产线的工作过程

药品电子数粒瓶装生产线（图 5-4-2）以电子数粒机为核心，除上述主要设备外，还可选配提升机、洗瓶机、筛选机、称重设备、喷码机/打码机、检测设备等其他辅助设备。上下位设备间通过机械、电子等方式实现自动过渡输送，减少人为干预。

| 自动理瓶机 | 电子数粒机 | 干燥剂包塞入机 | 自动旋盖机 | 电磁感应铝箔封口机 | 不干胶贴标机 |

图 5-4-2　药品电子数粒瓶装生产线

1. 理瓶机

自动理瓶机的作用、分类和原理见本章第二节容器进给的相关内容。根据行业标准《JB/T 20065.2—

2014塑料药瓶理瓶机》，理瓶机必须具有以下性能：①在更换瓶子规格时，理瓶规格件应便于更换。②理瓶机储瓶斗内药瓶数量低于设定位置时应报警，操作人员及时向储瓶斗添加瓶子。③理瓶处药瓶数量低于设定位置时，应自动供瓶；理瓶出口积瓶时，应停止理瓶。④理瓶机应有自动剔除瓶口方向不向上药瓶的功能，保证传送给下位机的瓶子都是瓶口向上。

2. 电子数粒机

药品电子数粒瓶装生产线的关键设备——电子数粒机采用国际上最先进的振动式多通道下料、计算机控制、动态扫描计数、系统自检、故障指示报警、自动停机等先进技术，按 GMP 标准设计，是集光电机一体化的高科技药品计数灌装设备。

① 电子数粒机特点　a. 适用药品范围广，国内有的制造商生产的电子数粒机一台可以兼容胶囊、素片、糖衣片、丸剂、透明软胶囊和异形片。b. 更换品种时，不需要更换模具，操作简单，只要根据瓶子的规格，调整和瓶子有关的部件，如挡瓶件、灌装漏斗等。c. 装量可根据用户要求任意设置。d. 对药品无损伤、无污染。

② 电子数粒机主要结构　电子数粒机由振动下料机构、计数分装机构、电气控制系统、输送瓶机构和机箱五部分组成（见图 5-4-3）。

③ 电子数粒机的工作过程　见"计量装置"。

④ 电子数粒机的技术要点　考察药品电子数粒瓶装生产线的质量和性能的主要参数是生产速度、定量计数精度和运行稳定性，其中生产速度和定量计数精度取决于核心设备—电子数粒机。影响数粒机灌装精度必须把握几个环节：

a. 振动下料机构：振动下料机构采用两级或三级振动设计。各级振动装置的下料通道板（振动波纹板）固定在振动机构的振动支架上，由振动元件牵引振动支架，使振动板产生振动（图 5-4-4）。各级振动装置赋予不同的功能，第一级振动装置（靠料斗）的功能是保证足够物料供下一级振动装置。第二级振动装置使物料均匀输送。第三级振动装置使物料在通道板（波纹板）槽内均匀单列有序地输送，这样进入光电计数器的物料不重叠。物料剂型、规格、振动板振动幅度可在操作控制面板显示屏上进行设置，从而获得物料的最佳流量。

数粒机

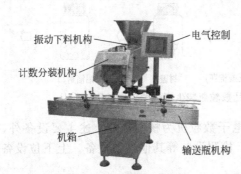

图 5-4-3　电子数粒机主要结构

（振动下料机构　电气控制　计数分装机构　机箱　输送瓶机构）

图 5-4-4　药粒在振动波纹板上的状态

b. 计数光电传感器：计数光电传感器是数粒机的关键部件。光电检测计数主要是通过红外线传感器发射出的光线高速扫描通道中自由下落的药粒，药品的遮挡及遮挡时间的不同使得接收传感器接收到的红外线信号的脉冲不断变化，检测计数 CPU 就是通过脉冲信号的变化来进行计数，完成相应的计数和记录，确保药品装瓶的准确率和合格率，从而做到了检测精度高、速度快。国内全自动瓶装生产线市场对电子式数粒瓶装线的需求在急剧增加，促使国内厂家的技术水平快速提高。目前，在我国比较先进的光电检测技术，可以对就 $\phi 1.5mm$ 的微小颗粒进行检测计数，准确率高达 99.9% 以上。

c. 分瓶切换机构：分瓶切换机构是数粒机的又一个关键部件。振动下料和光电计数是连续不停顿的，但装满一瓶后必须换瓶。在换瓶的过程中必须控制药粒不能下落，暂时将这部分药粒保存起来，等下一个空瓶到达时再放下。分瓶切换机构有电磁铁加翻板的机电二元分仓机构和气缸加水平闸门的机电三元机构两种形式。

电磁铁加翻板的机电二元分仓机构（图5-4-5）的翻板响应时间短，翻板与药仓出口倾斜一定的角度，对药粒无损伤。电磁铁具有可靠的安全性能和很高的吸重自重比，电磁铁磁性可以用通、断电控制，工作可靠，使用寿命长，维护简便，价格低廉，结构精巧，稳定可靠，大大减少了分仓机构部件疲劳、老化造成的分装错误，杜绝了伤药现象，能实现电子数粒机更快，更准确地数粒。

气缸加水平闸门的机电气三元机构（图5-4-6）的气缸响应速度慢，部件抗疲劳能力差，部件容易老化造成的分装错误，气缸使用寿命短，维护成本高，水平闸板容易损伤药粒。

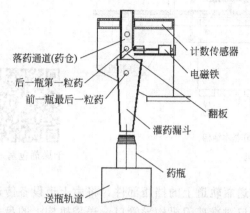

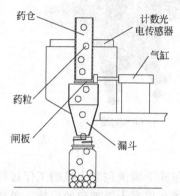

图5-4-5　电磁铁加翻板的机电气二元分仓机构　　　　图5-4-6　气缸加水平闸门的机电气三元分仓机构

⑤ 电子数粒机主要技术指标和性能要求：根据行业标准《JB/T 20019—2014 药品电子计数装瓶机》，电子数粒机必须具有以下性能：a.瓶装量应能设定并显示；b.应有缺瓶止装功能；c.应有倒瓶止装并报警功能；d.应有连接除尘装置的接口。

3. 塞入设备

为了保证药物在储藏及运输中保持完好和延长保质期，一般要在药瓶中塞入相应的填充物，塞入填充物的设备有：①塞棉机和塞纸机，可防止颠簸和翻动等原因引起瓶内药品碰撞和损坏，在瓶内空余部分塞入脱脂药棉或纸张。②干燥剂塞入机，可防止装在瓶内的物品受潮，在瓶内空余部分塞入干燥剂的专用设备。

按干燥剂包装方式，干燥剂分为柱状式、袋包式，如图5-4-7（a）所示。

(a) 干燥剂类型　　　　　　　　　　(b) 盘条状干燥剂包

图5-4-7　药瓶干燥剂

袋包式干燥剂的干燥剂装在密封的小袋内，在包装过程中增加了杀菌和防尘等工序，采用硅胶高活性吸附材料，化学性质稳定，吸附性高，热稳定性好，有较高的机械强度，无毒，无味，无污染，是我国制药企业药瓶塞入辅料的首选。因此，袋包式干燥剂包塞入机成为电子数粒瓶装生产线的主配套设备。

袋包式干燥剂包塞入机如图5-4-8（a）所示。塞入药瓶的干燥剂包是带条缠绕成盘条状［图5-4-7（b）］，通过袋包式干燥剂包塞入机一包一包地剪下，再塞入药瓶。

袋包式干燥剂包塞入机主要结构见图5-4-8（b），主要由机箱、送瓶机构、袋盘架机构、袋包传送机构、袋包长定位机构、剪刀机构、导入机构及电气控制系统等部分组成。

(a) 实物图

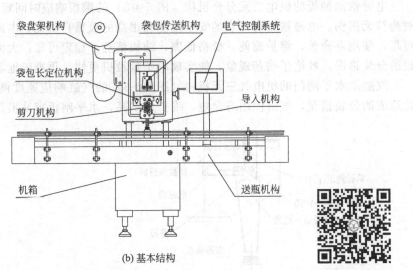

袋盘架机构　袋包传送机构　电气控制系统

袋包长定位机构

剪刀机构

导入机构

机箱

送瓶机构

(b) 基本结构

图 5-4-8　袋包式干燥剂包塞入机

干燥剂包塞入机

袋包式干燥剂包塞入机的工作过程如下：输送瓶机构送瓶轨道上的挡瓶部件，将由上道设备传送过来的瓶子挡在填塞干燥剂包的位置，等待填塞干燥剂包，瓶口对准剪刀机构导管口。送袋机构上的盘条状干燥剂包在步进电机的驱动下，干燥剂包从盘架上拉出并通过拉袋机构向剪切位置传送，控制干燥剂包长度的传感器检测到干燥剂包并控制干燥剂包的长度，夹袋机构将待剪的一袋干燥剂包夹住，并与剪刀上面的夹袋装置将待剪的一袋干燥剂包拉直，剪刀将干燥剂包剪断，通过导管塞入瓶内。输送瓶机构的传送带将已塞入干燥剂包的药瓶输送给下一道设备，同时，待塞入干燥剂包的药瓶补充到填塞干燥剂包的位置。

4. 锁盖设备

要组成一条最基本的药品瓶装生产线，锁盖设备是必不可少的。药品瓶装生产线的锁盖设备主要有三大类：锁盖机、压盖机和旋盖机（或压塞加旋盖）。

（1）锁盖机

锁盖机又称为三刀离心式轧盖机，用于处理输液瓶和西林瓶所用的铝盖和铝塑复合盖，通过瓶子往上顶，刀轮转动而瓶子不转，三只旋风刀旋转轧盖封口，产生一定的向上力，三把刀自动自转并向内收缩靠拢，产生一定的力把盖子轧紧。该设备在制药行业主要适用于各种玻璃瓶的铝封盖，如西林瓶装的注射液粉剂，如图 5-4-9 所示口服液瓶。

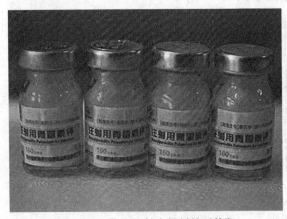

图 5-4-9　装有注射液粉剂的西林瓶

（2）压盖机

压盖机是将装药品的瓶子的内塞或外盖以压入瓶口的方式实现封盖的设备。在自动进瓶过程中，瓶盖经理盖系统整理连续不断地输送到压盖位置，准确地套在瓶口，压盖装置稳妥地将瓶盖压在瓶口上。

（3）旋盖机

旋盖机是通过自动理盖、自动落盖、戴盖、旋盖等工序将瓶盖旋紧在瓶口上的专用设备。旋盖机常用于处理螺纹盖。

① 旋盖机的分类　按旋盖方式来分，旋盖机分为压旋式、爪旋式和搓旋式三种。三者的基本功能大致相同，都可以自动完成理盖、戴盖与旋盖。

压旋式旋盖机和爪旋式旋盖机的生产速度相对较慢，而且由于瓶盖规格的不同，需要更换不同的旋盖部件（如压旋头或爪旋头），价格相对低廉。

搓旋式旋盖机更换规格时只需进行简单的调整，生产速度快，能满足高速生产线的需求，被用户广泛采用，已成为电子数粒瓶装生产线的主配套设备。

② 旋盖机的主要结构　搓旋式旋盖机采用直线式进瓶、自动理盖、自动落盖、不间断旋盖等新工艺，操作简单，维护方便。操作界面为触摸屏，各种运行参数可根据需要进行设置，自动存储。具有运行状态在线显示，故障、出错提示，自动停机，盖内无铝箔和旋盖不合格（歪盖、高盖、无盖）可自动剔除等功能。如图 5-4-10 所示，旋盖机由送瓶机构、理盖机构、送盖机构、夹瓶机构、旋盖机构、机箱、电气控制机构和检测剔除机构等部分组成。

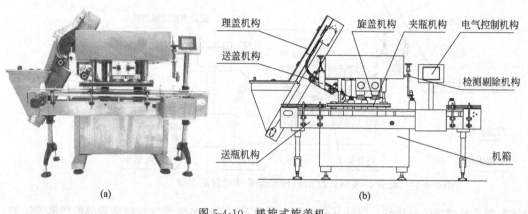

图 5-4-10　搓旋式旋盖机

搓旋式旋盖机

a. 理盖机构：理盖机构由盖斗、阶梯上盖装置和理盖装置等部分组成，如图 5-4-11 所示。

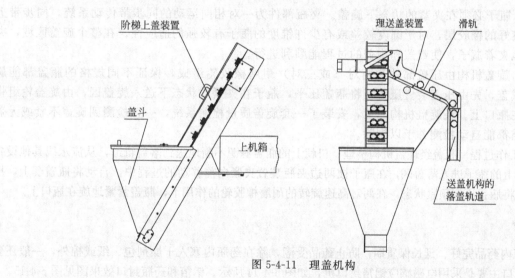

图 5-4-11　理盖机构

电机驱动阶梯上盖轨道输送带运动，盖斗里的瓶盖经输送带链板上的上盖条传送给理送盖装置。理送盖装置滑轨（见图 5-4-12）两头宽，中间窄（一般为瓶盖高度的四分之一）。

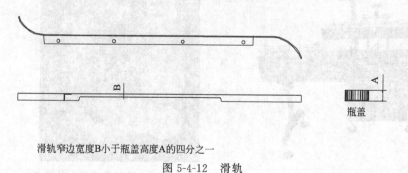

滑轨窄边宽度B小于瓶盖高度A的四分之一

图 5-4-12　滑轨

盖底向外的瓶盖经过滑轨窄边处，瓶盖的重心在滑轨窄边之外，瓶盖自动掉下，并通过回盖槽，回落入盖斗。盖口向外的瓶盖顺滑轨窄边滑动到落盖戴盖机构的落盖轨道。为了保证理盖准确，在滑轨中间装有一吹气嘴，吹气气压大小可以通过调节气嘴上的旋钮来实现。气压调整到能吹走盖底向外的瓶盖，盖口向外的能顺利通过。这样，瓶盖经轨道上盖机构整理，整理好的瓶盖源源不断地送到送盖机构的落盖轨道。

b.送盖机构：送盖机构如图 5-4-13 所示。送盖机构由两大部分组成：落盖和戴盖。

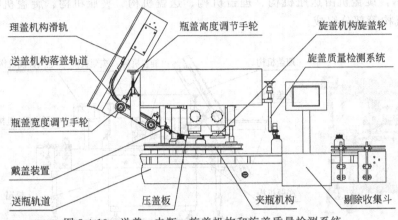

图 5-4-13　送盖、夹瓶、旋盖机构和旋盖质量检测系统

落盖部件上口要与理盖装置滑轨对接好，保证从理盖装置滑轨滑下的瓶盖平滑过渡到落盖部件的落盖轨道。

据瓶盖高度旋动瓶盖高度调节手轮，根据瓶盖直径旋动两个瓶盖宽度调节手轮，使瓶盖在落盖轨道内顺利通过。

c.夹瓶机构：瓶子必须在夹紧的状态下旋盖。夹瓶部件为一对相向运动的同步带传动系统，同步带上复合了一层弹性较好的橡胶层，对于圆度较差或有少许锥度的瓶子有较强的适应性。在整个旋盖区域，夹瓶装置始终紧紧地夹着瓶子，使戴盖和旋盖的过程能顺利进行。

d.旋盖机构：旋盖机构由压盖部件和两对（或三对）耐磨橡胶轮组成，保证不同规格的瓶盖都能旋紧。瓶子经自动戴盖，先由压盖装置压盖板将瓶盖压平，瓶子在夹紧的状态下送入旋盖区，由旋盖轮组将瓶盖紧紧地旋紧在瓶口上。在旋盖机构之后，安装了一套旋盖质量检测系统，一旦检测到旋盖不紧或无盖或盖内无封口铝箔都能自动检测并予以剔除。

③ 旋盖机的工作过程　瓶盖经理盖机构整理，口朝上的瓶盖源源不断地送到落盖轨道，从流水线其他设备上输送到送瓶轨道上的瓶子进入落盖区，在瓶子被两边夹瓶装置夹紧向前移动的过程中，自动将瓶盖套上，压盖装置在旋盖前先将瓶盖压至预紧状态，在两对高速旋转的耐磨橡胶轮的作用下，瓶盖紧紧地旋在瓶口上。

5.封口设备

为了保证药瓶内药品完好、延长保质期、防止药品受潮，除在药瓶内塞入干燥剂包、纸或棉外，一般还要进行封口。药瓶封口主要是采用电磁感应铝箔封口机，如图 5-4-14 所示。铝箔和药瓶封口效果图见图 5-4-15。

图 5-4-14　电磁感应铝箔封口机

图 5-4-15　铝箔和药瓶封口效果图

封口机

（1）电磁感应铝箔封口机的分类

电磁感应铝箔封口机按对电磁感应装置（加热感应头）冷却的方式分为水冷式和风冷式两种。水冷式是采用封闭水箱的循环水，对电磁感应装置进行冷却。这种冷却方式，带来了水温升高、管路水垢等影响封口效果的弊端。风冷式就是仅用几只仪表风扇对电磁感应装置主要功率元件进行冷却，这一技术不但节约能源，确保了较快的冷却速度和长期耐用性，而且冷却效果好，延长了机器的使用寿命。

（2）电磁感应铝箔封口机的结构

电磁感应铝箔封口机由电磁感应装置、升降装置、送瓶机构、电气控制系统和机箱组成（图5-4-16）。电气控制系统安装在机箱内，安装在送瓶轨道前侧板右下角的红色按钮为总电源开关，也称急停开关。根据瓶子的高度，旋动升降装置手轮，可以改变电磁感应装置的高度。电磁感应装置与瓶盖的距离不应大于 2.5mm。

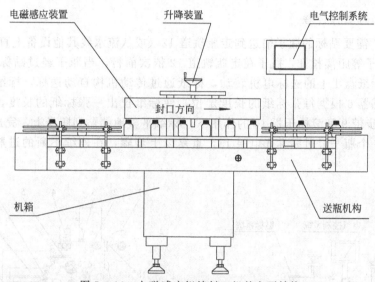

图 5-4-16　电磁感应铝箔封口机的主要结构

（3）电磁感应铝箔封口机的工作过程

电磁感应铝箔封口机采用电磁场感应加热原理，利用高频电流通过电感线圈产生磁场，当磁力线穿过封口铝箔材料时，瞬间产生大量小涡流，致使瓶盖内的铝箔自行高速发热，熔化复合在铝箔上的覆膜，旋紧的瓶盖与瓶口形成的压力，使之熔化于瓶口并将瓶口密封，达到封口的目的。

6. 贴标设备

药瓶完成封口后，需要在瓶子上贴标签。按照不同的粘胶涂布方式，在制药行业，贴标机可以分为不干胶贴标机和浆糊贴标机两大类。浆糊贴标机虽然价格较低，但生产效率不高，贴标效果没有不干胶贴标机美观，操作和清场都没有不干胶贴标机方便，绝大部分的用户都不选用浆糊贴标机，而选用具有清洁卫生，贴标后效果美观、牢固、不会自行脱落，生产效率高等优点的不干胶贴标机。

（1）不干胶贴标机的分类

按实现不同的贴标功能分，不干胶贴标机可分为平面贴标机、侧面贴标机和圆周贴标机。按照自动化程度分，不干胶贴标机可分为全自动、自动、半自动和手动贴标机。不干胶贴标机可完成圆瓶柱面局部围贴或全覆盖围贴、瓶盖顶面的平面贴标、方瓶（扁方瓶）单面贴或多面贴等，但不干胶贴标机的总体结构都大同小异。图5-4-17为不干胶贴标机的实物图。

（2）不干胶贴标机的主要结构

不干胶贴标机主要由送瓶轨道、机箱、升降系统、行标系统、贴标系统和电气控制系统等部分组成，如图5-4-18所示。

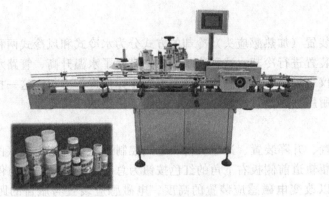

图 5-4-17　不干胶贴标机　　　　　　　　　不干胶贴标机

（3）不干胶贴标机的工作过程

如图 5-4-19 所示，需要贴标的瓶子输送到走瓶轨道 12（或从流水线其他设备上直接输送过来），瓶距调节机构 14、15 将瓶子等距离拉开，瓶子在走瓶轨道 12 依次前行，当瓶子经过贴标光电眼 13 时，步进电机得到信号开通，标纸盘 1 上的送标电机转动，标纸通过传动机构自动送标，标纸经过经打码机 4 打码，标纸定位光电传感器 6 根据每张标纸的长度定位，使标纸拉出一张标纸的长度，在起标刀口处剥离 3mm 左右，在滚标同步带 9 和滚标压板 10 的作用下，标纸平整地侧贴到瓶身上，完成整个贴标过程。一个瓶子贴标完后，下一个瓶子经过贴标光电眼 13，重复以上步骤，在连续不断的进瓶过程中标纸逐张正确地贴到瓶身上。

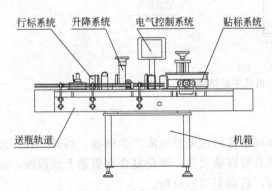

图 5-4-18　不干胶贴标机的主要结构

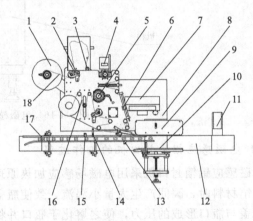

图 5-4-19　不干胶贴标机的工作过程示意

1—标纸盘；2—张紧机构；3—行标机构；4—打码机；5—主板升降机构；6—标纸定位光电传感器；7—电气控制屏；8—机箱；9—滚标同步带；10—滚标压板；11—履带电机；12—走瓶轨道；13—贴标光电眼；14—瓶距气缸；15—瓶距光电眼；16—标贴衬纸；17—瓶子；18—标贴纸

送标电机转动，标签纸从标纸盘 1 上逐张拉出，需要保持一定的张力，必须有相应的机构来保证。在送标过程中，张紧机构 2 装有弹簧压紧机构的压板将标纸带压紧，使卷料带在等待贴标和贴标时始终保持张紧状态，保证起标准确和标签纸贴得平整又牢固。如需要打码，打码机安装在行标装置标签纸定长装置的前面，标签纸传送到打码机的打码位置时，在标签纸指定部位上一次完成批号、生产日期和保质期等信息的打印。

三、基本工作过程

药品电子数粒瓶装生产线的基本工作过程（塞入设备以干燥剂包塞入机为例，锁盖设备以搓式旋盖机为例）如下：

①理瓶机送瓶装置将瓶子源源不断地输送到理瓶桶，理瓶桶内的转盘在传动机构的驱动下逆时针转动，桶内的瓶子在离心力的作用下落入转盘槽，转盘槽内的瓶子经转动的转盘带动，通过出瓶板和出瓶瓶距装置进入理瓶装置，瓶子在理瓶装置一对同步带夹持下向扶瓶装置传送的过程中，瓶底在前面的瓶子到达扶瓶装置就被自动扶正（瓶口向上），瓶口在前面的瓶子经钩瓶杆拨动和压瓶装置挡压，瓶子转成瓶底在前，到达扶瓶装置也被自动扶正。

②理正的瓶子通过送瓶轨道传送到电子数粒机的装瓶位置，进行灌装。

③输送瓶机构送瓶轨道上的挡瓶器件将上道设备传送过来的瓶子挡在装瓶位置，等待灌装。药品通过电子数粒机送料波纹板的振动，有序地进入药仓，在药仓上装有计数光电传感器，落入药仓的药品经光电计数传感器定量计数后装入装瓶位置的瓶中。

④灌装好药品的瓶子通过送瓶轨道传送给干燥剂包塞入机。

⑤输送瓶机构送瓶轨道上的挡瓶器件，将由上道设备传送过来的瓶子挡在填塞干燥剂包的位置，等待填塞干燥剂包。传送干燥剂包机构将从干燥剂袋盘架拉出的干燥剂包向剪切干燥剂包位置传送，控制袋包长度的传感器检测干燥剂包并控制袋包的长度，夹袋包机构将待剪的一包干燥剂包夹住，并与剪刀上面的夹包装置将待剪的一包干燥剂包拉直，剪刀将干燥剂包剪断，通过导管塞入瓶内。

⑥已塞入干燥剂包的药瓶通过送瓶轨道传送给自动旋盖机。

⑦瓶盖经理盖机构整理，盖口朝上的瓶盖源源不断地送到落盖轨道，从流水线其他设备上输送到送瓶轨道上的瓶子进入落盖区，在瓶子被两边夹瓶装置夹紧向前移动时自动将瓶盖套上，压盖装置在旋盖前先将瓶盖压至预紧状态。在两对高速旋转的耐磨橡胶轮的作用下，瓶盖紧紧地旋在瓶口上。

⑧旋好盖的瓶子通过送瓶轨道传送给电磁感应铝箔封口机。

⑨瓶盖装有铝箔的瓶子经过电磁感应铝箔封口机感应装置下方，铝箔接收到感应装置产生的能量加热，加热的铝箔将复合在铝箔上的塑料膜熔融并与瓶口紧密粘合，获得密封效果。

⑩封好口的瓶子通过送瓶轨道传送给不干胶贴标机。

⑪需要贴标的瓶子经送瓶轨道的传输，通过瓶距调节机构将瓶子等距离拉开，光电传感器感应到经过的瓶子，发出信号，传动系统得到信号开通，开始送标签纸，张紧系统实现对标签纸带的张紧，经过打码机时将药品的信息（生产日期、生产批号、有限期）打印在标签纸的指定位置，标签纸定长光电传感器根据一张标签纸的长度定长，送标机构将标签纸拉出一定的长度，在贴标部件和压标部件的作用下，标纸自动剥离，平整地贴到瓶子要求的位置上，经压标签机构滚压，完成整个贴标过程。

瓶装生产线1

瓶装生产线2

四、其他计量方式的药品包装生产线简介

1. 智能丸剂瓶装包装线

智能丸剂瓶装包装线（图5-4-20）适用于各种丸剂（蜜丸、水蜜丸、水丸、糊丸、蜡丸和浓缩丸）的称重包装。整线包括自动理瓶（自动理瓶机或转盘供瓶机）、多通道称重灌装机、直线式旋盖机、贴标机、打码，通过智能控制程序完成物料的自动灌装、称重及输送。

2. 全智能中药配方颗粒生产线

全智能中药配方颗粒生产线（图5-4-21）适用于各类别中药材（包括植物根、茎、叶、花、种子、果

实类）经提取、干燥的湿膏粉、直接打粉的细粉等总混后，经干法制粒、湿法制粒后过筛的配方颗粒（颗粒含粉≤13％）的称重瓶包装，整线完成塑料瓶自动理瓶、自动称重灌装、旋盖、封口、贴标和溯源标识等工艺。该设备能够在人工包装瓶、盖及产品备料后，实现自动理瓶、自动按设定值称重、自动灌装、自动供盖和旋盖、电磁封口和自动贴标，一直到条码和RFID的读写和标识及不良检测的全过程自动运行和智能控制功能。

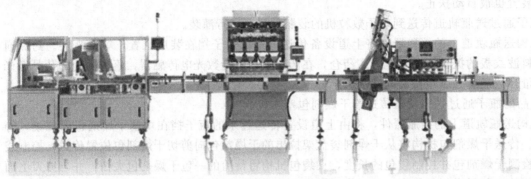

图 5-4-20　智能丸剂瓶装包装线

全智能丸剂
包装线

自动理瓶机　　　自动颗粒称重灌装机　　　单头自动旋盖机　　　圆瓶自动贴标机

图 5-4-21　全智能中药配方颗粒生产线

全智能中药配
方颗粒生产线

该设备的工艺流程：自动理瓶机→空瓶称重机→颗粒自动称重灌装机→瓶身清洁→旋转式旋盖机→总重称重机→铝膜封口机→贴标机→电子标签赋码及标识→工作台。

五、自动装盒机

自动装盒机是广泛用于制药企业大批量塑料瓶装瓶过程中的装盒设备，是各种塑料瓶生产线的理想配套设备，也可用于化工、轻工、食品和饮料行业的塑料瓶瓶装生产线。

自动装盒机是药用装盒机，具有自动完成说明书折叠、纸盒打开、装盒、纸盒条码检测、封盒、废品剔除等功能。另外该装盒机带有自动记忆功能、在装盒之前就杜绝了盒子的浪费，该装盒机还带有瓶子、废品、合格数以及计数的功能。

1. 基本结构

自动装盒机是由药瓶布料转盘装置、进瓶输送装置、装瓶输送装置、吸盒装置、旋转推瓶装置、装盒输送装置和剔除装置等组成。图5-4-22为自动装盒机外形图。药瓶布料转盘装置是通过圆盘的旋转及理瓶装置将药瓶排列成等间距的顺序一次性送入进瓶输送系统；进瓶输送装置是通过伺服电机控制不等距的螺旋推进器旋转，将药瓶输送到倒瓶口，通过传感器检测药瓶的位置后给吃瓶气嘴信号将药瓶吹倒后输送到装瓶输送装置；装瓶输送装置通过传感器对药瓶进行检测，将信号告知折纸机，折纸机将说明书折成后，和药瓶一一对应送到药瓶推瓶装置；吸盒装置是通过伺服电机控制不同的转速来调整吸盒的快慢，吸盒机械手通过真空电磁阀的吸放将纸盒送到装盒输送系统；旋转推瓶装置是通过滑轨的运动轨迹将药瓶和说明书推进纸盒进入到装盒输送系统；装盒输送装置是将药瓶和说明书装好的纸盒进行盖盒和条码检测工作，并通过压纸机构对每个纸盒进行生产日期的压印；剔除装置是将药盒中没有说明书和条码的成品药盒进行剔除。

图 5-4-22　自动装盒机外形图

2. 工作过程

自动装盒机分为三个入口：药瓶入口、说明书入口、机包盒入口。从机包盒进料到最后包装成型的整个过程大致可以分成四个阶段：下盒、打开、装填、合盖。具体工作过程如下：①自动将产品放进产品输送船内，输送船由输送链带动运动；②检测装置检测到输送船内的产品，控制折纸机，在适当的时候吸下一张说明书，折叠后传送到有产品的输送链下方夹住；③检测装置检测到输送船内的产品和输送链下的说明书后，控制吸开盒装置在适当的时候从储盒架上吸下一个纸盒，然后旋转打开，由盒输送链运送到相应的带有产品和说明书的输送链的前面；④推杆输送链带动推杆运动，同时推杆在导轨作用下，将产品和说明书推进相关的盒子里，盒子被传送到机器的出料口的同时，相关的部位被折弯、折叠、塞实，盒子完全封好，这样就完成了整个包装过程。

3. 特点

①人性化设计，智能化控制。②整机直线型设计，采用"PLC＋触摸屏"控制。③采用伺服系统驱动，吸盒、送瓶及盖盒等均采用气缸动作，运行速度快，控制精确。④结构合理，运行可靠，性能先进，不污染环境，生产效率高。

第五节　制袋充填封口包装机

制袋充填封口包装机是对软包装如薄膜、软包装用纸等材料，根据被包装物的需要，按照相应尺寸，制成软袋并对被包装物进行包装的设备。

一、制袋充填封口包装机分类

根据待包装的物品的特点和机器的膜的走向，制袋充填封口包装机可分为立式机和卧式机，国外称为

图 5-5-1　制袋充填封口包装机

垂直（或水平）制袋充填封口包装机，其中垂直制袋充填封口包装机简写为 VFFS（V—垂直，F—成型，F—充填，S—封口），如图 5-5-1 所示。立式机主要用来包装如片剂、颗粒剂、散剂、软膏剂、胶囊剂、液体制剂等固体和液体形态的药品，也可以包装中药饮片。故按照待包装药品的种类，立式机可以分为颗粒剂包装机、粉剂包装机、中药饮片包装机等。在立式机中除了包装三边封和四边封扁平袋的普通制袋封口包装机之外，还有背封式单列和多列制袋充填封口包装机。中药饮片包装机可以分为大袋包装机、小袋包装机、大剂量草类包装机和小剂量草类包装机。卧式机通常主要用来包装泡罩板等药品的内包装，作为进一步的防潮包装。卧式机适合粉剂、颗粒剂和液体的小袋包装。本节主要介绍多边封制袋充填封口包装机、背封式制袋充填封口包装机和中药饮片包装机。在中药饮片包装机中介绍小袋和大袋包装机、大剂量和小剂量草类包装机以及袋装多物料包装联动线。

二、制袋充填封口包装机的基本工作过程

制袋充填封口包装机的基本工作过程包括：制袋、药品的计量和充填、封口和切断、检测和计数。其中制袋的主要装置是袋成型器，袋成型器分为象鼻式和翻领式等；药品的计量方式有定容法和称重法，定容法如前所述有量杯式、转鼓式、螺杆式等；封口分为纵缝和横封，纵缝和横封的方式都可以分为连续式和间歇式，其中连续式是辊式，间歇式是板式。

三、多边封制袋充填封口包装机

多边封制袋充填封口包装机可以用来包装小颗粒、粉剂、均匀粗颗粒、液体、软膏等形态的药品。

1. 物料包装流程

物料进入料斗，依靠自重落料→量杯左右摆动下料→拉膜→封口，同时切易撕口→切虚线连包撕口→根据设定连包数量切断→包装袋包物料完成，进入下一包装循环。

2. 包装机结构

多边封制袋充填封口包装机的主要构成部件见图 5-5-2。

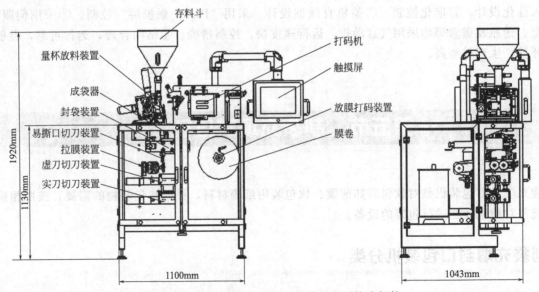

图 5-5-2　多边封制袋充填封口包装机主要构成部件

① 计量装置　对于不同的物料，常用的计量结构分别是：a.小颗粒，选用量杯式（多种结构，其中，楔形量杯结构见图 5-5-3）；b.粉剂，选用螺杆式；c.均匀粗颗粒，选用计数方式；d.液体，选用定量泵。

图 5-5-3　量杯

配方颗粒自动包装机

② 成袋装置　一般使用象鼻形成袋器，在拉膜装置的作用下把展开的膜逐步形成袋（参见图 5-5-4）。成袋器在制袋成型封口包装机中是关键的部件，翻领式成袋器是制袋成型封口包装机另一种常用的成袋器（参见图 5-5-5）。

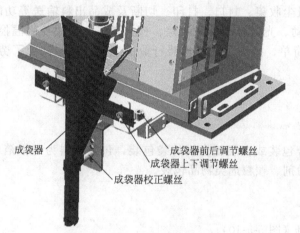

成袋器
成袋器前后调节螺丝
成袋器上下调节螺丝
成袋器校正螺丝

图 5-5-4　象鼻式成袋器

图 5-5-5　翻领式成袋器

③ 拉膜装置　用一对电机驱动夹膜轮驱动装置完成，如图 5-5-6 所示。

④ 横封装置　在电机驱动下，热封模通过有规律地间歇开合达到膜的封合。

⑤ 纵封装置　与横封装置做成一体，横封同时进行纵封；三边封和四边封的横封和纵封多不用气缸，而采用电动，横封与纵封可通过一对 L 形热合模板的压合同时完成的。图 5-5-7 为横封和纵封装置。

图 5-5-6　拉膜装置

图 5-5-7　横封和纵封装置

⑥ 切断装置　由一个定刀和一个旋转动刀组成，有切易撕线的虚刀切断装置（图 5-5-8）和切断用的实刀切断装置（图 5-5-9）。

图 5-5-8　虚刀切断装置

图 5-5-9　实刀切断装置

3. 特点

当代多边封制袋充填封口包装机已经发展为智能化全自动包装机，具有自动启动真空上料、自动定量（伺服电机调节量杯容量）、自动成袋、填充、自动吸尘收集、封口、打印、切断及成品出料输送等功能。采用 PLC 程序控制、触摸屏人机界面、伺服系统驱动、光电自动检测跟踪、模拟量输入模块控制温控系统、变频调节吸尘收集等，使整机的操作既智能又简单，提高了药品包装行业的生产效率，降低了劳动强度。

四、背封式制袋充填封口包装机

背封式制袋充填封口包装机常用于冷轧纯铝复合包装或多层复合膜的袋包装，包装材料为纯铝箔/纯铝箔复合膜。适用于医药、食品和化妆品等行业的粉剂、颗粒剂类物品包装。

1. 背封式制袋充填封口包装机的分类

背封式制袋充填封口包装机分为单列机和多列机（图 5-5-10）。

2. 背封式制袋充填封口包装机工作流程

供膜→翻领成型→气动纵封→伺服电机皮带拉袋→气动横封（齿形切断）→充填物料→成品输出。

3. 背封式制袋充填封口包装机结构

① 供膜　由安装在机器后部的料卷及放卷装置完成。

② 翻领成型　由一组或多组衣领形状的几何成型器实现，当包装膜从后部引导至其上时，通过下部的拉膜装置使膜下拉同时成袋形。

③ 纵封　可由一气缸驱动的热压模板装置独立完成；目前中低速包装机基本都是采用热压模板结构原理，但在高速包装机上，常通过应用连续工作的辊式封口器来实现纵封，甚至横纵封同时由一个辊式封口器来完成。板式封口器结构简单，易调整；辊式封口器传动和结构复杂，精度要求高，成本也相对较高。

④ 拉膜　单列机采用电动双轮装置或上下往复装置来拉膜，多列机常用上下往复装置来实现拉膜。拉膜器结构如图 5-5-11 所示。

⑤ 横封及切断　常用由气缸驱动的热合模板及切刀装置组成的横封切断装置实现；也可用一对齿形圆封刀装置，在滚封同时完成切断。横封间歇式用气动或电动热压合模板装置，连续式用轮形齿形双模轮装置。同样，间歇式切断用气动或电动剪切刀装置，连续式切断用轮转动静双刀切断装置。

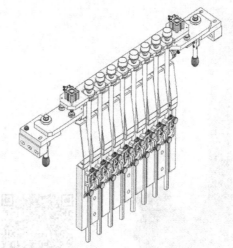

图 5-5-10　智能多列粉剂/颗粒剂包装机　　　　图 5-5-11　拉膜器结构　　　全智能单列粉剂包装机

⑥ 充填物料　如果充填物料是粉剂，通常采用螺杆装置充填；如果是颗粒剂，常用量杯装置充填。

⑦ 成品输出　在切断后，成品靠自重跌落至滑槽后落入接料器皿。

4. 特点

①连续自动完成制袋、计量、充填、封口、分切、易撕口、切纵横易撕断裂线等包装工序过程。②一次填充可完成被包装物的多条袋自动包装。③体积小，速度快，计量精度高，简单易操作。④各工位调整方便，快捷，降低了整机维修率，减轻了劳动强度，提高了生产效率，在整机调试和更换品种过程中减少了调试的时间，提高了产品合格率。⑤双面色标自动校正，自动跟踪调整。

五、中药饮片包装机

中药饮片包装机是针对中药饮片的不规则性通过定量称量，按设定的剂量将中药饮片包装成大小袋的设备。中药饮片包装设备包括小袋包装机、大袋包装机、小剂量草类包装机、大剂量草类包装机以及多物料包装联动线等。中药饮片包装机的基本结构属于制袋充填封口包装机，并根据各类中药饮片的特点，采用不同的供料和定量装置，并在物料下落通道与封口程序上进行特殊的处理。

中药饮片包装机采用称重定量生产出中药饮片小包装，改变了传统饮片包装简陋、卫生难以保障等弊端，也避免了因人工称量、调配后分剂量不均匀，以及药物混包后难以辨认、药品错漏难以纠正等现象发生。

1. 小袋包装机和大袋包装机

大袋包装机和小袋包装机主要用于中药饮片果实、根茎、部分枝状、花叶、碎草等精致小包装饮片，其中大袋包装机包装规格为 250g、500g、1000g 三种，小袋包装机包装规格为 1g、3g、5g、6g、9g、10g、12g、15g、30g 九种。

（1）包装过程

图 5-5-12 为智能小袋包装机，图 5-5-13 为其结构组成。小袋包装机详细工作过程为：①人工将物料倒入提升机存料斗，振动落料（带铁屑剔除及泥沙过滤）；②提升斗自动将物料带到多头称上方，电眼检测物料不足时自动喂料；③包装膜在成袋器和拉膜装置及纵封的作用下制成袋，等待下料；④多头称自动称重，组合所需重量，下料；⑤多头称下方剔除装置自动将不合格重量剔除，收集；⑥物料经过拨料（电机）装置快速落料到成袋器的料筒中，落料到已封制好的袋子内；⑦横封，同时带动排气海绵排气，排气先接触袋子，后横封封口，切断包好的物料；⑧出料输送带输出包好的成品。如此循环自动工作。

图 5-5-12　智能小袋包装机　　　　全智能草类小袋包装机　　　中药饮片小剂量包装机

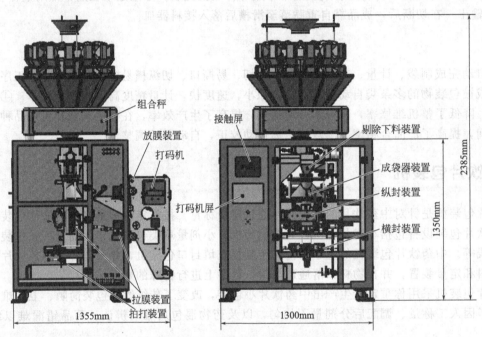

图 5-5-13　智能小袋包装机结构组成

大袋包装机（图 5-5-14）的工作流程基本与小袋包装机的工作原理一致，但在供料、称量称的规格上需要对成袋的袋增加撑膜气缸撑袋的动作。

（2）包装机结构

根据物料输送、物料自动称重，包装机可分为五大部分组成：Z 型自动供料提升机（含筛粉去铁装置）；组合称；包装机主体；出料输送带；打码机。

主体包装机结构如下：

① 剔除下料装置　用于对称重中出现的异常量进行剔除，主要通过在下料分叉通道上安装自动气动开合门来引导异常物料流向收集斗。

② 成袋器装置　用途同上，采用翻领状的成型装置加一中间的圆筒组成。

③ 纵封装置　通常由一对气缸驱动的热合模板组成完成背封。

④ 横封装置　用于完成横封，由一对气缸驱动的热合模板组成。在热合模板中部，安装了由两个气缸驱动的切刀，用于在横封的同时切断膜包。高速机也有应用辊式横封器的。横封装置的结构见图 5-5-15。

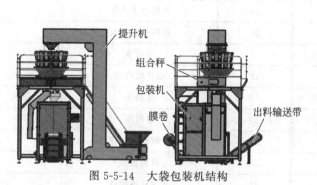

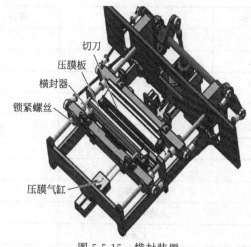

图 5-5-14　大袋包装机结构

图 5-5-15　横封装置

全智能草类大袋包装机

全智能中药饮片大袋包装机

⑤ 放膜装置　按包装节奏，自动把膜从大的原料卷拉出，为成袋器供膜，由料卷存放轴和电动拉膜对辊组成。

⑥ 拉膜装置　按包装节奏，自动配合把膜下拉，从而成袋，由左右两套电驱动的拉膜带结构组成。

⑦ 拍打装置　用于破坏物料在下落通道里架空，使物料快速到底，由一小电机带动凸轮拨板组成。

⑧ 排气装置　为排去袋中的空气，通常在横封刀下装有弹性的排气装置，在横封压合动作的同时，先用海绵结构和弹簧结构完成排气后再封口和切断。

⑨ 组合秤　通过组合的原理，快速从多个斗中组合出符合设定重量的几个斗，达到定量值，由中心圆振动器和圆形布置的线振动器、过渡斗、称斗、汇合料槽及电控组成。

组合秤的主要部分如图 5-5-16 所示。

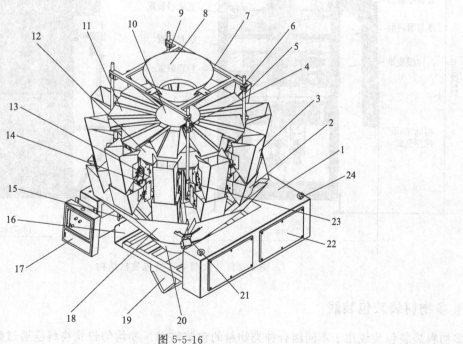

图 5-5-16

序号	名称	备注	序号	名称	备注
1	机箱		13	铝盒集成	
2	称量斗		14	曲拐	
3	存料斗		15	收料槽支撑件	
4	光电传感器		16	集料斗安装板	
5	支撑杆		17	显示器	
6	升降座		18	组合收料槽	
7	上进料斗支架1		19	集料斗	可选
8	上进料斗		20	出料斗	
9	上进料斗支架2		21	组合收料槽支撑件	
10	主振盘		22	机箱盖板	
11	线振盘		23	支撑杆连接件	
12	防水盖		24	吊环	

图 5-5-16　包装机计量组合秤结构图

2. 小剂量草类包装设备和大剂量草类包装设备

小剂量和大剂量草类包装设备的处理对象都为草类物料。大剂量草类包装机的包装范围是 500～1000g/包，小剂量草类包装机的称重范围为 3～100g/包。

图 5-5-17 和图 5-5-18 分别为大剂量和小剂量草类包装设备的结构简图。其主要工作过程为：a. 人工将物料倒入提升机存料斗，振动落料（含筛粉去铁装置）；b. 提升斗自动将物料带到多头称上方，电眼检测物料不足时自动喂料；c. 多头称自动称重，组合所需重量，下料；d. 多头称下方剔除装置自动将不合格重量剔除，收集；e. 灌装、压料、托料、拍打；f. 封口，切断包好的成品；g. 拉膜，纵封口，等待下料；h. 出料输送带输出包好的物料。如此循环自动工作。

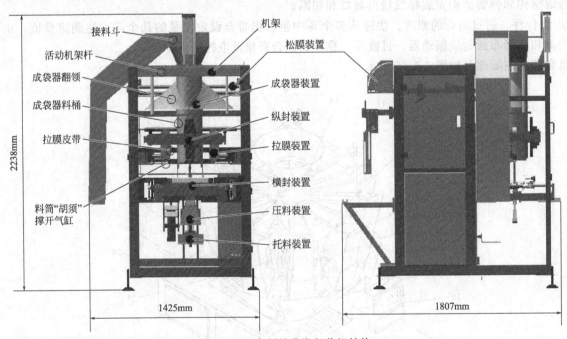

图 5-5-17　大剂量草类包装机结构

3. 多物料袋装包装线

多物料袋装包装线用于不同组合种类物料的包装需求。如均匀粒状物料应通过数粒来定量，堆密度均

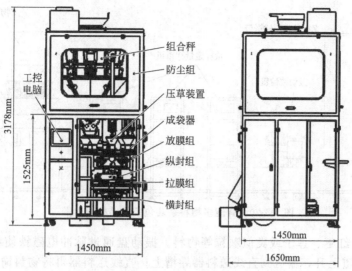

图 5-5-18　小剂量草类包装机结构

匀的粉状或颗粒状物料则用量杯来定量,不规则但易分离物料则用组合称来定量,不易分离的则用振动给料称重的方式来定量,可根据不同的组合物料,柔性组合,从而满足不同的物料组合包装,如常见的中药保健茶和方剂冲服剂等。同样,当装量大小不同时,可更换大小袋包装机。图 5-5-19 为多物料袋装包装线实物图。

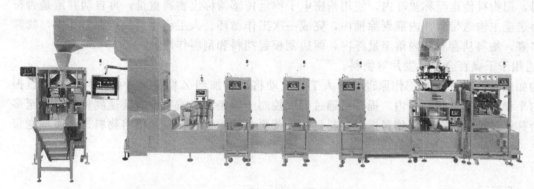

图 5-5-19　多物料袋装包装线

全智能多物料组合
包装线

（1）多物料袋装包装线特点

模块化设计,根据功能分为若干独立的设备,可以灵活地对生产线各工位做出调整。每台称重下料设备均采用 PLC 控制,称重采用高精度称重传感器,同时都配有超重剔除功能,因此,包装的总体重量精度较高。下料设备有数粒机、量杯定量机、多头称组合称重机、直线振动称重机,可以满足对不同性质的物料进行定量称重工作。包装机有大剂量包装机和小剂量包装机,可以满足从几克到 2 千克重量的物料包装。每台设备可以方便快速地与输送带联机,即插即用。输送线配有总控操作屏,可以方便操控总线的生产运作。

（2）多物料袋装包线的结构

① 整机安装　如图 5-5-20 所示,六台称重下料设备的摆放顺序为常规摆放顺序,如有特殊需求可以相应作出调整。

② 输送带　如图 5-5-20 所示,输送带是 Z 型提升物料输送带,是整机设备的主要部分,连接各台设备和负责总控。

③ 大包装机　如前述。

④ 小包装机　如前述。

组合秤
防尘组
工控
电脑
压草装置
成袋器
放膜组
纵封组
拉膜组
横封组

3178mm
1525mm
1450mm
1450mm
1650mm

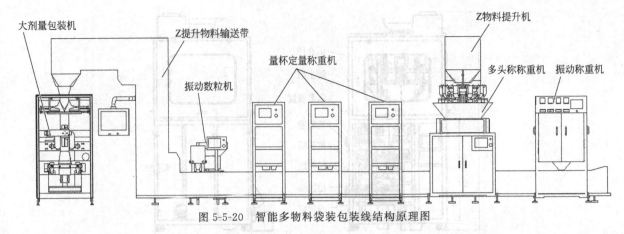

图 5-5-20　智能多物料袋装包装线结构原理图

⑤ 数粒机　适用于红枣、莲子或类似颗粒等物料。振动盘通过脉冲电磁铁使料盘内物料产生扭摆振动，排列整齐沿螺旋轨道上升，输送到直线送料器导槽上；直线送料器再将物料输送到落料机构，经光电感应数粒后输送至主输送带料斗上。物料经直线送料器通过送料导槽跌落至落料机构，数粒电眼记录数量，达到预设粒数后挡料气缸迅速伸出阻挡住后面颗粒。当跌落数量正确时物料沿右通道达到主输送带料斗内；当发生异常数量跟预设不一致时，会把物料自动剔除，沿左通道送至剔除料桶内，设备马上自动重新开始循环工作，无需手动操作，不会产生停顿，对整线生产几乎没有影响。

⑥ 量杯机　适用于小颗粒物料。使用量杯定量，自动称重。人工加料到存料斗后，通过两套量杯连续交替定量接放料，把物料传送至称重斗内，使用精密电子称重传感器称出物料重量，再自动判定是否符合预设值，把物料送至主输送带料斗内或剔除桶内，完成一次工作循环。人工将物料加至存料斗内，物料电眼能探测物料多寡，物料从存料斗内落至量杯内，两边刮板起挡料和刮料作用。

⑦ 组合称　适用于干燥百合、燕麦片等物料。

组合称的结构如图 5-5-21 所示。工作原理是：人工或自动将物料加到 Z 物料提升机存料处，通过振动出料使物料均匀平稳落到提升机料斗内，提升机通过伺服控制＋链条传动按生产需要速度将物料送至多头称上，多头组合称通过精确称量后将物料送至落料机构，落料机构根据预设重量值将物料送至主输送带或剔除。

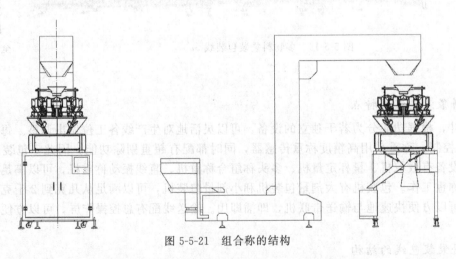

图 5-5-21　组合称的结构

⑧ 振动送料称重机　适用于固体颗粒物料。振动送料称重机由供料装置、振动供料称重装置组成。

a.供料装置结构及原理　如图 5-5-22 所示，设备顶部为储料斗，里面装料待称重。设备配移动平台，方便人工上料操作。储料斗下方为振动斗。设备分两级送料，第一级是储料斗定量给振动斗送料，第二级是振动斗给称重斗精确送料。两级送料能保证给称重斗送料的稳定性和重量的准确性。储料斗下方、振动斗上方有电眼，用来检测振动斗上物料的多少。物料减少时，电眼检测到后，气缸控制推料杆给振动斗送料。使用时，可调节电眼的位置和高度，可以控制振动斗里物料数量。气缸有调节行程的螺钉，可以调节物料推送的速度。

b.振动给料自动称重装置　图5-5-23所示为设备的主要称重送料机构。振动斗通过直线振动器把物料均匀地送至称重斗里。直到到达所需的重量，称重斗的门打开放料，完成一次称料。称重斗下方是剔除斗，当物料重量合格时，称重斗的门打开，通过剔除斗和下料过渡斗，直接送达设备下方的输送带上。当称重斗里的物料超重时，剔除斗摆动一个角度，把超重的物料送到收集桶里。

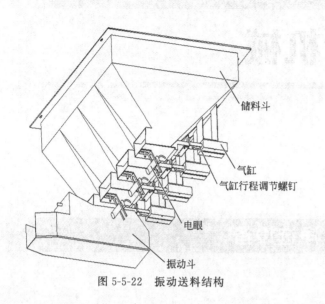

图 5-5-22　振动送料结构

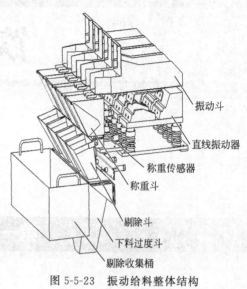

图 5-5-23　振动给料整体结构

第六章

饮片机械

第一节　净选设备

一、挑选工作台

挑选工作台主要用于拆包物料的初级拣选，平台两侧折边防止漏料。定制设备可根据客户需求按指定尺寸制作。挑选工作台的结构示意如图 6-1-1 所示。

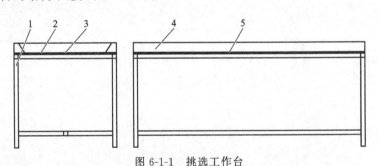

图 6-1-1　挑选工作台
1—支腿；2—操作台面；3—台面支撑；4—防漏挡边；5—支撑板

二、筛选机

筛选机是中药饮片和农产品加工的重要设备之一。适合于尺寸或形状有差异的固态物料分离，能分离片状和颗粒状物料的大小，是中药饮片和农产品加工的过程分离设备。本设备不适合黏性物料的分离。

筛选机由机架、传动机构、筛床、筛网、出料斗和柔性支承等组成。图 6-1-2 为筛选机的结构示意。由电机及传动机构带动床身做水平匀速圆周运动，使物料沿倾斜的筛网面自高向低处移动，经各层筛网分离达到分筛物料的工艺要求。由于床身四周采用柔性支承，筛床在做水平匀速圆周运动的同时，尚有上下抖动，避免物料被"卡"网孔而不能自拔。另外，床身的后侧装有弹性压紧门，用以调换不同网孔之筛网。回转主轴配有平衡装置，以平衡筛床在回转时产生的转动惯性，具有运转平稳、震动小、噪声低、免维护性好的特点。

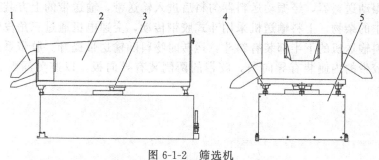

图 6-1-2 筛选机

1—出料口；2—筛床；3—传动机构；4—软轴组件；5—机架

三、风选机

风选机是中药饮片和农产品加工的重要设备之一。适合原料药、半成品或成品的选别，能将药物中的毛发等杂质和铁器、石块、泥沙等重物有效分离。本机为连续作业设备，风选机和物料输送机组合使用，实现自动化作业。风机电机由变频器控制，具有节能、数字化操作等优点。由于整机运转平稳、噪声低，故无需安装基础，便于日后移动。本机不宜分离易漂浮的物料。

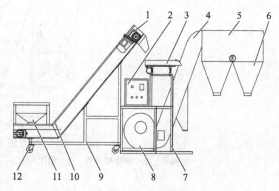

图 6-1-3 风选机

1—传动装置；2—电控柜；3—振动送料器；4—立式风管；5—风选箱；6—出料口；7—风选机机架；8—风机；9—提升机机架；10—墙板；11—进料斗；12—移动轮

风选机由振动送料器、电机、风机、立式风管和风选箱等组成，如图 6-1-3 所示。风机产生的气流经立式风管底部自下而上匀速进入风选箱，物料经振动送料器均匀地落在立式风管中部的开口处，相对密度大的物料在立式风管底部的下出料口排出，相对密度较小的物料随气流带入风选箱，经分级后在风选箱下侧的上出料口排出，风选箱两个上出料口之间设有调节挡板，以人工方式调节两个出料口的等级。风机叶轮转速可在 $250 \sim 900 \mathrm{r/min}$ 范围内无级可调，同时，风机下出料口装有调节抽板，可改变进风口直径，用以调节进风量和风压。

四、机械化挑选机组

机械化挑选机组是中药材（饮片）和农产品进行净选加工的重要设备之一。该设备采用全不锈钢制作，为连续作业设备，具有自动上料、振动匀料、自动输送等功能，整机运转平稳、噪声低，配有照明，操作方便。

该设备由上料输送机、振动送料器、照明装置、变频调速电机和输送带等组成，如图 6-1-4 所示。物

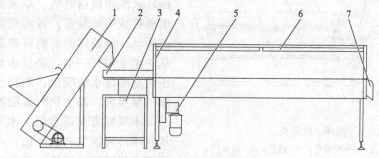

图 6-1-4 机械化挑选机组

1—上料输送机；2—振动送料器；3—电控箱；4—机架；5—电动装置；6—LED灯；7—出料口

料经上料输送机送入振动送料器，经振动送料器匀料后进入输送带，输送带的上方装有照明，由人工在输送带的两侧挑拣物料中的杂物。上料输送机采用斗式胶带传动，变速电机通过三角皮带带动胶带及装在胶带上的小料斗，在上料输送机的下半部装有料斗，运转时物料随输送带提升。胶带系采用无接口、无毒的食品用输送带制造，胶带的内侧装有导向条，胶带的两侧装有导向板，以避免漏料、卡料和胶带偏移等缺陷。

五、干洗机

干洗机用于产量较大的草、草叶、花类等物料泥沙分离。该设备不适合直径小于 4mm 物料或结合性表面杂物的分离。便于工艺操作和管理，外观整洁，易清洗，顶部配有除尘接口，符合 GMP 要求。

图 6-1-5 为干洗机的基本结构示意。干洗机由电机、减速器、滚筒外圈和滚筒组成机械传动系统，可实现筒体沿水平轴线做慢速转动，使筒体内的物料被筒体内的定向导流板从一端推向另一端，利用物料的翻滚摩擦除去物料表面的泥沙及灰尘。杂物通过筒体上的孔直接掉落在滚筒下方的集尘罩中。

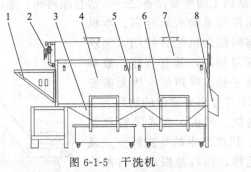

图 6-1-5　干洗机

1—进料斗；2—清洁喷淋管；3—集尘斗；4—检修门；5—机架；6—清灰小车；7—集尘罩；8—出料斗

第二节　清洗设备

一、循环水洗药机

循环水洗药机用于中药材、蔬菜、水果等农产品或类似物料的表面清洗。利用水喷淋和一般水洗，加上物料的翻滚摩擦除去物料表面的泥沙、毛皮、农药等杂物。该设备不适合直径小于 4mm 物料或结合性表面杂物的清洗。

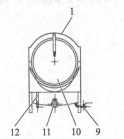 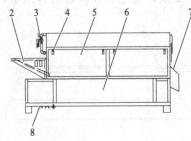

图 6-2-1　循环水洗药机

1—上箱盖；2—进料斗；3—喷淋管；4—机架；5—检修门；
6—水箱；7—出料斗；8—机械传动装置；9—进水管；
10—滚筒；11—排污口；12—溢流口

图 6-2-1 为循环水洗药机的基本结构示意。循环水洗药机由电机、减速器、滚筒外圈和滚筒组成机械传动装置，可实现筒体沿水平轴线做慢速转动，使筒体内的物料被筒体内的定向导流板从一端推向另一端，来自水箱的水经高压水泵增压后从喷淋水管喷出，利用水的冲刷力和物料翻滚的摩擦力，除去物料表面的杂物。

本机配有高压水泵、水箱及喷淋管，具有高压水喷淋冲洗的功能。用户可以根据情况选择采用清水或循环水冲洗。独特的直筒式设计，出料顺畅，且使滚筒更加方便清洗。

二、鼓泡清洗吹干机

鼓泡清洗吹干机主要用于除去药材上泥沙等杂质的连续清洗作业。该设备可以简便快捷地清洗附着在中药材表面的杂质，同时实现输送物料的功能。采用循环水清洗，节约能源，降低成本。操作简便、清洗效果好。

本设备由机架、不锈钢输送网带、鼓泡系统、循环水高压喷淋系统、清水喷淋系统、电气控制系统、风干系统等组成。如图 6-2-2 所示，本设备利用旋涡气泵将空气通入大水箱，使清水鼓泡。在气泡作用下，物料可以充分有效地摩擦，达到清洗效果。大水箱的水通过滤网过滤，进入循环水箱。循环水箱内配备滤网自清洁装置，使过滤系统可以连续工作。高压水泵将循环水箱内的水喷淋至水面，从而推动可漂浮在水面的中药材向前移动，并对其进行初步喷淋清洗。水箱内的物料由不锈钢网带将物料提升出水面，网带上方有两道循环水喷淋管和两道清水喷淋管，可视情况对物料进行再次清洗。出料端的网带上方设有风刀，可将附着在物料表面及网带上的游离态水珠吹落。

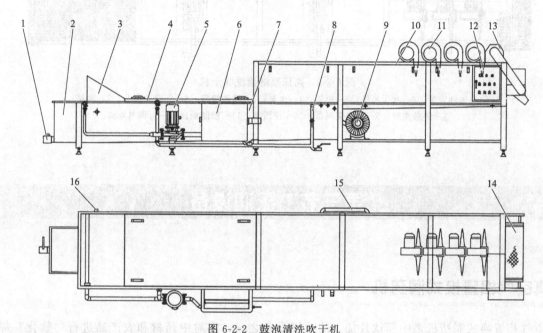

图 6-2-2　鼓泡清洗吹干机

1—排污口；2—除杂水箱；3—进料口；4—水雾罩；5—高压水泵；6—循环水箱；7—大水箱；8—喷淋管路；9—鼓泡风机；10—机架；11—吹干风机；12—控制柜；13—传动装置；14—输送板带；15—鼓泡管路；16—溢流口

三、高压喷淋清洗吹干机

高压喷淋清洗吹干机主要用于去除药材上泥沙等杂质的连续清洗作业。该设备可以简便快捷地清洗附着在中药材表面的杂质，并去除附着在药材表面多余的水分，同时实现输送物料的功能。操作简便、清洗效果好。

本设备由机架、不锈钢输送网带、高压喷淋系统、风干系统、电气控制系统等组成。图 6-2-3 为该设备的基本结构示意。该设备采不锈钢网带，将物料缓慢向前输送，同时网带上下交错分布着喷淋管路，采用高压水上下对喷的清洗方式，对物料进行清洗。清洗过物料的污水经过网带下方的水箱收集，再由排污口排出。在出料端设置风力脱水系统，将附着在药材表面多余的水分吹落。设备包含两个清洗单元以及一个风干单元，可根据清洗效果、能源使用等情况独立地开启、关闭。喷淋的流量可以通过喷淋管路上的蝶阀来调节；网带速度可通过调节控制面板上的旋钮自由调节，以达到理想的清洗效果。

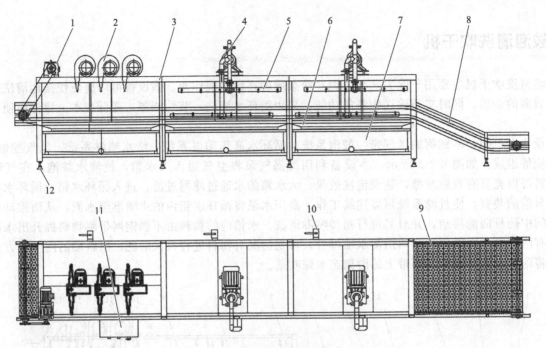

图 6-2-3　高压喷淋清洗吹干机

1—传动装置；2—吹干风机；3—机架；4—水泵；5—喷淋管路；6—污水收集斗；7—水箱；
8—链条支撑；9—不锈钢网带；10—排污阀；11—控制柜；12—可调节地脚

第三节　蒸润设备

一、真空气相置换式润药机

真空气相置换式润药机是中药饮片加工的关键设备之一，它对中药材和农产品进行"软化"加工后，便于后续切制加工。具有药材含水率低、软化效果好、软化速度快，避免有效成分流失等优点。方形箱体的有效容积率达 100%，新型充气式密封机构能满足高真空密封要求，开机、容器的密封、抽真空、真空度控制、气相置换、报警等过程自动完成。

真空气相置换式由方形箱体、气泵、充气式密封机构、水环式真空泵、控制系统及各种气动阀、报警装置等组成，具体结构示意见图 6-3-1。物料由随机专用车送入方形箱体内，锁闭箱门，按下启动按钮。然后自动完成箱门密封、抽真空、真空度控制、气相置换、软化时间、报警、停机等过程。根据气体具有强穿透性的特点，蒸汽中的水分极容易充满处于高真空状态下的药材的所有空隙，使药材在低含水量的情况下，快速均匀软化。

二、蒸药箱

蒸药箱是中药饮片加工的关键设备之一。它能对中药材和农产品进行蒸制加工。方形箱体的有效容积率达 100%，新型密封机构能满足箱体密封要求。

蒸药箱由方形箱体、密封机构等组成，具体结构见图 6-3-2。物料由人工装入方形箱体内，锁闭箱门，关闭排污阀，打开蒸汽阀向箱体内通入蒸汽，由人工控制蒸药时间，使药材在常压下进行蒸制。设备设有压力保护安全阀确保设备在蒸药过程中始终保持常压状态。

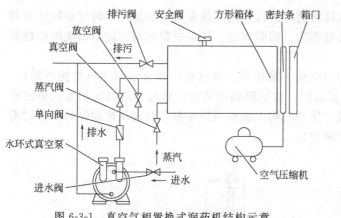

图 6-3-1 真空气相置换式润药机结构示意

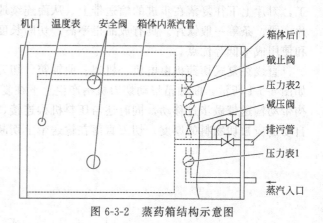

图 6-3-2 蒸药箱结构示意图

第四节　蒸煮锅

　　蒸煮锅设计为带盖的不锈钢蒸煮锅，配有自动揭盖机构及电控出料装置，操作时省力简便。该设备一机多用，并带有温控、时控功能，蒸煮的药物内外均匀一致，质量好，蒸汽用量少，能耗低，蒸煮时间短，劳动强度低。

　　图 6-4-1 为蒸煮锅的结构示意。蒸煮锅将蒸汽直接从底部中心气管输入锅体内蒸烧，利用蒸汽使药材改变药性，从而达到炮制的规范要求。锅体夹套有保温层，使内胆保温，减少蒸汽用量，降低成本。煮药时，锅内放水，中心气管输入蒸汽对物料进行煮烧。

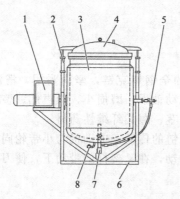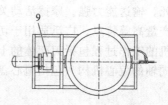

图 6-4-1　蒸煮锅的结构示意

1—控制柜；2—气缸；3—锅体；4—锅盖；5—进汽管；6—机架；7—排液阀；8—冷凝水排放口；9—传动装置

第五节　切制设备

一、直线往复式切药机

　　切药机是中药饮片加工的关键设备之一。直线往复式切药机能对各种形状和大小的药材进行切制加工，刀片上下往复落在步进的输送带上，从而连续地对药材进行切制。该设备适合加工中药材颗粒饮片和片、段、条等一般饮片。具有成品得率高、切断长度准确、调整方便、切口平整光滑、设备的免维护性好和使用成本低等优点。

直线往复式切药机由电机、机架、曲轴箱、切刀机构、输送带、步进机构和自适应压料机构等组成。如图 6-5-1 所示，曲轴箱带动切刀机构产生上下往复动作；曲轴箱轴端装有连杆与步进机构相连，步进机构带动输送带做步进移动，同时还与压料机构连接，压料机构上装有压紧装置，在同步推动物料的同时能自动适应被切物料的厚度，切刀直落在输送带上切断物料。

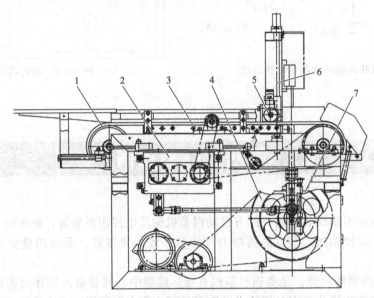

图 6-5-1 直线往复式切药机传动原理图

1—输送机构；2—齿轮箱组件；3—托架组件；4—传动机构；5—压送机构；6—机架；7—曲轴箱组件

二、剁刀式切药机

剁刀式切药机全部采用钢结构，输送带采用最新设计的全钢坦克链，坚固耐用，清洗方便，不易打滑，不易生锈咬死，输送能力强。摩擦活动关节全部采用滚动轴承，磨损小，噪声低。整机具有操作省力简便、片形好、产量高等特点。广泛适用于切制软硬性根、茎、藤类纤维性药材。

剁刀式切药机的工作过程包括刀架体的上下运动和输送链的传动。电动机与小带轮同轴，通过三角胶带带动与大带轮同轴的偏心机构（包括甩心盘和偏心轮）转动，在叉架杆的带动下，使刀架体持续性地上下运动。

三、转盘式切药机

转盘式切药机是我国自主研发的 QJ 系列加工机械之一，是目前较理想的切片设备，可切颗粒状及软硬性根、茎、藤类纤维性药材，也可非经常性切制香樟木、油松节、川子等。

该机采用电磁调速机构，框架采用全部不锈钢制作。输送链采用全钢坦克链，输送能力强，坚固耐用，不易打滑，不易生锈咬死，清洗方便。为了减少刀盘磨损，延长使用寿命，盘面采用基本面板和复合面板结构。面板磨损后可调换。饮片厚度的调节由控制面板旋转按钮调节输送带速度实现，调整方便。

图 6-5-2 为转盘式切药机结构示意。该机的传动装置主要由刀盘转动装置和输送链传动装置两个部分组成。其中刀盘传动装置是由电动机通过三角胶带传动带动刀盘旋转实现传动的。输送链传动装置的工作过程是：调速电机通过涡轮箱变速输出，由链传动带动被动轴旋转，同时经过传动齿轮的啮合作用，使上下输送轮同步相向运动，从而将处于上下输送链间的物料送入刀门。这样，在刀盘旋转的同时，输送链将

物料送至刀门，从而达到切制药物的目的。

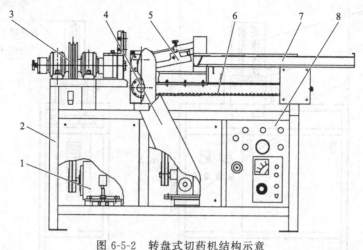

图 6-5-2　转盘式切药机结构示意

1—刀盘驱动；2—机架；3—转盘组件；4—输送传动；5—压料机构；6—坦克链；7—进料；8—控制柜

四、旋料式切片机

　　旋料式切片机是中药饮片加工的关键设备之一，能对块根、茎、果实、种子类药材和块状农副产品进行切片加工。具有成品得率高、药材损耗小、切口平整、切片厚度调整方便、易清洗、易操作等优点。

　　旋料式切片机由机架、电机、刀片、料斗、转盘、外圈和片厚调节机构等组成，如图 6-5-3 所示。物料经料斗进入转盘中心孔，在离心力的作用下滑向外圈内壁做圆周运动，当物料经过装在切向的刀片时，被切成片状。

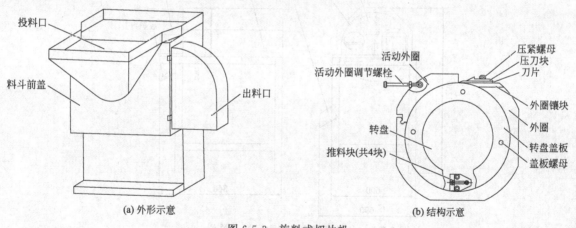

(a) 外形示意　　　　　　　　　　　(b) 结构示意

图 6-5-3　旋料式切片机

五、刨片机

　　刨片机用于中药材、水果等农产品或类似物料的刨片。与一般切制类设备相比，刨片机刨出来的产品具有片形好、较薄、成片均匀、破碎率低等诸多优点，特别是对果实等圆形或近似椭圆的物料更是有着其他切制类设备无可比拟的优势。

　　该设备由机架、减速电机、曲柄机构、刀盘组件、压料机构等部件组成，具体见图 6-5-4。工作时，电机带动曲柄做圆周运动，通过连杆带动刀盘组件做直线往复运动，对物料进行切削。

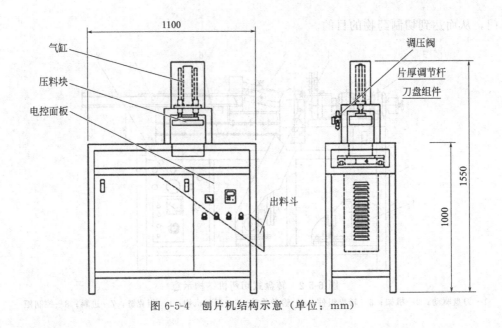

图 6-5-4 刨片机结构示意（单位：mm）

六、多功能切片机

多功能切片机适用于各种木质、粉质、籽类、果类、根茎类中药材。利用不同的模具可生产出斜片、瓜子片、柳叶片、指甲片等多种片形的中药材饮片。

该设备由箱体、传动装置、固定有刀片的刀盘以及进料模具等组成，具体见图 6-5-5。电机驱动主轴，带动刀盘旋转，刀盘上 4 把刀片同时工作，将药材切制成所需片形。该设备采用手工方式进料，进料模具由 4 颗螺栓固定于底板上，模具可以取下换向。刀盘盖可以开启，可保护机器配件并保证操作安全，同时便于维修。

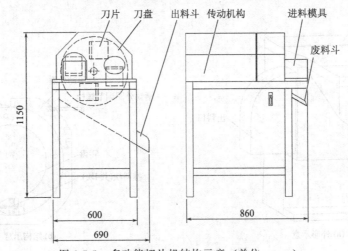

图 6-5-5 多功能切片机结构示意（单位：mm）

七、高效气压切片机

高效气压式切片机是中药饮片加工的关键设备之一，又称西洋参切片机，主要切制西洋参、鹿茸、天麻等参类药材。设备的结构简单、合理，可提高切片的切制质量及效率，降低切制饮片的加工成本。

该设备由机架、电机、传动机构、刀盘、托料盘、片厚调节机构、料桶、挤压机构及控制系统等组成，具体见图 6-5-6。将药材装入料桶，放入料桶托板，由气缸匀速压至切刀刀口进行切制；安装在刀盘上的切片刀同主轴固定，由电机带动主轴旋转进行切片。设有两个料桶，由各自的气缸送料，两个气缸分别设有下降、上升两个开关单独控制工作。当气缸完成切制行程后，经过一定延时，气缸杆自动升起，延

三、强力破碎机

强力破碎机适用于各种中药材、食品、化工品的破碎加工。该设备通过动刀与定刀的剪切力将物料粉碎，可连续进行破碎作业。广泛应用于制药、食品等行业。整机结构紧凑，外形美观，生产率高，使用方便，安全可靠，噪声低，易于维修。

PS-500B 型强力破碎机主要由进料斗、动刀、定刀、机座、电机、粉碎体等零部件组成。由人工将物料从上机身进料口均匀投入粉碎机壳内，然后在连续旋转的动刀和定刀作用下被不断剪切达到粉碎目的。图 6-6-3 为强力破碎机的结构示意。

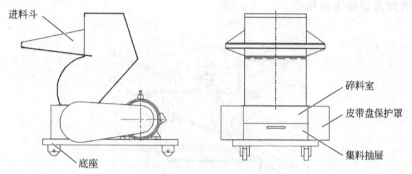

进料斗

碎料室
皮带盘保护罩

集料抽屉

底座

图 6-6-3　强力破碎机

四、万能吸尘粉碎机

万能吸尘粉碎机主要用于脆性中药材、食品的粉末加工，是粉碎与吸尘为一体的新一代粉碎设备。

该设备采用风轮式高速旋转动刀、定刀进行冲击、剪切、研磨。利用活动齿盘与固定齿盘间的相对运动，使物料经齿盘冲击、摩擦及物料彼此间冲击而获得粉碎。不仅粉碎效果好，而且粉碎时机腔内产生了强力的气流，把粉碎室的热量和成品一起从筛网流出。粉碎细度可通过更换筛网来决定。粉碎好的物料经旋转离心力的作用，自动进入捕集袋，粉尘由吸尘箱经布袋过滤回收。该机按标准设计，全部用不锈钢材料制造，生产过程中无粉尘飞扬，且能提高物料的利用率，降低企业成本。图 6-6-4 为万能吸尘粉碎机的结构示意。

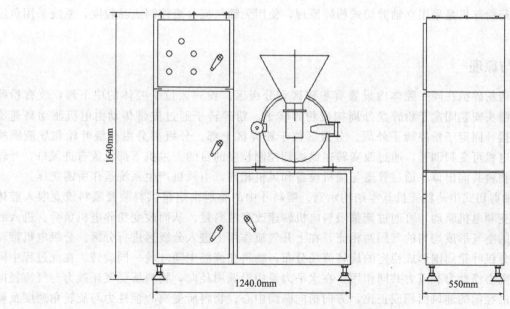

1640mm

1240.0mm

550mm

图 6-6-4　万能吸尘粉碎机结构示意

五、颚式破碎机

颚式破碎机通过动碰板的连续往复运动，配合静碰板做间歇性的碰碎作业。可碰碎各种贝壳类、矿石类、果壳类等坚硬中草药，广泛使用于制药行业。碰板材料采用 ZGMn13 耐磨钢，具有很高的耐磨性和抗冲击能力，牢固耐用。

图 6-6-5 所示为 PEB-125 型颚式破碎机的结构示意。电动机 2 与小带轮 4 同轴，通过三角皮带 5 带动大带轮 13，使动碰板 17 与静碰板 18 之间产生间歇的挤压、松开动作，从而达到破碎物料的目的。使用前检查整机各紧固螺栓是否有松动，然后开动机器，检查机器的空载启动性是否良好，并检查电机转向是否与标记相一致，否则改接插头内接线。

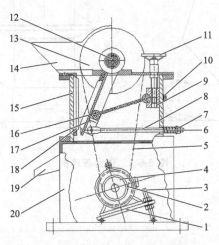

图 6-6-5　PEB-125 型颚式破碎机示意

1—电机座；2—电动机；3—调节螺杆；4—小带轮；5—三角皮带；6—调节弹簧；7—拉杆螺母；8—拉杆；
9—调节滑块；10—固定螺母；11—调节手柄；12—偏心轴；13—大带轮；14—进料斗；
15—上机体；16—支撑板；17—动碰板；18—静碰板；19—出料斗；20—机座

六、立轴剪切式中药粉碎机

立轴剪切式中药粉碎机是采用立轴剪切式粉碎原理，使用无筛气流分级控制成品粒度，系统采用负压气力输送进行运作。

1. 基本结构与原理

立轴剪切式中药粉碎机在同一腔体内设置有粉碎区和分级区。粉碎区位于腔体的中下部，装有粉碎盘、锤头、齿圈。锤头安装固定于粉碎盘外周构成粉碎转子，粉碎转子通过皮带传动由电机驱动高速旋转；齿圈与壳体连接，固定于粉碎转子外周。分级区位于粉碎区上部。分级部分由分级叶轮和导流圈构成，分级叶轮驱动电机可变频调速，通过改变转速以达到控制粒度的目的。主机下部设置有进风口，叶轮内上部设有气流和物料共同出口，通过管道与辅机设备和风机相连，由风机产生系统运作所需负压。

图 6-6-6 为立轴剪切式中药粉碎机基本结构示意。喂料斗中的物料由定量供料装置喂料绞龙喂入腔体内部，喂料绞龙由变频电机驱动，可通过调整喂料电机转速改变喂料量，从而改变粉碎电机负荷。进入腔体的物料与腔体内的空气形成均匀的气固两相流，在上升气流作用下进入分级区进行分级。分级电机带动分级叶轮旋转，在分级叶轮周围形成稳定的旋转流场分布，物料在流场中随叶轮一同旋转，在此过程中同时受到气流拽力、离心惯性力和重力共同作用。在水平力系中沿圆周径向，物料所受气流拽力与气流径向流速的平方及颗粒沿径向的迎风面积成正比，方向指向圆周中心；物料所受离心惯性力与旋转角速度及颗粒质量成正比，方向指向圆周外。物料的迎风面积与颗粒粒径成平方关系，颗粒质量与粒径成立方关系。

在径向流速及角速度一定的情况下，物料粒径发生变化时，离心惯性力的变化速度比气流拽力的变化速度快。当物料颗粒所受径向气流拽力与离心惯性力相等时，物料的粒径即为切割粒径，小于切割粒径的物料所受的气流拽力大于离心惯性力，在径向合力的作用下通过叶轮经管路进入后续设备，大于切割粒径的物料在径向合力的作用下被甩出，并沿导流圈内圈在气流及重力的共同作用下快速滑落至粉碎区。进入粉碎区的物料在离心惯性力的作用下甩至粉碎区锤头与齿圈之间，锤头在跟随粉碎盘高速旋转过程中与齿圈齿端形成打击和剪切力，物料在锤头和齿圈的打击和剪切作用下进行粉碎，粉碎后的物料被上升气流带至分级区进行再次分级，粉碎、分级过程循环进行。

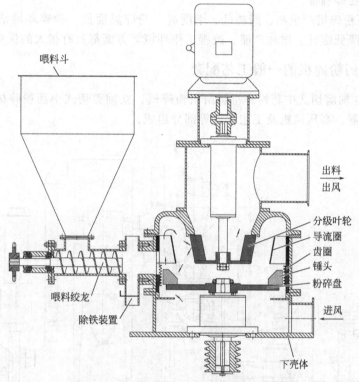

图 6-6-6　立轴剪切式中药粉碎机基本结构

分级叶轮旋转不仅可以起到控制成品粒度的作用，也使物料可以均匀地在 360°圆周范围粉碎，可以使锤头、齿圈之间在圆周范围内料层均匀，避免粉碎转子载荷集中及波动，降低粉碎转子转动阻力，提高粉碎效率。

粉碎主机的设计充分利用空气动力学原理。粉碎转子形状类似风机叶轮，可在锤头内外部产生压力梯度，使粉碎区与分级区产生快速的环状气流循环，加快物料在粉碎、分级两区域之间的输送速度。导流圈的设置将内部的下降气流及外部的上升分隔，有效避免料流间的相互影响。物料随气流在粉碎区与分级区之间快速循环，提高了粉碎效率，有效避免物料过粉碎，降低了粉碎能耗和温度。

2. 特点

① 剪切粉碎的效果更加符合中药粉碎的特点要求。中药原料具有高韧性、高纤维性的特点。纵观几种基本粉碎原理，剪切粉碎原理能够针对韧性物料实现最佳的粉碎效果。立轴剪切式中药粉碎机在粉碎环节通过特定的结构形状及关键尺寸，强化了粉碎过程中剪切原理的作用，因此该设备在中药粉碎，特别是中药的高细度粉碎取得了良好的粉碎效果。这不仅提高了粉碎的细度和效率，加强的粉碎能力也有效避免了粉碎尾料的产生，有效节约了中药原料。

② 立轴结构可以保证在粉碎机装配时，尽可能减小锤头与齿圈之间的间隙，强化粉碎过程中的剪切作用。另一方面设备采用立轴结构，转子转动平面水平配置，物料可以均匀地分布在粉碎圆周上，避免物料在机腔内因重力影响而形成下部浓度高、上部浓度小，避免粉碎载荷的集中，使剪切更加省力，提高粉碎效率。

③ 气流离心分级原理更加适用于较高细度的粒度分级，提高分级效率，避免过粉碎的发生，有效地降低了粉碎的温度，提高了生产效率，降低了能耗。

④ 在结构设计上充分利用了空气动力学原理，设备配置有导流圈，可以避免上升的气固两相流与下降流之间相互影响，可以使粉碎后的物料能够快速地输送至分级区进行分级，而分级后的不合格物料可以快速地回到粉碎区进行再次粉碎，提高生产效率。独特的锤头形状，利用粉碎转子的转动产生压强梯度，使机腔内产生快速循环的小环流，物料随环流快速循环，进一步提高了生产效率。

⑤ 立轴剪切式粉碎机工作时机腔内为负压，可避免粉尘的外泄。工作时系统风量大，可以带走机械粉碎产生的热量，降低粉碎温度。

⑥ 立轴剪切式中药粉碎机产量高、能耗低、细度高、粉碎温度低、粉碎环境洁净无尘，适合中药超微粉碎。在提高药效、降低能耗、增加产能、改善工作环境等方面都具有很大的优势。

3. 立轴剪切式中药粉碎机的一般工艺配套

如图 6-6-7 所示，立轴剪切式中药粉碎机组由粗粉碎机、立轴剪切式中药粉碎机、旋风分离器、关风机、气流筛、脉冲除尘器、高压风机及工艺管道等部分组成。

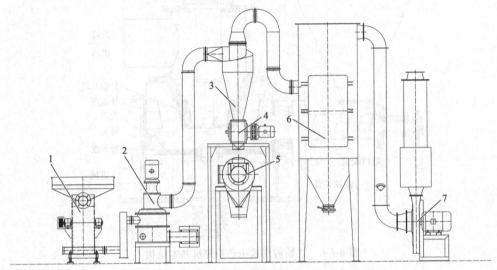

图 6-6-7　立轴剪切式中药粉碎机组工艺流程

1—粗粉碎机；2—立轴剪切式中药粉碎机；3—旋风分离器；4—关风机；5—气流筛；6—脉冲除尘器；7—高压风机

大块物料经人工投入粗粉碎机料斗，再由喂料绞龙输送进入粗粉机粉碎室，喂料绞龙电机由变频器控制，通过改变喂料绞龙电机转速改变喂料量，从而使主电机工作在最佳工作状态。进入粗粉机粉碎室的物料在锤片的粉碎作用下粉碎至 10mm 以下的颗粒。经筛网筛分后，落入粗粉碎机下壳体，通过风力输送到立轴剪切式中药粉碎机内部。在立轴剪切式中药粉碎机内部进行粉碎、分级，符合生产粒度要求的物料在高压风机负压的作用下，经管路进入旋风分离器，实现固体颗粒与空气的分离，经关风机落入气流筛。经气流筛筛分后合格的成品由气流筛成品口落入收集料桶，筛上物经气力输送管道由细粉碎机进风口进入主机重新粉碎。少量旋风分离器无法处理的超细粉尘进入旋风分离器后的脉冲除尘器由过滤布袋捕获落入脉冲粉收集袋，处理后的干净空气通过管路经风机排放到环境或排风管道中。

立轴剪切式中药粉碎机组在工艺配套上将中药粗碎、细粉碎、筛分三道工序整合到一套设备中，可以实现大块中药一次投料，粗碎、细粉碎、筛分一次完成，有效地节约了各工艺之间周转所消耗的人力及时间，调高了生产效率，降低了劳动强度。整个系统配套有收尘装置，且系统运行时除排风段管道为正压外其余部分均为负压，避免粉尘外漏，既改善了粉碎作业的工作环境，又避免了物料浪费。

七、低温超微粉碎机

低温超微粉碎机主要广泛应用于中药、保健品、食品、西药、兽药、护肤品、电子环保、资源再生等各个行业，实现对各种物料的低温超微粉碎以及细胞破壁功能，可满足各行业对粉体的各个细度及细胞破壁率的要求。

1. 基本原理

低温超微粉碎机属于新型第三代振动微粉混炼设备，具有经过优化的最佳工作状态，其主要工作部分为设备磨筒。磨筒内部装有介质棒，根据物料的不同特性，采用多项先进技术及运用高速撞击力和剪切力，使物料在磨筒内受到介质的高速度撞击、切磋、挤压、切割等作用（图6-6-8），可在极短时间内达到理想的粉碎效果。物料在粉碎过程中呈流态化，可使每一个颗粒具有相同的受力状态，在粉碎的同时达到精密混炼（分散乳化）的效果。经过调节加速度等参数，可以实现以超微粉碎研磨为目的或精密混炼（分散乳化）为主要目标的作业。图6-6-9为振动磨介质的运动状态示意图。

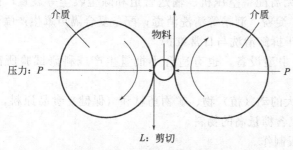

图 6-6-8 介质对物料作用示意图

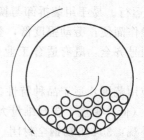

图 6-6-9 振动磨介质的运动状态示意图

2. 基本结构

低温超微粉碎机由主机和制冷机组成。制冷机可把主机在振动研磨过程中产生的热量持续带走，并使设备保持在0～35℃的区间温度（可自行设定温度范围）内进行物料研磨粉碎及细胞破壁，设备可分实验型设备、中试型设备、生产型设备，具体结构见图6-6-10和图6-6-11。

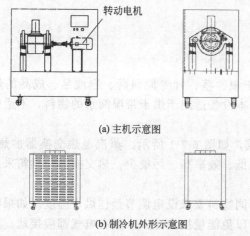

(a) 主机示意图

(b) 制冷机外形示意图

图 6-6-10 实验型、中试型低温超微粉碎机示意图

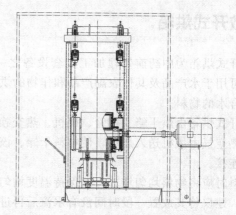

图 6-6-11 生产型低温超微粉碎机示意图

3. 工作过程

设备采用振动粉碎的工作原理，在磨筒（粉碎室）中装填一定数量的研磨介质，设备在外界激振力的作用下，产生顺逆时针方向的圆振动。介质棒在磨筒振动的作用下，做时而散开、时而聚合的抛掷运动，在此抛掷运动的作用下，使每个介质都产生了与圆振动同向的旋转运动，整个介质群同时做公转运动。与此同时，介质群也产生3～5周与圆振动反向的低频公转运动，于是介质时而散开、时而互相冲撞，对物料产生正向冲击力和侧向剪切力，物料在正向与侧向作用力的撞击、压缩和剪切作用下被研磨、破壁粉碎。

4. 设备特点

① 粉碎效率高：对于任何纤维状、高韧性、高硬度及含水量小于6%的物料均可适应，能耗低、温度低，避免发生物料高温氧化、变质和有效成分的损失和偏析。粉碎过程全密闭无粉尘溢出，充分改善作业环境。

② 粉碎能力强：粉碎无残渣。适合干式和湿式粉碎，湿式粉碎时可加入水、酒精或其他溶剂。适于中心粒径为150～10000目（1.3μm）的粉碎要求，使用特殊工艺时可达1～0.1μm。对花粉、灵芝孢子粉等孢子类要求打破细胞壁的物料，其破壁率高于98%。

③ GMP设计：按GMP设计，采用符合药品、食品生产标准要求的304不锈钢制作，与物料接触部位为抛光不锈钢，内部边角圆弧过渡，全密闭作业无粉尘污染、无物料损耗。

④ 运行方便：结构紧凑合理占地面积小，无需配备空压机、输送管道和除尘收尘等装置，接上水电即可投入运行。易于组装拆卸与换料；可用水、淀粉、酒精等清洗消毒；配备复合隔声罩生产噪音低。

⑤ 操作简便：劳动强度低，容易操作，便于拆卸清洗与日常维护。

⑥ 型号齐全：既有适合工业化生产的大、中型设备，也有适合小批量生产或科研试验所需的小型设备。

⑦ 应用范围：适于品种特性各异、差别较大的动（植）物、矿物药材和（保健）食品原料，如韧性、脆性、高（低）硬度、含纤维量大、含油率高或含糖量高的物料。

⑧ 外观：304不锈钢全封闭，亚光不锈钢板制作。

⑨ 精密包覆：可进行两种及两种以上物料的微粒精密复合化及包覆、高固含量强力均质和超强乳化作业，防止物料分层。

第七节　烘干机械

一、敞开式烘箱

敞开式烘箱为中药前处理加工成套设备之一，适用于根、茎、叶等原料药、半成品、成品的烘干作业，也可用于水产品及其他农副产品和作物的烘干作业。本设备适用于烘干带湿润水的物料，不适合烘干含有结合水的物料。

敞开式烘箱由烘干箱、接管、风机、热交换器等组成，如图6-7-1所示。蒸汽经热交换器加热空气，干净的热空气由风机送入烘箱，使物料干燥。该设备能耗低、效率高、污染少。热交换器与烘箱采用不锈钢风管连接。

上料时应将物料均匀堆放，以保持温度均匀。根据不同物料要求设定调节最佳烘干温度。如果物料水分很多，建议将其放置一段时间没有水流后再进行烘干，以免能量损失过大。所有电气都应接地。蒸汽出口需接疏水阀。

二、翻板式烘干机

翻板式烘干机是利用热空气作为干燥介质与湿物料连续相互接触运动，使湿物料中所含的水分吸收热能扩散、汽化和蒸发，从而达到烘干的目的。可作为中药材、水产品、农副产品等产品的烘干机具。

翻板式烘干机根据热交换原理，将通过空气预热装置而加热的热空气送进烘箱和输送装置，与摊放在烘板上的湿料进行热交换，使水分充分汽化和蒸发，从而达到干燥目的。该设备主要由输送装置、干燥室和变速装置组成。图6-7-2为翻板式烘干机的结构示意。

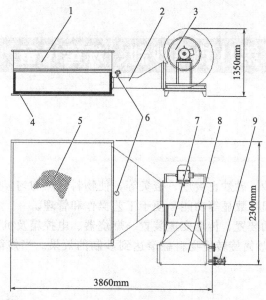

图 6-7-1 敞开式烘箱结构示意

1—烘干箱；2—接管；3—风机；4—保温层；5—筛网；6—温度传感器；7—调节风门；8—热交换器；9—蒸汽进口

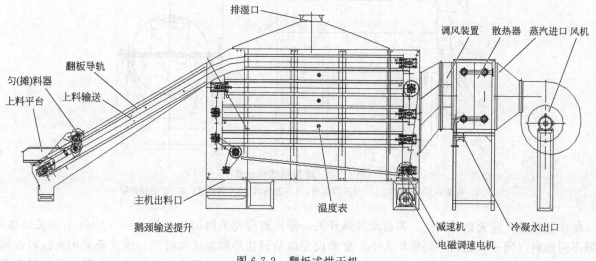

图 6-7-2 翻板式烘干机

（1）输送装置

输送装置与地面成30°倾角，前面设有上料平台，湿物料由此处加入，上料平台距地面高度为700～850mm，前部设有可调节物料摊放厚度的匀料器，底部配置活动门，可及时将风道中积聚的物料排出机外。HFL-33型输送机和干燥室最上层烘板连成一个循环，热风通过干燥室进入输送装置。

（2）干燥室

干燥室设置有循环运行的三组六层烘板。动力由变速装置传入，各组烘板的运行速度从上而下渐次减慢，以符合物料干燥规律。底部设有集料装置，能自动不断地消除漏下的碎末。干燥室后端连接风管，风分三层送入，每层风量大小可以调节。烘毕的物料由下部出料器卸出。干燥室墙板采用夹层，保温性能良好，前后都有备维修、观察的机门。

（3）变速装置

变速装置由电磁调速电机与电磁调速电机控制器以及摆线针轮减速机构成。YCT-132-4B型电磁调速装置在拖动电机（Y90L-4，1.5kW）带动下通过摆线针轮减速机，最后由电磁调速控制器JD1A-40通过手动旋钮进行调速，将动力传至链板，使整个运动机构达到可变速运动状态，电机输出转速为0.55～5.5r/min。

第八节 炒制、炼蜜设备

一、炒药机

炒药机用于药材清炒、麸炒、砂炒、炭炒、蜜炙等，使物料受热均匀。光滑的筒体内表面便于清洁卫生，具有定时、控温、恒温、温度数显等功能，便于工艺操作和管理。

炒药机由炒筒、炉膛、驱动装置、传动变速装置、燃烧器、电控箱及机架等组成，其具体结构示意见图 6-8-1。物料由投料口进入，炒筒旋转使物料翻滚达到炒制的效果。当炒筒做反向转动时，物料便自动排出炒筒外。

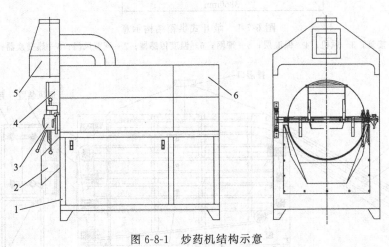

图 6-8-1 炒药机结构示意
1—机架；2—出料口；3—三开门结构；4—进料口；5—集烟罩；6—传动保护罩

每次开机时，应先启动炒筒，再启动加热开关，停机时应先关闭加热开关，5～10min 后再关闭炒筒。根据不同物料（同一种物料不同颗粒大小）要求设定调节最佳炒制温度和时间。该设备采用火排对炒筒进行加热，使用前，请仔细检查送气管路是否存在漏气现象。炒药机周围严禁堆放各种易燃物品，避免受热后发生火灾。

二、炙药锅

炙药锅主要用于动物类、植物类及矿物类中药材的炙制加工，同时具有炼蜜等液体辅料加工功能。本炙药锅外形美观整洁，设计新颖，功能齐全，出料轻巧方便、可靠，光滑的锅体内表面便于清洁卫生，具有定时、控温、恒温、温度数显等功能。

炙药锅由锅体、夹套、搅拌叶、驱动及保温装置等部分组成，具体结构见图 6-8-2。通过夹套通入蒸汽加热锅体，再由药锅加热药材，根据测温棒、温控器及电磁阀来控制炙药温度；同时由计时器来控制炙药时间。预设炙制温度和时间后，往药锅内投入适量中药材，启动搅拌叶。一定时间后，手工加入液体辅料，继续加温搅拌。

如果是空锅，且又高温，禁止直接加进液体，以免锅体炸裂。尽量避免长时间无料干烧。回正锅体时，应缓慢动作；到位时，应插进定位销。出料时，也应缓慢摇动手柄，并扶持锅架，使锅体平缓倾斜。清洁时，不能用坚硬锐器刮铲锅体，以免损伤。

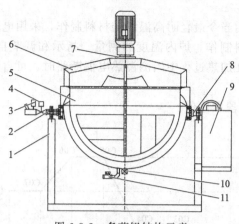

图 6-8-2　炙药锅结构示意

1—机架；2—进汽管；3—带压力表减压阀；4—电磁阀；5—锅体；6—电机支架；7—搅拌装置；
8—锅体翻转装置；9—控制箱；10—锅体排污阀；11—夹套排污阀

第九节　煅制设备

一、煅药锅

　　煅药锅主要用于贝壳类、矿物类等中药材的煅制。该设备可通过电阻丝或燃气机产生热量升温使锅体导热物料，从而达到高温煅制的目的。该设备具有温控及温度显示等功能，便于操作和控制。

　　设备外形为长方体，锅体及锅盖由耐高温不锈钢板冲压成型，炉膛采用耐高温材料制作，采用电热丝为加热元件。炉内温度的测量、指示和调节系统由温度控制仪来完成。仪表内设断偶保护装置，在加热过程中当测温热电偶断路时，可自动切断电源，以保证电炉及被处理物料的安全。图 6-9-1 为煅药锅的结构示意。

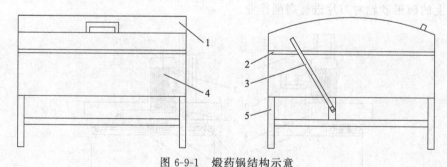

图 6-9-1　煅药锅结构示意

1—锅盖；2—密封条；3—气弹簧；4—锅体；5—机架

二、锻炉

　　锻炉主要用于贝壳类、矿物类等中药材的煅制。整机采用一体化制作，使用安装方便，温度控制精度更高、更自动化。智能化控制系统绝对保证了仪器的控制精度，控制系统采用 LTDE 技术可编程智能控制，具有 30 多段升温程序功能，并可修正斜率及 PID 功能。升温速度及温度可调，且升温速度快，温度控制准确。

设备外形为长方体，炉膛采用当今最轻耐高温纤维材料制作，采用电热丝加热元件，用于放置药材的容器采用耐高温的 310 不锈钢材料制作。炉内温度的测量、指示和调节自控系统由 LTDE 温度控制仪来完成。仪表内设断偶保护装置，在加热过程中当测温热电偶断路时，可自动切断电源，以保证电炉及被处理物料的安全。

图 6-9-2 所示程序曲线设定各段程序值。

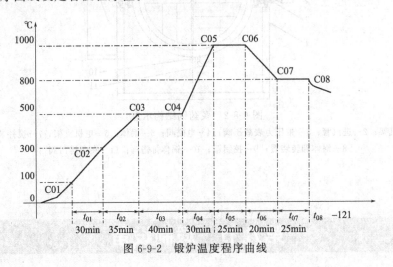

图 6-9-2　锻炉温度程序曲线

第十节　辅助设备

磨刀机是用于切裁机械刀片的磨刃。由于采用磁性吸盘，刀片装夹方便可靠，工作台采用了直线导轨及钢丝绳拖动机构，具有运行平稳、磨削精度高等优点。

图 6-10-1 为磨刀机的基本结构示意。设备启动时由曲柄连杆机构带动摆动轮，工作台通过固定在摆动轮上的钢丝绳产生直线往复运动，磨头上装有螺旋微调进给机构和磨削角度调节机构，在工件做往复运动时，装在磨头上的碗形砂轮对刀片进行磨削作业。

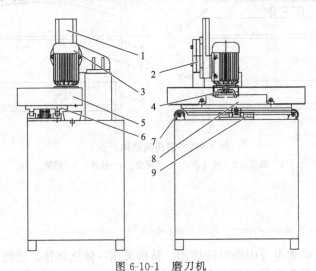

图 6-10-1　磨刀机

1—进给装置；2—磨头支座；3—磨头电机；4—碗形砂轮；5—积水盘；
6—燕尾槽；7—索轮组件；8—永磁吸盘；9—直线滑轨

第十一节 中药饮片加工生产线

一、联动生产线现状

中药饮片加工联动生产线可以提高工作效率、降低劳动强度、降低人工成本，保护名贵药材减少丢失；同时也可以减少加工环节中由于人为因素导致的药材有效成分的流失。

联动线对于单一品种的加工比较实用，但实际上每个企业都有上百个规格的药材品种需要加工，都希望一线多用，这就会有很多问题存在：

① 清场。一种药材加工完成要更换药材，就需要对整条线彻底清理以免造成物料污染，清场时间实际上都需要4～5个小时，6～8个工人同时进行。

② 场地。药材的特性不同，有些需要水洗，有些需要干洗，有些物料黏性大等，就要求联动线有多种选择，但往往由于场地限制不可能实行。

③ 能耗。大型联动线从衔接上存在时间差，若要实现全自动就必须对每一工位进行精准的反复试验，对于后续工位的开启有严重影响，会造成不必要的能耗损失。

现有的中药饮片加工联动生产线主要有全草类联动生产线、根茎类联动生产线、块茎类联动生产线。联动生产线占地面积小，针对性强，机动性强，清洁维护方便。

二、全草类联动生产线

（1）工作原理

人工在地面上通过气缸翻板将袋装物料或机包物料转运至解包台上进行解包去除捆绑物等，解包后将中药材（主要为全草类和叶类品种）通过预切机将成包、成捆的物料进行截断（截断长度50～200mm，长度可调节），截断的物料进入滚筒式除尘机中使物料打散并扬起，筛去泥沙，除去灰尘；出来的物料经过人工拣选，拣选后的物料通过清洗机洗去物料表面的泥沙，清洗末端需配有清水喷淋和将物料沥干设施，沥干的物料经输送运送至切药机进行切制，切制好的物料通过输送进入网带式干燥机进行干燥，干燥后的物料经冷却输送后进入下一工序。

（2）流程

（3）设备清单

某全草类联动生产线设备清单见表6-11-1。

表6-11-1 全草类联动生产线设备清单

序号	名称	单位	数量
1	翻转解包台	台	1
2	液压截切机	台	1
3	滚筒式干洗机	台	1
4	六工位挑选台	台	1
5	高压喷淋清洗吹干机	台	1

序号	名称	单位	数量
6	剁刀式切药机	台	3
7	网带式干燥机	台	1
8	冷却输送	台	1
9	物料提升机	台	1
10	物料平输送机	套	1
11	物料提升输送机	套	1
12	脉冲滤筒式除尘机组	台	2
13	集尘设施	套	1
14	控制系统	套	1

（4）控制

解包台（气动翻板）、液压截切机、滚筒式干洗机、六工位挑选台、高压喷淋清洗吹干机、剁刀式切药机、物料提升机、网带式干燥机、冷却输送以及联线所需其他输送等组成一套集中控制系统，由触摸屏控制；设备加装变频器调速功能，速度可调，便于配合各个设备的进程。所有设备配备过载保护，断电保护、急停按钮，各设备之间互锁关联。

（5）除尘

凡有粉尘飞扬的工序都可加装上或下吸式除尘设备。根据需求该工艺配置两台除尘设备：除尘设备一，除尘点包含网带式干燥机、冷却输送；除尘设备二，除尘点包含解包台、预切机、滚筒式除尘机和挑拣台。预计除尘设备一的处理风量为 $8000m^3/h$，除尘设备二的处理风量为 $8000m^3/h$。

（6）联动线方案图

某全草类联动生产线组成见图 6-11-1。

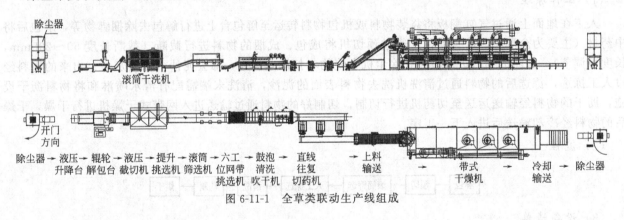

图 6-11-1　全草类联动生产线组成

三、根茎类联动生产线

（1）工作原理

人工通过气缸翻板将袋装物料或机包物料转运至解包台上进行解包去除捆绑物等，解包后将中药材（主要为根茎类、根皮类和藤茎类品种）通过预切机将成包、成捆的物料进行截断（截断长度 50～200mm，长度可调节），截断的物料进入滚筒式除尘机中使物料打散并扬起来，筛去泥沙，除去灰尘；出来的物料经人工挑选后，通过清洗机洗去物料表面的泥沙，清洗末端须配有清洗喷淋和将物料沥干不滴水的设施，用网带式润药机对药材进行润制，润透的物料进入切药机切制，然后进入网带式干燥机中干燥，最后进入振筛，筛出标准片形。

（2）流程

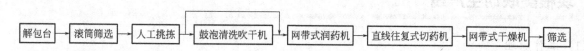

解包台 → 滚筒筛选 → 人工挑拣 → 鼓泡清洗吹干机 → 网带式润药机 → 直线往复式切药机 → 网带式干燥机 → 筛选

（3）设备清单

某根茎类联动生产线设备清单见表6-11-2。

表 6-11-2　根茎类联动生产线设备清单

序号	名称	单位	数量
1	解包台	台	1
2	液压截切机	台	1
3	滚筒式干洗机	台	1
4	六工位挑选台	台	1
5	鼓泡清洗吹干机	台	1
6	网带式润药机	台	1
7	直线往复式切药机	台	3
8	网带式干燥机	台	1
9	振动筛选机	台	1
10	物料提升机	台	9
11	物料输送机	套	1
12	脉冲滤筒式除尘机组	台	1
13	脉冲滤筒式除尘机组	台	1
14	集尘设施	套	1
15	控制系统	套	1

（4）控制

解包台（气动翻板）、液压截切机、滚筒式干洗机、六工位挑选台、鼓泡清洗吹干机、网带式润药机、直线往复式切药机、振动筛选机、网带式干燥机、物料提升机以及联线所需其他输送等组成一套集中控制系统，由触摸屏控制；设备加装变频器调速功能，速度可调，便于配合各个设备的进程。所有设备配备过载保护、断电保护、急停按钮，各设备之间互锁关联。

（5）除尘

凡有粉尘飞扬的工序都可加装上或下吸式除尘设备。根据需求该工艺配置两台除尘设备：除尘设备一，除尘点包括烘干、过筛；除尘设备二，除尘点包含解包、预切、滚筒式除尘机和挑拣台。预计除尘设备一处理风量为 8000m³/h，除尘设备二处理风量为 10000m³/h。

（6）联动线方案

某根茎类联动生产线组成见图6-11-2。

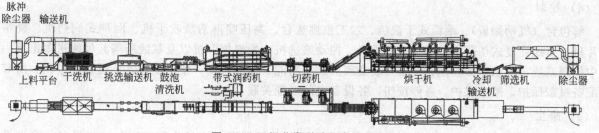

脉冲除尘器　输送机

上料平台　干洗机　挑选输送机　鼓泡清洗机　带式润药机　切药机　烘干机　冷却输送机　筛选机　除尘器

图 6-11-2　根茎类联动生产线组成

四、块根类联动生产线

（1）工作原理

人工通过气缸翻板将袋装物料或机包物料转运至解包台上进行解包去除捆绑物等，解包后将中药材（主要为块茎类）送入滚筒式除尘机中；滚筒式除尘机将物料扬起来，可筛去泥沙，除去灰尘；经过人工拣选；通过清洗机洗去粘在物料上的泥沙等，清洗机末端配有清水喷淋和沥干的设施，净料进入网带式润药机，润制好的物料人工转运至旋料式切药机或直线往复式切药机进行切制，切制好的物料进入网带式干燥机进行干燥过筛。

（2）流程

（3）设备清单

某块根类联动生产线设备清单见表 6-11-3。

表 6-11-3　块根类联动生产线设备清单

序号	名称	单位	数量
1	解包台	台	1
2	滚筒式干洗机	台	1
3	六工位挑选台	台	1
4	高压喷淋清洗吹干机	台	1
5	网带式润药机	台	1
6	直线往复式切药机	台	3
7	旋料式切片机	台	3
8	网带式干燥机	台	1
9	振动筛选机	台	1
10	物料提升机	台	7
11	物料输送机	套	1
12	料筐输送1	台	2
13	料筐输送2	台	4
14	脉冲滤筒式除尘机组	台	1
15	脉冲滤筒式除尘机组	台	1
16	集尘设施	套	1
17	控制系统	套	1

（4）控制

解包台（气动翻板）、滚筒式干洗机、六工位挑选台、高压喷淋清洗吹干机、网带式润药机、旋料式切片机、直线往复式切药机、网带式干燥机、振动筛选机、物料提升机以及联线所需其他输送等组成一套集中控制系统，由触摸屏控制；设备加装变频器调速功能，速度可调，便于配合各个设备的进程。所有设备配备过载保护、断电保护、急停按钮，各设备之间互锁关联。

（5）除尘

凡有粉尘飞扬的工序都可加装上或下吸式除尘设备。根据需求该工艺配置两台除尘设备：除尘设备一，除尘点包括烘干、过筛；除尘设备二，除尘点包含滚筒式除尘机和挑拣台。预计除尘设备一处理风量为 8000m³/h，除尘设备二处理风量为 10000m³/h。

（6）联动线方案

块根类联动生产线组成见图 6-11-3。

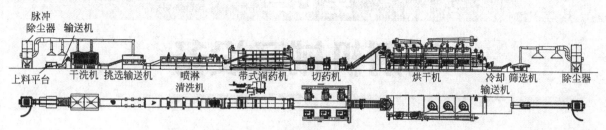

图 6-11-3 块根类联动生产线组成

第七章
制剂机械及设备

第一节　制粒设备

制粒设备是指用于制粒工艺的设备。制粒是把不同状态的物料进行加工制成具有一定形状与大小的颗粒状物的操作。制粒是固体制剂生产中常见的工序，多数的固体剂型都需要经过制粒过程。制粒技术不仅应用于片剂、胶囊剂、颗粒剂等的制备工艺。

制粒的主要目的：①改善药物的流动性。通过将粉末制成颗粒，使粒径增大，粒子之间的粘附性、凝聚性减少，从而改善其流动性。②防止由于粒度、密度的差异而引起的离析现象，有利于各组成成分的混合均匀。③防止粉尘暴露、飞扬。④调整堆密度，改善溶解性能。⑤使压片过程中压力传递均匀。⑥便于服用、携带方便等。

一、制粒设备的分类

常用的制粒方法通常分为湿法制粒和干法制粒两种，制粒设备也相应地分为湿法制粒设备和干法制粒设备。

1. 湿法制粒

湿法制粒是在原材料粉末中加入黏合剂或润湿剂，将颗粒表面润湿，靠黏合剂或润湿剂的架桥或黏结作用使粉末聚结在一起而制备颗粒的方法。湿法制粒包括挤压制粒、搅拌制粒、流化床制粒、喷雾制粒和复合型制粒等方式。不同的制粒方式采用不同的湿法制粒设备，所获得的颗粒的形状、大小、强度、崩解性、压缩成型性不同。由于湿法制粒过程经过表面润湿，因此具有外形美观、耐磨性强、便于压缩等特点，是医药工业中最广泛使用的一种制粒方法。

2. 干法制粒

干法制粒是混合各个原材料，在无外加黏合剂的情况下，将干燥固体挤压成块，再破碎，整粒后形成颗粒的工艺。干法制粒过程中不加入任何润湿剂或液态黏合剂，适用于对湿热敏感、容易压缩成型的药物制粒。干法制粒通常分为压片法和辊压法两种方法，干法制粒设备也相应地分为压片机和辊压干法制粒机。压片法是将固体粉末在压片机上压实制成片胚，然后再破碎成所需大小的颗粒的方法。辊压法则是利用转速相同的两个压辊之间的间隙，将药物粉末压成片状物，然后通过破碎、整粒制成一定大小的颗粒的方法。

二、摇摆式颗粒机

摇摆式颗粒机主要适用于制药、食品、化工等行业中的颗粒制造。

1. 基本原理

摇摆式颗粒机主要将软材在旋转滚筒的正、反往复摆动作用下,强制性通过筛网而制成颗粒的专用设备。图 7-1-1 为摇摆式颗粒机整机实物图。

2. 基本结构

摇摆式颗粒机主要由机体、旋转滚筒、驱动机构和筛网构成,如图 7-1-2 所示。机体上端设有延伸进机体内部的进料斗,旋转滚筒安装在进料斗下方,由驱动机构驱动做回转运动,筛网安装在旋转滚筒下方,包裹旋转滚筒下半部,机体的下端设有出料口。

图 7-1-1　摇摆式颗粒机整机

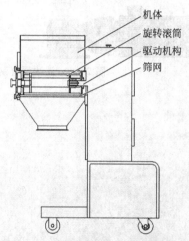

图 7-1-2　摇摆式颗粒机整机结构图

3. 特点

①该设备不但可以将潮湿的粉末原料压制成颗粒,还可将粉碎后结成块状的物料压制成颗粒。②设备生产的颗粒均匀,可广泛用于冲剂制粒。③筛网可根据生产颗粒大小随意更换。

三、湿法混合制粒机

湿法混合制粒机用于片剂、胶囊、颗粒剂等品种生产过程中湿颗粒的制备,广泛应用于制药、食品、化工等行业,亦可用于干粉混合。根据用途的不同分为湿法混合制粒机、整粒湿法混合制粒机、实验型湿法湿法混合制粒机。

1. 基本原理

湿法混合制粒机能够一次性完成混合、加浆、制粒等工序,利用搅拌桨的强力搅拌作用,使物料在容器内呈现轴向、径向、切向三维运动轨迹,从而得到混合均匀的药物粉末。在药物粉末中加入黏合剂或润湿剂使容器内形成合适的软材,经切割刀进行切碎,从而得到大小适合的颗粒。图 7-1-3 为湿法混合制粒机工作示意。湿法制成的颗粒具用表面改性较好、外形美观、耐磨性较强、压缩成型性好等优点。

2. 基本结构

湿法混合制粒机(图 7-1-4)主要由锅体、搅拌桨、切碎刀等组成。如图 7-1-5 所示,锅体上端安装有可开启的仓盖,仓盖上可设有进料口、加浆口、呼吸器、清洗口和观察窗,搅拌桨同轴安装在锅体底部,切碎刀安装在锅体侧壁上，搅拌桨和切碎刀配有驱动机构，锅体的底端设有出料口。制粒机通常配有扶梯平台。

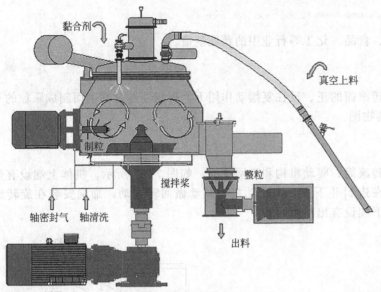

图 7-1-3　湿法混合制粒机工作示意

整粒湿法混合制粒机

图 7-1-4　湿法混合制粒机整机

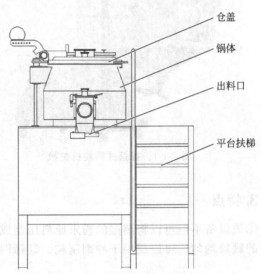

图 7-1-5　湿法混合制粒机整机结构图

3. 特点

①锅体呈倒锥形，通过搅拌桨与切碎刀的配合动作，保证制粒成品的均匀性。②物料的混合制粒在密封的锅体内一步完成，避免粉尘逸散污染。③采用人机界面 PLC 控制，工艺参数设定后，一个周期完成混合制粒工序。

四、药用流化床制粒机

药用流化床制粒机适用于医药品片剂用颗粒、胶囊剂用颗粒、各种重质颗粒、食品工业用颗粒及其他一般化学品的造粒。

1. 基本原理

药用流化床制粒机采用喷雾技术和流化技术相结合，将混合-制粒-干燥在同一密闭容器内一次完成，实现一步法制粒。原料粉末在机体内建立流化状态，同时将黏合剂雾滴喷至流化界面形成颗粒，经干燥挥发的水分随排风气流带出机体外。图 7-1-6 为药用流化床制粒机整机实物图。

图 7-1-6　药用流化床制粒机整机

多功能沸腾制粒机

2. 基本结构

药用流化床制粒机主要由顶仓、料仓、底仓、进风系统、排风系统等组成，如图 7-1-7 所示。顶仓、料仓、底仓自上而下通过充气密封圈依次密封安装，整机通过支撑立柱固定支撑，料仓置于可移动小车上，顶仓内设有可升降大盘，大盘上安装有过滤单元，底仓底部设有进风口，进风口连接进风系统，顶仓底部设有排风口，排风口连接排风系统，料仓设有进风气流分布装置，顶仓下部设有可供喷液装置进入机体内的喷液装置接口，过滤单元设有气缸抖袋除尘机构或脉冲反吹除尘机构。

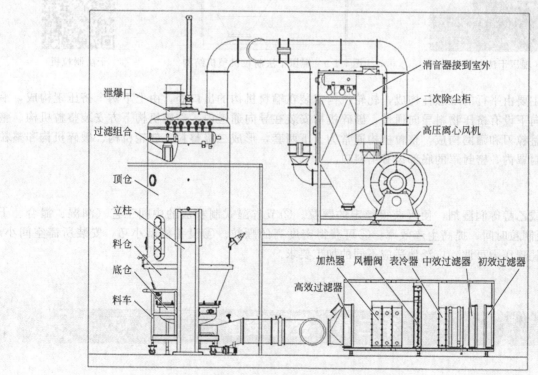

图 7-1-7　药用流化床制粒机整机结构

3. 特点

①集混合、制粒、干燥三个过程于洁净的密闭设备内作业，具有快速制粒、快速干燥的功能。②设备于密闭负压下工作，整个设备内表面光滑、无死角、易于清洗。③混合均匀，各批次之间具有良好的重现性。

五、辊压干法制粒机

辊压干法制粒机适用于除挤压摩擦可引起爆炸的危险品外的干粉物料的直接制粒。

1. 基本原理

辊压干法制粒机采用双螺杆挤压送料的方式将物料挤压成片状，片状物料向下落入二级或多级整粒机构，制成所需目数的颗粒。图 7-1-8 为辊压干法制粒机整机实物图。

2. 基本结构

辊压干法制粒机主要由机体、密封罩、进料机构、输料机构、轧轮机构、破碎机构、整粒机构组成，见图 7-1-9。密封罩安装在机体前端，进料机构连接输料机构的进口，输料机构的出口延伸进密封罩内。

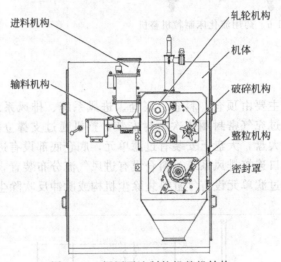

图 7-1-8　辊压干法制粒机整机　　　图 7-1-9　辊压干法制粒机整机结构　　　干法制粒机

输料机构主要由平行的双螺杆构成，轧轮机构安装在输料机构的出口处，由上下两个挤压辊构成，沿轧轮机构倾斜向下设有挤压物料导向通道，破碎机构安装在导向通道内，破碎机构下方安装整粒机构。整粒机构主要由整粒刀和筛网构成，整粒机构通常为上下两套，形成二级整粒。轧轮机构、破碎机构和整粒机构均位于密封罩内，密封罩的底部设有出料口。

3. 特点

①无需水或乙醇等润湿剂，便可获得稳定的颗粒。②节省湿式制粒法的中间工艺（润湿、撮合、干燥），大大缩短制粒时间，提高生产效率。③可获得密度高的颗粒。④设备机型小巧，安装所需空间小。⑤电机速度及轧辊压力可调，广泛地适应不同的加工要求。

第二节　整粒设备

整粒设备适用于干式、湿式颗粒的均匀整粒，特别适用于团块物料的粉碎整粒，广泛应用于制药、食品、化工等行业。

1. 基本原理

整粒机是利用转子与筛网之间的高速相对运动，迅速地将成团成块的大颗粒在转子的碾压下，通过筛孔成粒，以改善颗粒的均匀性。整粒机根据适用工艺的不同，分为湿法整粒机和干法整粒机。图 7-2-1 为整粒机的实物图。

2. 基本结构

整粒机主要由机架、整粒筒、转子（整粒刀）、筛网、驱动机构、传动机构组成，如图 7-2-2 所示。整粒筒固定安装在机架上，上端设有进料口，底端设有出料口，转子和筛网配合安装在整粒筒内，转子通过传动机构与驱动机构连接。

图 7-2-1　整粒机

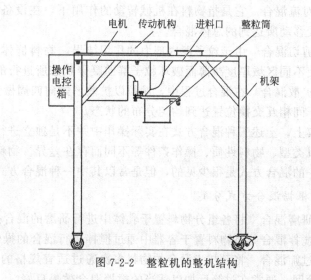

图 7-2-2　整粒机的整机结构

3. 特点

①成品颗粒瞬间出料，整粒效率高，质量好。②工作时发热小，粉尘少。③转子与筛网之间间隙可调。④可适用于低黏性块状、树胶状、湿润物料的均匀整粒。

第三节　混合设备

混合是指两种或两种以上不同组分的物料在外力作用下发生相对运动，使各组分的粒子均匀分布的过程。合理的混合操作是保证制剂产品质量的重要措施之一。混合的目的是保证配方的均一性，保证从批中取出的任意样品具有同样的组分，从而保证药物的剂量准确、临床用药安全。

广义地讲，混合包括固体与固体、固体与液体、液体与液体、液体与气体等不同相系组分的混合。狭义地讲，固体制剂的混合主要是指固-固组分（颗粒与颗粒、粉末与粉末）的混合，也包括液体与固体的混合（制软材）。

混合设备就是将两种或两种以上不同组分的物料均匀混合在一起构成混合物的机械设备；混合物的混合均匀程度是衡量混合机好坏的主要技术指标之一。随着药品监管的加强、规范化生产的推行，混合设备发展到更加自动化、易清洁、过程记录完整、可追溯的机电一体化设备；满足从几公斤的小批量到几吨大批量的生产，而且满足不同品种快速切换的要求；混合机在前处理（制粒前）预混和批次总混阶段广泛应用。

一、混合设备的分类

国内各行业使用的混合机虽品种繁多，但大部分是属于 20 世纪 50～60 年代的产品，如滚筒混合机、V 型混合机、槽式混合机等。大吨位产品采用卧式回转滚筒混合机较多，多年来基本结构形式没有什么变化，只是内部螺旋抄板形状和进出料方式不同，整体架构还是传统结构；20 世纪 80 年代末，更多进口混合设备引进，在固体制剂领域开始有所发展，一直到 20 世纪 90 年代初，国内几个制药设备厂家陆续推出不同形式的混合机。

混合设备按照混合原理、混合方法和设备结构分类各有不同。

（1）根据混合原理分类

① 对流混合　它是指物料在机械转动的作用下，在设备内形成固体循环流的过程中，粒子群产生较大的位置移动所达到的总体混合。

② 剪切混合　由于粒子群内部力的作用结果，物料群体中的粒子相互间形成剪切面的滑移和冲撞作用，促使不同区域厚度减薄而破坏粒子群的凝聚状态所进行的局部混合。

③ 扩散混合　在混合过程中，颗粒以扩散形式向四周做无规律运动，从而增加各组分间的接触面积，相邻粒子间相互交换位置达到均匀分布的状态。

事实上，上述三种混合方式在实际操作中并不是独立进行的，而是相互联系的，只不过所表现的程度因混合机类型、物料性质、操作条件等不同而存在差异。物料在混合机内往往同时存在着上述三种混合方式，单一的混合方式是很少见的，但是常以其中一种混合方式为主。

（2）根据混合方式分类

① 研磨混合　将各组分物料置于乳钵中进行研磨的混合操作，一般用作少量物料的混合。

② 搅拌混合　将物料置于容器中通过搅拌进行混合的操作，多作初步混合之用。

③ 过筛混合　将已初步混合的物料多次通过适宜规格的筛网使之混匀的操作。由于较细较重的粉末先通过筛网，通常在过筛后加以适当的搅拌混合效果更好。

（3）根据主要动力（旋转）的来源分类

① 容器固定型　一般主要借助于各类搅拌、剪切装置，形成混合运动，即使容器有摆动的动作，也仅是起辅助作用，如螺带混合机、单锥混合机都带搅拌装置。

② 容器旋转型　混合运动主要来源于容器的运转，基于各类容积、角度、流动速度的变化形成混合效果，如二维、三维混合机。容器旋转型的混合机又可分为容器不可更换型和容器可移动型混合机。按混合机的结构、运动形式，容器旋转型混合机又可分为二维混合机、三维混合机、V 型混合机、槽型混合机、单锥混合机、方锥型料斗混合机等。

因药品生产环节特别关注交叉污染的风险，如 GMP 第五十三条所述，"整个设备特别是与物料接触部位要便于清洁"，所以在结构形式上，容器旋转型混合机一般不带搅拌装置，在清洁上相对于带搅拌装置的容器固定型混合机更被广泛接受。方锥型料斗混合机因其更为简化的运动结构，较容器为圆筒状的混合机得到更多应用。方锥型料斗混合机的细分种类繁多，根据料斗装夹形式、提升方式、规格大小的不同，又分为柱式料斗混合机、移动料斗混合机、自动提升料斗混合机、对夹式料斗混合机、固定料斗混合机、单臂提升料斗混合机等。图 7-3-1 为各种各样混合机的实物图。

本节中主要介绍 V 型混合机、方锥形混合机、快夹容器式混合机、立柱提升料斗混合机、三维运动混合机、气流混合机等。

二、药用 V 型混合机

药用 V 型混合机适用于制药、化工、食品、饲料、陶瓷、冶金等行业的粉料或颗粒状物料的混合。

(a) 三维运动混合机   (b) 二维混合机   (c) 柱式料斗混合机

(d) 移动料斗混合机   (e) 自动提升料斗混合机   (f) 对夹式料斗混合机

(g) 固定料斗混合机   (h) 单臂式提升料斗混合机

图 7-3-1 各种各样的混合机

1. 基本原理

药用 V 型混合机是一种传统的混合机。混合桶转动时，物料由于分解和组合势能不同，形成轴向逐层交替的扩散混合，处于桶内不同平面的物料，相互间因具有不同的势能形成横向对流混合，通常混合桶内安装有搅拌机构，使物料产生强烈的扩散、混合运动。上述混合作用连续重复进行，最终完成物料的均匀混合。

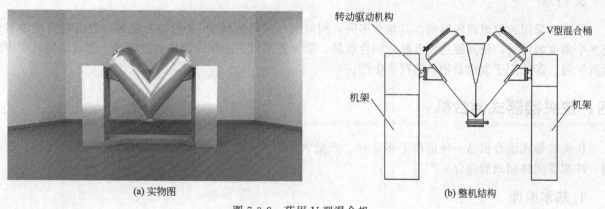

(a) 实物图   (b) 整机结构

图 7-3-2 药用 V 型混合机

2. 基本结构

药用 V 型混合机主要由机架、转动驱动机构、V 型混合桶组成，见图 7-3-2（b）。V 型混合桶通过转动驱动机构安装在机架上，其左右长度不对称，顶端设有进料口，底端设有出料口。

3. 特点

①适用于物料流动性良好、物料差异小的粉粒体混合。②适用于混合度要求不高且要求混合时间短的物料的混合。③混合时，物料流动平稳，不破坏物料原形。④适用于易破碎、易磨损的粒状物料混合。⑤适用于较细的粉粒、块状、含有一定水分的物料混合。

三、方锥型混合机

方锥型混合机可广泛适用于制药、化工、食品、保健品行业的多品种、产量大的生产场合。

1. 基本原理

方锥型混合机主要采用径向重力扩散原理实现物料混合，回转料桶的回转轴与其几何对称轴呈 30°夹角安装。混合生产时，回转料桶中的物料除随回转料桶翻动外，同时沿回转料桶内壁做切向运动，从而使物料在回转料桶内形成三维运动，达到最佳的混合效果。

2. 基本结构

方锥型混合机由方锥型回转料桶、传动机构、左轴架和右轴架等组成，见图 7-3-3。回转料桶通过传动机构安装在左、右轴架之间。左轴架或右轴架的一侧可设置平台扶梯。

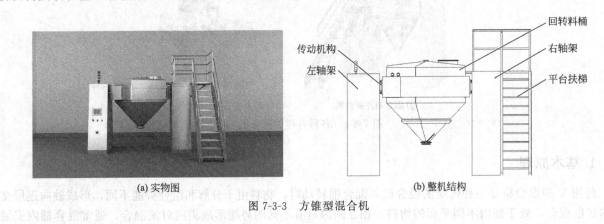

(a) 实物图   (b) 整机结构

图 7-3-3　方锥型混合机

3. 特点

①设备采用方锥型回转料桶，其角度多向，同时结合回转料桶 30°夹角偏心安装，混合时可使物料形成多个角度的流动，使其能达到良好的混合效果。②设备采用主动轴带动被动轴转动，保证运转过程中的运行平稳。③适用于大批量物料的混合生产。

四、快夹容器式混合机

快夹容器式混合机是一种适用于多品种、产量大的生产场合的混合设备，例如大产量的片剂、胶囊剂、冲剂等固体制剂的混合生产。

1. 基本原理

快夹容器式混合机主要采用径向重力扩散原理实现物料混合，回转料桶的回转轴与其集合对称轴呈 30°夹角安装。在进行混合物料操作时，先将混合料斗推入方形回转体内，回转体内的压力传感器在感知有混合料斗进入后开始提升，回转体提升至指定高度后，通过夹持机构将混合料斗夹紧，并按照设定的工艺参数开始回转混合，混合完成后，回转体停止在水平状态，降低回转体至地面，夹持机构松开混合料斗，将混合料斗从回转体移出，完成一次混合动作。

2. 基本结构

快夹容器式混合机由机架、回转体、提升回转机构、混合料斗和夹持机构组成，见图7-3-4。回转体通过提升回转机构安装在机架上，混合工作时，混合料斗置于回转体内，回转体内安装有用于混合料斗夹持固定的夹持机构以及感知混合料斗位置的传感器，机体上安装有回转体上下限位提升保护装置。

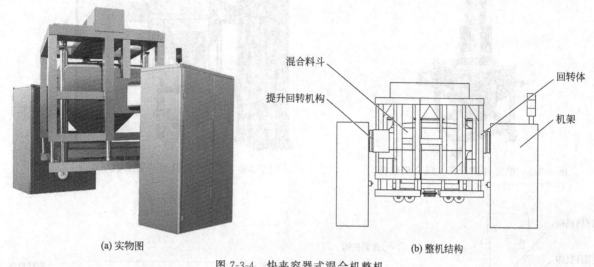

(a) 实物图　　　　　　　　　　　　　　(b) 整机结构

图 7-3-4　快夹容器式混合机整机

3. 特点

①设备可实现对不同容积的混合料斗的夹持固定，一台设备配备多种容积的料斗即可满足对不同批量、多品种物料的混合要求。②自动完成对混合料斗的夹持、混合、松夹等工序动作。③设备设有上下限位提升保护装置，保证位于混合工作位的混合料斗不下滑，确保操作过程的安全性。④设备配有红外光栅保护系统，当操作人员进入回转体工作回转区时，设备立即停车，防止意外发生，操作系统需要人工重新启动设备后才能工作。⑤回转体内配有混合料斗感知传感器，可检测回转体内有无料斗，当回转体内没有料斗时，提升电机不启动，以避免出现误操作对设备造成的损伤。⑥设备混合工位及卸料工位配有光电传感器，以确保回转体提升料斗混合及下降移出料斗过程中的准确定位，保证设备安全。

五、立柱提升料斗混合机

立柱提升料斗混合机可广泛适用于制药、化工、食品、保健品行业的多品种、产量大的生产场合。

1. 基本原理

立柱提升料斗混合机主要采用径向重力扩散原理实现物料混合，回转料桶的回转轴与其集合对称轴呈30°夹角安装。在进行混合物料操作时，将混合料斗推入回转机构内并将混合料斗锁紧固定后，通过提升机构将混合料斗提升至混合工位，驱动回转机构按照设定的运行参数进行转动混合。混合完成后，回转机构复位，降低混合料斗至地面，将混合料斗从提升回转机构中移出；或者将混合料斗在混合工位再提升，并在混合料斗下方放置转运料斗，实现高位直接出料。立柱提升料斗混合机可分为单立柱提升料斗混合机（图7-3-5）和大型的双立柱提升料斗混合机（图7-3-6）。

2. 基本结构

立柱提升料斗混合设备主要由立柱、提升机构、回转机构、混合料斗以及锁紧机构组成。回转机构与提升机构集成为一体安装在立柱上，回转机构内设有用于混合料斗锁紧固定的锁紧机构以及感知混合料斗位置的传感器，立柱上安装有回转机构上下限位提升保护装置。图 7-3-7 和图 7-3-8 分别为单立柱和双立柱提升料斗混合机整机结构示意。

图 7-3-5　单立柱提升料斗混合机整机

图 7-3-6　双立柱提升料斗混合机整机

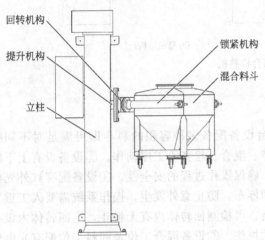

图 7-3-7　单立柱提升料斗混合机整机结构

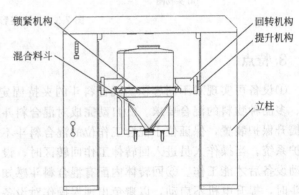

图 7-3-8　双立柱提升料斗混合机整机结构

3. 特点

①一台设备可配置多个不同规格的料斗，满足不同批量、多品种的混合要求。②料斗可作为配料容器、周转容器、加工容器、成品容器使用，从而可降低物料更换容器产生交叉污染和粉尘逸散的风险。③该设备混合角增大，加剧了物料在混合料斗内的运动，减少了物料分层的可能，可有效提高混合均匀度。④混合结束后，物料可在位提升和分装，既节省空间，又减少转序过程，降低工作强度。

六、三维运动混合机

三维运动混合机适用于制药、化工、冶金、食品等行业中物料的高均匀度混合。

1. 基本原理

三维运动混合机工作时，混合容器在立体三维空间内做独特的平移、转动、翻滚运动，物料则在混合容器内做轴向、径向和环向的三维复合运动，从而进行有效的对流、剪切和扩散混合，最终呈混合均匀状态。图 7-3-9 为三维运动混合机工作原理图。

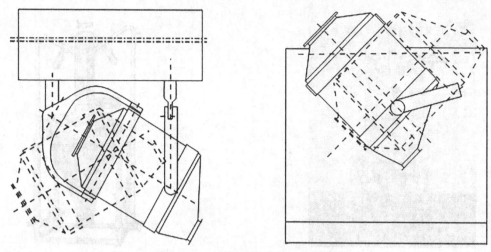

图 7-3-9 三维运动混合机工作原理图

2.基本结构

三维运动混合机的机械传动部分主要由一个主动轴和一个被动轴组成。如图 7-3-10 所示，主动轴连接有电机，主动轴和被动轴分别铰接一个叉形摇臂（万向节），混合桶的前后两端分别与一个叉形摇臂铰接，混合桶的前端的两个铰接点的连线与后端的两个铰接点的连线呈空间垂直。

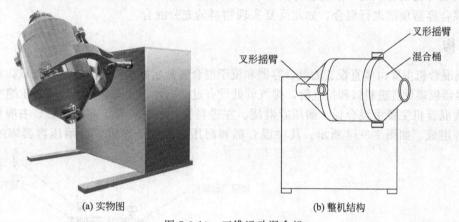

(a) 实物图   (b) 整机结构

图 7-3-10 三维运动混合机

3.特点

①混合时，混合桶具有三维空间运动，从而使其内部的物料在流动、剪切、平移、扩散的作用下，由集聚到分散状态并完成互相掺杂的过程，混合均匀度高。②物料在混合时不产生积聚现象，对不同相对密度和状态的物料混合时不产生离心力和比重偏析现象。③设备的运转速度变频可调。④物料混合的最大装载容量为混合桶的 70%，混合时间短，混合效率高。⑤设备体积小、结构简单、对厂房无特殊要求，减少基建投资。⑥低噪声、低能耗、寿命长。

七、气流混合机

气流混合机适用于制药、化工、食品、保健品等行业的各种批量物料的混合，尤其适用于无菌物料、吸湿性物料、对氧敏感型物料和具有腐蚀性物料的混合。

1.基本原理

气流混合机主要有扩散型气流混合机（图 7-3-11）和对流型气流混合机（图 7-3-12）两种。

图 7-3-11　扩散型气流混合机整机

图 7-3-12　对流型气流混合机整机

扩散型气流混合机在工作时，压缩空气通过位于混合容器底部的气流分布装置连续或间歇地喷入混合容器内部，位于混合容器内中间部分的物料在气流的作用下向上提升，位于混合容器内四周的物料向下移动填补中间部分上升物料形成空隙，如此反复实现混合容器内物料的充分混合。

对流型气流混合机在工作时，通过负压发生装置使混合容器内产生负压，物料从物料输送管道吸入混合容器的顶部实现对流混合，进入混合容器内的物料依靠重力落入混合容器底部的三通管内，再经物料输送管道抽吸至混合容器顶部进行混合，如此反复实现物料的充分混合。

2. 基本结构

扩散型气流混合机主要由竖直设置的混合容器和位于混合容器底部的气流分布装置构成，如图 7-3-13 所示。其中混合容器顶端设有进料口和排气管，排气管处设有过滤机构，气流分布装置连通压缩空气进气管。

对流型气流混合机主要由混合桶、耐压容器罐、左进料管、右进料管、左吸料管、右吸料管、大三通管、小三通管等组成，如图 7-3-14 所示。其中混合桶和耐压容器罐竖直设置，耐压容器罐的底端出口密

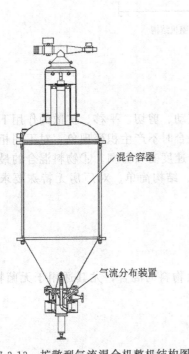

图 7-3-13　扩散型气流混合机整机结构图

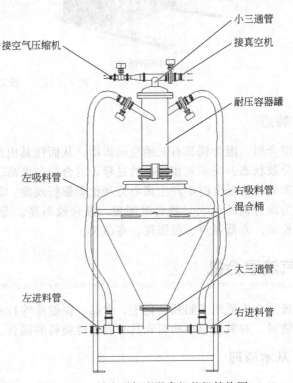

图 7-3-14　对流型气流混合机整机结构图

封连接混合桶的出口，混合桶的出口通过大三通管分别连通左、右进料管，左吸料管的一端与左进料管连通，另一端与耐压容器罐的上部连通，右吸料管的一端与右进料管连通，另一端与耐压容器罐的上部连通，耐压容器罐的顶端通过封头和小三通管分别连接空气压缩机和真空机，吸料管与进料管的连通处安装有三通阀。

3. 特点

①适用于大批量物料的快速、均匀混合。②混合时间短，混合效率高。③适用于存在相对密度差异的物料混合。④混合动作和强度，可以通过对压缩空气喷射的时间和频率以及压缩空气的压力和流量的控制来改变，适用于不同特性的物料以及不同工况的混合。⑤混合过程无需机械式的混合运动部件参与，不会造成物料磨损和阻塞，尤其适用于具有腐蚀特性的物料的混合。⑥混合过程无死角、不产生物料偏析和空洞现象。⑦无需中止混合程序即可添加额外的物料至混合容器中。⑧混合容器内壁光滑，清洁方便。⑨可采用惰性气体，适用于具有吸湿性、对氧敏感的物料的混合。

八、混合捏合设备

混合捏合设备是指将药粉与黏结剂（如水、蜜、浸膏等）的混合搅拌，区别于药粉与药粉之间的混合。

混合捏合设备按搅拌形式可分为立式单桨或立式双桨、卧式单桨或卧式双桨；按出料形式可分为底部出料、一侧出料、翻转出料；按混合形式可分为行星式混合机（即搅拌桨和搅拌物分离，同时相对搅动）以及搅拌物不动、搅拌桨单独搅动的混合机。

根据混合物料的性质，选择不同的混合搅拌方式。若物料比较黏稠，如蜜与药粉混合、浸膏与药粉混合，大多数选择立式行星式搅拌方式。

另外，大蜜丸的合坨搅拌比较特殊，一般选用混合锅可移动的行星式双桨混合机搅拌，主要为了后续的饧坨及切片工序。

1. 下出料搅拌机

（1）基本原理

采用行星式双桨搅拌结构，双搅拌桨与搅拌锅同时相对转动，外加底部刮料板对物料的翻转作用，使物料得到充分的混合。在搅拌过程中无死角及盲区，是一种较新的搅拌结构及运动轨迹。锅底部自动出料，可自动排除混合好的物料。图 7-3-15 为下出料搅拌机的实物图和结构示意。

(a) 实物图　　　　　　　　　　(b) 结构示意

图 7-3-15　下出料搅拌机

（2）特点

①一次性装机容积大，生产效率高，最适合在大批量的生产流水线上使用。②混合搅拌均匀，特别适合对黏稠物料的强力搅拌，如浓缩丸、蜜丸及食品行业面粉类物料。③同物料接触的部分全部采用优质不锈钢材料，搅拌过程无死角及盲区，符合 GMP 要求。④出料方便，可自动排出搅拌好的全部物料。⑤清洗、拆卸方便，双搅拌桨可提升 400mm，便于清洗及检修。⑥操作方便，可实现手动、自动操作。⑦根据物料不同可选用不同形状的搅拌桨，搅拌桨转数可实现无级。

2. 行星式双桨搅拌机

（1）基本原理

采用行星式双桨搅拌结构，除螺旋双搅拌桨本身自转外，搅拌桶反转，使物料得到充分混合，在搅拌过程中无死角和盲区。搅拌桶下设有活动板，搅拌后物料可在搅拌桶内停留一段时间，使之充分渗透后由挤出机挤出，供大丸机使用。图 7-3-16 为行星式双桨搅拌机的实物图及结构示意。

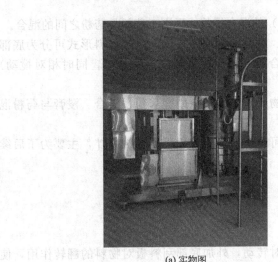
(a) 实物图

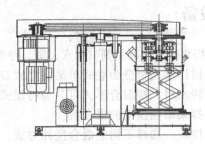
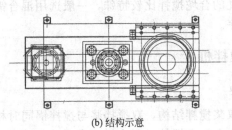
(b) 结构示意

图 7-3-16　行星式双桨搅拌机

（2）特点

①一次性装机容积大，生产效率高，最适合在大批量的生产流水线上使用。②混合搅拌均匀，特别适合对黏稠物料的强力搅拌，如浓缩丸、蜜丸及食品行业面粉类物料。③同物料接触的部分全部采用优质不锈钢材料，搅拌过程无死角及盲区，符合 GMP 要求。④出料方便，可用挤料机将桶内药料全部挤出，减轻劳动强度。⑤搅拌时无粉尘外出，净化了车间生产环境。⑥操作方便，可实现手动、自动操作。⑦根据物料不同可选用不同形状的搅拌桨，搅拌桨转数可实现无级调速。

3. 分体式混合机

（1）基本原理

该机采用搅拌桨可调转速，同时混合桶逆方向旋转，配有混合时间选择定时器，搅拌桨可连同锅盖和支承臂由液压缸转角升起，然后分体结构的混合锅和支承小车可以拉出。这种行星式搅拌结构，使搅拌桨和混合锅时时相对转动，使物料在行星式搅拌桨作用下，得到充分的混合，在搅拌过程中无死角及盲区，无泄漏点，是一种较新的搅拌结构及运动轨迹，特别是对于黏度大的物质的混合，效果更好。图 7-3-17 为分体式混合机的实物图及结构示意。

（2）特点

①高效强力行星式混合机的主要部件使用 1CR18Ni9Ti 材料，符合 GMP 国家制药标准。②混合锅采

(a) 实物图

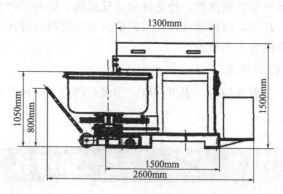

(b) 结构示意

图 7-3-17　分体式混合机

用可移动的小车拉出式，同机体采用夹紧定位，保证定位精度。③搅拌桨具有数显转速和数显定时器。

4. 槽型混合机

槽型混合机适用于药厂的大批量蜜丸、大蜜丸、水蜜丸、水丸、浓缩丸的物料制丸前的混合。

（1）基本原理

槽型混合机是制丸线的主要配套产品，用于混合粉末状湿性物料，它能使不同比例主辅料混合后的成分均匀。槽型混合机由混合槽体、正反螺旋形搅拌桨及翻倒出料机构组成，如图 7-3-18 所示。通过搅拌桨的旋转能够使物料混合均匀，槽体左右翻倒能够保证有效的出料。

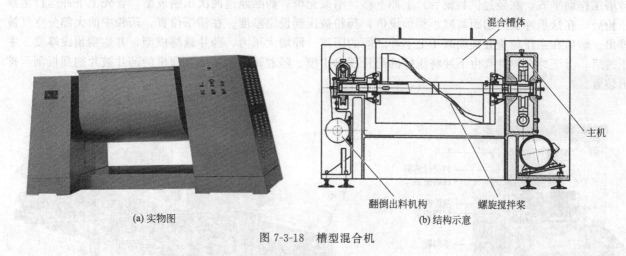

(a) 实物图　　　　　　　　　　　　(b) 结构示意

图 7-3-18　槽型混合机

（2）特点

①混合均匀，表里一致。②清洗保养方便。③操作方便，维修简单。

5. 双动力混合机

双动力混合机适用于药厂的大批量蜜丸、大蜜丸、水蜜丸、水丸、浓缩丸的物料制丸前的混合。

（1）基本原理

双动力混合机是制丸线主要配套产品，用于将灭菌后的各种粉末物料搅拌混合均匀，再加入辅料，使物料成为均匀的黏状固体形态。它能使不同比例主辅料混合均匀。

双动力混合机（图 7-3-19）采用两台电动机分别拖动混合

图 7-3-19　双动力混合机外形图

槽体中前后搅拌桨,使之独立正反运转,达到搅拌混合均匀的目的。当物料混合达到要求时,前端的出料口门打开,物料会在搅拌桨的推力下从出料口排出。本机采用 PLC 对双桨独立控制,能够满足各种不同物料混合工艺要求。

(2) 特点

①混合均匀,表里一致。②混合动力大,可针对各种黏性物料。③操作方便,维修简单。

第四节　压片设备

压片机是把干性颗粒状或粉状物料通过模具压制成片剂的固体制剂制备设备。压片机可分为单冲式压片机、花篮式压片机、旋转式压片机、亚高速旋转式压片机、全自动高速压片机以及旋转包芯压片机。如图 7-4-1 所示,压片机一般由料斗、料位传感器、顶塔护罩、刮粉板、剔废装置及排出装置等组成。

一、基本原理

如图 7-4-2 所示,压片机转塔引导上下冲进入模孔内,转塔旋转带动冲头做水平方向运动,在轨道的作用下,冲头在跟随转塔旋转的同时,也在垂直方向做运动。转塔充填药粉时,下冲到达最低位置。药粉被装入中模内,而最终的充填量取决于下冲又向上返回后的充填位置(体积计量)。在计量最后,药粉和转塔工作面平齐。在经过供料靴后,上冲下移,结束充填。药品经过两次压制成型。首先上下冲运行至预压轮处,在这里冲头间的距离减小到预设值,药粉被压到设定厚度。在预压位置,药粉中的大部分空气被排出。然后在主压轮位置继续减小上下冲之间的距离,即增大压力,药片最终成型,并达到预设厚度。主压过后,上下冲分离并且由下冲将压好的药片顶出中模。随着转塔的转动,顶出的药片被片剂刮板刮至排出装置。

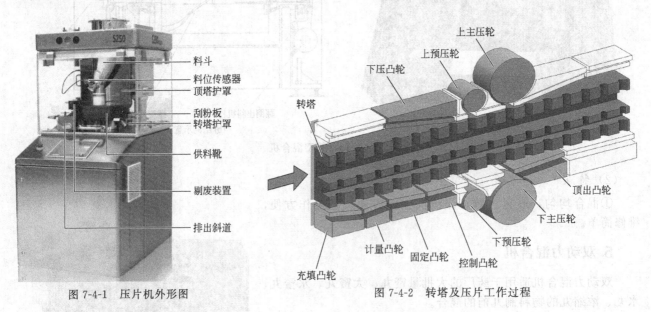

图 7-4-1　压片机外形图

图 7-4-2　转塔及压片工作过程

二、基本结构

如图 7-4-1 所示,压片机一般由料斗、粒位传感器、顶塔护罩、刮粉板、剔废装置及排出装置等组成。

三、简要工作过程

旋转式高速压片机，可实现物料由颗粒剂/粉剂向片剂的转换。图 7-4-2 为转塔及压片工作过程示意，依图中箭头方向介绍压片流程。

① 供料　充填凸轮实现物料在中模孔内的最大量填充。

② 计量　将下冲向上反推，使得物料在中模孔内堆积均匀。

③ 固定凸轮　在向上推下冲的过程中，防止下冲上窜。

④ 下压凸轮　中模孔内物料计量结束后，将上冲压入中模，减小粉尘甩出。

⑤ 控制凸轮　进行下冲运行过紧（摩擦力）的检测（超过极限值，停机报警）。

⑥ 上、下预压轮　进行预压制，主要是起到排气作用。

⑦ 主压轮　进行最终成型压制，300mm 直径主压轮设计，成型时间长。

⑧ 顶出凸轮　片子成型后，下冲沿顶出凸轮上行，将片子顶出，被片剂刮板刮入成品通道。如为废品，则压缩气吹入废品通道。

第五节　包衣设备

包衣设备主要分为滚筒式包衣设备、流化床包衣设备和压制包衣设备，其中滚筒式包衣设备和流化床包衣设备较为常用。滚筒式包衣设备根据其结构形式主要分为荸荠式包衣机、高效无孔包衣机、高效有孔包衣机等。本节主要介绍荸荠式包衣机、高效包衣机、流动层包衣机、连续包衣机和流化床包衣机。

一、荸荠式包衣机和高效包衣机

包衣机是片剂、丸剂、糖果等进行有机薄膜包衣、水溶薄膜包衣的机械。荸荠式包衣机（图 7-5-1）适用于药厂的大批量丸剂、片剂的糖衣包衣。高效无孔包衣机适用于药厂大批量中西药片、丸剂、糖果、颗粒等包制糖衣、水相薄膜、有机薄膜的包衣。高效有孔包衣机适用于药厂大批量中西药片、药丸等包制糖衣、水溶薄膜、有机薄膜的包衣。

图 7-5-1　荸荠式包衣机

有孔包衣机

滚筒式包衣机是在荸荠锅的基础上发展出来的全新包衣设备，因其提高了片芯与热风的基础面积、提高了干燥速率，包衣效率高，故在国内也称为高效包衣机（图 7-5-2）。

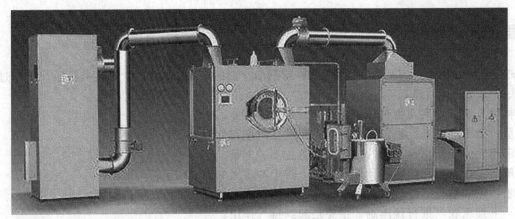

图 7-5-2　高效包衣机

1. 工作原理

（1）荸荠式包衣机工作原理

片剂或丸剂在洁净的旋转包衣锅内，不停地做复杂的轨迹运动，并喷洒包衣敷料，同时进行热风吹，使喷洒在药丸表面的包衣敷料得到快速均匀的干燥，形成坚固、致密、平整、光滑的表面包衣层，达到药丸包衣的目的。

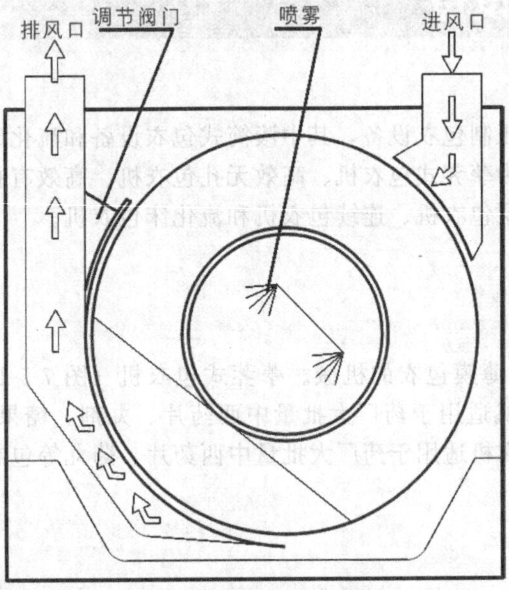

（2）高效有孔包衣机工作原理

高效有孔包衣机锅体一圈都带有圆孔，热风柜10万级净化热空气通过网孔进入锅内，然后垂直穿过片床，再从片床底部的锅体小孔排除，经过排风导向管排出，气流走向见图 7-5-3。药片片芯在全封闭洁净的筛孔滚筒内做连续复杂的轨迹运动，在运动过程中，由可编程控制系统控制，按设定工艺流程的参数，自动地将包衣介质通过蠕动泵、喷枪（或糖衣滚筒）雾化均匀地喷洒到片芯表面，片芯快速干燥，形成坚固光滑的表面包衣层。主要针对片芯大于 2.5mm 的物料。

图 7-5-3　高效有孔包衣机气流走向（直流）

（3）高效无孔包衣机工作原理

高效无孔包衣机锅体周围没有孔，光滑的锅体内表面和特殊的搅拌桨叶形状能够使物料柔和地混合，可以处理任何形状和尺寸的物料，并且不会产生物料堵塞。图 7-5-4 为高效无孔包衣机工作原理示意。

① 素芯（微粒、微丸、小丸或素片等）　素芯在洁净密闭的旋转包衣滚筒内在流线形导流板式搅拌器作用下，不停地做复杂的轨迹运动，按优化的工艺参数自动喷洒包衣敷料，同时在负压状态下进行热能交换，使喷洒在素芯表面的包衣介质得到快速均匀的干燥，形成坚固、致密、平整、光滑的表面包衣层。

② 片剂或微丸包衣　在中空轴上安装鸭嘴形片剂包衣风桨或卵圆形微丸包衣风桨，操作气缸推动风桨下摆插入片层或微丸层内，在排风机抽风负压作用下，热风由滚筒中心气体分配管一侧导入，热空气通过片层或微丸层经埋入其中密布小孔的风桨汇集到气体分配管的另一侧排出，完成热交换过程。

③ 微粒造粒包衣　在中空轴上安装卵圆形微粒造粒风桨，并将包衣机背后的排风管与热风接管安装好。在喷洒敷料、向微丸撒粉造粒时操作气缸推动风桨上摆，离开微粒层；当撒粉、匀浆完成后需加热干燥时，将风桨下摆插入微粒层内，热风由滚筒中心气体分配管一侧导入分配到两个风桨中，并从风桨上密布的微孔中吹进微粒层间，在排风机抽风负压作用下，热风上升穿过微粒层，对其进行加热干燥，尾气离开微粒进入包衣滚筒空间后，从气体分配管的另一侧排出，完成热交换。

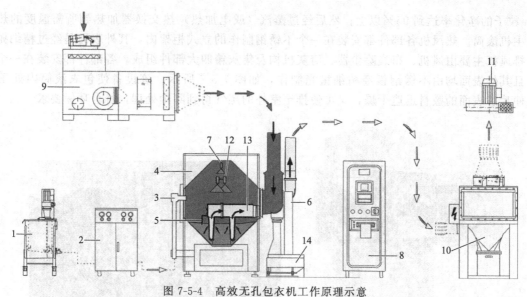

图 7-5-4 高效无孔包衣机工作原理示意

1—浆液罐；2—计量单元；3—喷枪支撑臂；4—包衣锅；5—片芯温度探针；6—进风和排风装置；
7—糖包衣喷枪；8—操作柜；9—进风处理单元；10—除尘机；11—排风机；
12—薄膜包衣系统；13—排风桨叶系统；14—通风单元底座

2. 基本结构

(1) 荸荠式包衣锅

荸荠式包衣锅由机身、蜗轮箱体、包衣锅、加热装置、风机、电器箱等部分组成。图 7-5-5 所示为联排荸荠式包衣锅。干燥后的丸剂定量加入包衣锅内。包衣锅顺时针旋转，使药丸在锅内产生旋转，相互进行滚动，并定时、定量加入敷料和液体，经过一定时间后，使药丸表面光亮、圆整，达到包衣的目的。

(2) 高效无孔包衣机

高效无孔包衣机主要由主机、热风机、排风机、喷雾系统、搅拌桶、出料器、配电柜、微处理机可编程序控制系统等组成。其中主机由包衣滚筒、风桨、搅拌器、清洗放水系统、驱动机构、喷枪、热风排风分配座部件组成。热风机主要出风机、初效过滤器、中效过滤器、高效过滤器、热交换器五大部件组成（图 7-5-6）。热风机可直接向室外采风，经过初、中、高三级过滤，达到 10 万级的洁净要求，对粉尘直径

图 7-5-5　联排荸荠式包衣锅

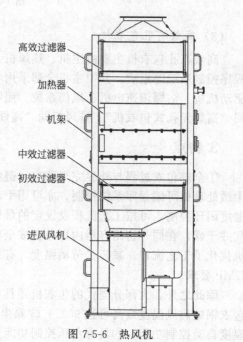

图 7-5-6　热风机

高效过滤器
加热器
机架
中效过滤器
初效过滤器
进风风机

大于 5μm 粒子的净化率达到 95％以上；然后经过蒸汽（或电加热）热交换器加热到所需温度的热风，由风管进入主机滚筒。热风机各部件都安装在一个不锈钢制作的立式柜架内，其外表面是经过精细抛光的不锈钢板。排风机主要由风机、布袋除尘器、清灰机构及集灰箱四大部件组成。各部件都安装在一个立式柜架内，并且其外表面均由不锈钢板经精细抛光制作，如图 7-5-7 所示。该设备使包衣滚筒内处于负压状态，既促使片芯表面的敷料迅速干燥，又可使排至室外的尾气得到除尘处理，符合环保要求。

(a) 整机　　　　　　　　　　　　　(b) 内部结构

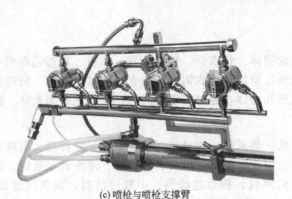

(c) 喷枪与喷枪支撑臂

图 7-5-7　高效无孔包衣机内部结构

（3）高效有孔包衣机

高效有孔包衣机主要由主机、热风机、排风机、喷雾系统、搅拌桶、出料器、配电柜、微处理机可编程序控制系统等组成。其中主机全部采用不锈钢精制而成，由全封闭工作室、筛网式包衣滚筒、积水盘、驱动机构、防爆调速电机、风门系统、照明部分组成，由电脑控制系统执行全过程自动包衣过程。热风机同"高效无孔式包衣机"。排风机同"高效无孔式包衣机"。

3. 特点

①全部包衣过程与外界完全隔离，避免药物污染的同时无粉尘飞扬和喷液飞溅。②整个工艺操作过程由微处理机可编程序系统控制，亦可用手动控制。控制系统具备多种应用程序，可选择运行状态，转速和温度闭环控制，可按工艺流程及设定的最佳工艺参数自动运行。③薄膜包衣能连续进行，同时喷洒包衣介质并干燥，在同一密闭容器内即可完成全部包衣工序，有效提高工作效率。④出料和进料可自动完成。该机优化了工艺流程，减轻了劳动强度，有效控制了交叉污染，高效节能、洁净安全，完全符合药品生产的GMP 要求。

除此之外，大部分当代的包衣机还具备：①进入包衣锅内的热风洁净等级达到 10 万级标准；②进入包衣锅的热风温度最高可达 90℃；③除尘排风机尾气排放除尘率达 99％；④具有在位清洗功能；⑤具有温度自动控制功能；⑥具有负压控制功能；⑦具有供风量控制功能；⑧具有实时记录功能。

二、流动层式包衣机

流动层式包衣机主要用于制药、食品、生物制品等领域的片剂、丸剂、糖果等的薄膜包衣。

1. 基本原理

流动层式包衣机属于筒式包衣机，与高效包衣机的主要区别在于包衣滚筒内的拨料机构的结构和形状不同。流动层式包衣机是利用上下两层旋向相反的螺旋导流板的双螺旋搅拌原理，消除物料在包衣过程中出现停滞的死区现象。包衣过程中，物料在包衣滚筒内既做翻滚运动，又在双螺旋导流板的搅拌作用下做循环往复的轴向运动，上述两种运动的结合使物料层产生三维流动轨迹，可有效提高包衣的平整及光滑度，并且增重、色差均匀，使包衣质量得到整体提高。图 7-5-8 为流动层式包衣机主机和局部图。

(a) 主机   (b) 局部

图 7-5-8 流动层式包衣机

2. 基本结构

流动层式包衣机主要由主机、进风处理单元和排风处理单元组成。其中进风单元与排风单元与高效包衣机一致，主要区别在于主机结构不同。主机由侧门、前后箱体、上盖组合、前门、进排风系统、喷枪拉杆、喷液组合、包衣滚筒、搅拌桨叶、清洗装置、传动装置等部件组成，如图 7-5-9 所示。流动层式包衣机包衣滚筒结构见图 7-5-10。

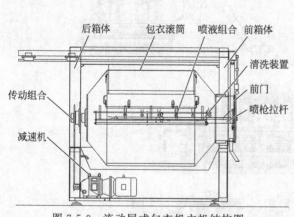
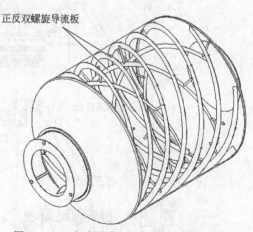

图 7-5-9 流动层式包衣机主机结构图   图 7-5-10 流动层式包衣机包衣滚筒结构图

3. 特点

①全部包衣过程与外界完全隔离，避免药物污染的同时无粉尘飞扬和喷液飞溅。②正反双螺旋结构的

导流板使得药片在包衣滚筒的轴线方向实现上下双层的流动，药片在包衣滚筒旋转的带动下实现三维空间运动，加快了药片的流动速度，消除了片芯层的流动停滞区，同时避免了碎片现象，使包衣成品质量得到提高。③换热系统的热量传递的方式都是在片芯层内部完成的，提高了干燥效率，使干燥更加彻底，且大大缩短了包衣时间。④物料在包衣滚筒内处于微量负压状态，喷枪喷雾的雾化角度不受任何影响，包衣介质的损耗也大大降低。⑤双螺旋导流板使得该机在正转时实现正常包衣操作，反转时，直接完成包衣成品出料，设计合理，操作方便，减少外界的污染。⑥配置先进的在位清洗系统（CIP），保证了每个批次的包衣完成后设备得到有效的清洗。

三、连续包衣机

连续包衣机主要用于制药、食品、生物制品等领域的片剂、丸剂、糖果等的薄膜包衣。

1. 基本原理

连续包衣机生产时，保持包衣滚筒的持续进出料，通过精准控制物料进出包衣滚筒的速度、物料在包衣滚筒内的行进速度、喷枪的启闭顺序和喷液量以及包衣滚筒内的进出风量等技术参数，实现物料的连续式包衣生产。连续包衣机与高效包衣机及流动层式包衣机的主要区别是：高效包衣机及流动层式包衣机采用的是批量生产模式，一锅即为一批次，换批次时，设备需要停止运行；而连续式包衣机采用连续生产模式，设备持续运行，连续不间断生产，适用于对大批量物料的包衣。

图 7-5-11　连续包衣机整机

2. 基本结构

连续包衣机（图 7-5-11）主要由主机、进料系统、出料系统、进风系统和排风系统组成。主机主要由机体、包衣滚筒、喷枪安装架和喷枪构成，包衣滚筒水平可转动地安装在机体内，包衣滚筒的筒壁上密布有通孔，喷枪安装架从机体的前端和/或后端沿包衣滚筒的轴向自外向内伸入包衣滚筒内，喷枪安装架上从前至后等间距安装有多个喷枪。进料系统和出料系统主要由传送带构成。进风系统和排风系统同"高效包衣机"。图 7-5-12 为连续包衣机工作流程图。

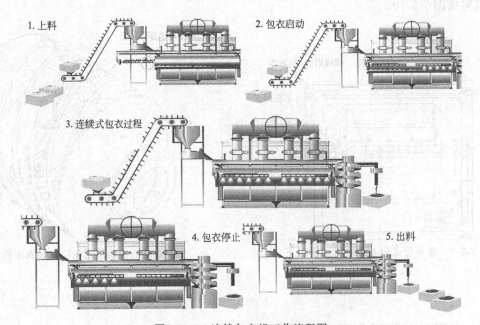

1. 上料　　2. 包衣启动　　3. 连续式包衣过程　　4. 包衣停止　　5. 出料

图 7-5-12　连续包衣机工作流程图

3. 特点

①可实现物料的连续化生产，相比于传统的批量包衣生产，连续式生产耗时短、能耗低、生产效率高，尤其适用于大批量物料的包衣生产。②可在批量生产模式和连续式生产模式之间随意切换。③工艺过程全程自动化，实现无人操作生产。④工艺参数最优匹配，在连续化过程中实现"零损耗"。

四、流化床包衣机

如前所述，流化床是一种制粒技术和设备，同时，流化床还可以作为包衣技术和设备。流化床设备因其高效的干燥效率，被广泛应用于粉末、颗粒和微丸的包衣。在流化床的使用过程中，流化态工作者摸索出了三种主要工艺，根据喷雾位置将其形象地命名为顶喷、底喷、切线喷，见图7-5-13。用于包衣和制粒的流化床设备区别在于：制粒的流化床一般为顶喷；包衣的流化床一般为底喷和切喷。

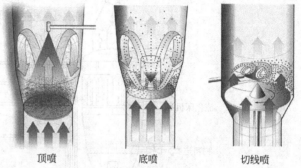

顶喷　　　　底喷　　　　切线喷

图7-5-13　流化床的三种工艺

1. 流化床包衣机分类

（1）顶喷流化床包衣机

喷枪安装在物料上方，垂直向下喷雾，雾化液滴与气流方向呈逆向运动，液滴行程长，干燥蒸发明显，除增加包材耗量外还影响液滴黏度和铺展成膜。此外，顶喷结构中物料的流化态是不规则的，包衣不均匀和粘连问题常常不可避免。但因其喷雾约束少，容易工艺放大，仍是少量流化态工作者孜孜不倦的追求，在热熔融包衣中顶喷工艺得到了极大的发挥。

（2）底喷流化床包衣机

底喷流化床包衣机是应用最广的包衣结构，也是目前主流的流化床包衣机结构。底喷结构中喷枪安装在隔圈底部，垂直向上喷雾，喷嘴距离物料近且同向喷液。物料呈喷泉状流化态规则，在隔圈内外形成有序的运动循环，在隔圈内进行包衣，运动到扩散室进行干燥，循环往复得到均匀致密的衣膜。

（3）切线喷流化床包衣机

包衣机中喷枪安装在物料仓侧壁上，喷雾方向沿着物料运动的切线方向。物料在转盘转动产生的离心力、进风气流推力、自身重力的共同作用下形成环周的螺旋状运动。其工艺特性与底喷有很多的相似性，如喷雾距离短、同向喷液、流化态规则，故也可以实现精确包衣。但切线喷装置是一个上下移动无开孔的转盘，热风只能从转盘和缸体的狭缝中通过，干燥效率低，喷雾速度慢，包衣时间长，故在应用上受到了一定的局限。

面对三种流化态各有利弊的现实情况，制药设备厂家开发了多功能流化床，可通过换锅在一台设备上实现顶喷、底喷、切线喷的功能，以满足混合、干燥、制粒、包衣、微丸等多道生产工序，如图7-5-14所示。

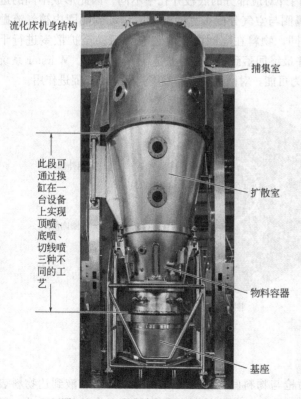

流化床机身结构

捕集室

此段可通过换缸在一台设备上实现顶喷、底喷、切线喷三种不同的工艺

扩散室

物料容器

基座

图7-5-14　流化床包衣机机身结构

2. 流化床包衣机结构

流化床包衣机一般主要由空气处理单元、主机、浆液雾化系统、除尘器、离心风机、在位清洗、控制系统等组成。与物料接触部分采用304/316L不锈钢精制，所有转角均是圆弧过渡，无死角、不残留，内表面经高度抛光，粗糙度达到 $Ra \leqslant 0.4\mu m$；外表面亚光处理，粗糙度达到 $Ra \leqslant 0.8\mu m$。该机进出料方便，易于清洗，有效避免物料的粉尘飞扬及交叉污染，完全符合药品生产的GMP要求。

图7-5-15为流化床包衣机设备运行流程图。

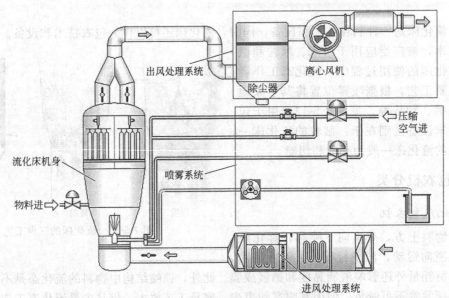

图 7-5-15　流化床包衣机设备运行流程图

流化床包衣机的核心结构底喷装置也称为Wurster系统，如图7-5-16所示。物料槽中央有一个隔圈，底部有一块开有很多小孔的空气分配板（图7-5-17），隔圈内外对应部分的底板开孔率不同，因此形成不同的进风气流强度。由于隔圈内高速气流产生的负压，物料从隔圈与空气分配板之间的间隙运动到隔圈内被气流抛起。喷枪安装在隔圈底部，喷液方向与物料运动方向相同，物料在隔圈内完成包衣后运动至扩散室进行干燥，此处的气流速度无法推动物料上升，物料开始减速并最终回落到物料槽，进入下一个循环。Wurster系统是包衣技术上的一次重大突破，使对小粒径物料的包衣成为可能，对微丸技术的发展起到了重要促进作用。

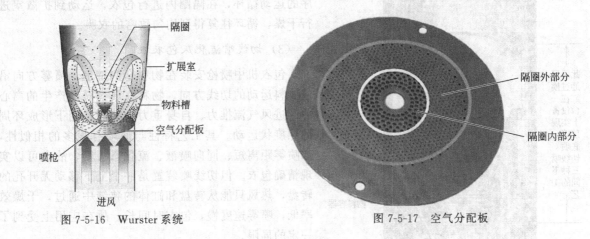

图 7-5-16　Wurster系统　　　　　　　　　图 7-5-17　空气分配板

3. 特点

①提供载热气流，干燥效率高，包衣速度快。②喷枪与物料间距离短，有利于减少包衣液到达物料表面前的溶媒蒸发和喷雾干燥现象，从而有利于包衣液保持良好的成膜特性。③物料呈有序的循环运动，运

动方向和喷液方向相同，使物料接触到包衣液的概率相似，有利于包衣的均匀性。④设备自动化程度高，劳动强度小，产品质量易控制。⑤整个作业过程在密闭容器内完成，进入容器内的热风须经过高效过滤器，此外设备具备在位清洗功能，药品生产过程的质量得以保证。

第六节　硬胶囊充填设备

胶囊机是把药物（包括粉剂、丸剂、片剂、颗粒、液体等），装于空心硬质胶囊中或密封于弹性软质胶囊中的固体制剂设备。硬胶囊剂是除片剂、针剂外的第三大剂型。硬胶囊剂的制备一般分为填充药物的制备、胶囊填充、胶囊抛光、分装和包装等过程。其中胶囊填充是关键步骤，现有的国产充填机所有材料和加工过程均要参照《药品生产质量管理规范》（GMP）相关规定执行。产品型号行业标准规定了产品型号的表示方法，如 NJP-3200C。其中 N 为胶囊；J 为间隙式；P 为盘孔式；3200 为主要参数，表示每分钟最大生产能力（粒）；C 代表改进的机型。

一、概述

胶囊充填机的发展一共经历了三个时代，首先是手工充填设备，然后是半自动胶囊充填设备，最后发展到全自动胶囊充填设备（图 7-6-1）。当代胶囊充填机电控系统均采用 PLC 控制，通过触摸屏就可操作整机，机器所出现的故障也能通过触摸屏的页面显示，完全实现人机界面。

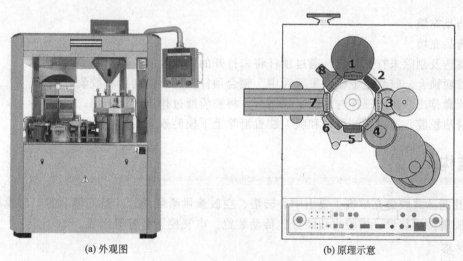

(a) 外观图　　　　　　　　　　(b) 原理示意

图 7-6-1　自动硬胶囊充填机

胶囊充填机按运动形式分为间歇式、连续式；按充填方式有孔盘充填和插管充填。间歇式胶囊充填机按照药粉剂量充填形式又分为剂量盘式和吸管式；而国内主要以间歇式为主。我国现有的全自动硬胶囊充填机基本上都是由德国 BOSCH 原始机型基础上发展而来，都是盘孔式剂量、间歇式回转结构。

按照每分钟成品产量，现有的国内胶囊充填机基本可分为：NJP-400、NJP-500、NJP-800、NJP-1200、NJP-2200、NJP-3200、NJP-6000、NJP-8200 等机型；按照硬胶囊的规格模具，可分为：安全 A、安全 B、00#、0#、1#、2#、3#、4#、5#等。

二、工作原理

全自动盘孔间歇式硬胶囊充填机是一种经改进的新型药物充填机。它是一种间歇性运转、多孔塞剂量式全自动硬胶囊充填机，可自动完成分囊、充填、剔废、合囊、成品推出、废囊排除等充填胶囊的全过程。在胶囊充填机内部有一分度式中心转塔（图7-6-2），其顺时针旋转，通过中心转动盘的间歇运动，引导着胶囊通过不同的工位，来完成药品的充填。该设备共设置8～12个工位，胶囊体、帽分别由每个工位上下模腔传送。通过分度式中心转塔的运行，可实现如下几个工位胶囊充填操作：

工位1：空胶囊的供给、导向和打开。预锁合空胶囊经过适当导向进入模腔，真空将胶囊体、帽分离。如果只出现胶囊帽或者胶囊体，将直接由导向叉剔除；未打开胶囊，将会在第5工位剔除。图7-6-3为胶囊供给过程示意。

图7-6-2　中心转塔示意

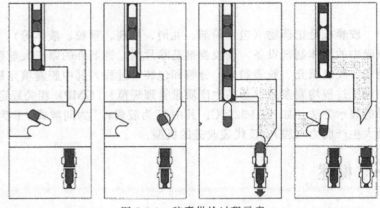

图7-6-3　胶囊供给过程示意

工位2：更换模具或者根据要求充填药品。更换模具的工位。胶囊体向外移动，为第3工位充填做准备。

工位3：药品充填。

工位4：药品充填。

工位5：挑选及剔除未打开胶囊。通过顶杆将未打开的或双帽的胶囊剔除。

工位6：胶囊锁合。胶囊上下模腔重新对中。锁合顶杆按照预设高度将胶囊锁合。

工位7：胶囊排出。排出顶杆与压缩空气结合，将胶囊通过排出斜道排出。

工位8：清洁模腔。通过压缩空气和吸尘装置清除上下模腔残余的粉尘。

三、基本结构

全自动盘孔间歇式胶囊充填机主要由中心转塔、空胶囊供给装置、计量充填装置、胶囊剔废装置、胶囊锁合装置、胶囊排出装置、模腔清洁装置、传动装置、电气控制装置等组成。

（1）中心转塔

盘孔间歇式胶囊充填机有一分度式中心转塔，塔内配有一个双曲线凸轮控制，可使中心转塔顺时针旋转，共设置8个工位，胶囊体、帽分别由每个工位的上下模腔传送。

（2）空胶囊供给装置

预锁合的空胶囊经过料斗，被正确地定位并进入模腔，真空将胶囊体、帽分离。图7-6-4为胶囊定向机构中导槽和拨叉。如果只出现胶囊帽或者胶囊体，将直接由导向叉剔除；未打开胶囊，将会在第5工位剔除。

（3）计量充填装置

胶囊机的计量充填方式分为插管式充填和盘式充填。

① 插管式充填　高精度计量单元使用特殊计量管和柱塞，深入到粉层内并压缩粉剂。计量组件的整个充填过程为双向垂直运动及旋转运动，因此在粉盘中取粉和将药柱推入胶囊体是同步的。如图7-6-5所示，插管式粉剂充填的工作过程如下：a.排空的计量针管旋转到粉盘上方。b.计量头下落，到粉盘底部，

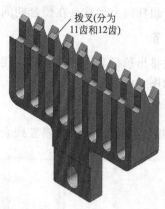

图 7-6-4　胶囊定向机构中导槽和拨叉

取粉。c.计量针头完成取粉，提到最高。d.计量头旋转180°，带有药粉的针管旋转至模孔上方。再下落将计量好的药粉推入胶囊体下体，完成计量及排出。粉剂重量由粉槽内粉剂高度、计量容腔的大小、真空大小（配备吸力槽时）决定。粉剂成柱硬度由柱塞在计量针管内起始位置和最终位置决定。

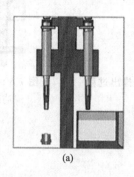
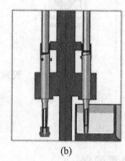
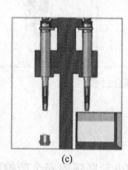
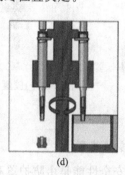

(a)　　　　　　　(b)　　　　　　　(c)　　　　　　　(d)

图 7-6-5　插管式粉剂充填过程

②盘式充填　盘式充填胶囊机有5个插槽，粉剂在计量盘内经过五次充填压实成药柱，并推入到下模块的胶囊内，需要调整一组或者多组压缩杆来调整装量，这种灌装方式需要物料具有适中的可压性和流动性。

（4）胶囊剔废装置

胶囊剔废装置由收集盒、锁合压板和锁紧螺母组成。可以根据胶囊的尺寸更换收集盒内的剔除模具。胶囊剔废是通过剔除顶杆向上运动将未打开的或双帽的胶囊剔除，如图7-6-6所示。

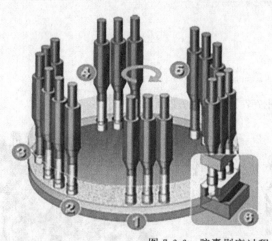
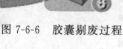
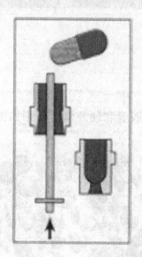

图 7-6-6　胶囊剔废过程

（5）胶囊锁合装置

在这个工位胶囊体与帽重新锁合。胶囊体与胶囊帽重新对中并相互靠近。锁合压板向下运动直到与胶囊帽接触，同时锁合顶杆向上运动。在锁合期间，吸尘口将粉尘吸走。图 7-6-7 为胶囊锁合过程。

（6）胶囊排出装置

锁合的胶囊通过排出顶杆和压缩空气的作用，沿着斜槽滑送进入成品箱，排出斜道通过左右两个定位块定位在机器上，如图 7-6-8 所示。

（7）模腔清洁装置

通过压缩空气和吸尘装置清除上下模腔残余的粉尘，如图 7-6-9 所示。

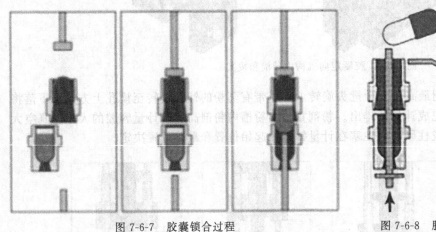

图 7-6-7 胶囊锁合过程

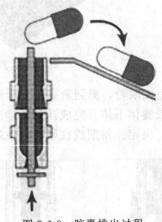

图 7-6-8 胶囊排出过程

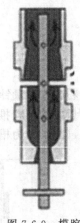

图 7-6-9 模腔清洁装置

（8）传动装置

机器安全性能是由防护罩和电动联锁的安全防护装置确保。

（9）电气控制装置

控制面板主要由两个电机的主开关和速度控制器两部分组成，位于可打开的门上。

第七节　软胶囊设备

一、概述

胶囊剂分为软胶囊和硬胶囊，分别如图 7-7-1 和图 7-7-2 所示。

图 7-7-1 软胶囊外形

图 7-7-2 硬胶囊外形

软胶囊和硬胶囊的区别在于内容物状态和囊壳外观（表7-7-1）。如图7-7-3所示，软胶囊的内容物是可流动的液态（物料不同，黏度大小不同，如鱼油的黏度小，中药膏状物黏度大），受压变形率较大，给人"软"的感觉，称为软胶囊；硬胶囊的内容物是固态颗粒或粉末（颗粒大小不同），受压变形率较小，给人"硬"的感觉，称为硬胶囊。软胶囊的囊壳一体密封；而硬胶囊的囊是可分离的，参见图7-7-4。

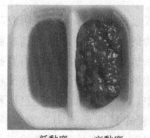

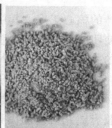

低黏度　　高黏度　　　　　　　　小粒径　　　　　　大粒径

(a) 软胶囊　　　　　　　　　　　　(b) 硬胶囊

图 7-7-3　软胶囊与硬胶囊内容物

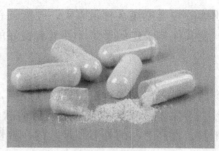

(a)软胶囊分解　　　　　　　　　(b)硬胶囊分解

图 7-7-4　软胶囊与硬胶囊的囊壳形态与分解

表 7-7-1　软胶囊与硬胶囊的区别

项目	软胶囊	硬胶囊
内容物	液体、混悬液	粉末、固体颗粒
囊壳	一体密封	可分离

软胶囊是指将液状功能性物质（或者混合溶液）压注并包封于胶膜内，形成大小、形状各异的密封胶囊。软胶囊的主要特点有：易于携带，服用方便；可以掩盖内容物异味，减少服用刺激性；内容物处于密闭的囊壳内，稳定性高，抗氧化；软胶囊内容物的装量精准，服用剂量严格可控。当前，软胶囊产品主要应用于保健食品、制药、化妆品等。

二、软胶囊生产工艺

软胶囊的整个生产工艺过程包括化胶工序、配料工序、压丸工序、定型工序、干燥工序、检丸工序、包装工序及其他辅助工序。

1. 化胶工序

化胶是指制备生产软胶囊所需的明胶溶液。其过程是：先将一定比例的甘油、水放入化胶罐中加热至一定的温度（投料温度），然后再将药用明胶、防腐剂及其他添加剂（如颜料等）按一定的比例，投入化胶罐中搅拌加热至合适的温度（化胶温度），保持一段时间，使药用明胶完全溶解，抽真空排除胶液中的气泡，形成具有一定黏度及冻力的溶液。明胶溶液质量的好坏直接影响胶囊的成品合格率，因此化胶工序是软胶囊生产的关键工序之一。

2. 配料工序

配料是指制备生产软胶囊所需的内容物溶液，该工序由生产单位根据产品的实际配方自行确定。

3. 压丸工序

压丸是软胶囊生产的核心工序。其中由主机完成软胶囊成型的全过程。合格明胶溶液贮存在保温的明胶桶中，利用气压，使明胶溶液流至明胶盒中，并涂布在转动的胶皮轮上，自动制成胶皮，然后经油滚将胶皮送入装在机头上的一对滚模之间进行加热软化，在供料系统的作用下将合格内容物料通过喷体完成注料的同时，滚模旋压完成胶囊的封装，压制出一定装量及形状的软胶囊。通过更换滚模，即可生产出装量及形状各异的软胶囊。合格的软胶囊通过输送机送入干燥机中，在干燥机中进行定型和初步干燥。

本工序中影响软胶囊成丸质量的因素较多，如：明胶溶液的黏度及冻力、胶囊内容物的流动性与温度、喷体温度、滚模转速、冷风流量与温度、环境温度及湿度等。只有这些因素的工艺参数相匹配时，才能顺利生产出合格的软胶囊。

4. 定型工序

压丸工序中生产出的胶囊温度高、含水率大，胶囊较软，容易变形。定型工序则是将刚压制出来的软胶囊温度、湿度降低，使其保持一定的形状，并具有良好的外型和硬度。

5. 干燥工序

干燥是软胶囊生产的重要工序。经过定型后的软胶囊，虽然囊壳的水分达到与环境湿度平衡，但软胶囊外型及尺寸还不一致。干燥工序就是将经过定型后的软胶囊放在干燥盘上或者干燥机内，在一定的温度、湿度条件下进行干燥，提高产品的外形和尺寸的一致性及合格率。

6. 检丸工序

检丸是将外型、合缝等不合格的软胶囊拣选出来，送至中转室进行废丸处理，将合格的软胶囊送至下一工序。

7. 包装工序

包装工序分为内包装和外包装。其中内包装是将拣选出来的合格软胶囊进行内包装，通常是铝塑包装、瓶装等；外包装是将内包装好产品进行装盒装箱等，以便运输及贮藏等。

8. 其它辅助工序

对于某些有特殊要求的软胶囊，还要增加一些辅助工序。

① 洗擦丸工序　软胶囊生产采用植物油进行整机润滑，胶囊外表面不可避免粘带微量植物油，影响胶囊外观，洗擦丸工序就是将粘带在胶囊外表面的可食用油擦净，同时起到对胶囊进行抛光的作用（可以在定型工序中一并完成）。另对于某些黏度比较大的内容物，压制过程中可能存在漏丸，溢出的物料会对胶囊表面造成污染，单靠擦拭不能使胶囊表面清洁，在擦拭之前需要增加洗丸工序，以使胶囊表面无残留物。

② 抛光工序　用于软胶囊成型后的抛光处理，抛光后的软胶囊具有表面光亮、外形美观、便于识别的作用。

③ 打（印）字　在软胶囊表面印字，增加产品辨识度。在软胶囊上可将商标、图文等印刷在表面，可提高防伪功能和识别效果。

三、软胶囊生产设备

为了适应生产工艺的需求，软胶囊各个工序的设备构成是不同的，按照工序的过程，对设备进行系统的介绍。

1. 化胶工序的设备

化胶质量的好坏决定胶囊成型的优劣。化胶的成套配制设备,通称化胶系统。化胶系统按照工艺要求配制好胶液,提供给压丸工序。整套化胶系统包括化胶罐、抽真空系统、加热循环系统三部分,如图7-7-5所示。

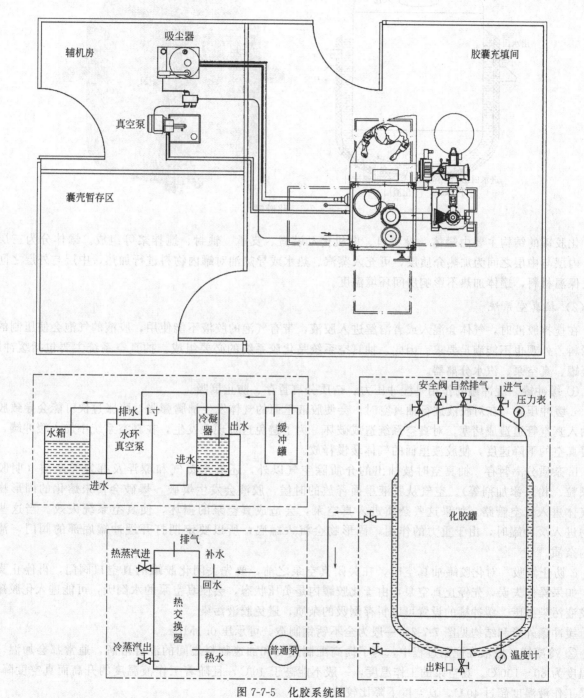

图 7-7-5　化胶系统图

（1）化胶罐

化胶罐是化胶系统的核心。化胶罐又称真空搅拌罐,其结构如图7-7-6。

化胶罐的工作原理是搅拌桨在减速电机的驱动下,沿固定方向旋转;在旋转过程中,桨叶带动胶液（甘油、明胶、水、色素等物料的混合物）做轴向旋转和径向移动,从而有效地对物料进行搅拌、混合。

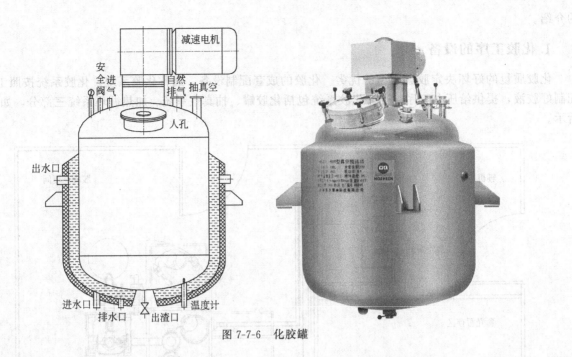

图 7-7-6　化胶罐

　　化胶罐的结构主要由罐体、投料口、电机传动装置、支承、轴封、搅拌桨等组成。罐体分为三层结构，内层与中层之间为加热介质层，可充入蒸汽、热水或导热油对罐内物料进行加热；中层与外层之间为高效保温材料，罐体加热不影响房间环境温度。

　　（2）抽真空系统

　　在搅拌胶液时，气体会混入或者溶解进入胶液，带有气泡的胶液不能使用，胶液的气泡会使压制的胶囊漏料，外观也不能满足要求。因此，抽真空系统是化胶系统的必要组成。抽真空系统主要包括缓冲罐、冷凝罐、真空泵、汽水分离器。

　　① 缓冲罐　缓冲罐的作用是缓冲压力、杂质分离暂存、防止倒吸。

　　a. 缓冲压力　在对胶液进行抽真空时，会使胶液里面的气体发生沸腾膨胀，膨胀过快可能会导致胶液被抽入真空管道造成堵塞，对真空系统造成破坏。为了避免这种现象发生，在真空系统中加入缓冲罐，以延缓真空的下降速度，使胶液里面的气体缓慢释放。

　　b. 杂质分离暂存　抽真空时被抽出的介质除空气以外，还有水蒸气和漂浮及挥发类杂质（明胶粉末颗粒、粉末添加剂等）。空气从胶液里面释放的时候，胶液会发生爆破，爆破会使未熔化的固形物随着气体进入真空管路，如果这些杂质进入真空泵，会造成真空泵的损坏，使真空系统失效。当这些固形物进入缓冲罐时，由于重力的作用，固形物会沉入罐底，所以要定期打开缓冲罐底部的阀门，清理罐内杂质。

　　c. 防止倒吸　对化胶罐抽真空时，在关闭真空泵之前，要先关闭化胶罐的真空口阀门，再停止真空泵。如果操作失误，先停止真空泵，由于化胶罐内是负压状态，会使真空泵的水倒吸，可能进入化胶罐造成胶液污染报废。缓冲罐的设置可以暂存倒吸的杂质，避免胶液污染。

　　缓冲罐外形和结构见图 7-7-7，一般为全不锈钢制造，可承压 0.1MPa。

　　② 冷凝罐　胶液在配制过程中，为了提高配制速度和加速物料之间的混合溶解，通常都会加温，加热温度为 80～100℃。真空泵的工作温度，一般不能高于 40℃，且随着工作液温度的升高而真空度降低。如果工作液温度超过 40℃，真空度下降比较快。

　　冷凝罐（图 7-7-8）的作用是冷却抽出的气体介质的温度。气体介质经过冷凝罐时会降低温度，使真空系统保持正常的工作状态；同时水蒸气会遇冷凝结，水和杂质在此沉积，减少水环真空泵（图 7-7-9）工作液的蒸汽和杂质含量，提高真空泵的使用寿命。所以，冷凝罐对真空系统非常重要。冷凝罐底部会贮存凝结水和杂质，在使用前、后都应打开底部的阀门，排出罐内的杂质。

　　③ 真空泵　溶胶抽真空时，由于胶液品种很多，抽出的介质非常繁杂，除空气和水蒸气外，还混有

各种胶料和添加剂，对于这种介质环境，一般选用水环真空泵（图7-7-9）。水环真空泵属于低真空设备，设备适用范围广、维护成本低、抽气量大，对物料进行抽真空能满足产品使用要求。对于实验室抽真空设备，有时也选用循环水真空泵（图7-7-10）或者旋片真空泵，其体积小，使用方便。

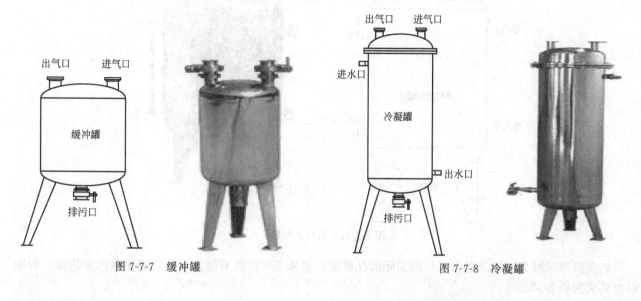

图 7-7-7　缓冲罐　　　　　　　　　　　　　　　　　　图 7-7-8　冷凝罐

图 7-7-9　水环真空泵

图 7-7-10　循环水真空泵

④ 汽水分离器　汽水分离器用于抽空时把水蒸气和空气分开。水环真空泵抽吸过来的气体，是水蒸气和空气的混合物，如果不对水蒸气进行回收处理，房间内将很快充满水蒸气，经过冷凝变成水滴，会对设备造成腐蚀，更加严重的是，可能造成电器短路。汽水分离器的工作原理是将水环真空泵抽吸的气体中的水蒸气在汽水分离器里面被水吸收，排出剩余的空气。

（3）加热循环系统

加热循环系统为化胶罐提供稳定的加热，一般会选择在化胶罐外面将水加热以后，通过水泵将热水输送到化胶罐的夹层里面对物料进行加热。加热循环系统主要包括热交换器和管道泵。

① 热交换器　热交换器也叫加热器，根据加热方式不同，分为蒸汽加热和电加热。采用蒸汽加热方式，称为蒸汽加热罐；采用电加热方式，称为电热交换器。

a. 蒸汽加热罐：利用水蒸气对罐内介质（水或者导热油）进行加热，其加热速度快，热效率高。罐体内盘管为循环水通道，罐内充满蒸汽，对盘管内的水进行加热，罐体外面有保温层，对罐体进行保温，一方面是保证设备的使用安全，另一方面是使罐体与周围环境互不影响。蒸汽加热罐（图7-7-11）属于压力容器，所以设备制造和环境要求都应满足压力容器的条件。

b. 电热交换器：它的使用最为广泛，加热稳定性好。箱体外面有保温层，箱体内有加热棒对水进行加热，其结构见图7-7-12。交换器由温度传感器和温控仪控制，调节温度控制仪可精确控制水温。

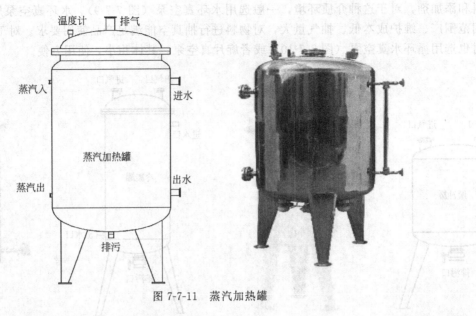

图 7-7-11　蒸汽加热罐

热交换器的种类选择是根据工厂的实际情况确定，如果工厂已经有蒸汽，则宜选用蒸汽加热罐，否则以电热交换器为宜。

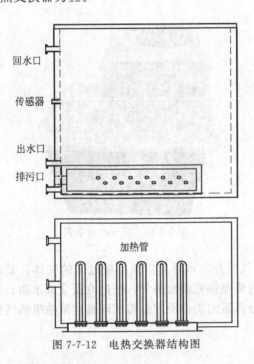

图 7-7-12　电热交换器结构图

图 7-7-13　管道泵的外形图

② 管道泵　管道泵在选型时，其流量和扬程根据使用要求来选择，重要的是耐高温，通常要求设备的使用温度能达到 150℃。图 7-7-13 为管道泵的外形图。

2. 配料工序的设备

软胶囊的内容物多是两种以上物料的混合均质。配料时需要抽真空处理，这是因为物料在搅拌时，气体会混入物料中，气体的混入会引起装量不准，还可能因物料被空气氧化等因素影响产品的质量。内容物的成套配制设备，通常称作配料系统。配料系统按照配方工艺要求把物料准备好，提供给压丸工序进行生产。

配料系统包括配料罐、抽真空系统、加热循环系统三部分，见图 7-7-14。配料系统跟化胶系统原理基本一致，但存在如下一些不同点：

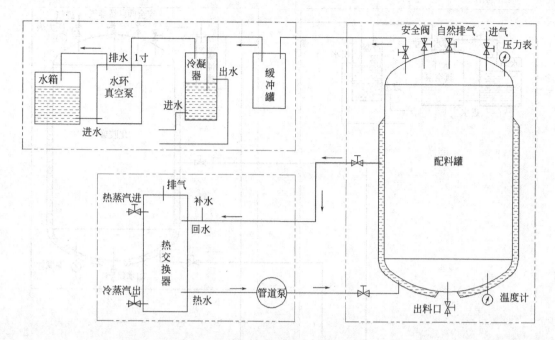

图 7-7-14　配料系统图

序号	不同点	化胶系统	配料系统	备注
1	搅拌速度	25～50r/min	25～120r/min	—
2	搅拌电机功率	大	小	与罐体容积有关
3	加热温度	70～95℃	30～150℃	—
4	导热介质	蒸汽、水	蒸汽、水、导热油	—

图 7-7-15 为溶胶配料系统的结构图。

3. 压丸工序

物料和胶液准备好以后，进入压丸工序。压丸是软胶囊生产的关键工序。软胶囊主机（图 7-7-16）是软胶囊生产线的核心设备，其功能是同时完成胶膜的制备、内容物定量供给、胶囊封装成型。

软胶囊机是一个比较复杂的系统，为了便于了解软胶囊机，需要对各部分的功能进行详细剖解。图 7-7-17 是软胶囊生产的简易过程，包括胶膜成型、胶膜输送和涂油、注料、胶囊成型、胶囊剥离、胶囊输送六个步骤。

胶膜成型：保持展胶轮与胶盒接触的部位有缝隙，展胶轮转动时，胶盒内的高温胶液从缝隙流出，平铺在展胶轮表面冷却成膜。

胶膜输送和涂油：起胶轴将展胶轮上的胶膜剥离，经过油滚轴时，油滚轴在胶膜两面涂抹润滑油；然后由导胶轴将胶膜导入模具。

注料：在胶囊前端压合以后，料斗里的物料，由供料泵的柱塞按照规定装量，通过注料管和喷体注入胶膜空腔。

胶囊成型：模具的型腔凸台对胶膜进行压合并切割；然后模具再压合胶囊的后端，形成完整胶囊。

胶囊剥离：经过模具压制成型的胶囊，大部分被挤入模具型腔里面，在重力作用下会自行脱离模腔，没有脱落的胶囊，由转动的毛刷将其刷出模腔；小部分胶囊会粘连在网胶上，这部分胶囊由转动的剥丸轴剥离网胶；废弃的网胶由拉网轴拽出，投入网胶桶。

胶囊输送：胶囊成型后，由输送机运送到下一个环节（定型干燥转笼），运送的方式有输送带输送和风机气力吹送，示意图中为气力吹送。

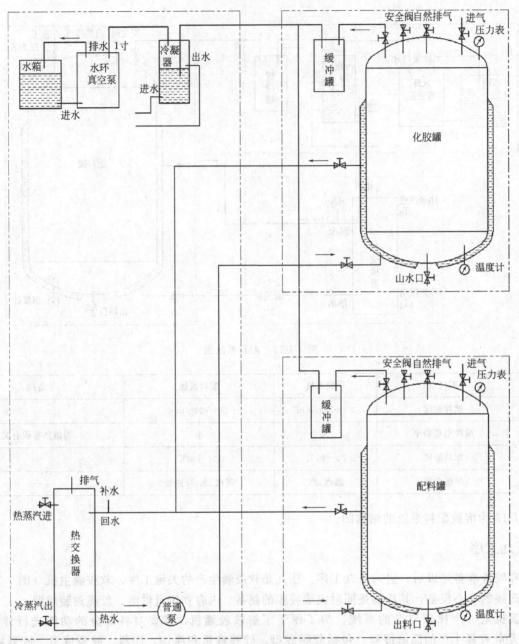

图 7-7-15　溶胶配料系统

图 7-7-16　软胶囊主机的外形图

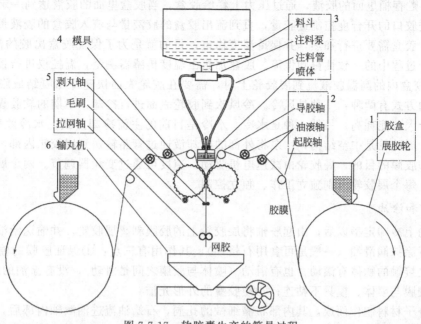

图 7-7-17　软胶囊生产的简易过程

（1）胶膜成型

胶膜的成型由胶盒和展胶轮共同完成。

① 胶盒　胶盒里面贮存胶液，其作用是将胶液均匀地摅布在旋转的展胶轮上，形成胶膜。胶盒的工作原理见图 7-7-18，其外形见图 7-7-19。

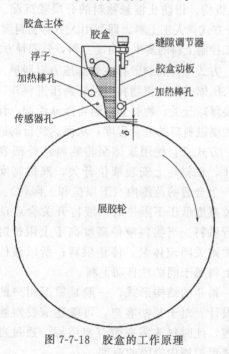

图 7-7-18　胶盒的工作原理

图 7-7-19　胶盒外形图

a. 胶盒主体：胶盒里贮存胶液，为了保证胶液的稳定流动，需要对胶液进行加热保温，并保持恒定；所以胶盒材料选用高导热性的黄铜。胶盒主体悬浮安装在于展胶轮上，在展胶轮转动时能紧贴在胶轮表面，保证胶膜厚度一致。

b. 胶盒动板：胶盒动板，顾名思义是一块可以活动的板。胶盒动板上固定有一个螺母，转动缝隙调节螺杆，胶盒动板可以在胶盒主体上移动，胶液从动板与展胶轮之间的间隙流出，该间隙即为胶膜的厚度。在软胶囊生产过程中，根据胶囊的成型情况调整该间隙，以保证生产出合格的胶囊。

c. 浮子：保温贮存桶里面的胶液，通过压力上料给胶盒，当胶盒里面的胶液达到一定高度时，浮子会转动，逐渐缩小进胶口的开合度控制进胶量，直到流出胶盒的胶液量与流入胶盒的胶液量达到平衡。

d. 加热控制：胶盒需要进行加热，并保持温度稳定，目的就是为了保证胶盒出胶的流畅性和稳定性，使胶膜在整个生产过程中的一致性得到保障。胶盒加热由温度传感器测量，温控仪进行控制。

② 展胶轮　胶盒内的高温胶液流到展胶轮上时，需要在胶轮表面快速冷却凝结成膜，所以展胶轮需要做冷却。冷却的方式有两种：一种是风冷。冷风吹到胶轮表面进行冷却，早期的软胶囊机采用风冷，其冷却效果差、噪音大、能耗高。另外一种是水冷。水冷是目前的主流冷却方式，水冷效率高、稳定性好，但设备结构复杂。展胶轮是中空结构，水泵将外部的冷却液通过管路输送到展胶轮内部，对展胶轮进行冷却，进而达到冷却胶膜的目的。展胶轮由减速电机驱动，速度可通过变频器调节。两个展胶轮分别安装在主机的左右两侧，每个展胶轮分别独立工作、独立控制。

（2）胶膜输送和涂油

胶膜在展胶轮上冷却定型以后，由起胶轴将展胶轮上的胶膜剥离展胶轮，并输送给油滚轴。胶膜在压丸之前，需要进行涂抹润滑油（一般是可食用石蜡油），其作用有三点：①保证胶膜的输送顺畅。胶膜的输送过程中，与之接触的物体有滚动，也有滑动（喷体与胶膜之间是滑动），没有涂油的胶膜很软、发涩，输送不畅；②使胶膜与喷体、模具不粘连；③使胶囊的外形光洁。

油滚轴由高分子材料制作而成，其内部布满细微的孔洞，石蜡油流进油滚轴内部后，会逐渐渗出到油滚轴外表面。油滚轴转动时，胶膜从其表面经过，完成油膜的涂覆。胶膜需要涂抹润滑油，每根油滚轴涂抹胶膜的一个表面，所以从每个展胶轮剥离下来的一片胶膜需要两根油滚轴。涂油后的胶膜，再由导胶轴导入喷体和模具。

（3）注料系统

注料系统包括料斗、供料泵和喷体组件。

① 料斗　料斗用于存贮软胶囊内容物。料斗中装有搅拌机构，以防止混悬物料的分层或沉淀。前面有透明视窗，可以随时观察物料的使用情况。料斗的上料有三种方式：人工上料，即利用人力将物料倒入料斗；间歇上料，即使用流体泵将物料从外部容器输送进料斗，由人工控制上料的多少，自动上料，分两种方式。

方式一：物料贮存在外部压力容器里，给容器充入压缩空气，将物料通过管路压进料斗。料斗里安装浮球开关，物料会逐渐将浮球浮起，浮球的位置控制进料口的开合程度，从而达到自动进料。

方式二：使用流体泵将物料从外部容器打进料斗，在料斗上安装液位开关，液位高度可设定在一个合适的范围内（下限位和上限位）。当物料液位高度低于下限位时，液位开关会启动流体泵进行供料。当物料液位高度高于上限位时，液位开关则关闭流体泵，停止供料；所以液位开关控制上料属于间歇性自动上料。

料斗的结构形式，一般是根据用户的要求进行设计。对于某些客户，可能还需要对物料进行温控，此时料斗需要带有水浴层，通过自动控温系统可控制内容物的温度。

② 供料泵　供料泵供料的性质是柱塞计量泵，动力来自机头输出，通过曲轴转动，带动泵体组合的柱塞杆往复移动，配合换向凸轮带动换向板进行物料流向变换。在一侧柱塞注料的过程中，另一侧的柱塞将料斗中的物料吸入泵体。供料泵的工作示意图见图7-7-20，其工作原理如下：

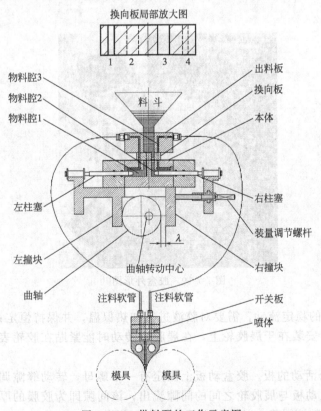

图 7-7-20　供料泵的工作示意图

在图 7-7-20 所示的当前状态下，曲轴与左撞块接触，左、右柱塞处于极左位置，同时换向板的孔 1、3 使本体和出料板上的对应孔导通（孔 2、4 使本体和出料板上的对应孔关闭）。当曲轴绕转动中心逆时针旋转时，经过一定时间，曲轴与右撞块接触，曲轴继续转动，带动右撞块往右侧移动（左撞块、右撞块、左柱塞、右柱塞的移动，是刚性连接一体的），此时柱塞也右移。

对于左柱塞来说，左柱塞右移，挤压物料腔 1 里面的物料，使物料从本体里面经过换向板的孔 1 流入出料板，完成注料。对于右柱塞来说，换向板的孔 4 处于关闭状态，物料腔 2 与物料腔 3 不通，物料腔 3 不受柱塞移动的影响。右柱塞右移时，物料腔 2 里面形成真空，此时料斗里面的物料，经过换向板的孔 3，被吸入本体，完成物料腔 2 的补料。当右撞块被移动到极右位置后，左柱塞完成注料，右柱塞完成吸料。接着换向板开始换向；换向后，孔 2、4 使本体和出料板上的对应孔导通（孔 1、3 使本体和出料板上的对应孔关闭）。此时的柱塞和撞块处于右极限位置，曲轴继续转动，经过一段时间开始接触左撞块。如此循环。

软胶囊装量的大小，通过装量调节螺杆进行调整。转动装量调节螺杆，可以改变曲轴长径与撞块的间隙 λ，λ 越小，胶囊的装量越大。当然装量大小还跟柱塞的直径相关。

③ 喷体组件　喷体组件是完成注料的最后一个步骤，由开关板、分流板和喷体组成。

a. 开关板：软胶囊主机启动后，供料泵已经开始正常注料，此时胶膜还没有制作完成，是不能进行压丸的。通过关闭开关板，使注入喷体组件的物料返回料斗，而不进入喷体。待准备工作做好后，打开开关板，物料通过喷体注入模腔里面的胶膜内。

b. 分流板：生产软胶囊时，其装量大小和形状是根据用户产品的要求确定的。模具上的单排型腔数量，会根据要求的胶囊装量和形状进行最优排列，所以，每种模具的单排型腔数量都不相同。而软胶囊机的供料泵柱塞数量是一定的，这就导致模具的单排型腔数量与柱塞数量不一致（单排型腔数量不大于柱塞数量），通常情况是柱塞数量多于模具单排型腔数量，多出来的柱塞也要参与注料，此时通过分流板将多余柱塞所注物料返回料斗。

c. 喷体：喷体的作用是将物料注入胶膜里面。其另外一个重要作用是对胶膜进行加热，胶膜被导入喷体之前是冷却状态，冷却的胶膜不能被模具压合；当喷体对胶膜进行加热后，模具将两片胶膜对压，使胶膜粘接在一起。喷体通常用高导热性的黄铜制造，温度控制的精度对胶囊成形有很大的影响，所以喷体的温控都是用高精度的温控仪进行调节和控制。胶膜与喷体之间是滑动接触，为了避免滑动不畅和粘接，需要对喷体表面喷涂无毒的聚四氟乙烯高分子材料。

（4）胶囊成型

胶囊成形由安装在主机机头上的两只模具完成。模具与喷体、分流板、模具齿轮具有成套性（图 7-7-21）。

① 模具　胶囊成型由两只模具滚动压制完成，具体分三步：第一步，模具的型腔凸台对胶膜进行切割并压合（胶囊前端）；第二步，喷体完成注料；第三步，模具再对胶膜进行压合并切割（胶囊后端），形成完整的胶囊。

图 7-7-21　成套模具图

② 模具齿轮　与模具配套的配件还有一个齿轮，该齿轮的齿数与模具的型腔数匹配，在更换模具时，需要在机器上安装该齿轮。

③ 机头　机头上有两根主轴安装模具，两根主轴的平行度要求高达 0.02mm。否则可能会导致模具切丸不利，胶囊不能从网胶上脱落。

（5）胶囊剥离

拉网下丸器的作用，就是使胶囊剥离和网胶脱落，其结构示意图见图 7-7-22，外形图见图 7-7-23。

① 毛刷　由于胶囊经过喷体加温后，胶膜变软、黏性增大，部分胶囊会粘接在模腔里面，此时，需要用毛刷将其刷离模具。两个毛刷的旋转方向不同，左侧毛刷顺时针转动，右侧毛刷逆时针转动。

② 剥丸轴　模具使用一段时间后，模腔的切刃会逐渐变钝，导致切膜不完全，同时高温胶囊具有一定的黏性，有些胶囊会粘接在网胶上，不能自行脱落，这些胶囊由剥丸轴剥离网胶表面。剥丸轴是两根运动方向相反的六方轴，六方轴之间的间隙可以调节，以适应不同形状和大小的胶囊。

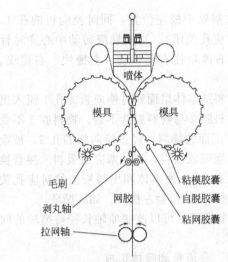

图 7-7-22　拉网下丸器结构示意图

图中标注：喷体、模具、模具、毛刷、网胶、粘模胶囊、自脱胶囊、粘网胶囊、剥丸轴、拉网轴

图 7-7-23　拉网下丸器外形图

拉网轴的作用是拖拽网胶。两根拉网轴外表面滚花（或者铣齿），运动方向相反，当网胶经过拉网轴时夹住网胶（拉网轴的夹力可以调节），拖拽进网胶桶。

（6）胶囊输送

胶囊成型后，由输送机运送到定型转笼。运送的方式有带式输送机和气力吹送机。

① 带式输送机　带式输送机见图 7-7-24，支架一侧安装电机和驱动轴，另一侧安装从动轴，电机可以正反转。电机正转时，合格的胶囊被输送到定型转笼；电机反转时，废弃的胶囊从电机一侧掉入废料箱（一般在调试设备或者生产过程出现意外情况，产生不合格品的时候）。带式输送机噪音低、外观漂亮。缺点是维护和清洁困难，当胶囊较软时，容易粘接在输送带上。

② 风力输送机　风力输送机由接丸斗、支架和风机组成，见图 7-7-25。正常情况下，胶囊掉入接丸斗，风力将胶囊吹进定型转笼；如果产生废弃胶囊，接丸斗可以前倾，废丸从侧面掉入废料箱。风力输送机结构简单，输送可靠，唯一的缺点是噪音略大。

图 7-7-24　带式输送机

图 7-7-25　风力输送机

4. 定型工序的设备

刚压制出来的软胶囊，其温度高，含水率大，所以胶囊较软，容易变形。为了保持胶囊的形状，需要对胶囊的温度、湿度进行降低。转笼干燥机是胶囊的定型设备，由支架、转笼、电机、风机组成。转笼干燥机的外形见图 7-7-26，该干燥机为 4 节，每节可以独立工作，所以其长度可以自由拼接。

（1）支架

支架用于安装电机、风机等，在两侧有四个托轮，托轮托住转笼，支撑住转笼在支架上转动。支架上装有接油盘，在转笼下面，用于接收定型过程中落下的油质、胶囊残渣等杂物，以保持地面清洁。

（2）转笼

对于企业来说，胶囊产品的品种繁多，变更生产品种时，为了避免交叉污染，需要对转笼进行清洁，所以转笼设计为独立组件，易于装卸，目的是便于取出单独清洗。转笼用不锈钢板或者不锈钢丝网材制成，一侧安装驱动齿轮，由电机带动齿轮转动；另一侧安装槽轮，卡住支架上的托轮进行轴向定位。在出丸一侧设置有单向倒料口，正转时软胶囊留在转笼内进行定型，反转时软胶囊自动传递至下一节转笼或排出。

图 7-7-26　转笼干燥机外形图

（3）电机

电机是驱动转笼转动的动力源，具有正反转的功能，电源制式根据用户的要求选择。

（4）风机

风机的作用是加快转笼内部的空气流动，使胶囊的水分挥发更快，缩短胶囊定型时间。

5. 干燥工序的设备

胶囊经过定型以后，囊壳的水分还比较高，形状也不稳定，需要再进一步干燥，降低囊壳的水分，达到产品的合格要求。胶囊干燥设备主要有托盘干燥和转笼干燥。

图 7-7-27　干燥托盘的外形图

（1）托盘干燥

托盘干燥由塑料托盘和移动底托组成，见图 7-7-27。塑料托盘有卡扣，可以两两叠加不滑动，节约厂房空间。底托上安装有四个脚轮，塑料托盘放置在上面，易于移动。

胶囊在托盘干燥上凉置初期，含水率较高，需要频繁翻动，以免胶囊异形，避免托盘与胶囊的接触部位留下接触痕迹。托盘干燥的优点是设备采购成本低廉，缺点是翻动胶囊需要消耗大量的人力。

（2）转笼干燥

转笼干燥分为单层转笼和双层转笼干燥，设备特点与定型工序的转笼干燥机完全相同，单层转笼干燥机见图 7-7-26，双层转笼干燥机见图 7-7-28。很明显，在占地面积相同的情况下，双层转笼干燥机的产量提高一倍。

干燥工序使用的转笼干燥机的优点有干燥后胶囊的形状好，不会产生异形废丸和接触痕迹，提高产品合格率，降低工人劳动强度，减少人力成本。其缺点是设备采购成本高，前期投入大。

6. 检丸工序

灯检台是检丸工序的设备，支架由不锈钢焊接而成，台面铺磨砂玻璃板，玻璃板下面有灯光照射。灯检台见图 7-7-29。

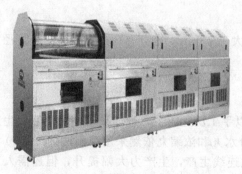

图 7-7-28　双层转笼干燥机外形图

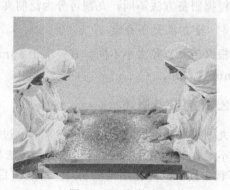

图 7-7-29　灯检台

第八节 丸剂设备

丸剂是指药材细粉与赋形剂按比例混合制成的圆球形制剂。中药丸剂为传统的剂型，是在汤剂的基础上发展而来，具有口服方便、保质期长、胃肠道崩解缓慢、逐渐释放均匀、缓释吸收、作用持久等特点。

一、概述

1. 丸剂分类

（1）按赋形剂分类

将药材细粉与不同赋形剂混合，可分别制备为蜜丸、水蜜丸、水丸、浓缩丸、糊丸、滴丸等。

① 蜜丸　指药材细粉与蜂蜜按比例混合后制成的丸剂。按重量大小和制法不同又可分为大蜜丸和小蜜丸。大蜜丸制备为轧辊成型制丸，要求圆、光、亮、剂量准、崩解时限符合中国药典规定。小蜜丸制备为切搓成型制丸，要求大小均匀、色泽一致、丸型圆整、干燥均匀、崩解时限符合中国药典规定。

② 水丸、水蜜丸　指药材细粉与纯化水或经规定处理的蜡、蜜水等赋形剂按比例混合后制成的丸剂。水丸制备分为泛制和机制成型制丸，要求大小均匀、色泽一致、干燥均匀、崩解时限符合中国药典规定。另外，除中药水丸外，蒙药、藏药也属于水丸。

③ 浓缩丸　指药材细粉与提取浓缩液（浸膏）或浸膏粉与纯化水或乙醇按比例混合制成的丸剂。浓缩丸制备分为泛制和机制成型制丸，要求大小均匀、色泽一致、圆整、干燥均匀、崩解时限符合中国药典规定。

④ 糊丸　指药材细粉与淀粉糊、米糊按比例混合制成的丸剂。糊丸制备为泛制和离心机制成型制丸，要求大小均匀、色泽一致、圆整、干燥均匀、崩解时限符合中国药典规定。

⑤ 微丸　指直径小于 $\phi3mm$ 的丸剂。微丸制备为泛制成型制丸，要求大小均匀、色泽一致、圆整、干燥均匀、崩解时限符合中国药典规定。

⑥ 滴丸　指药材或药材中提取的有效成分与水溶性基质、脂肪性基质制成的溶液或混悬液，滴入另一种有机混溶的液体，经冷却剂冷却后形成的丸剂。滴丸制备为机制成型制丸（见第八节滴丸剂生产联动线）。由于滴丸剂生产设备和其他丸剂设备差别较大，故单独介绍。

（2）按重量分类

根据药丸重量，丸重小于 0.5g 为小丸，丸重大于 0.5g 为大丸。

（3）按制备方法分类

根据制备方法不同，丸剂可分为泛制丸、机制丸、滴制丸。

（4）按直径大小分类

根据药丸直径大小不同，直径小于 $\phi3mm$ 为微丸；直径大于 $\phi3mm$，小于 $\phi12mm$ 为小丸；直径大于 $\phi12mm$ 为大丸。

2. 丸剂设备概述

丸剂是在汤剂的基础上发展而来的。过去传统生产方式以手工泛丸为主，生产设备相对落后，生产能力也不足；20 世纪 80 年代开始采用切搓法单机制丸，而部分水丸和浓缩丸依然采用泛制法加工；20 世纪 90 年代中期，开始使用机械制丸生产线。目前已达到机械化连线生产，生产力大幅提升，但还需人工控制处理。

泛制法是我国传统的水丸制作方法，也是我国独有的中药制作方法。最初是手工泛丸，它的工艺过程可分为原料粉的准备及起模、成型、盖面、干燥、过筛、包衣打光、质量检查等。起模是泛丸成型的基础，是制备水丸的关键环节，模子的形状直接影响成品的圆整度、模子的粒度差和数目，也影响筛选次数、丸粒规格及药物含量的均匀度。由于手工泛丸劳动强度大，产量低，污染严重，现基本已经被机械泛制所代替。

根据制丸机的结构设备，丸剂设备可以分为立式制丸机、卧式制丸机及蜜丸机。

二、中药大蜜丸生产线

1. 中药大蜜丸生产线工艺流程

混合→饧坨→挤出切片→制丸→晾丸→玻璃纸包裹→扣壳→蘸蜡→印字→泡罩→装盒。

2. 中药大蜜丸生产线工艺设备流程

中药大蜜丸生产线工艺流程见图 7-8-1。

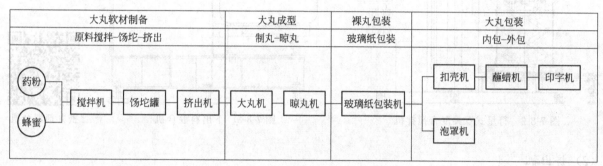

图 7-8-1　中药大蜜丸生产线工艺流程

（1）软材制备

混合均匀的药粉通过药粉称重装置，由旋振筛筛粉后，用真空吸料机加入位于电子秤上的容器内，称量后由送料车送至混合搅拌机，由真空吸料机吸入混合缸内；蜂蜜经炼蜜后，通过泵和输蜜管道输送到蜜计量称重装置，按工艺要求比例称出蜜质量，自动加入混合缸内。加粉加蜜全封闭进行，无粉尘。搅拌混合均匀后，使用送料车将混合缸取下，送入醒坨架待用。醒坨后的混合缸再由送料车取出，自动送入挤出切片机，由挤出切片机切出薄厚均匀的药坨。

（2）制丸成型

均匀的药坨自动落入六轧辊大丸机存料盘内。药坨经单臂机械手自动加入大丸机进料口，由双螺旋推进挤出药条，出条筒为可通入热水和冷却水的夹层水套。由轧丸机构根据重量要求制成丸剂。制丸过程自动完成刷油和蠕动泵滴酒精操作。制出的丸通过输送带送出，由转臂机械手自动抽检，并进行反馈，通过安装在出条嘴上的伺服电机调节出条嘴大小，保证丸重在规定范围内。成品丸被输送至带有冷却蒸发器的晾丸机进行晾丸，不合格丸自动返回制丸机重新制丸。

（3）内包

药丸经晾丸处理后一部分送入扣壳机内，通过对上下壳的自动振动整理，将丸通过机械手抓取，药丸被扣在上下塑壳内。空壳无丸可通过视觉传感器自动检测剔除；未扣上的壳与丸会自动分离剔除，扣好的塑壳传送到蘸蜡机，通过蘸蜡次数和温度的控制，使塑壳表面蘸上薄厚均匀、质量一致的蜡，然后通过冷却输送进入印字机，将需要的药品名及标志印在蜡壳表面。蘸蜡过程中消耗的蜡，可通过化蜡和补蜡系统自动补给。

（4）外包

印字后的塑壳自动输送至泡罩机入塑料托内，并直接进入装盒机装盒；另一部分药丸可以直接进入泡罩机进行泡罩包装后，再进行枕式包装。可通过检测机将缺丸包装剔除，再自动输送到装盒机自动装盒，然后输送到裹包机进行中包，再由机械手进行抓取后进行开箱、装箱和封箱，同时进行监管码处理，最后由捆包机捆扎，输送到立体库房储存。

3. 设备基本原理

（1）混合设备

混合机一般按结构分为行星式双桨搅拌混合机、下出料混合机、分体式混合机、槽型混合机、双动力混合机等。行星式双桨混合搅拌机、下出料混合机、分体式混合机、槽型混合机、反动力混合机原理见混合设备。图 7-8-2 和图 7-8-3 分别为行星式双桨混合搅拌机、下出料混合机的结构示意。

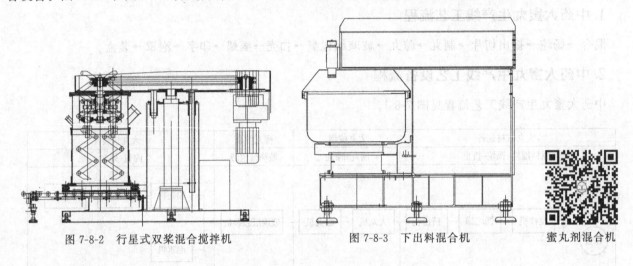

图 7-8-2　行星式双桨混合搅拌机　　　　图 7-8-3　下出料混合机　　　蜜丸剂混合机

（2）挤出机

该机与大蜜丸制丸机、轨道输送机等配套使用，混合静置后的混合桶经轨道输送机送至药坨挤出切片机，定位抱紧后自动切片。切下的药坨掉落至大蜜丸托盘中。图 7-8-4 为挤丸机的实物图和结构示意。

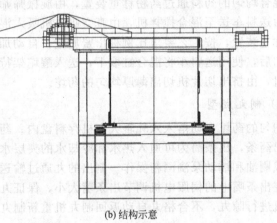

(a) 实物图　　　　　　　　　　　　　　　　(b) 结构示意

图 7-8-4　挤出机

（3）大蜜丸机

大蜜丸成型主要以水平轧辊成型方式为主，根据轧辊的数目分为二辊、三辊、五辊及六辊等，这是目前大蜜丸生产的主要机型。另外也有用小丸对辊成型的方法制作大丸，但表面不光亮。

多轧辊大丸机的成型原理为传统的三辊机型，现在采用交流伺服数控加以改进提升，这种改进的大丸机在成型过程中对药丸的摩擦时间较长，使药丸表面光亮，不需用另外的涂油设备。

大丸机由推进料仓机构、输条机构及滚刀机构三大部分组成。将炼制好的物料通过料仓翻板的挤压，在推进料仓中推进器的推力下，药条由出条嘴被挤出，当药条达到一定长度，自动切刀将其切断，再由分配器按一定的速度将药条送入滚刀内，可制出大小均匀的药丸。滚刀根据药丸的规格专门加工制造。三辊蜜丸机适用于药厂的大批量蜜丸、大蜜丸，可制规格为3～9g。

六辊蜜丸机（图7-8-5）将混合均匀的药料投入到进药仓内，通过进药腔的压药翻板，在螺旋送料推进器的挤压下，推出一条可微调直径的药条。药条出条速度通过变频器控制，挤出的药条在多个托条小轴的转动下，经推条板推到制丸刀辊内，刀辊经过开合，连续制成大小均匀的大蜜丸。

(a) 实物图

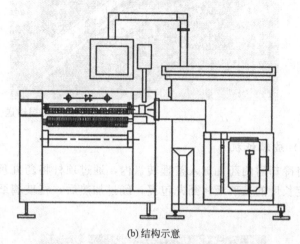
(b) 结构示意

图 7-8-5　六辊蜜丸机

（4）自动涂油机设备用途

涂油机（图7-8-6）是中药丸剂生产线的配套产品。主要用于大蜜丸药丸表面粘附油膜的加工，从而使药丸顺利进入下一道工序。自动涂油机适用于药厂的大批量大蜜丸物料表面粘附油膜的加工。

（5）晾丸系列设备

药丸在制作过程中，根据药性、工艺等要求会对药丸进行冷却。因此需要晾丸系列设备。传统的晾丸方式是托盘放在多层架子上，在房间里静置晾丸，这种方式用人较多、时间长，而现在的晾丸设备可实现自动化。

① 多层托盘升降平移式晾丸机　制作完成的药丸布满托盘中，由输送带缓慢进入冷却箱，药丸与冷风接触，在对流、辐射的作用下，药丸里的热量被冷风带走，达到降低药丸温度的作用。温度升高了的冷风被风机吸入后，吹向冷凝器再次变成冷风吹入冷却箱。风在冷却箱内循环，反复冷却药丸。图7-8-7为多层托盘升降平移式晾丸机实物图。

图 7-8-6　涂油机

图 7-8-7　多层托盘升降平移式晾丸机

② 多层输送带式晾丸机　采用PU输送带输送药丸，在输送过程中，增加冷却风扇及防护罩对药丸表面进行吹冷风处理，使润滑剂和部分水分挥发，防止药丸粘连。图7-8-8多层输送带式凉丸机实物图。

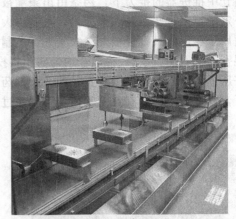

图 7-8-8　多层输送带式晾丸机

（6）玻璃纸机

将冷却后的药丸加入整理转盘内，通过顶杆将药丸顶出并夹紧，同时玻璃纸输送机构（图 7-8-9）送出一定长度的玻璃纸将药丸包裹；经过加热后，将玻璃纸黏牢，最后由吹气机构将包裹好的药丸吹落到溜槽上。

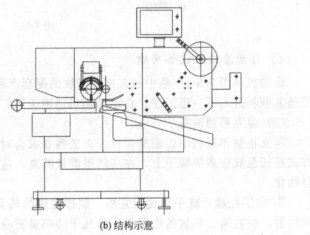

(a)实物图　　　　　　　　　　　　　　　(b)结构示意

图 7-8-9　玻璃纸机

（7）扣壳机

扣壳机采用直线型设计，将气动技术、电磁振动技术、真空机械手、伺服控制技术、光电控制技术等一系列先进技术集于一机。针对大蜜丸的包装采用塑壳封蜡包装，是将药丸放进两半球的塑料壳内，再将上下壳相互扣合的设备。图 7-8-10 为扣壳机的实物及结构示意。设备工作时，上下壳通过电振供料输送到电振板上，经过振动源及滚刷转动的清除，使上下壳有序地分成若干排。下壳电振板与输送链板直接相连，通过下壳输送机构将下壳送入主输送模板条孔内。通过药丸机械手上的真空吸盘将药丸放在有下壳的模具内。再通过上壳机械手上的真空吸盘将上壳放在装有药丸的下壳上，通过扣壳模具将上下壳扣紧。在模板条上、下方沿步进转动方向从右至左安装有：下壳上料定位机构、取药丸装置、药丸检测装置、取上壳装置、扣壳装置、成品及半成品导出装置、成品及半成品分流装置。

（8）蘸蜡机

蘸蜡机［图 7-8-11(a)］是将错乱无序的塑壳通过输送落入定距的定位孔中，再通过由电缸控制的吸盘，将扣好药丸的塑壳吸至蘸蜡支撑架上。蘸蜡支撑架通过凸轮间歇机构驱动，带动转盘转动到下一个工位，然后由气缸来完成上下往复运动，从而完成一次蘸蜡过程。本机可完成自动连续上壳、布壳、蘸蜡、冷却及出壳过程。

(a) 实物图

上壳料斗　上壳布料机构
抓取上壳机构
抓取药丸机构
药丸布料机构　下壳料斗
下壳布料机构

扣壳机构

成品料斗

(b) 结构示意

图 7-8-10　扣壳机

大蜜丸剂装壳、扣盖

蘸蜡机是由上丸机构、真空吸料机构、蘸蜡盘机构、成品出料冷却机构、捞丸机构等组成，如图 7-8-11 (b) 所示。上丸机构是将扣合的塑壳有序排列，使其到达指定位置；真空吸料机构是将有序排列的塑壳同时吸起，送到蘸蜡盘的支撑架上；蘸蜡盘机构是支撑架通过凸轮间歇机构驱动，由转盘带动到下一个工位，然后由气缸来完成上下往复蘸蜡运动，从而完成一次蘸蜡过程；成品出料冷却机构是将已蘸蜡的塑壳进行冷却，使表面的蜡层凝固，一般用水冷却；捞丸机构是指将已蘸蜡的塑壳从冷却水中捞出并输送。

(a) 实物图

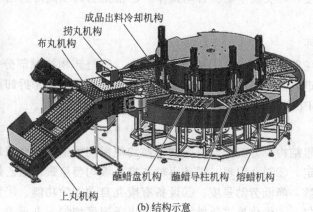

成品出料冷却机构
捞丸机构
布丸机构

上丸机构

蘸蜡盘机构　蘸蜡导柱机构　熔蜡机构

(b) 结构示意

图 7-8-11　蘸蜡机

大蜜丸剂蘸蜡工序

(9) 印字机

将蘸蜡后的蜡壳由输送带输送到料斗中，在料斗中通过蜡壳支承板向斜上方间歇运行，将蜡壳均匀分布到支承板每个孔中。在伺服电机带动下将支承板移动到胶头下方，印字工位将蘸完墨的胶头向蜡壳上方压去，将字印在蜡壳上。图 7-8-12 为印字机的实物图。

图 7-8-12　印字机

大蜜丸剂丸壳印字机

4. 中药大蜜丸生产线实际布局

图 7-8-13 为中药大蜜丸生产线布局图。

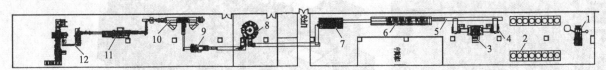

图 7-8-13　中药大蜜丸生产线布局图

1—混合机；2—饧坨缸；3—挤出切片机；4—大蜜丸机；5—输送带；6—晾丸机；7—扣壳机；
8—蘸蜡机；9—印字机；10—泡罩机；11—装盒机；12—装箱机

大蜜丸生产线

5. 中药大蜜丸生产线设备特点

（1）混合机

①一次性装机容积大，生产效率高，最适合在大批量的生产流水线上使用。②混合搅拌均匀，特别适合对黏稠物料的强力搅拌，如浓缩丸、蜜丸及食品行业面粉类物料。③同物料接触的部分全部采用优质不锈钢材料，搅拌过程无死角及盲区，符合 GMP 要求。④出料方便，可用挤料机将桶内药料全部挤出，减轻劳动强度。⑤搅拌时无粉尘外出，净化了车间生产环境。⑥操作方便，可实现手动、自动操作。⑦根据物料不同可选用不同形状的搅拌桨，搅拌桨转数可实现无级调速。

（2）挤出切片机

①切片后的药坨厚薄均匀，便于制丸工位生产。②与药物接触部分全部采用优质不锈钢，符合 GMP 标准。③混合桶从进入至输出可由周转车处理，减轻劳动强度。④拆卸清理方便，自动化程度高，密封性好，无泄漏。⑤由 PLC 程序控制，人机界面操作，自动化程度高。

（3）大蜜丸机

①率先使用轧辊结构，刀辊开合及工位转换均使用伺服电机配合滚珠丝杆和直线导轨驱动。刀辊运转平稳，设备性能稳定。②制丸刀辊、送条小轴和推条板均喷涂聚四氟乙烯材质，表面光滑，不易粘药，可以减少人工刷油次数，降低劳动强度。③设备有废丸自动剔除功能。④优化刀辊结构设计，确保药丸形状圆整光亮，大小均匀。⑤优化推进器结构，保证出条速度均匀，丸重差小，符合药典规定。⑥自动化程度高，密封性好，减少了药物的染菌机会。⑦出条筒前端有加热装置，可提高药药物温度和黏度，有利于药丸成型；同时推进器炮筒配有冷却水套，可根据药物黏度选择使用加热或者冷却。⑧填料高度适中，减轻工人劳动强度，推料部分可转位 90°，方便拆卸和清洗。

（4）晾丸机

①可连续生产、生产效率高、适于连线使用。②速度可在大范围内调整，以适于不同种类药物的生产需要。③操作方便。④全部采用不锈钢制造，四周开门，维修方便。

（5）玻璃纸机

①生产效率高，产品包装成型后美观大方、包形统一。②光电、单片机全程自动跟踪可以实现同步精确送纸，保证成品率。③运行过程中可根据需要随时进行动态调整。④整机传动平稳，性能可靠，操作简单，维修和清洗方便。

（6）扣壳机

①成品率高，达 96％以上。②光电检测确保无空丸现象。③运行可靠，故障率低。④对药丸及壳无破坏性，半成品可再次利用。⑤产量高。⑥各工位功能在水平面上完成，可视性好，维修方便。

（7）蘸蜡机

①在连续蘸蜡的生产过程中可保证蜡壳表面光滑，具有良好的密封效果。蘸蜡后的成品蜡层厚度均

匀、外形美观。生产能力及成品率均优于传统的手工蘸蜡，能够赢得广大用户的认可。②本机在生产过程中可以轻松地调整由于外界环境所造成的水温、蜡温不稳定的现象。同时更换配件后能够适应3g、6g、9g大蜜丸的蘸蜡过程。如有出现特殊规格的产品类型可根据用户的需求定做所需配件。③机身外形美观。占地面积适中，空间利用充分。

（8）印字机

①在连续印字的过程中可以保证蜡壳字迹清晰，印字后，经过热风加热的蜡壳上表面蜡层稍微熔化，使字体附着能力更强，再由冷风机迅速吹冷，通过顶壳系统将壳顶出，进入下一道工序。②生产过程中，生产厂家在更换不同品种时，或更换各种不同重量规格的蜡壳时，只要更换印字钢板即可。能够完成各种规格大蜜丸的印字过程。③机身造型美观，结构合理，占地面积适中。

三、中药小丸生产线

1. 中药小丸生产线工艺流程

混合→炼药→制丸→晾丸→撒粉→整形→筛丸→干燥→选丸→包衣

2. 中药小丸生产线工艺设备流程

中药小丸生产线工艺设备流程见图7-8-14。

小丸生产工艺

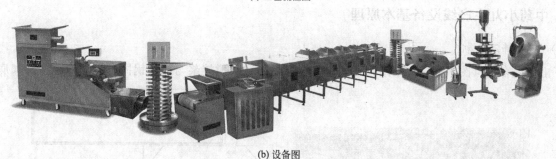

(a) 工艺流程图

(b) 设备图

图 7-8-14　中药小丸生产线

（1）软材制作

采用送料车将混合均匀的药粉送入缓冲间，由送料车将粉自动送入称量间。混合均匀的药粉通过电子秤称重后，由送料车将周转桶自动转至下出料混合机，并由真空吸料机自动加入混合锅内。浸膏按工艺文件比例要求称重后由提升翻转装置自动倒入下出料混合机内进行混合。混合浆和混合锅同时转动，无级变频调速。无轴端泄漏污染药物，混合更均匀。混合均匀后的药坨由下出料混合机的下口输送带送出并通过无轴螺旋输送到双层炼药机进料口进行精混，炼药机采用双螺旋双层挤压出条，无需人工操作，使药坨更均匀、密实、滋润。

另外，鉴于部分药厂厂房有限、产量不高的情况，也可用槽型混合机或者其他形式的混合机进行软材制作，不足之处就是产量相对较低，且无法连线生产，自动化程度较低。

（2）丸剂成型

精炼药坨加入制丸机料口。出条筒自带加热和冷却的夹层，对物料进行加热和冷却处理，使药条圆润光滑，多条同步。制丸模具采用精密锻造高强度铝合金，加工性、耐磨性更好。酒精喷洒采用蠕动泵，定量、定时、定点及定位。从出条到制丸采用光电开关检测药条上下限位置，在上下限位置范围内的药条为重量合格药丸。药条超过上限位置时，推条速度慢，药条被拉细，丸轻，推条速度通过变频调速自动加快；药条超过下限位置时，推条速度快，药条堆积，丸重，推条速度通过变频调速自动变慢。该设备可实现自动反馈控制，制成大小均一、表面圆润、色泽一致的药丸。经带有冷却风扇的晾丸机输送到撒粉机，通过螺杆下粉，滚筒转动，使药丸表面裹粉均匀。撒粉后的药丸自动进入连续整形抛光罐进行整形处理。整形抛光罐可以设置整形时间，正反转。转动可以变频无级调速。整型后的丸再输送到滚筒筛丸机进行大小筛选。筛选合格的丸进入复合热风多层智能隧道干燥机。不合格的丸由真空吸料机返回制丸机重新制丸。

（3）干燥

干燥机共五层，三层干燥，两层冷却。通过管道排湿比例阀门和自动变频调速排湿风机实现箱体和物料温湿度精准控制。通过水分在线检测，对输送带进行自动变频调速，使物料干燥水分合格。干燥后的药丸由真空吸料机吸至离心选丸机进行选圆处理并装入周转桶。

（4）包衣上光

检验合格的药丸由送料车送入翻转包衣上光锅室，由带有悬臂电子秤的真空吸料机计量吸入锅内，进行包衣抛光处理。根据物料重量，通过多台蠕动泵实现多种液体的定时、定量添加，通过可调喷粉加粉实现药粉和固体辅料的定时、定量添加，达到包衣上光效果。抛光锅翻转倒出药丸由输送带送入周转桶。

（5）内包

抛光后的药丸通过送料车将周转桶送入带有视觉检测的高速条板数粒机中，再经由高速理瓶机、高速数粒机、回转旋盖机、电磁封口机、高速贴标机组成的瓶装线完成药丸的数粒装瓶。

（6）外包

先数粒装瓶后再进入装盒机装盒。瓶、盖、丸、标签、盒自动供给。对于倒瓶、检测缺粒、旋盖不紧、封口不严、贴标不正，可自动检测剔除。再进入裹包机进行中包。然后由机械手抓取进行开箱，装箱，封箱，同时打印监管码。最后进行捆扎包装，并自动输送到立体库房储存。

3. 中药小丸生产线设备基本原理

（1）下出料混合机

下出料混合机（图7-8-15）采用行星式双桨搅拌结构，双搅拌桨与搅拌锅同时相对转动，外加底部刮

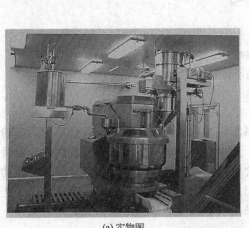

(a) 实物图

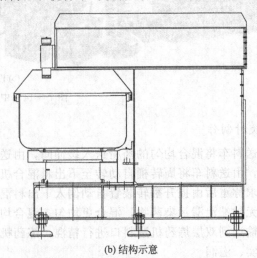

(b) 结构示意

图 7-8-15　下出料混合机

料板对物料的翻转作用，使物料得到充分的混合。在搅拌过程中无死角及盲区，是一种较新的搅拌结构。锅底部自动出料，可自动排出混合好的物料。

（2）炼药机

炼药机是制丸线的配套设备，是制丸生产线的前级加工设备，一般按结构分为单层炼药机、双层炼药机和三层炼药机。适用于加工各种软硬不同的药坯及粉状的药剂，尤其适用于对高黏性、高硬度物料的加工。其中单层炼药机（图7-8-16）由螺旋推进料仓组成。

单层炼药机工作的基本过程：将已粗混合的药料投入到炼药机的入料口内，在压板和螺旋推进器的作用下混压成有一定直径的均匀药段，使药物和赋形剂充分挤压、混合，均匀分布。双层炼药机（图7-8-17）可以两层同时工作，形成软硬适中的药坨。

图 7-8-16　单层炼药机外形图

(a) 实物图

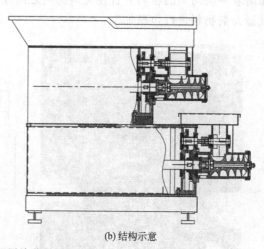

(b) 结构示意

图 7-8-17　双层炼药机

（3）制丸机

将混合均匀的药料投入到料斗内，通过进药腔的压药翻板在螺旋推进器的挤压下，推出多条相同直径的药条。在自控导轮的控制下同步进入搓动切药的工作过程后，连续制成大小均匀的丸剂。

图7-8-18为制丸机的实物与结构示意。推条料仓由进料翻板及螺旋推进器组成。进料翻板的旋转给物料一个向下的压力，使物料能够进入螺旋推进器，螺旋推进器的旋转，给物料一个向前的推力，通过这个推力物料将沿着出条模板形成一根或多根等径连续的圆柱形药条。

(a) 实物图

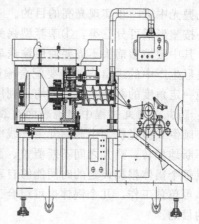

(b) 结构示意

图 7-8-18　制丸机

为使圆柱形药条通过光电轮进入输条机构，光电轮的信号反馈会自动跟踪从而调节输条速度；使药条根据料仓出条速度同步运行，输条机构会将药条送至搓丸机构内。搓丸机构为做往复揉搓的刀具机构，当药条输送至搓丸刀具时，药条通过搓丸刀具的揉搓变成球形的药丸。搓丸刀具是根据不同规格的药丸进行专门加工的，能够在搓丸过程中进行药条的切断和揉搓，使药丸能够紧密粘合，并保持药丸的球度。整机控制系统由可编程控制器PLC、人机界面（触摸屏）、旋转编码器、控制模块等组成。操作人员可在触摸屏上来完成设备的操作。

这种制丸机一般用于制作小丸，也可用于大丸制作。只是用这种制丸机制作大丸时，丸型、光泽度以及成品效果不如小丸好，制作大丸还是推荐专门的大蜜丸机。

（4）晾丸机

同"中药大蜜丸生产线中的晾丸机"。

（5）撒粉机

撒粉机（图7-8-19）是中药丸剂生产线的配套产品。为各类制丸机制出的丸剂物料进行包粉加工，使物料表面附着一层均匀的粉料并且使丸剂物料之间互不粘连而顺利进入下一道工序。自动撒粉机适用于药厂的大批量丸剂物料进行包粉加工。

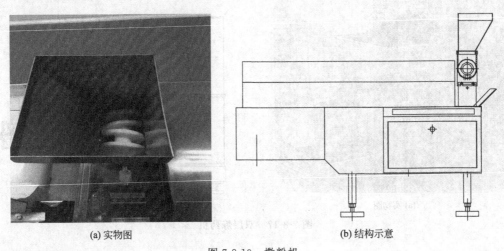

(a) 实物图　　　　　　　　　　　(b) 结构示意

图 7-8-19　撒粉机

撒粉机工作过程：将药粉存放到料斗内，通过螺杆输送，连续均匀地将药粉加入转动滚筒内。同时将制丸机制出的药丸输送到滚筒内，经滚筒连续滚动使药粉包裹药丸表面，达到药丸之间不粘连、包裹药粉均匀的目的。

（6）抛光整形系列设备

抛光整形设备分湿丸整形和干丸抛光。在湿丸整形过程中完成对湿丸表面的再处理，达到表面圆滑的目的，然后在干丸抛光中进一步实现光亮的目的。

抛光整形设备按整形锅可分三类：①荸荠型锅头，这也是最常用的锅形；②高脚杯型锅头；③两头开口的腰鼓型锅头。其中腰鼓型锅头不需要使用输送带进出物料，由多个锅头串在一起，实现整形生产线；另外两类锅头在整形生产中的进出物料需要配合输送带或真空吸料机。荸荠型锅头可实现180°翻转，高脚杯型锅头可实现一定角度的翻转，这两类均是利用锅头的翻转实现出料的。

① 基本原理　药丸在制丸过程中出现表面有裂纹等粗糙现象，通过抛光过程，使其表面变得光滑，椭圆的变得更圆。倾倒式抛光机为中药制丸生产线中的配套设备，适用于各种药丸的表面打磨、抛光。药丸在旋转锅体内不断地翻转，药丸之间不断覆盖、翻转及摩擦，使药丸表面变得光圆，达到整形抛光的目的；倾倒式抛光机每个锅体根据设定的时间能够自动翻倒出料，立正进料。倾倒式抛光机是由多个锅体组合而成，每个锅体可单独工作，几个锅体也可组合工作，可达到连续进料出料的效果，能够在丸剂流水线上实现连续生产的目的。

② 基本结构

a.倾倒式抛光机　它是根据糖衣锅的原理通过实验研发出的一种最先进最理想的抛光机。本机由抛光锅体、倾倒机构、进料机构、出料机构、撒粉喷浆机构组成，如图 7-8-20 所示。

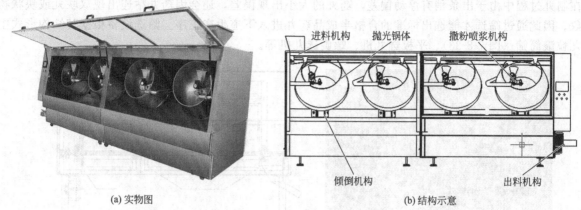

(a) 实物图　　　　　　　　　　　　　　　(b) 结构示意

图 7-8-20　倾倒式抛光机

b. 翻转式整形机　抛光锅自身旋转的同时，又可以进行上料和出料时的翻转。上料时，抛光锅锅口朝上，物料通过输送带输送到抛光机内；上料结束后，抛光锅旋转进行圆丸整形，抛光结束后，抛光锅翻转，使锅口朝下进行出料。图 7-8-21 为翻转式整形机的实物及结构示意。

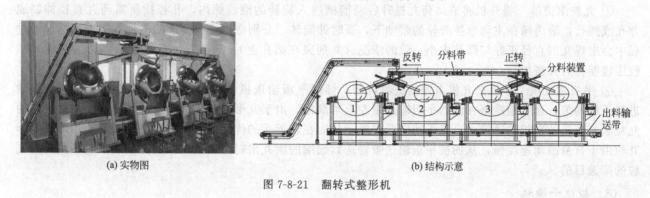

(a) 实物图　　　　　　　　　　　　　　　(b) 结构示意

图 7-8-21　翻转式整形机

c. 整形上光机　它是由若干个滚筒为一组组成的，如图 7-8-22 所示。提升输送机将制丸机制出的药丸提升后，经料斗进入到第一个滚筒内，经过一定时间的正向滚动后，自动反转输送到第二个滚筒内，直至最后一个滚筒完成整形过程。从滚筒滚出的药丸经提升机输送到下道工序。整个过程由 PLC 程序控制，自动完成。

(a) 实物图　　　　　　　　　　　　　　　(b) 结构示意

图 7-8-22　整形上光机

对于上述三种抛光机，倾倒式抛光机、翻转式整形机可以在生产过程中随时撒粉和喷浆，而整形上光机则无法做到撒粉和喷浆功能。

（7）筛丸机系列设备

在制丸过程中由于出条稍有浮动偏差，药丸的大小出现误差，还会因药丸粘连出现双联丸或块状物料等现象。因此通过筛选才能选出标准的合格半成品药丸进入下道生产工序。筛选设备根据其结构形式主要分为丸粒滚筒筛（图7-8-23）、平板选丸机、螺旋选丸机等。

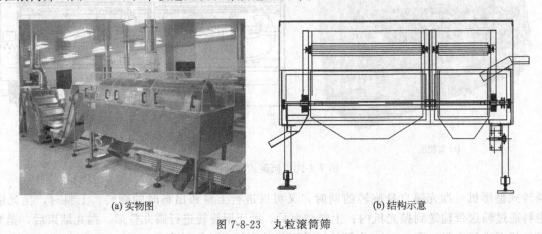

(a) 实物图　　　　　　　　　　　　　(b) 结构示意

图 7-8-23　丸粒滚筒筛

① 丸粒滚筒筛　提升机将成品药丸提升后经溜槽进入旋转的滚筒筛内，孔径按所需药丸直径冲制成方孔或圆孔，滚筒筛在主动摩擦胶轮的带动下，顺时针旋转，分别选出符合要求的各种丸剂。在筛选的过程中会出现丸剂直径正好与筛孔大小一致的情况（丸剂夹在筛孔上），这时安装在滚筒筛侧边的滚刷或硅胶压辊能将药丸挤出。

② 平板选丸机　平板选丸机由振动进料机构、倾斜平板输送机构、接料机构组成。药丸物料从振动进料机构均匀、连续地跌落在倾斜平板输送带左上角部位，由于丸形自身的滚动性差异，圆度相对较好的丸粒顺着倾斜的平板输送带由高点迅速向低点滚动从而在较近端的优丸出料口被收集，扁形或烂形或异形丸粒由于自身滚动速度慢，从而被平板输送带输送到远端的次丸出料口被收集，从而实现了对不同外形丸粒的筛选目的。

（8）微波干燥机

微波发生器产生微波，经馈能装置输入微波加热器中；物料由传输系统送至加热器中，此时物料中的水分在微波能的作用下升温蒸发，水蒸气通过抽湿系统排出，从而达到干燥目的。由于微波是直接作用于物料，所以干燥温度低、速度快，药物中有效成分的损失很小，并能使药物在干燥后保持不变色。图7-8-24所示为微波干燥机的实物图及结构示意。

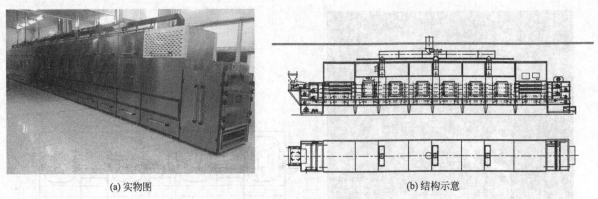

(a) 实物图　　　　　　　　　　　　　(b) 结构示意

图 7-8-24　微波干燥机

（9）螺旋选丸机

螺旋选丸机一般为多层等螺距、不等径的螺旋轨道，根据不同的物料来制作其每次的离心坡度，如图7-8-25所示。由吸料机吸入的药丸跌落到螺旋轨槽内时，在底斜面上做匀速圆周运动，在离心力的作用下，圆药丸与次丸产生速度差，就能够将圆丸与次丸自动分开，由底部分别流入成品容器和废品容器内，从而达到筛选的目的。

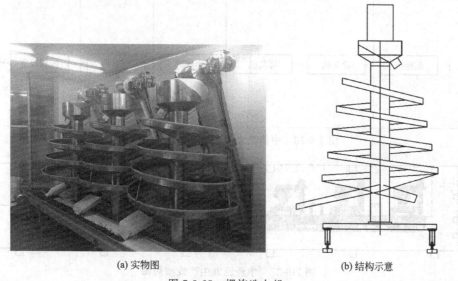

(a) 实物图　　　　　　　　　　　　(b) 结构示意

图 7-8-25　螺旋选丸机

（10）包衣机

干燥后的丸剂定量加入包衣锅内。包衣锅顺时针旋转，使药丸在锅内产生旋转，相互进行滚动，并定时、定量加入辅料和液体，经过一定时间后，使药丸表面光亮、圆整，从而达到包衣的目的。

四、中药泛丸生产线

1. 中药泛丸工艺

中药泛丸生产工艺流程为：起模→泛丸→筛丸→烘干→选丸→包衣。

① 起模　细粉与纯化水或黏合剂按比例通过起模机进行起模，丸径大小 $\phi 1.5 \sim 2 \mathrm{mm}$。细粉由螺杆加粉器定时定量加入，纯化水由蠕动泵定时定量加入。工作由 PLC 控制，触摸屏操作。

② 泛丸　起模后由真空吸料机加入翻转泛丸机内，翻转泛丸机由直径 $\phi 1000 \mathrm{mm}$ 的荸荠型泛丸锅组成。泛丸过程可自动定量，定时加入纯化水和细粉，达到所需直径或重量时，通过翻转自动倒入输送带。

③ 筛选　泛丸后的药丸，送入丸粒滚筒筛进行大小筛选，设备同小丸生产设备。

④ 干燥　同"中药小丸生产线设备"。

⑤ 包衣　干燥后的药丸自动加入高效包衣机进行包衣处理。包衣材料可以定时定量加入。设备同小丸生产设备。

⑥ 内包　经过处理后的药丸自动进入瓶装和袋装进行包装。

⑦ 外包　最后再进入装盒机包装，由裹包机进行中包处理后，再开箱，装箱，封箱。同时进行监管码处理。最后进行捆包，由输送带传送至立体库房储存。

2. 中药泛丸生产线工艺设备流程

中药泛丸生产线工艺设备流程见图 7-8-26。

3. 中药泛丸生产线实际布局

中药泛丸生产线实际布局范例见图 7-8-27。

泛丸工艺

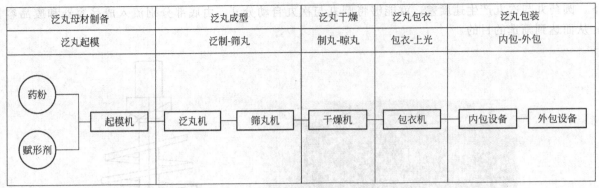

泛丸母材制备	泛丸成型	泛丸干燥	泛丸包衣	泛丸包装
泛丸起模	泛制-筛丸	制丸-晾丸	包衣-上光	内包-外包

图 7-8-26　中药泛丸生产线工艺设备流程图

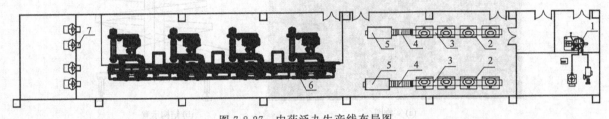

图 7-8-27　中药泛丸生产线布局图

1—起模机（包含辅机）；2—泛丸机；3—泛丸收料带；4—提升机；5—筛丸机；6—干燥机；7—包衣机

4. 中药泛丸生产线设备基本原理

（1）起模机

离心转盘带动物料在工作腔内旋转形成涡旋运动的粒子流，在此粒子流的表面喷洒适量的雾化的黏结剂，使粉料在黏结剂微小液滴的作用下凝聚成微小颗粒，此过程称为母粒（或称丸芯）制备。起模机的外形见图 7-8-28。

（2）翻转泛丸机

将起模机制成的丸芯加入翻转泛丸机内；同时，定时、定量加入药粉和液体，在翻转泛丸机内不断变大，直到达到所需丸径后，自动出料。图 7-8-29 所示为翻转泛丸机实物图。

图 7-8-28　起模机

图 7-8-29　翻转泛丸机

（3）滚筒筛丸机

设备同"中药小丸生产线设备中筛丸机"。

（4）微波干燥机

设备同"中药小丸生产线设备中微波干燥机"。

（5）选丸机

设备同"中药小丸生产线设备中选丸机"。

（6）包衣机

设备同"中药小丸生产线设备中包衣机"。

第九节　滴丸剂生产联动线

一、概述

滴丸剂是指原料药物与适宜的基质加热熔融混匀后，滴入不相混溶、互不作用的冷凝介质中制成的球形或类球形制剂。

滴丸剂是我国特有的药品剂型，是由药物原料与基质熔融后，将均匀的料液滴入冷却液中收缩制成的球型或类球形制剂，其本质是药物分散体技术的具体应用结果。其制剂即有化学药品制剂，也有中药制剂。尤其在中药制剂中得到了广泛的应用。滴丸剂不仅吸收快，作用迅速，而且取得了很好的临床效果和广泛应用。滴丸剂的发展与应用在制药界赢得了广泛的认同和青睐，滴丸制剂理论和工艺日益成熟，与制药设备的融合也日益完善。单元式的滴丸生产设备及集成式的自动化滴丸生产线设备的市场化，满足了不同规模企业的药品生产需要，使之滴丸在行业内影响日增，在现代中药制剂发展上起了十分重要的作用。

二、滴丸剂的生产工艺基本流程

一般滴丸具有剂量小、生物利用度高、服用方便、可舌下含服等剂型优势特点，制剂过程无粉尘，具有良好的发展前景。滴丸剂的生产工艺基本流程见图7-9-1。

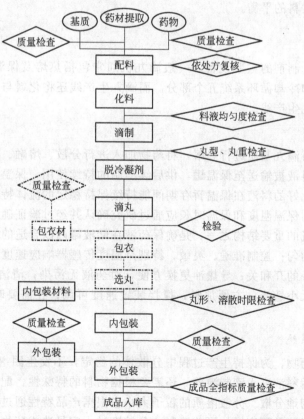

图 7-9-1　滴丸剂生产工艺流程图（虚框表示该工艺根据产品实际而定）

三、滴丸剂的生产设备

1. 滴丸剂的生产设备概述

滴丸剂的生产设备是根据滴丸工艺流程及工艺执行过程需要控制的工艺参数及要求而设计制造的，现阶段既有按照滴丸生产工序操作的要求，按单元操作技术要求制造的单元式的滴丸生产设备；也有按照滴丸生产工艺流程，将单元式的滴丸生产设备进行整合，形成滴丸生产集成式滴丸生产线，自动化程度比较高，生产效率显著提升，满足了滴丸药品生产厂家的生产要求的同时，也符合 GMP 法规监管要求。

近几十年滴丸药品高速发展，促进了滴丸生产设备的研发，从自控简陋的单滴头滴制设备，逐步迈向了自动化程度控制较高的单元式滴丸设备的制造；以单元式滴丸设备为基础，也有专业制药设备厂家或滴丸生产厂家研发了集成式的滴丸自动生产线设备，并大规模应用于滴丸药品的生产；同时与滴丸制造相配套的脱冷却剂、选丸和滴丸内包装的设备也日益成熟，机械化和自动化程度越来越高。且随着计算机技术和 IT 信息技术兴起，计算机和信息技术相融合的数字化滴丸生产线也已有研发和日益成熟，将高频振动滴制和深冷气体冷却技术应用于滴丸生产，省去了脱冷却剂的操作，显著提升生产效率，同时生产过程中的工艺参数执行轨迹能够追溯，便于数据挖掘和分析，提升了生产过程的质量管理水平，满足 GMP 法规监管的要求。

2. 滴丸的化料设备

滴丸化料设备一般由主罐体、加热系统、搅拌系统、泵循环和控制系统组成，其工作原理是将滴丸基质和药物投入化料罐，通过控制系统输入化料参数并控制，对基质和药物加热熔融、搅拌和循环均质化，最终得到满足滴丸滴制的均一性的料液。根据设备不同，有的作为独立的工艺设备，先将原料药物（或中药浸膏）与滴丸基质加热共融后混匀，通过人工或管道将料液泵入滴丸中进行滴制；也有的将化料系统作为滴丸自动生成线设备的一部分，化料完毕后，根据滴丸滴制的要求和指令，自动将料液输送至保温的滴制罐进行滴制，确保滴制供料的平衡。

3. 滴丸的滴制设备

滴丸的滴制设备是滴丸制剂的主要设备。一般滴丸机通常包括热熔及保温系统、均质和料液输送系统、滴制系统、分离系统和冷却循环系统五个部分。而滴丸生产线还将化料与输送系统、脱冷却剂系统集成而形成自动化操作的滴丸生产线。

（1）热熔及保温系统

滴丸的制备首先需要将滴丸基质进行热熔，将药物加入进行分散、熔融、均质混悬，稳定均匀地分散于熔融的基质中，化好的料液被输送至保温罐，供后续滴制的持续使用，保温罐应具备良好的控温精度和温和的搅拌功能，为保证化好的料液在保温暂存期间能持续保持稳定的流体特性，同时不至于在保温期间造成有效成分损失，料液的保温温度和保温时长应通过研究确认并经过验证确认。

储液罐是全自动滴丸机的重要结构之一，是确保药液在储液罐内以合适的温度加热融化的部位。其技术要求如下：加热迅速、均匀；控制准确、灵敏，特别是温度传感器响应速度快、灵敏和准确可靠；保温效果良好；能灵活控制滴头的开和关；导热油更换方便，对药液无污染；清洁方便，同时滴头更换方便，无药液泄漏现象；加料口大小适当，方便加料；搅拌装置速度可调；在需要时作密封设计，加装一定的空压。

（2）均质和料液输送系统

对于特殊不易分散的药物，为保持生产过程中分散体的稳定，不发生固-液、液-液分离，在基质与药物熔融化料期间或者化料后料液进入滴制灌前，还需要根据物料的特殊性，配置相应的均质装置，以保证药物和辅料基质能稳定均匀地分散。分散溶质的粒子大小应根据产品特性通过细化研究来确定合理的工艺参数，分散度过高会造成料液黏稠度增加影响滴制，分散度过小容易造成药物分散不均，影响药物的含量均匀度。通常是在保温罐的调速搅拌部位加装均质头，通过高速剪切或胶体磨研磨进行均质化分散。

料液输送系统采用泵提供动力，用于料液的在线转运。在滴丸生产中，一般投料操作需要人工辅助进行，后续操作大多通过设备自动进行物料传送，如料液输送系统就是要借助输液泵或者真空实现料液的在线输送。滴丸剂料液输送过程中存在两个关键环节：一是化料罐料液进入保温罐；二是从保温输料管进入滴丸机的滴制灌。这两个过程都要借助料液输送系统完成。

（3）滴制系统

滴制系统是保证滴丸生产顺畅性的关键所在，也是技术要求最高的控制系统。料液进入滴制罐并保温，在自然重力作用下或者辅助加速条件下，料液通过适宜孔径的滴头，形成大小适宜的液滴，液滴在表面张力作用下自然收缩，并进入适宜的冷却介质内进一步冷却凝固收缩，形成球形或类球形滴丸。滴制系统需要精确控制滴灌内温度、料位高度和滴制速度，同时对滴头孔径和滴头的设计有着非常严格的要求。

滴制系统是滴丸机的核心，主要由滴头和温控构成。其技术要求如下：滴头孔径规格适宜，滴头数目适量；滴头可根据滴丸丸重的差异要求进行更换，并且简便易行；各滴头间的温度保持一致，温控传感准确、灵敏；生产过程滴制速度和液滴大小恒定，保证丸重差异符合要求；滴头设计简洁，便于安装、拆卸清洗。

（4）分离系统

分离系统可将冷却成型后的滴丸与冷却液分离，并将冷却液回流至制冷循环系统中。分离系统主要用于固体滴丸和液体冷却液分离，前端初始分离多用不锈钢筛、筛网轨道等，主要是把冷却液管路中的滴丸拦截导入滴丸收集器，手段多样，因不同设备和不同设计需求而异。初次收集的带冷却液的滴丸还需要经过离心分离，甩去多余的冷却液，再经过机械擦拭充分去除滴丸表面的冷却液。

传送分离系统用于实现滴制后的药丸与冷凝剂分离，由传送电机和传送链组成。其技术要求如下：滴丸分离时，滴丸所带冷却剂尽量少；无冷却剂泄漏现象；尽可能保持冷却剂温度，减少外界环境干涉；调节、清洗、维修方便。

（5）冷却循环系统

从滴头滴出的料液，需要滴入适宜的冷却介质，进行充分的冷却凝固收缩，形成固态的滴丸。在产业化大生产时，滴头数量多，滴制速度快，热交换量较高，滴丸设备需要提供充足冷却能力的冷却循环系统保证连续滴制。滴丸剂冷却系统主要由冷却介质、介质循环泵和热交换系统构成，液体冷却介质常用液状石蜡或二甲基硅油，冷却介质通过输液泵和限速阀的双向调节控制，使其在冷却桶内形成一定的高度，在适宜的液面高度下，介质形成冷却温度梯度并保持持续的缓慢流动状态，同时在冷却桶内形成缓慢的涡流自旋，以保证滴丸在冷却桶内形成螺旋式下降，防止粘连；附带滴丸的冷却介质与滴丸分离后，通过制冷后循环进入冷却桶，持续利用。

冷却系统主要由制冷机、循环泵、冷却槽、冷却液构成。其技术要求如下：制冷效果良好，能快速保证冷却液温度并保证温度恒定；槽内冷却液流动平稳，对滴丸成型无影响；清洁方便，无死角；无药液泄漏现象；温度传感器响应速度快、灵敏和准确可靠；使用的冷却剂尽量少；根据不同药物的需要，进行冷却梯度设计，使冷却液实现自上而下温度的梯度；冷却液必须安全无害，与药物不发生作用，且具有一定的黏度。

除了液体冷凝外，目前气体深冷技术已经在滴丸制备领域取得突破和长足发展，为滴丸制备技术提供了新的思路。

4. 集成式滴丸生产线设备

已有滴丸生产厂家自研集成式自动化滴丸生产线用于滴丸药品的滴制生产，也有专业化的药品生产设备厂家生产的集成式滴丸生产线。集成式滴丸生产线的主要设备系统包括滴丸各单元操作计算机控制系统、滴丸化料和输送系统、滴丸滴制和控制系统、冷却剂制冷和循环控制系统、滴丸脱冷机系统和集丸收集系统。根据各单元工艺操作的技术要求，均通过计算机控制系统进行工艺参数设置或 PLC 控制系统设置，使滴丸滴制过程自动化控制，大大提高了滴丸生产效率。图 7-9-2 为某滴丸药品所用的集成式滴丸生产线。

图 7-9-2　某滴丸药品所用集成式滴丸自动生产线

5. 滴丸的脱冷却剂设备

滴丸脱冷却剂设备，一般为离心机设备和转笼式干燥设备等。

（1）离心机设备

一般采用三足式离心机，由基座、机壳、转鼓、主轴、离心离合器和电动机等部件构成，如图 7-9-3 所示。使用离心机脱除滴丸表面上粘附的冷却剂时，将滴丸均匀散布在离心机转筒内，以尽量避免离心机偏心旋转。选择合适的转速，借助于离心机高速旋转产生的离心力，既保证滴丸的完整性又能保证冷却剂的脱除，将滴丸表面上的冷却剂甩脱并分离，得到初步脱除冷却剂的滴丸。

操作时注意开启离心机时必须将离心机盖子盖上，离心机运转时应识别离心机电机是否有异响，如有异响及时报修。

（2）转笼式干燥机设备

离心脱冷却液后的滴丸表面依然附着少量的冷却液，可以采用转笼式干燥机设备除去，它一般由控制系统、电机、转笼式滚筒、进风与加热等部件构成，如图 7-9-4 所示。通过添加干燥洁净的不脱纤维的吸附棉、方巾于滚筒中，加入滴丸，设定设备工艺操作参数，启动设备进行机械擦拭去除滴丸表面上的冷却剂。

图 7-9-3　三足式离心机

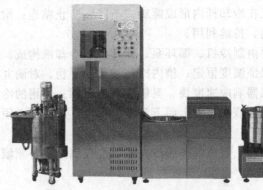

图 7-9-4　转笼式干燥机设备

操作方法步骤：①确认投入干燥洁净的方巾和滴丸比例；②投入滴丸和干燥洁净的擦拭方巾；③调节设备的进风量和温度至工艺要求的范围；④按工艺要求的时长擦拭；⑤取出方巾，回收处理；⑥收集处理好的滴丸，称量和标识，做好记录。

6. 滴丸的选丸设备

滴丸分选的目的是通过溜选和筛分分别去除不圆整异形丸、粘连丸和过大、过小的滴丸。溜选的主要设备为离心式自动选丸机，它是利用滴丸在重力作用下在斜坡面轨道上旋转下落过程产生的离心圈，对圆整度不同的滴丸进行拣选，剔除异形丸。常用的筛分设备为筛丸机，它是根据滴丸的丸径控制要求，选取适合孔径的筛网，通过振荡将不符合丸重要求的滴丸筛分去除。具体参见丸剂选丸机部分。

7. 滴丸包衣设备

通过溜选和筛分，可得到合格丸重的滴丸。如果批准的药品工艺没有包衣的要求，则可以进行除微生物检查外的全项检验，合格的滴丸则可以按生产管理要求直接开出批包装指令，按要求进行内包装和外包装入库。如果滴丸有包衣的要求，则应将滴丸转序进行包衣，包衣一般使用高效包衣机。

8. 滴丸内包装设备

无论滴丸有无包衣，下道工序就是进行滴丸的内包装，一般按生产管理流程的要求，预先开出批包装指令，主要信息包括生产日期、包装批号、有效期及包材使用信息等。按批包装指令的要求，由生产从车间领取相关批次合格的滴丸进行包装生产。

滴丸常规的内包装常采用铝塑复合袋包装机和聚乙烯（简称PE）瓶包装灌装机两种方式，在D级洁净区域内完成。

① 铝塑复合袋包装机　具体参见制袋充填包装机部分。

② 瓶装灌装机　具体参见瓶装线部分。

9. 滴丸药品外包装设备

药品外包装包含贴签、装盒、装说明书、中包装塑封、装箱、打包及批号打印等工序。具体参见外包设备部分。

第十节　BFS一体机

一、概述

吹塑、灌装、密封（简称吹灌封）设备在制药行业简称为BFS（Blowing-Filling-Sealing）。吹灌封（BFS）一体机（图7-10-1）是一种专用的无菌包装技术，在制药行业主要用于生产无菌大输液、塑料瓶安瓿水针（图7-10-2）、口服液、滴耳剂、滴眼剂、吸入剂、冲洗剂、气雾剂等塑料容器的无菌包装，同时也应用于食品和化工行业，灌装量范围为可从0.3～500mL。在行业内对于装量小于50mL的产品，定义为小容量产品；对于装量大于50mL（包括50mL）产品，定义为大容量产品。当然根据药品的性质划分，可分为滴眼剂类产品、安瓿水针类产品、口服液类产品、大输液类产品以及吸入剂、冲洗剂、气雾剂等。

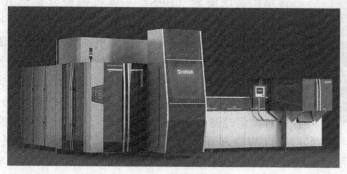

图7-10-1　BFS一体机

图7-10-2　塑料瓶安瓿水针

该机器的操作类似于传统的吹塑（法），不同的是它在容器成型过程中增加了灌装和密封工序。BFS将瓶子制作、瓶子灌装、瓶子上盖和封口整合到单一的一台机器上，以便更好地进行无菌环境控制，降低了对于空气洁净度的要求。采用BFS设备生产产品最突出的特点为可以实现无菌灌装。

BFS是可连续操作的将热塑性材料吹制成容器并完成灌装和密封的全自动机器。20世纪60年代国外企业开始研发生产吹灌封（BFS）一体机，自20世纪70年代开始用于制药和医疗器械领域，20世纪80年代进入中国市场，21世纪初期，国内几大制药设备制造商开始研发相关设备，常规机型设备已经实现国产化。

二、分类

BFS一体机采用多种技术，是一类技术水平很高的综合性设备，主要应用的技术包括机械、电气、流体、计算机、模具、气动、液压、真空、模具等。根据设备结构，BFS可分为间断式和连续式；按模具运动方式划分为往复式和旋转式。

1. 间断式设备

颗粒状原料（PP/PE）在真空的作用下通过输送管道，由原料存储间输送到设备挤出机螺杆的原料暂存器内，原料在挤出机的螺杆内通过挤出机挤出，同时挤出机加热将原料熔化，通过此过程原料将由颗粒状固体变为液态，然后在经过挤出机模头时形成液态塑料管胚。液态塑料管胚在设备运行过程中不断挤出，无限长的塑料管胚通过热切刀被分割为固定长度的管胚。固定长度的管胚在模具中通过真空和压缩空气的双重作用首先形成容器主体，然后模具将由管胚工位移动到灌装工位，在此工位设备将为产品进行灌装操作，灌装完成后的产品在此工位直接封口完成产品的制作。

2. 连续式设备

塑料颗粒通过真空的方式输送到挤出机，经高温熔化，通过挤出形成一个大的椭圆的塑料管胚。塑料管胚在模具中成型，成型过程中随着管胚的挤出，模具不停向下移动，瓶子成型后直接进行灌装，头模进行产品封口，封口后产品夹具夹住产品上部，与模具工位一起往下移动。模具工位打开，模具工位上移到夹具工位上部，主模具闭合，塑料管胚在模具中实现瓶身的成型，模具工位随着管胚向下移动。以上动作往复执行，不断完成产品的生产，同时在产品冲裁工位的动力驱动下，将成型的产品不断由生产工位向冲裁工位输送。当产品到达冲裁工位时，由冲裁机实现产品与废边的分离，分离后的成品由输送线输送到下一工序，分离后的废料分切后由另外一条输送线输送到废料暂存间。

该设备采用黑白分区设计，将生产区域与设备动力区域通过隔离墙进行了分割。螺杆、液压、CIP/SIP、电气箱、颗粒料缓存区放置在黑区。产品的成型、灌装过程在白区，冲裁工位可以根据最终用户的厂房布局灵活放置在白区或者黑区。连续式BFS设备生产所需的原料为颗粒状PP/PE料，对颗粒料的要求一般较高。颗粒料的性质将对设备的稳定运行影响很大，如果颗粒料性质不能满足设备要求，将严重影响产品成型，甚至导致设备无法正常运行。

图7-10-3　液压驱动方式

3. 往复式设备

该结构是吹灌封（BFS）一体机的最常见形式，也是目前市场上占有率较高的设备。往复式BFS一体机按主要驱动方式划分，可分为电动驱动和液压驱动（图7-10-3）；按A级（100级）风淋形式又可分为空气除菌过滤形式（图7-10-4）和高效过滤形式（图7-10-5）。吹灌封（BFS）一体机本身自带风淋箱，并且通过除菌过滤器达到A级环境，是BFS设备最常见形式，其原理详见图7-10-6。取自洁净间的空气，

先后经初级过滤器与0.22μm的除菌空气过滤器过滤后，达到A级标准，进入风淋箱。无菌空气经风淋箱吹出口，笼罩在灌装部位。

图 7-10-4　模具往复式 A 级除菌过滤器设备

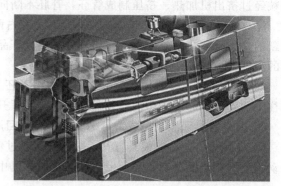

图 7-10-5　模具往复式高效过滤器设备

4. 旋转式

旋转式设备（图 7-10-7）可分为模具垂直旋转方式与模具水平面旋转方式，该机型产能最高可达 30000 瓶/小时。

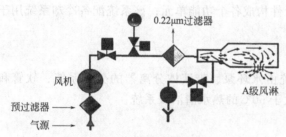

图 7-10-6　A 级风淋箱工作原理示意

图 7-10-7　模具旋转式设备

三、工作过程与基本结构

1. 工作过程

BFS 一体机是采用一种专用无菌包装技术，将医用聚乙烯（PE）或聚丙烯（PP）颗粒制成容器，全自动地完成灌装和封口过程，快速地连续循环生产。具体操作有以下 5 个步骤（图 7-10-8）。

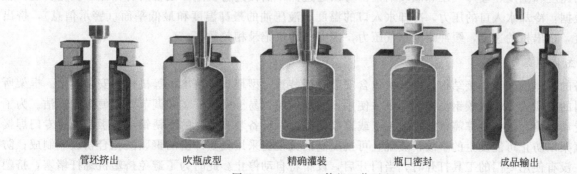

管坯挤出　　　吹瓶成型　　　精确灌装　　　瓶口密封　　　成品输出

图 7-10-8　BFS 一体机工作过程

① 管坯挤出　颗粒状 PP/PE 原料在原料缓冲间，通过真空作用输送到挤出机螺杆，然后加入的塑料颗粒经过挤出机加热、挤压制成管胚，管胚不断向下输出进入打开的模具。

② 吹瓶成型　当管胚长度达到设定时，左右两侧模具同时向中间运行合并，然后分膜刀将膜筒切断，切断的热熔管胚在模具中真空作用下首先形成产品容器，同时在模具冷却水作用下将形成的容器冷却到一定的温度。

③ 精确灌装　模具中的容器在模具内由管胚工位在伺服电机驱动下移动到灌装工位，在灌装工位灌装往下移动，同时芯轴中的灌装嘴在程序控制下开始向成型瓶内灌装程序设定好的药液。

④ 瓶口密封　灌装完成后，芯轴向上移动回原位置，模具中的封口模块移动将瓶口焊接密封。

⑤ 成品输出　左右模具打开，最终产品通过输送带输出。对于 PP 类产品，因产品质地非常硬，很难手动将废料和成品分离，还需要将产品在冲裁机中将废料和成品分开。

2. 基本结构

（1）气动系统

气动系统主要由压缩空气系统、管道和软管分配器、控制和调节装置以及指示仪表组成。设备设有压缩空气中央分配区，从总进气口进入的压缩空气通过此分配区统一供给；中央分配区将进入的压缩空气分为工作用气和工艺用气两个回路进入设备。第一回路的压缩空气是工作用气，含有用于润滑气缸的油；第二回路的压缩空气是工艺用气（辅助和缓冲空气）需要经过过滤器。气缸和操作元件构成各个功能单元。

（2）液压系统

液压系统包含带油箱的油压发生系统、液压泵、高压软管、阀岛、调节器和控制系统。由比例控制阀控制液压关闭和打开模具的加速和延迟；油缸和操作元件构成各个功能单元；该系统配备冷却系统用于冷却液压油；安装有压力和温度指示。

（3）真空系统

真空系统用于热塑塑料管胚的稳定和成型。该系统由水环泵、带液体分离器的分布系统、软管和管道、隔膜阀控制系统、清洁管道等组成。可以使用不大于 60℃ 的热水清洁该系统。

（4）冷却水系统

设备安装有完整的冷却水分布系统，该系统起始于一个中央冷水连接的多回路流量调节器，并带有分流指示和温度指示，与用户的供排水管道和软管连接点。根据不同的安装，冷却系统和构成部件包括液压系统、真空发生器、模具的支架、头模具、主模具、模具底部、挤出机支架系统并带有颗粒吸入电子系统、电柜和项目选择设备；设备上安装有冷却水入口压力和温度指示器。

（5）控制系统

控制系统安装于全封闭防水、防尘的电器箱内，符合 IP54 防护标准；系统采用可编程控制器（PLC），并带有 15♯ 彩色触摸显示屏（或者工控机）。显示屏可以显示以下内容：生产数据可以清晰显示，也可以彩色图表的方式显示；以文本形式显示设备操作指南和提供警示报告；设备的各种运行参数，包括挤出速度和温度、缓冲气压和灌装剂量都可以通过操作面板进行设定。设备具有存储和调用功能，包括以下数据：冷却水入口的压力，冷却水入口的温度，液压油的最高温度和最低平面（警示信息），挤出机的温度，挤出机的速度，缓冲罐的空气压力，带有打印机记录相关数据。

（6）主体框架

设备的主体框架为焊接结构。框架中包含安装合模装置、型坯头、挤出机等机构的安装框架。框架所使用材料的材质为 304 或碳钢框架。本设备使用不锈钢底撑，易于安全安装和调节，方便车间清洁。为了保证承受动载荷，设备支撑需锚接在地基上或重载荷固定；设备装有抛光的不锈钢防护板和经过专门焊接处理的框架以防止可能发生的事故；美观且可视度高的大视窗采用具防冲击的聚碳酸化合物玻璃制成；防护装置在没有使用专门的工具打开时，当门开启，设备将自动停止。此时为了避免挤塑机螺杆堵塞，挤塑机电机将继续工作。

（7）挤出机

挤出机包含塑料颗粒料斗、挤出套筒、挤出机轴套和挤出螺杆、加热区和风冷式异步电机。其中加热元件将被持续监控，超过设定值10％的偏差将导致控制屏上出现报警信息并显示相应的加热区域，该偏差值可以在触摸屏上进行设定。

（8）型坯头

无限长的管胚由挤出的塑料通过型坯头形成。型坯头的芯模形成管胚的横截面，芯模的间隙决定管胚的厚度，中间的调节机构决定管胚的平均速度；通过洁净压缩空气的供给，可以确保管胚切除时前端是敞开的；带有温度探头的加热装置使融化的塑料保持温度的均一性；所有的参数可以单独调整以满足相应的要求。

（9）热切割装置

采用电阻式热切刀对管胚进行分切；管胚未膨胀之前由模具的真空支撑架支撑，在通入洁净空气膨胀的瞬间由热切刀分割；最优化的切割温度由电位器设定，切割速度由电-气动控制阀决定。

（10）合模装置

该装置承载模具并通过很高的液压闭合；主模和头模的液压闭合和打开由比例控制阀进行加速、减速和缓冲的调整，确保设备的同步运行有很高的精度，这些动作可以持续调整；模具的闭合可以用短迟滞时间以及高模具闭合力来优化模具闭合动作；相应瓶型规格的调整参数可以提前保存，在更换瓶型规格时直接调取；从挤出机到灌装工位的线性运动由移动装置驱动，此装置安装在稳定的线性导轨上并由伺服电机精确平稳地定位。

（11）模具

模具采用对称设计，由固定基座、真空支撑架、封口模具和容器模具组成。真空支撑架用于在管胚进入模具后的固定，保证切割时开口不闭合；固定基座用于固定封口模具和容器模具；封口模具和容器模具由高热传导性的材料制成；封口模具通过真空焊接边缘形成容器的头部轮廓并完全封口；容器模具形成整个塑料瓶并带有肩部，颈部和瓶体的底部；模具包含模具长条状分块并带有冷却通道和真空及排气用的小孔和槽，还包含所有固定在合模装置上必要的准备和所有辅助介质（冷却水，真空，真空区域的清洗）管道连接；可以根据客户的需求在瓶体上印字、商标。图7-10-9为BFS模具，图7-10-10为BFS滑道。

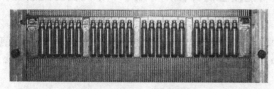

图 7-10-9　BFS模具

图 7-10-10　BFS滑道

（12）灌装装置

灌装装置由芯轴单元、支撑和调节单元、缓冲罐等组成。支撑和调节单元用于支撑芯轴单元，并在一定范围内通过气动线性导向装置驱动芯轴往复运动；由高质量不锈钢（AISI 316L）制成的芯轴单元用来在模具里直接把灌装产品灌装到容器里，芯轴的锥度与容器的设计完全相配；灌装嘴可精确定位，并且便于更换以适应不同的容器，可方便设定和调节灌装容量；采用时间压力法进行计量（TPD）；恒定的起始压力必须由一个带恒定缓冲压力控制的缓冲罐来保证；灌装介质管线可以通过CIP和SIP来进行清洁和消毒；计量原理参见包装设备计量原理部分。

（13）缓冲罐

缓冲罐由材质为 AISI 316L 的不锈钢制成，同灌装介质管线相连；缓冲罐的输入口易于产品流入，不受温度影响的变化；缓冲罐的设计适合 CIP 和 SIP，但也可拆卸便于手工清洁；设置产品液位调节器，用于产品管线阀门的控制、最大液位的灌装和溢流报警的控制；带有爆破片的法兰安装在紧靠缓冲罐的前端，用来保护、防止系统里不允许的过高压力；爆破片由电子继电器触发开关监控，当爆破片断裂或有细微裂纹泄漏将触发报警。

（14）自动加料单元

通过真空吸取将需要传送的物料从输入点（如物料储箱，粉碎机）送到挤塑机的真空密闭的物料漏斗中；塑料原料中的杂质通过带大面积的织物过滤器去除；所有与颗粒相接触的材料由 AISI 316L 不锈钢制造；

（15）冲切装置

冲切装置用来全自动从塑料框架中分离成品块；输出装置接管安瓿成品块并全自动定位，冲切模具将产品分成单容器或成品块；冲出的成品块经过一斜槽离开系统，余下的废料单独输出。冲切模具包含在冲切过程中用来精确定位和支撑安瓿成品块的支撑架，同时也包含用来分切成品废料的切刀。成品高度改变时，冲切模具可以调整以适应成品不同的高度。

四、设备特点

吹灌封（BFS）生产线将数个制造工艺集成在同一设备中，以单一工序在无菌状态下完成塑料容器的整个吹塑、灌装和封口等过程，能有效确保产品的使用安全，具有以下特点：

（1）人为干扰因素小，自动化程度高，防污染级别高

BFS 生产线采用吹灌封一体技术，直线式布置，占地面积小，减少了操作人员数量。BFS 设备本身装有 A 级风淋装置，在 A 级之外，装有控制 BFS 系统的触摸屏、PLC 等控制装置。通过这些控制装置，不仅可实现 BFS 系统本身的高度自动化，同时也可与其上下游的生产系统全面联接，以实现多个生产系统的自动、联动运行。也就是说，在生产过程中的许多操作，只需通过 BFS 的触摸屏设定，即可实现系统的调控，从而最大限度地避免操作人员对无菌生产的干扰，提供了更高级别的无菌保障。

（2）可实现药液管路的无菌生产准备

对缓冲罐、药液除菌过滤装置、空气除菌过滤装置以及灌装设备本身进行在线 CIP/SIP，甚至包括 A 级风淋装置；设备采用时间压力法灌装，灌装系统也能实现在线 CIP/SIP；所有过滤器都配有的完整性测试口，过滤器能在线进行完整性检测。在线 CIP/SIP 后，系统正压保持，防止再次污染。可以认为：CIP/SIP 后，BFS 的灌装系统或者是药液流经线路及药液可能接触的部位，等效于一个无菌封闭系统。

（3）容器的无菌保证

容器的成型方式是通过高温高压条件在密闭的环境中将塑料颗粒融化，形成管坯，通过吹塑或者真空制成容器。管坯成型直到容器成型，全过程无菌空气保护，确保了容器本身的无菌性。

第十一节　小容量玻璃瓶口服液联动线

一、概述

小容量玻璃瓶口服液联动线由立式超声波洗瓶机、隧道式灭菌干燥机或远红外热风循环隧道式灭菌干

燥机、口服液灌轧一体机三台单机组成，分为清洗、干燥灭菌、灌装轧盖三个工作区，如图 7-11-1 所示。每台单机可单机使用，也可联动生产，联动生产时可完成喷淋水、超声波清洗、机械手夹瓶、翻转瓶、冲水（瓶内、瓶外）、冲气（瓶内、瓶外）、预热、烘干灭菌、冷却、灌装、理盖、轧盖等二十多个工序。主要用于口服液瓶及其他小剂量溶液的生产。

图 7-11-1　小容量玻璃瓶口服液联动线　　　　　　　　口服液洗烘灌封联动线（三刀）

立式超声波清洗机和隧道式灭菌干燥机与安瓿灌封联动线中的设备相似，故不在此赘述。

二、基本结构

口服液灌轧一体机采用大拨轮进瓶、往复回转跟踪灌装与单刀或三刀轧盖的方式，自动完成输瓶、进瓶、灌装、理盖、轧盖等工序。灌装形式可根据用户的要求配置玻璃泵、金属泵、陶瓷泵或蠕动泵进行灌装。

输瓶装置（图 7-11-2）为储瓶及输送瓶用，它由交流电机提供动力，送瓶速度由变频器控制，可无级调速。包装瓶在输送带的推力下源源不断地送至绞龙，加瓶可在不停机情况下进行。

挤、缺瓶调整如图 7-11-3 所示，松开调节螺钉，调节挤瓶检测开关和缺瓶检测开关位置，使设备运行中输送带上的包装瓶松紧适当。

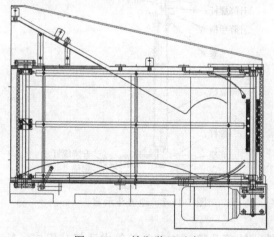

图 7-11-2　输瓶装置示意

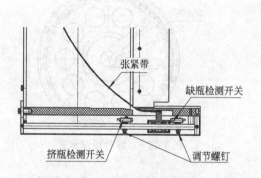

张紧带
缺瓶检测开关
挤瓶检测开关
调节螺钉

图 7-11-3　挤、缺瓶调整示意

进瓶部件（图 7-11-4）主要由进瓶网带部分和大拨轮部分组成，进瓶冲击少，碎瓶概率低。

柱塞玻璃泵（图 7-11-5）采用快装结构，从拆卸到安装每一个柱塞玻璃泵仅需几分钟。它采用弹性定位，能有效防止别劲，提高使用寿命及灌装精度。

计量调整可统调也可微调，统调直接在触摸屏完成，通过设定伺服电机的工作行程来调节灌装摆杆的摆动角度，从而调节各个泵的装量；单个泵的装量可实现微调。

灌针跟踪（图 7-11-6）采用在旋转大拨轮上往复跟踪灌装系统，简化机构传动结构，传输定位精确，走瓶平稳，噪声少，大大降低了故障率和使用成本。同时保证瓶子在传输过程中不产生污染颗粒，防止瓶子在传输过程形成的损伤与碎瓶。

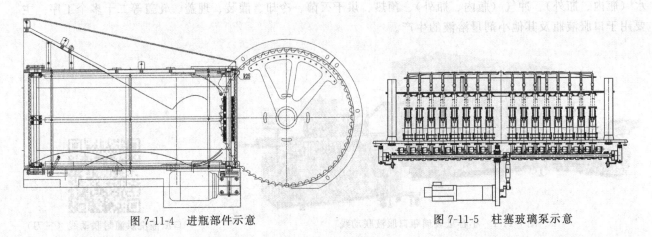

图 7-11-4　进瓶部件示意　　　　　　　　　　图 7-11-5　柱塞玻璃泵示意

　　理盖斗（图 7-11-7）主要利用电磁共振原理制成。理盖斗内设双通道螺旋线以满足高速理盖要求。调节调高手柄可调节出盖高低位置，调节振动电压可调节理盖速度，由理盖斗整理的盖子排列在通道中，灌好药的瓶子在中间输送带的传送下经过戴盖部位时，由瓶子挂着盖子经过压盖板下滑出，使盖子戴正，这样每过一个瓶子便戴上一个盖子。由于瓶子是主动件，故没有瓶子就不会戴上盖子，实现了无瓶不盖。

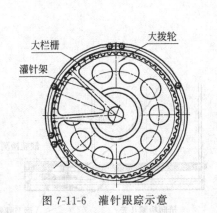

图 7-11-6　灌针跟踪示意

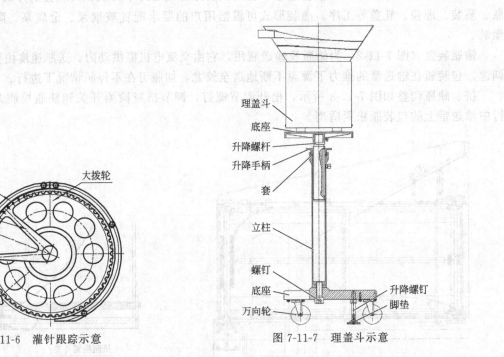

图 7-11-7　理盖斗示意

　　轧盖部件主要由托瓶部件、齿轮套部件、轧刀臂部件、轧盖凸轮、压盖凸轮等主要部分组成。轧盖方式分为三刀轧盖方式、中心单刀轧盖方式或旁置式单刀轧盖，具有结构简单、运转平稳、工作可靠等优点。

　　带好盖的瓶子进入轧盖组后，随着机器的运动，齿轮套部件沿着压盖凸轮轨迹向下运动，当旋转的压头接触瓶子后，托瓶轴会继续向下直至接触到托瓶部件里面的齿轮轴的锥面，两锥面贴和，产生摩擦，随即转动的齿轮轴与托瓶套同步旋转。与此同时，轧盖凸轮带着轧刀会缓慢靠近瓶颈，从而完成轧盖动作，轧好后轧刀松开。最后，压头随压盖凸轮的脱离瓶子，由于瓶子不再受力，托瓶轴与齿轮轴的锥面脱开、压头回到最高位。瓶子经由出瓶拨轮带出。

第十二节 （无菌）滴眼剂灌封联动线（三件式滴眼剂联动线）

（无菌）滴眼剂灌封联动线主要用于无菌滴眼剂的灌封生产，通过更换模具，一线可以兼用很多规格、品种的灌封生产。还适用于滴鼻滴耳剂、搽剂等以2～3件套包材为主的药品高速灌装旋盖生产。可扩充到药品、食品、化工等领域，用作这类生产时，不需要实施无菌级别的要求，最高满足C级标准即可。本联动线后端可配套检漏机、人工灯检机、贴标机、喷码机、装盒机、装箱机等。

一、概述

国内目前大约有近千个品种，涉及上千种包装形式，装量一般在3～15mL，基本上都是采用PE、PET等塑料瓶包装。

我国GMP（2010年修订）将滴眼剂纳入无菌生产制剂，滴眼剂产品是非终端灭菌药品，属于高风险药品品种。其灌封生产过程是关键、核心，其设备工艺设计、材料选用、结构配置、自动化程度、功能保护等显得十分重要，是符合新版GMP规范、保证质量的重中之重。

因每个企业的包材都有区别，所有的灌封联动线设备工艺原理基本上一样，但其布局、尺寸、模具等都不一样，属于非标定制设备。这对于设备厂家的研发设计能力、加工生产水平、经营诚信度等提出更高的要求，最终都必须满足GMP标准要求和用户需求。以下以三件套包材（图7-12-1）为主的高速灌封设备联动线为例进行介绍。

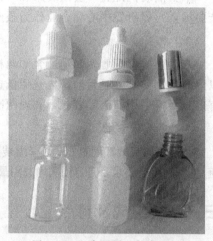

图7-12-1 滴眼剂三件套包材

二、分类

1. 按结构形式分类

（1）组合式灌封线

包材为三件套，即瓶子、内塞、外盖，生产过程必须是理瓶、洗瓶、灌装、加塞、加盖旋盖；也有包材为两件套，即瓶子、外盖（含过滤器的呼吸盖），生产过程必须是理瓶、洗瓶、灌装、加盖压盖。其间按需做好包材的灭菌工艺。该联动线价格适中，通用性好，使用成本较低，是目前国内采用量最大的包装形式。

（2）BFS三合一灌封线

进料为塑料粒子，一次性瓶体成型、灌装、热封口，其间无需单独的包材灭菌工艺。该联动线价格高，专用性强，使用成本较高，药品质量保证系数高，风险小，是滴眼液包装的一种发展趋势。

2. 按生产能力分类

（1）高速灌封线

高速灌封线生产能力满足120瓶/分钟以上。目前国内高速灌封线设备已经满足160～200瓶/分钟的生产要求。适用于企业大批量生产。

（2）低速灌封线

低速灌封线生产能力在100瓶/分钟以内。目前国内使用最广泛的在80～100瓶/分钟，适用于企业小批量生产和科研中心、研究所、医院等单位。

3. 按灌装泵形式分类

（1）蠕动泵灌装机

采用高精度蠕动泵灌装，一般以进口品牌为主。后期使用费用较大，常需要实施精度值的调节补偿，操作、清洗灭菌简单方便，一般低速灌封线采用较多。

（2）柱塞泵灌装机

采用高精度陶瓷柱塞泵灌装。灌装量稳定可靠，无需经常实施精度值的调节补偿，使用寿命长，清洗灭菌较为复杂，目前使用最为广泛。

4. 按灌装头数分类

（1）单头灌装机

单头灌装机配置一套灌装泵和一根灌装针头，一次性灌装。生产能力低，可满足60瓶/分钟以内的生产要求，一般研发中心和企业作为报产品批文号使用，简单实用，可实施单机生产。

（2）双头灌装机

双头灌装机配置两套灌装泵和两根灌装针头，一次性灌装。生产能力较低，可满足80~120瓶/分钟以内的生产要求，是目前国内选用低速线最多的设备，实用性强，需要实施多机配套、自动联机生产。也有部分厂家采用四头灌装机，实施两次或多次灌装。

（3）多头灌装机

目前国内一般都配置6~12套灌装泵和相应数量的灌装针头，一次性灌装。生产能力大，满足160~200瓶/分钟的生产要求，是目前国内选用最多的高速线灌封设备，实用性强，需要实施多机配套、自动联机生产。

三、系统组成及特点

（无菌）滴眼剂灌封联动线由无菌滴眼剂水洗线和无菌滴眼剂灌封联动线组成。无菌滴眼剂水洗线由全自动理瓶机、洗瓶机、隧道式干燥机和灭菌系统组成，辅助储瓶器、离子风气洗、净化保护区等设备；无菌滴眼剂灌封联动线由全自动理瓶机、气洗机、灌装加塞旋盖机、RABS系统、百级层流罩、在线检测系统组成，辅助储瓶器、离子风气洗、料液缓冲罐、储塞器、储盖器等设备。

1. 水洗瓶联动线

因避免原料包材受到污染，可选择上水洗线设备，由企业自己购买设备，对包材、瓶子、内塞、外盖进行清洗、烘干，再装袋、灭菌。这样，企业自己可以很好地掌控产品的质量，做到心中有数。

（1）全自动理瓶机

① 大容量储瓶仓　满足正常连续开机25min以上用量。

② 提升送瓶机　定量、自动起停送瓶子进理瓶区。

③ 除尘机构　将大一些、易脱落的微尘、杂物集中收集并单独排放。

④ 出瓶机构　把瓶子正立输送出来，不倒瓶，挤瓶停机保护。

（2）洗瓶机

① 进瓶机构　顺序、平稳送瓶进入洗瓶区，倒瓶自动剔除，挤瓶停机保护。

② 离子风气洗　用离子风对瓶子吹洗，去除静电，清除掉微尘并集中收集排放。

③ 水洗机构　瓶子倒立，机械手单个夹持，独立针管伸进瓶内冲洗，三水三气＋两次瓶外清洗，洗完后瓶子正立输送出来。瓶内无存水、无杂物。

④ 过滤加温系统　最后一次为注射用水清洗，前几次为回收循环水，经过过滤、加温（水温≤65℃，以瓶子能承受为准）后粗洗用。

（3）隧道式干燥机

① 进瓶机构　顺序、平稳送瓶进入干燥区，挤瓶停机保护；从洗瓶机到干燥机进口实施密封隔离保护，干燥机进口上方设置百级层流 A 级保护区域。

② 干燥输送系统　输送网带，平整平稳，无冲击抖动，不倒瓶。

③ 热风系统　把风加热，经高效过滤后直吹瓶子实现干燥，干燥后冷却至室温（≤5℃）出瓶。温度、速度可调，自动控制，不伤瓶。干燥后的风直接排放出房间。瓶内干燥无湿，瓶体无损。

④ 出瓶系统　出瓶区域上方设置有百级层流 A 级保护区域。在此区域实现瓶子装袋（为多层呼吸袋，一般 2～3 层）后转运到灭菌工序（见隧道式灭菌干燥机）。

（4）灭菌系统

用户自备灭菌设备独立灭菌，也可集中运到专业灭菌公司灭菌后运回来。但一定要保证灭菌后有足够的灭菌介质的降解时间，保证安全、放心使用。目前，国内主要采用的灭菌介质有环氧乙烷、过氧化氢等，也有采用钴 60 辐照灭菌，各企业根据药品特性实际情况自行确定。

2.无菌灌封联动线

对于清洗、灭菌好的瓶子（可自行清洗灭菌好，也可由提供包材的生产企业负责提供的无菌瓶），经无菌转移进入灌封房间→无菌脱包装料→开机生产。该线上所有设备都必须置于百级层流（A 级）保护下，放置在同一房间里（B 级）生产。

（1）全自动理瓶机

图 7-12-2 为全自动理瓶机结构示意。

① 脱包区　单独隔离小平台，储存含单层包装袋的瓶子。

② 大容量储瓶仓　满足正常连续开机 25min 以上用量，单独隔离保护。

③ 电磁送瓶机　定量、自动起停送瓶子进理瓶区。

④ 理瓶机　将瓶子理出来，保持正立顺序出瓶，反瓶自动剔除，单独隔离保护。

⑤ 除尘机构　这是一道保护措施，将可能还存在的、担心有微尘、杂物的集中收集并单独排放。

⑥ 出瓶（定向）机构　把瓶子正立输送出来，不倒瓶，挤瓶停机保护。

（2）气洗机

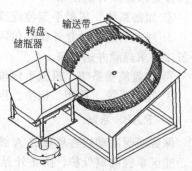

图 7-12-2　全自动理瓶机结构示意

气洗机属于保护性设备，实施隔离保护。为了彻底消除微尘对无菌产品的影响，消除隐患。如果瓶子完全能够保证满足无菌要求的，也可取消该工序，理瓶后直接进入灌装工序。

图 7-12-3　气洗机

① 进瓶机构　顺序、平稳送瓶进入洗瓶区，倒瓶自动剔除，挤瓶停机保护。

② 离子风气洗　用离子风对瓶子从上到下吹洗，去除静电，清除掉微尘并集中收集排放。

③ 气洗机构　采用洁净压缩空气，在独立的密封环境中，使瓶子倒立，机械手单个夹持，独立复合针管伸进瓶内吹洗、吸废，集中收集废气独立排放出房间。结合实际，对每个瓶实施 1～6 次瓶内吹洗，洗完后瓶子正立输送出来。图 7-12-3 为气洗机的实物图。

（3）灌装加塞旋盖机

灌装加塞旋盖机的结构见图 7-12-4。

① 进瓶机构　顺序、平稳送瓶进入灌装区，倒瓶自动剔除，挤瓶停机保护。

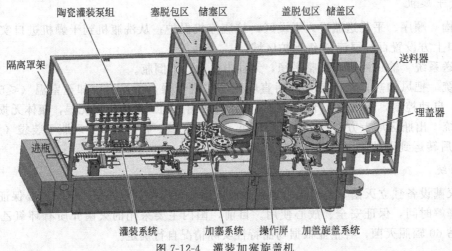

图 7-12-4 灌装加塞旋盖机

② 灌装系统　陶瓷柱塞泵伺服跟踪连续灌装，将药液定量灌进瓶子里。保证灌装针头无滴漏、无挂滴、无冲击飞溅。

③ 理塞系统　独立内塞脱包区，大容量储塞器（满足正常连续开机 30min 以上用量），振荡理塞，将内塞按要求理顺并送出来。

④ 加塞系统　机械手定位连续取塞，跟踪加塞。

⑤ 理盖系统　独立外盖脱包区，大容量储盖器（满足正常连续开机 30min 以上用量），振荡理盖，将外盖按要求理顺并送出来。

⑥ 加盖旋盖系统　机械手定位连续取盖，跟踪加盖并旋紧盖。旋盖力矩可调，设有安全过载保护。

⑦ 其他系统　检测、保护、剔废、电控等。

（4）RABS 系统

保证灌封联动线在单独的 A 级净化环境下运行生产，主要就是钢化玻璃罩架，采用钢化玻璃实施各个功能区单独隔离保护，防止外界污染和区域内的交叉污染。

（5）料液缓冲罐

一般料液缓冲罐的容量为 20～30L，料液位自控，可实现在线自清洗、灭菌。

（6）A 级净化系统

整线配套百级层流罩系统（也称 FFU，专指风机滤网系统），实现设备线生产中的动态百级环境（即A 级，无菌级别）。

（7）在线环境监测系统

在线环境监测系统主要配置层流风速仪、尘埃粒子监测、微生物取样（浮游菌）、沉降菌取样等，将其检测结果输入设备程控系统集中联控，保证生产环境符合要求，保证产品不受任何污染。

四、工艺原理

1. 工艺原理

图 7-12-5 所示为（无菌）滴眼剂灌封联动线；其工艺原理见图 7-12-6。

2. 功能保护措施

（无菌）滴眼剂灌封联动线的功能保护措施有：①倒瓶自动剔除，卡瓶自动停机保护；②各料仓低料位报警或停机保护（含料液缓冲罐）；③各输送轨道上缺料时（缺瓶子、缺内塞、缺外盖）报警或停机保护；④无瓶不灌装、不加内塞、不加外盖；无内塞不加外盖；自动剔废；⑤层流风速低于设定下限值时报

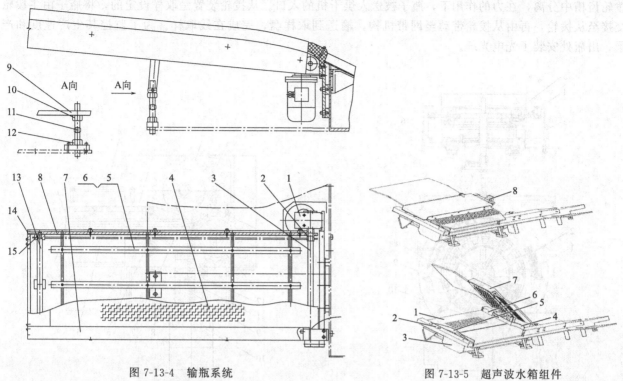

图 7-13-4　输瓶系统

1—带电机减速机；2—网带链轮 1；3—驱动轴；4—网带；
5—垫条；6—滑动条；7—罩板；8—墙板；9—调整横梁；
10—螺母；11—调整螺杆；12—左旋螺母；13—从动轴；
14—螺栓；15—网带链轮 2

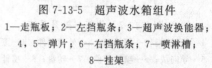

图 7-13-5　超声波水箱组件

1—走瓶板；2—左挡瓶条；3—超声波换能器；
4，5—弹片；6—右挡瓶条；7—喷淋槽；
8—挂架

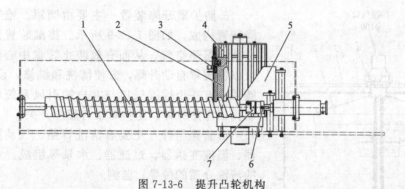

图 7-13-6　提升凸轮机构

1—绞龙部件；2—提升凸轮；3—拨块；4—提升轮体；5—圆弧栏栅；6—活动夹头；7—夹头

⑨ 转盘系统　主要由转盘、回转支承、机械手、翻瓶装置、导向装置、升降机构、碰块和凸轮等组成。其功能是持瓶圆周运行，将容器送至出瓶系统拨瓶块中。机械手接过提升拨块送过来的瓶子后，在转盘的带动下将瓶子翻转 180°，使瓶口朝下，再送入精洗工序；通过水气交替清洗工序，来完成对瓶子的精洗；完成清洗的瓶子，机械手在转盘的带动下将瓶子翻转 180°，使瓶口朝上，再送入出瓶装置的出瓶拨轮中。

⑩ 精洗系统　包括循环水管路系统、注射用水管路系统、注射用水降级水系统、压缩空气管路系统，对瓶子内壁、外壁进行水气交替清洗清洁。瓶内壁清洗一般有"三水三气"，即循环用水→循环用水→压缩空气→注射用水→压缩空气→压缩空气。外壁清洗主要有循环水冲洗和压缩空气吹干两道工序。

a.出瓶组件　主要由拨盘、出瓶轴、出瓶立柱组成。主要实现将清洗后的安瓿瓶输送至下道工序。

b.出瓶装置　主要由主拨轮机构、从拨轮机构、栏栅部件、网带装置、取样盘等组成，如图 7-13-8 所示。机械手将清洗完的瓶子交接至主拨轮齿槽中，由主拨轮带动沿轨道方向运动，栏栅装置将瓶子从主拨轮齿槽中分离，在力的作用下，瓶子被送入烘干机的入口。从拨轮装置是取样设定的，将瓶子由主拨轮交接至从拨轮，再由从拨轮带动至网带机构，输送到取样盘，完成在线取样。为了监控其生产速度和产量，出瓶处安装了光电光纤。

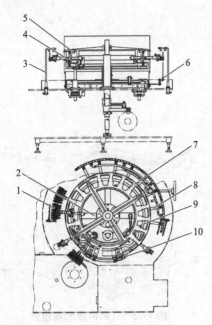

图 7-13-7　分瓶与提升系统

1—机械手；2—摆动架；3—外喷部件；4—滚子；
5—导向块；6—喷针部件；7—转盘；8—喷针架；
9—伸缩凸轮；10—碰块

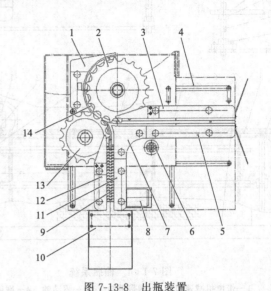

图 7-13-8　出瓶装置

1—圆弧栏栅；2—主拨轮；3—直栏栅1；4—防罩部件；5—直栏栅2；
6—分气座；7—转角栏栅；8—电机；9—网带；10—取样盘；
11—直栏栅3；12—直栏栅4；13—从拨轮；14—轨道

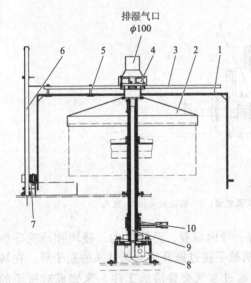

排湿气口
φ100

图 7-13-9　防护罩升降装置

1—圆罩；2—锥罩；3—玻璃罩安装架；4—轴流风机；
5—吊杆；6—导向杆；7—导向块；8—带电机减速机；
9—升降螺杆；10—升降柱

c.防护罩升降装置　主要由圆罩、锥罩、抽湿装置和升降装置构成，如图 7-13-9 所示。排湿装置是从转盘中心抽走一部分湿热空气，从而有效防止转盘中心的积水；升降装置可以使圆罩自动升降，方便清洗和维修，设有上下限位开关。圆罩设有一个排湿气口与客户端引风系统相连或采用风机强制排出湿热气体。防护罩设有感应开关。

d.管路组件　主要有清洗管路、气动隔膜阀、压力变送器、温度变送器、过滤器、水泵等组成。主要用于设备内部的清洗介质的传导、监测。

（2）安瓿立式超声波清洗机的功能

①洗瓶工艺可以根据用户需求调整工艺；②适用于多种类型玻璃瓶，兼容多种规格；③可通过循环水对玻璃瓶进行内外部的清洗，能耗低；④自清洗，结构简单，性能稳定，清洗效果满足 GMP 清洗要求；⑤伺服驱动，针架定位，免润滑，减少瓶摩擦，定位开合 POM 瓶夹，连续运动，单个玻璃瓶独立运动，安全精确；⑥防护罩自动升降，便于维护；⑦可联动使用，也可单机使用。

2. 隧道式灭菌干燥机

隧道式灭菌干燥机简称隧道烘箱，是采用长箱体热风循环或红外辐射加热方式进行干燥与灭菌的一种烘箱。其主要是为了满足针对连续生产、去热原灭菌所需。隧道烘箱一般用于小容量注射剂药品生产中对灌封前西林瓶的去热原灭菌处理，它是无菌灌装作业的一个重要组成部分，如图 7-13-10 所示。常用的隧道烘箱为热风循环式隧道烘箱，按照烘箱的冷却方式可分为风冷和水冷两种。

（1）隧道式灭菌干燥机基本工作过程

西林瓶随传送带依次进入隧道烘箱的预热段、高温灭菌段，经加热的空气在风机的带动下，经过高效过滤，单向流入输送网带，对西林瓶进行加热；输送带下面的空气又在风机的带动下，经循环通道回流至风机。因加热段风压相对较高，故在电加热器前有新风补充。最后瓶子随传送带进入低温冷却段，经冷却的空气在风机的带动下，经过高效过滤，垂直流入输送网带，对灌装瓶进行冷却。输送带下面的空气又在风机的带动下，经循环通道回流至风机。输送带速度无级可调，温度监控系统设置无纸或有纸记录，如图 7-13-11 所示。

图 7-13-10　隧道烘箱外形

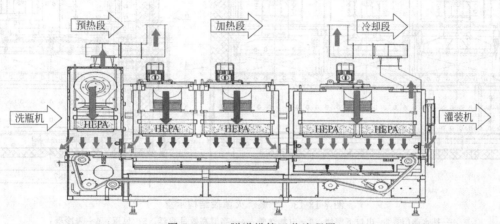

图 7-13-11　隧道烘箱工艺流程图

隧道烘箱应用流体层流原理，采用热（冷）空气交换，完成对经过密封隧道内的容器瓶进行高速干燥、灭菌、冷却的成熟工艺。设备正常工作运行中对温度、风压等均设有自动监控，实现了连续作业完成容器瓶的输入、预热、干燥、灭菌、在线灭菌、冷却、输出。

（2）隧道式灭菌干燥机基本结构

整个输送隧道密封系统分为预热层流段，干燥、灭菌层流段（加热段），冷却层流段三个主要部分。

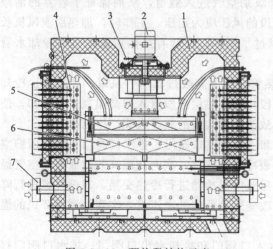

图 7-13-12　预热段结构示意

1—加热箱体；2—加热层流风机；3—冷却水管；4—电加热管；5—风罩；6—高温高效过滤器；7—初效过滤器

① 预热层流段　主要由初效空气过滤器、预热层流箱体、预热层流风机、风门调节器、风罩、高效过滤器、风罩压紧装置、过滤器安装框、超声波换能器、抽湿排风风机等组成，如图 7-13-12 所示。瓶子经过预热段的过程中，抽湿风机吸走瓶外的挂水和抽走加热段的湿热空气，来自加热段的热风将瓶子烘干并预热，确保隧道内的温度梯度，减少西林瓶热冲击。

工作时，空气由层流箱体上腔的预热层流风机吸入，经过初效过滤器，然后压入层流箱体下腔，经过风罩、预热段高效过滤器将洁净的空气压向容器，对容器进行层流风保护，然后由机器底部抽风机抽走。预热段隧道内的风压相对洗瓶间为正压（5～10Pa），使外面的低级别空气不能进入隧道内，以保持容器的洁净度。为保证干燥灭菌段的灭菌效果，预热段的空气不得进入干燥灭菌段；为此必须保证预热层流段和干燥、灭菌层流段有一定的压力差，即空气只能由干燥、灭菌层流段流向预热层流段；同时为使干燥、灭菌层流段的热风不至于大量流向预热层流段，设备正常工作时，设置干燥、灭菌层流段比预热层流段的压力高且为正压（1~2Pa）。预热层流段对药瓶预热的热量主要来自于干燥、灭菌层流段向预热层流段溢出的热风。

② 干燥、灭菌层流段 主要由加热箱体、加热层流风机、冷却水管系、电加热管、风罩、高温高效过滤器、初效过滤器等组成，如图 7-13-13 所示。加热段留有新风补风口，对腔内损失风量进行补充，封口处都配有初效过滤器。为了提高空气均匀性以达到良好的热均布性，在风机出口到高效过滤器上方和传输网带下方安装有均流装置。干燥、灭菌段是烘箱的主要功能段，高温灭菌和除热原的过程均在此功能段内完成。根据 GMP 要求，西林瓶在加热循环后，去热原工艺需要实现下降至少 3 个对数单位。

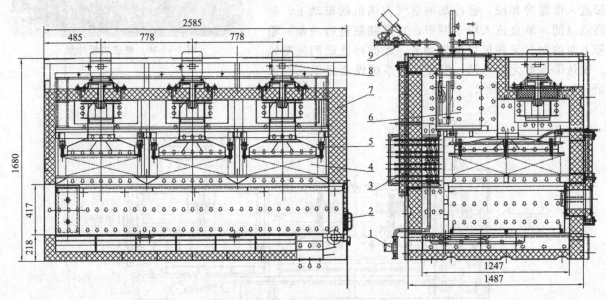

图 7-13-13　干燥、灭菌段结构示意
1—排水阀门；2—出口下塞块；3—电加热管；4—高温高效过滤器；5—风罩；6—表冷器；
7—冷却层流箱体；8—加热层流风机；9—在线灭菌管系

工作时，少量空气由初效过滤器进入烘箱内，按箭头方向（图 7-13-13）向上流经不锈钢电加热管、经电加热管加热后，被加热层流风机吸入，再按箭头方向经高温高效过滤器过滤后进入隧道内，对容器进行干燥和灭菌。箱体前端部分高温湿热气沿着箱体底部箭头方向被抽湿排风风机抽走。烘箱箱体中将过滤与加热用隔板分开，形成了如图 7-13-13 所示明显的循环层流风道。因而此结构正常工作时可使容器瓶在烘箱箱体内始终处在均匀的层流保护之下，避免了箱体外低级别空气进入隧道，从而保证了容器的洁净度。为保证灭菌效果，干燥、灭菌层流段的风压对预热层流段的风压应为正压。工作时，加热层流风机长期处于高温环境下运行，为防止加热层流风机的机件因高温过早损坏，设计有加热层流风机的冷却水管系，该管系的配置需用户按照本使用说明书的要求。

③ 冷却层流段 主要由排水阀门、出口下塞块、电加热管、高温高效过滤器、风罩、表冷器、冷却层流箱体、加热层流风机、在线灭菌管系等组成。冷却层流段将从加热层流段流入的高温瓶进行冷却，使烘箱出瓶温度接近于环境温度。与环境温度温差较大，会导致流入灌装线的瓶子表面产生结露现象。

a. 正常工作时日间启动 开启表冷器的冷却水入口阀门和冷却水出口阀门；排水口阀门关闭，压缩空气入口阀门关闭，冷却水进入表冷器，热风机开启，吸入经表冷器的空气，吹向高温高效过滤器，空气经高效过滤器过滤后流经冷却腔体，回到加热器，经过加热器后流向表冷器进行冷热交换，对循环风进行降温。流量调节阀根据腔内温度传感器调节开度的大小来控制改变表冷器内的水流量，实现控制循环风的温度在设定值，冷却段层流风温度建议设定在 25℃。

b. 开启冷却层流段在线灭菌模式 关闭表冷器的冷却水入口阀门和冷却水出口阀门；排水口阀门打开，压缩空气入口阀门打开，将表冷器内的管路中的水排空，排空后开启热风机，热风机开启后，吸入经表冷器流过的空气，吹向高温高效过滤器，空气经高温高效过滤器过滤后，流经冷却腔体，回到加热器，经过加热器后流向表冷器，加热器开启，如此循环开始加热，加热至设定温度（180~250℃）后，恒温一段时间（45~60min）再降温，恒温后开始采用自然冷却至150℃，采用压缩空气冷却，直至冷却至60℃，冷却层流段就可以恢复到正常生产的状态，即完成了对冷却层流箱箱体内腔及表冷器等机件的在线灭菌要求。防止了本设备因长时间停机而重新启用本设备的初期阶段对已经过灭菌、干燥的容器瓶有可能造成的污染。

④ 传动系统　主要由主传动减速电机、传送网带、链条和链轮等组成。对灌装瓶进行平稳、可靠的传送，实现上游洗瓶机与下游灌装机的对接。网带张紧轮设在冷却层流段，链轮之间过渡顺滑，主动轮包角角度需要适宜，防止打滑。

⑤ 机架　作为支撑烘箱三段箱体及其他附件的重要组件，一般是由不锈钢方管焊接制成。

（3）隧道式灭菌干燥机的一般技术要求

①灭干燥后细菌内毒素水平至少下降3个对数单位；②应提供单项流保护；③出现与安全相关的偏差时能立即停止传送带运转，故障没有解决时隧道烘箱输送带应不会重启；④超范围偏差系统需提供警报；⑤生产能力能达到工艺要求；⑥洗瓶机、隧道烘箱、灌封机连接，各个机器运行速度需同步，能联动运行；⑦在设定时间内能由常温升到设定温度；⑧对于隧道烘箱传送带空载温度进行一致性测量；⑨传送带上方横向温度波动应达到要求；⑩出口处玻璃瓶温度能降至工艺要求温度；⑪隧道烘箱至少能记录预热层流段的温度，干燥、灭菌层流段的温度，冷却层流段的温度；⑫洗瓶机与隧道烘箱、灌封机之间设有传感器，监控玻璃瓶超载情况；⑬设备有紧急按钮，能保证在安全位置立刻停止运转；⑭当实际灭菌温度低于设定值时，传送带应自动停止；⑮工作段必须能够维持相对于外界环境正压；⑯气流从加热区流向进瓶（洗瓶）区和冷却区；⑰隧道烘箱须经过高效过滤器检漏确认、过滤器出口风速确认、隧道烘箱腔室内的洁净度确认、尘埃粒子测定、各区域的压差确认、灭菌程序的设定（即对网带传送速度和高温区温度设定）的确认、生产能力的确认、空载热（温度）分布的验证、装载热穿透及满载温度分布的验证等。

（4）隧道式灭菌干燥机具备的特点

①自动风压平衡系统，确保无菌室对冷却层流段、烘箱各段之间及对洗瓶间的压差符合GMP要求；②高效过滤器负压密封，模块化箱体，热风定向导流均布自动控温，安装维修方便，使用范围广；③烘箱配有电器控制柜，温度数显控制，可控制在任一恒温状态；④烘箱保温层内采用特殊的保温材料，保温性能良好。

3. 灌装机

（1）灌装机基本原理

安瓿灌封机主要用于制药、化工等行业中安瓿灌装和拉丝封口。本设备采用直线间歇式灌装及封口，首先由灌注泵通过灌针将药液注入安瓿内实现安瓿灌装，然后对安瓿头部加热软化经拉丝钳拉丝封口。

（2）灌装机基本结构

安瓿灌封机由输瓶网带部件、绞龙拨块分瓶部件、行走梁间歇送瓶部件、药液灌装及其前后充氮部件、靠瓶部件、加热拉丝部件、转瓶部件、出瓶部件组成。

安瓿瓶在安瓿灌封机上由输瓶网带与输瓶绞龙将其分隔送入主传输系统，其中主传输系统包括进瓶拨块、主次行走梁、出瓶拨轮等。安瓿瓶的前后充气、安瓿灌封、拉丝封口等工序都在主传输上完成。在完成安瓿的拉丝封口后由出瓶拨轮将其导入出瓶盘，完成整个安瓿的拉丝灌封过程。

① 输瓶网带　主要由带减速机电机、网带、墙板、驱动轴、从动轴、张紧装置、角度调节装置、边罩等组成，如图7-13-14所示。其功能是承接及缓冲烘干机来瓶，并将瓶子送至绞龙。网带驱动电机由调速器控制转速。输瓶网带设有挤瓶、缺瓶感应装置。如图7-13-14所示，当网带上安瓿瓶过多或过少时，与挡瓶带1和重锤2相连的滑块3通过安装在限位套4上的传感器将信号传送至PLC，以控制烘干机网带停转（挤瓶时）或控制进瓶绞龙停止工作（缺瓶时）。

② 绞龙拨块分瓶部件　如图7-13-15所示，输瓶绞龙2横置于网带出口端，由绞龙夹头1通过转动

轴、同步带轮、同步带、传动齿轮组、电磁制动器、定位牙嵌式离合器等与主传动机构联动。其中离合器控制绞龙与主传动轴的断开与连接，制动器使绞龙迅速停止旋转。进瓶绞龙的螺旋式半圆形容纳槽在匀速转动过程中将安瓿瓶分隔成一定的间距，形成等距的"队伍"向拨块3推进。进瓶拨块3置于绞龙的末端，为扇形块形式且其圆弧边缘均匀布置有半圆形缺口，扇形块共两件每件扇形块由一个独立的伺服电机驱动与绞龙及前次行走梁6同步运行。承接绞龙推进的瓶子，并且将其送入前次行走梁6内进入行走梁间歇送瓶部件。进瓶栏栅4上的光电光纤5为无瓶不灌信号的采集器，在无瓶不灌模式下灌注泵只有在光电光纤检测到相对应位置的安瓿瓶时才进行灌装动作。

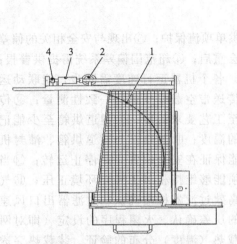

图 7-13-14　输瓶网带部件

1—挡瓶带；2—重锤；3—滑块；4—限位套

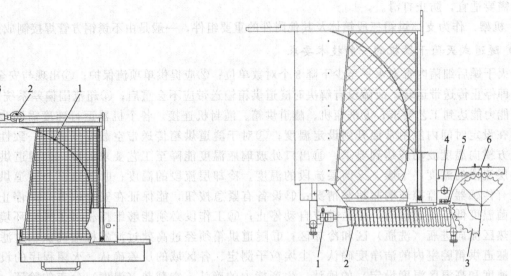

图 7-13-15　绞龙拨块分瓶部件

1—绞龙夹头；2—输瓶绞龙；3—拨块；4—进瓶栏栅；

5—光电光纤；6—前次行走梁

③ 行走梁间歇送瓶部件　如图 7-13-16 所示直线式间歇送瓶行走梁主要由前次行走梁1、后次行走梁3 和中间主行走梁2组成，每组行走梁都由一个圆柱凸轮和摆杆驱动。前次行走梁接收进瓶扇形块7传过来的安瓿瓶，然后将它送到主行走梁的容纳槽内。中间主行走梁每一个往返行程将安瓿瓶依次送到前充氮工位、灌装工位、后充氮工位、封口预热工位、拉丝封口工位，最后送到后次行走梁的容纳槽内。后次行走梁将安瓿瓶送到出瓶扇形块6的容纳槽内。出瓶拨块置于行走梁部件的末端，同进瓶拨块为扇形块形式且其圆弧边缘均匀布置有半圆形缺口，扇形块共两件，每件扇形块由一个独立的伺服电机驱动，与后次行走梁协同运行将安瓿瓶由后次行走梁导入出瓶盘内。出瓶栏栅5上的光电光纤4能将对安瓿瓶的感应信号传至 PLC，经 PLC 计算出产量及当时的生产速度，并通过 HMI 显示这些数值。

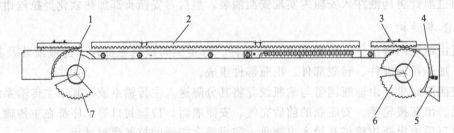

图 7-13-16　直线式间歇送瓶行走梁

1—前次行走梁；2—主行走梁；3—后次行走梁；4—光电光纤；5—出瓶栏栅；6—出瓶扇形块；7—进瓶扇形块

④ 药液灌装及其前后充氮部件　药液的供给就是将药液从用户端输送到机器的灌装系统缓冲罐。缓冲罐有两种形式：一种是桶式的容器，只有一个药液出口，独立于机器；另一种是管式的容器，多个药液出口，每一个出口与一个泵连接，有分液器的功能，安装于机器上。药液从用户端输送到缓冲罐内，用户端必须装备气动隔膜阀，缓冲罐配备液位监测装置，监测装置发出信号控制用户端气动隔膜阀的通断，保

持罐内的液面在适合的范围内。药液从缓冲罐输送到机器的灌装系统，缓冲罐顶部配备呼吸器，输送过程中保持罐内压力恒定。药液从用户端输送到缓冲罐内，最大限度地避免了因晃动或冲击而导致气泡或泡沫的产生。

⑤ 灌装系统　将产品（药液）按一定的装量灌装到容器（安瓿瓶）内。

⑥ 伺服灌装泵部件　主要由伺服电机 1、滚珠丝杆副 2、升降杆 3、联杆 4、泵夹板 5、转阀活塞泵 6 和转阀驱动组 7 构成，如图 7-13-17 所示。转阀活塞泵包含一个可往复旋转的转阀、一个可上下移动的活塞杆和一个由泵夹板固定的泵缸组成。转阀位于泵缸内的上部，每一个泵的转阀都有一个独立的连杆与转阀驱动组联结，转阀驱动组由一个伺服电机驱动，这样，所有泵的转阀是同步旋转的。活塞杆位于泵缸内的下部，活塞杆的往返运动由一个独立的伺服电机通过滚珠丝杆副、升降杆、联杆精确控制，往返一次，可以使灌注泵按设定的量程完成对安瓿瓶药液的灌注。转阀活塞泵的灌装动作都可编程控制且可以在 HMI 人机界面设定调整配方参数（每一种灌装量对应一个配方，配方可存储可调用）。

⑦ 充气管路部件　如图 7-13-18 所示，充气管路部件分为控制气体管路及保护气体管路。控制气体管路由过滤减压阀 1 及电磁阀 2 等组成；保护气体管路主要由气动隔膜阀 3、流量计 4、分气管 5 及充气针等组成。电磁阀通过对压缩空气通断的控制以启动气动隔膜阀的通断，从而达到对保护气体通断的控制。保护气体由气动隔膜阀直接控制，能有效避免电磁阀等元器件的油气对保护气体的污染。

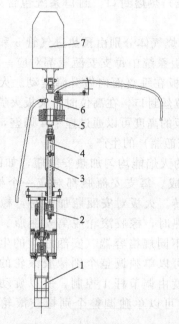

图 7-13-17　伺服灌装泵部件

1—伺服电机；2—滚珠丝杆副；3—升降杆；4—联杆；

5—泵夹板；6—转阀活塞泵；7—转阀驱动组

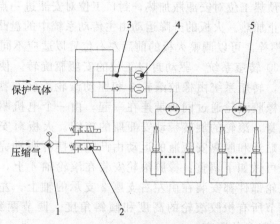

图 7-13-18　充气管路部件

1—过滤减压阀；2—电磁阀；3—气动隔膜阀；

4—流量计；5—分气管

如图 7-13-19 所示，固定板 3 在主传动系统的盘形凸轮驱动下仅做垂直升降运动，随着针固定板的垂直升降运动，与灌注泵连接的灌针 1 和与充气系统连接的充气针 2 适时插入到容器（安瓿瓶）内分别对其灌注药液与充保护气体。灌针和充气针上升到最高位置时，此位置所处的时间可以在 HMI 中检测到，制动电磁铁工作使得摆杆脱离开盘形凸轮固定在高位，从而使灌针和充气针停留在最高位置。固定板的高度可以通过捏手 4 调整，以适应不同规格容器（安瓿瓶）的生产。同时灌针和充气针亦可单独调整其高度前后左右位置。

⑧ 安瓿瓶定位结构　安瓿瓶定位结构（图 7-13-20）能有效防止因安瓿瓶定位不准而导致的灌针插偏瓶口现象的发生，当直线式间歇送瓶行走梁将安瓿瓶送至充气或灌装工位时，下靠板 5、上靠板 4、瓶口靠板 2 以及前靠瓶杆 1 将在靠瓶凸轮 6 的驱动下同步运动将安瓿瓶压紧。每根靠瓶杆具有独立的伸缩量可以有效抵消安瓿瓶外径与设备零件加工偏差。当调节支杆 7 以及捏手 3 时能分别调整靠瓶杆与瓶口靠板的高度以满足不同规格的要求。

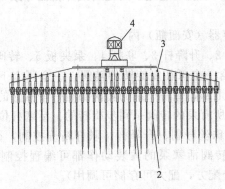
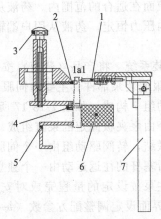

图 7-13-19　充气原理示意
1—灌针；2—充气针；3—固定板；4—捏手

图 7-13-20　安瓿瓶定位结构
1—前靠瓶杆；2—瓶口靠板；3—捏手；4—上靠板；
5—下靠板；6—靠瓶凸轮；7—调节支杆

⑨ 封口系统　将灌了一定装量产品（药液）的容器（安瓿瓶）热熔封口。封口系统包含火板系统、转瓶系统、拉丝系统。

如图 7-13-21 所示火板有预热和拉丝两个工位，两个工位的燃烧气体分别由预热进气管 5 和拉丝进气管 3 导入，所以预热工位与拉丝工位的火焰可以分别调节。在火板系统中每支安瓿瓶都对应一个火嘴 1，所有火嘴安装在一块火板 2 上。火嘴与装火嘴的板统称火板。火板在垂直面内做升降运动。火板在低位时，预热工位对安瓿瓶加热，封口工位对安瓿进一点加热并进行拉丝封口，在高位时，火板火嘴离开安瓿瓶停止加热。火板的升降运动由主传动系统中的盘凸轮驱动。火板的高度可以通过捏手 4 调整，配合螺栓 6 与螺栓 7 可以调整火板的前后左右位置以适应不同规格容器（安瓿瓶）的生产。

⑩ 转瓶系统　驱动封口工位的安瓿瓶旋转，使得火嘴喷出的火焰能均匀加热安瓿瓶，如图 7-13-22 所示，转瓶系统由橡胶滚轮 3 和驱动滚轮旋转与摆动的机构组成。每支安瓿瓶都对应一个橡胶滚轮。所有橡胶滚轮通过同步带连在一起，由一个电机驱动，同步运转。火板对安瓿瓶加热时，橡胶滚轮贴紧瓶身，滚轮的旋转带动安瓿瓶的旋转。火板对安瓿瓶停止加热时，橡胶滚轮脱离安瓿瓶。橡胶滚轮这种贴近和脱离安瓿瓶的运动由凸轮和摆杆驱动完成。为适应不同规格容器（安瓿瓶）的生产，橡胶滚轮可做如下调整：橡胶滚轮安装在滚轮轴 4 上，调节滚轮轴可以单独调整个别橡胶滚轮的高度。所有滚轮部件都安装在由左右支座 2 支承的轴上，左右支座的高度由调节杆 1 控制，所以旋动调节杆可以调节所有橡胶滚轮的高度和倾斜角度。调节两颗调节螺钉 5 可以单独调整个别橡胶滚轮前后距离（贴近瓶身的距离）。

⑪ 拉丝系统　拉丝钳利用安瓿瓶口受热熔化后的可塑性将安瓿瓶封口的装置。拉丝系统（图 7-13-23）由多对拉丝钳组成，组成拉丝钳的拉丝钳片 1 分为前拉丝钳片与后拉丝钳片。所有前拉丝钳片与后拉丝钳片分别由拉丝钳座 2 固定于前后两转轴 3 上。转轴可自转也可以绕中心轴 4 公转。当转轴自转时，拉丝钳做合拢与展开的夹持动作；当绕中心轴公转时，拉丝钳做摆动的动作。当转轴的自转与公转配合固定支架的升降运动，即可完成对安瓿瓶拉丝封口的一系列动作。PLC 检测到拉丝钳支架上升到最高位置时，制动电磁铁工作使得摆杆脱离开盘凸轮固定在高位，从而使拉丝钳停留在最高位置。

⑫ 燃气管路系统　向火板供用燃烧气体，以加热熔化安瓿瓶瓶口。燃气由用户现场供气系统提供，如图 7-13-24 所示。机器上配有控制燃气与氧气通断的电磁阀 1，用户可以在 HMI 人机界面中控制电磁阀的开闭。燃气与氧气经回火器 2、流量计 3 与混气阀 4 后分成两支，一支流向预热工位的火嘴，一支流向拉丝工位的火嘴。每支管路上装有流量计，可以分别手动调节每条管中燃气与氧气的流量。排气系统将热熔封口区域的热空气抽走排出室外，避免环境温度的升高，使室温恒定。排气系统由吸风罩、抽风机和风管组成。吸风罩正对火板火嘴的前方，抽风机装在吸风罩的尾部，风管将抽风机出口连通至室外。室外排风口处用户可考虑安装引风机和过滤器装置，也可安装电动阀门，在灌封机停止工作时关闭排风口，防止室外空气倒灌入灌装间。

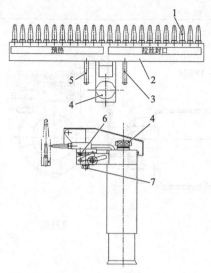

图 7-13-21　火板

1—火嘴；2—火板；3—拉丝进气管；4—捏手；
5—预热进气管；6,7—螺栓

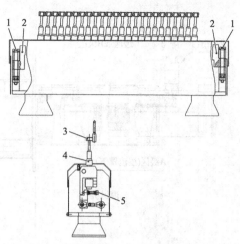

图 7-13-22　转瓶系统

1—调节杆；2—支座；3—橡胶滚轮；
4—滚轮轴；5—调节螺钉

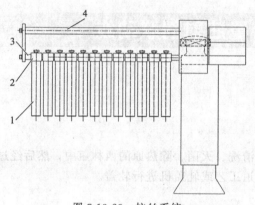

图 7-13-23　拉丝系统

1—拉丝钳片；2—拉丝钳座；3—转轴；4—中心轴

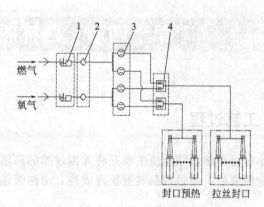

图 7-13-24　燃气管路

1—电磁阀；2—回火器；3—流量计；4—混气阀

（3）灌装机具备的特点

①无瓶不灌装，无瓶不压塞，自动剔除和取样功能；②每个灌装针可单独进行灌装量自动调节；③生产区与维护区分离，避免交叉污染的风险；④整机采用全伺服驱动，保证分装的精度及传输的稳定性；⑤根据程序设计可进行自动取样；⑥自动实现灌装结束时的药液回吸，防止滴落；⑦结构紧凑简单，便于清洁，符合无菌生产工艺要求，适用性和操作性强，快捷式非工具模具安装；⑧多种配方管理，简单明了的触摸屏界面操作；⑨可配备 ORABS、CRABS、ISOLATOR 隔离系统，配合同步传输功能实现多种附加功能，如充氮、称重等。

二、安装区域及工艺布局

目前小容量安瓿瓶灌封联动线有两种布局方式：直线式布局和 L 型布局。L 型布局设备将灌装系统部件设置在操作面，并使设备背面靠墙；设备操作包括正常的生产操作、取样和灌装部件的拆卸与安装都位于 C 或 B 级区域，设备的维护与保养位于 D 级洗烘间；安瓿通过洗烘设备后进入灌封机，灌装拉丝封口之后回到 D 级出料；实现操作区与维护区、人流与物流的有效分开，降低维护对环境的污染，降低生产对药品的污染。同时采用 L 型布局减小了 C 或 B 级区面积，降低运行成本。图 7-13-25 为某小容量安瓿瓶联动线安装的区域及工艺布局示例。

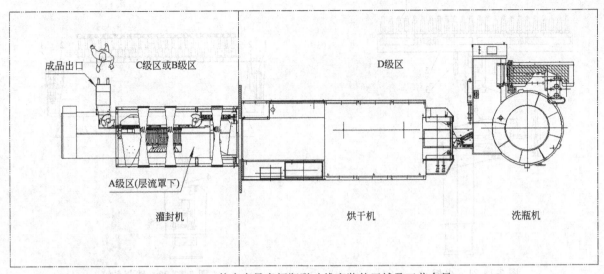

图 7-13-25　某小容量安瓿瓶联动线安装的区域及工艺布局

第十四节　西林瓶小容量注射剂联动线

一、工艺过程

　　小容量西林瓶联动线主要是将无菌过滤的药液灌入经清洗、灭菌、除热原的西林瓶中，然后经过半加塞或全压塞后，通过理瓶装置整理成列，由网带输送至下道工艺或轧盖机进行轧盖。

二、基本组成

　　该联动线由立式超声波洗瓶机、隧道式灭菌干燥机、灌装加塞机、轧盖机等单机组成，如图 7-14-1 所示。每台可单机使用，也可联动生产，联动生产时可完成喷淋水、超声波清洗、机械手夹瓶、翻转瓶、冲水（瓶内、外）、冲气（瓶内、外）、预热、烘干灭菌、去热原、冷却、（前充氮）、灌装、（后充氮）、理塞、压塞、理盖、轧盖等二十多个工序。主要用于制药厂西林瓶水针剂和冻干粉针剂的生产。

图 7-14-1　西林瓶装小容量注射剂联动线

1.立式超声波清洗机和隧道式灭菌干燥机

与小容量安瓿灌封联动线中的设备相同或相似。

2. 灌装加塞机

该设备可供制药厂家灌装液体类药物，并同机完成加塞（压塞）工序。可完成理瓶、灌装、理塞、输塞、压塞等工序。

液体灌装联动线依据结构不同，灌装加塞机分为桌板连续式灌装机和桌板间歇式灌装机；按灌装系统主要分为蠕动泵灌装和柱塞泵灌装。其中西林瓶的灌装根据不同的原理、结构等分类形式，又可分为不同的类型。通常灌装加塞机的分类方法如表7-14-1所示。

表 7-14-1　灌装加塞机分类

分类依据	主要类型	
运动方式	桌板连续式灌装	桌板间歇式灌装
灌装方式	桌板连续式灌装	桌板间歇式灌装
加塞方式	全加塞灌装	半加塞灌装
药液存储方式	西林瓶水针灌装	西林瓶粉针灌装

① 灌装机的基本工作过程　设备能自动完成理瓶→拨轮进瓶→前充氮→灌装→后充氮→加塞→剔废（取样）→出瓶等工序，如图7-14-2所示。其中进瓶转盘系统将无序排列瓶子整理成单个有序输出。主传送系统将西林瓶从进瓶工序获取，带动至下游工位。缓冲罐系统将药液存储在缓冲罐内并分配给蠕动泵。蠕动泵系统独立控制蠕动泵对药瓶进行定量分装。灌装系统使包材间隙式或连续式传送，灌装工位固定，上下随动实现灌装针在包材内自下而上灌装。加塞系统用于对瓶子加塞。理塞振荡料斗将杂乱分布的胶塞整理成单列输送给下游功能部件。出瓶可将加塞后的瓶子输送给下游设备。剔废是将未加塞瓶的不合格瓶剔除。

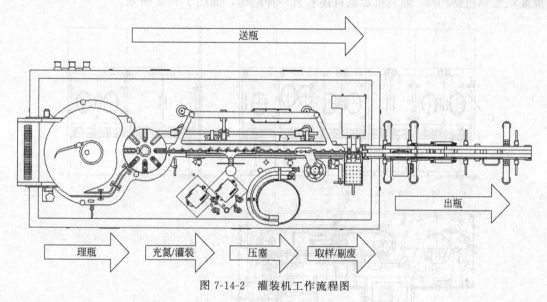

图 7-14-2　灌装机工作流程图

② 灌装机加塞机结构1　图7-14-3为西林瓶灌装加塞机结构1的示意，由进瓶系统、运瓶系统、灌装系统、加塞系统、取样/剔废系统、出瓶系统组成。

a. 进瓶系统　该系统主要包括缓冲转盘和进瓶星轮。转盘收集来自烘箱的西林瓶，输送给二进瓶星轮，并将瓶子逐个地输送给运瓶系统。转盘具备瓶多瓶少检测传感器；具有倒瓶剔除功能。

b. 运瓶系统　该系统主要由输送块和输送电机等组成。运瓶系统接收来自进瓶星轮的西林瓶，匀速稳定地输送给灌装系统，并将灌装完的西林瓶传送至压塞工位。

c. 灌装系统　灌装系统主要包括跟踪灌装机构和灌装组件。跟踪灌装机构负责完成灌液针连续灌装的功能，它是由两个独立的伺服电机驱动针架做水平动作和垂直动作，从而完成灌液针连续跟踪灌装的动作。灌装组件采用蠕动泵或柱塞泵灌装，每个蠕动泵或柱塞泵都由独立的伺服电机驱动。具有无瓶止灌功能，由缺瓶光纤传感器检测到缺瓶时，控制空瓶工位对应的陶瓷柱塞泵停止灌装。

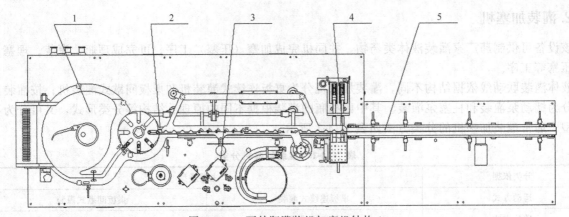

图 7-14-3　西林瓶灌装机加塞机结构 1

1—进瓶系统；2—运瓶系统；3—灌装系统；4—加塞系统；5—取样/剔废系统

　　d.加塞系统　加塞系统主要由压塞星轮接收来自运瓶系统的已灌装瓶子，稳定地传送给加塞站。加塞站对每一个瓶子进行全压塞或者半压塞；加塞完成后输送到出料系统。由伺服电机控制加塞盘进行加塞，加塞系统配备一个胶塞料斗和预进料斗，以便给加塞站输送胶塞，具有无瓶止塞功能。

　　e.取样/剔废系统　在加塞机构之后配备了取样/剔废装置，对空瓶和未压塞的瓶子进行剔除，或进行取样。取样/剔废动作由真空吸盘完成，动作轻柔，成功率高。取样与剔废共用一个通道，节省空间。

　　f.出瓶系统　西林瓶从加塞系统传送到出料星轮。瓶子通过出料星轮送入出料网带，然后进入托盘（单机）或进入自动进出料系统。输送链板采用特级耐磨材料，使用寿命长，不易磨损。

　　③灌装机加塞机结构 2　灌装机加塞机还有另一种结构，如图 7-14-4 所示。

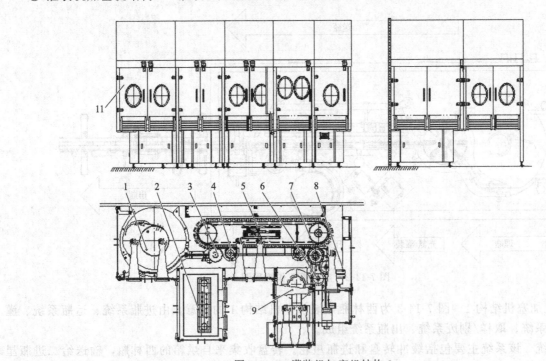

图 7-14-4　灌装机加塞机结构 2

1—理瓶盘部件；2—灌装泵部件；3—进瓶拨轮；4—主传动部件；5—灌装跟踪部件；6—在线取样部件；
7—加塞部件；8—出瓶部件；9—理塞部件胶塞平台

　　a.主机　由主电机直联减速机再直联驱动主输瓶带；加塞伺服电机直联减速机驱动加塞部件，出瓶拨轮部件由加塞部件经带传动驱动；进瓶伺服电机直联减速机驱动进瓶拨轮部件。跟踪部件与升降部件位于主输瓶带中部，其中跟踪部件由电机直联减速机，通过带传动驱动跟踪滑座，带动升降滑座做横向移动；升降部件由另一电机通过带传动经滚珠丝杆驱动升降滑座做上下运动。跟踪部件电机与升降部件电机组成电子凸轮与主电机同步运动，实现精确定位。灌装部件位于主输瓶带中部，由电机直联滚珠丝杆驱动柱塞泵的泵体上下运动；柱塞杆由电机直联减速机经齿轮啮合做间歇式同向圆周运动完成换向转阀，使柱塞泵实现不断吸排完成灌装。以上电机均为伺服电机。

b. 输瓶装置　输瓶装置为圆盘式理瓶机，作缓冲及输瓶用，由交流电机驱动，圆盘的转速通过调速器可无级调速。包装瓶在圆盘的带动下经一组栅栏理顺后成单列连续不断地送至进瓶部件，再转送到主输瓶带的输瓶块上。可实现倒瓶剔瓶，通过控制系统亦可实现无泵不进瓶。圆盘式理瓶机设有两处检测开关，可实现挤瓶缺瓶报警，报警信号可与隧道式灭菌干燥机以及灌装加塞机实现通信进行联动控制。

c. 灌装泵　该机采用柱塞泵定量灌装，可为陶瓷泵或金属泵，泵的结构形式为二件式转阀泵。柱塞泵定量灌装是采用高精密柱塞泵加旋转阀进行定量灌装的，每次的灌装量由灌装泵的行程及泵的大小决定。为保证一定的计量精度，针对不同装量采用不同规格的灌装泵计量灌装。泵的驱动动力由伺服电机驱动柱塞泵，可在触摸屏上调节灌装量，包括统调和微调。

d. 灌装部件　由伺服电机直联滚珠丝杆驱动柱塞泵的泵体上下运动，柱塞杆由伺服电机直联减速机经齿轮啮合做间歇式同向圆周运动完成换向转阀，使柱塞泵实现不断吸排完成灌装。可通过控制系统实现无瓶不灌装。

e. 理塞部件　理塞部件主要利用电磁共振原理制成。理塞斗内设双通道螺旋线，单出口，以保证理塞速度。更换规格时，松开其安装座侧面的紧固螺钉，调节其底部调高螺杆可调节出塞高低，调节振动调速旋钮可调理塞速度。理塞部件可配置低位检测系统，实现胶塞低位报警。

f. 上塞部件　由理塞斗整理后的胶塞直接输送到上塞部件与加塞部件定位，上塞部件由气缸驱动，电磁阀控制气缸带动挡塞器运动实现无瓶不加塞。

g. 加塞部件　回转的整体式加塞部件在上塞盘的吸头部位产生真空，将塞子吸住带走，灌好药液的瓶子经主输瓶带转送交接到加塞部件，瓶子在加塞部件内沿升降轨道上升，将胶塞压入瓶口并至合适深度后，此时真空消失，塞子连同瓶子一起下降脱离上塞盘完成压塞。

h. 出瓶拨轮部件　出瓶拨轮部件自加塞部件将瓶子承接过来，并推送入出瓶盘部件内。其动力由加塞部件通过带传动驱动。

i. 进瓶拨轮部件　由进瓶伺服电机直联减速机驱动，自理瓶盘部件将瓶子承接过来转入主输瓶带输瓶块上。进瓶拨轮上设有光电检测开关，传输信号，实现无瓶不灌装。

j. 出瓶盘部件　出瓶盘部件是供加塞后的包装瓶中转暂时贮放用。

k. 检测部件　由伺服电机直联驱动，通过控制系统按设定时间或即时操作跟随主机实现抽样取瓶，送入取瓶输送机。

l. IPC 在线称重　在灌装前取样拨轮通过真空吸取连续的 5 个西林瓶并从同步齿形带中取出，并称每个瓶的重量后送回同步齿形带中。灌装后取样拨轮通过真空将已称空瓶重量并灌装的 5 个西林瓶从同步齿形带中取出，并称每个瓶的重量，系统自动计算分装量。对于计量不合格的情况，通过称重检测将信号反馈到灌装站，自动控制调节对应灌装的灌装量并将不合格品将自动剔除。

m. 取瓶输送机　由交流电机驱动，输瓶速度通过调速器可无级调速。

3. 轧盖机

轧盖机（图 7-14-5）用于抗生素瓶的压盖与轧盖工序。可完成理瓶、理盖、输盖、轧盖、出瓶、剔废工序，凡与包装材料接触的零件均采用不锈钢或无毒工程塑料，无污染。采用变频器调整，操作简单，自动化程度高。

（1）轧盖机基本工作过程

瓶子进入轧盖机缓存转盘，随导向模具进入进料网带，后进入进料/剔废星轮，将不良品通过前剔废通道/网带剔除，进料/剔废星轮将合格品西林瓶分别倒入轧盖单元，轧盖单元压力即时监测，轧盖完成后进入剔废星轮，将不合格的经过剔废网带或通道剔除，合格的西林瓶传递给出料星轮，导出到出料网带，轧盖过程结束。图 7-14-6 所示为轧盖机的工作流程示意。

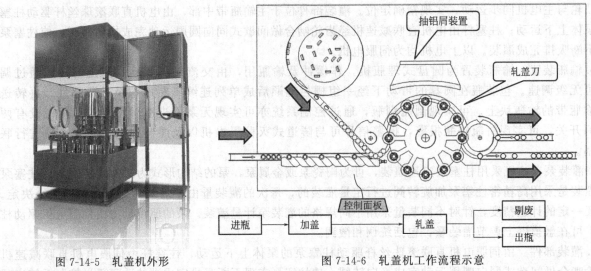

图 7-14-5　轧盖机外形　　　　　　　　图 7-14-6　轧盖机工作流程示意

（2）轧盖机基本结构 1

轧盖机主要由进料系统、振动料斗、进料星轮系统、轧盖系统、抽铝屑系统、出瓶剔废系统、机架系统、控制系统组成，如图 7-14-7 所示。通常轧盖机处于"C＋A"级或者是"B＋A"级的环境下进行轧盖。

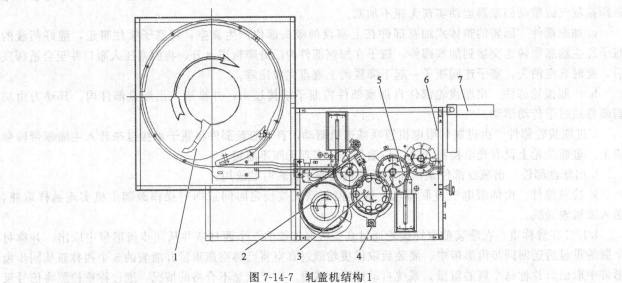

图 7-14-7　轧盖机结构 1

1—进瓶系统；2—振动料斗系统；3—轧盖系统；4—抽铝屑系统；5—出瓶剔废系统；6—机架系统；7—控制系统

① 进瓶系统　该系统主要包括缓冲转盘、网带、进瓶星轮。转盘收集来自上游的西林瓶，输送给网带，然后输送给进瓶星轮。转盘具备瓶多瓶少检测传感器；具有倒瓶剔除功能。

② 振动料斗系统　振动料斗系统由振荡器、料斗、铝盖通道等部件组成，其功能为将包材整理至挂盖处。

③ 轧盖系统　轧盖系统是由压盖头、轧盖到、旋转工位等组成，经挂盖后的西林瓶运送至轧盖系统，轧盖刀旋转着将挂好盖的西林瓶旋转轧盖。压盖头和轧盖刀都可以调整，以满足不同的轧盖效果。根据刀具形式，轧盖机可以分为小单刀轧盖机和单固定刀轧盖机两种，如图 7-14-8 和图 7-14-9 所示。

④ 抽铝屑系统　抽铝屑系统是由鼓风机、抽铝屑管路等组成，可以减少轧盖过程中因轧盖产生的铝屑。

⑤ 出瓶剔废系统　出瓶系统瓶子吸盘星轮、网带、接废盒等原件组成，对未轧盖的瓶子进行剔除。通过出料星轮送入出料网带，然后进入托盘或下道工序。

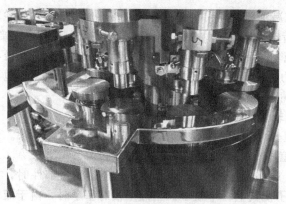

图 7-14-8　小单刀轧盖机

图 7-14-9　单固定刀轧盖机

（3）轧盖机基本结构 2

轧盖机还有另外一种结构，如图 7-14-10 所示。

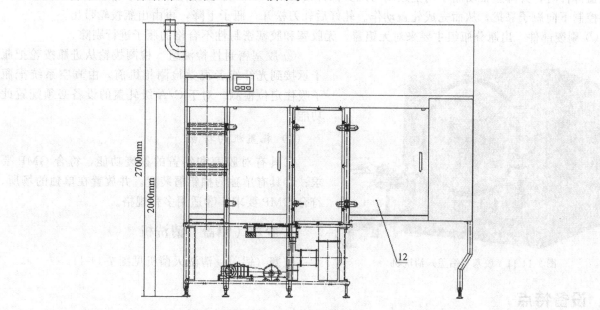

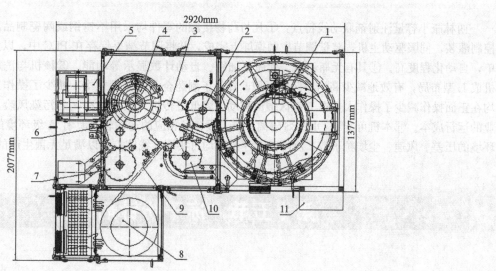

图 7-14-10　轧盖机结构 2

1—理瓶盘组；2—进瓶拨轮组；3—视觉检测组；4—轧盖组；5—负压抽屑装置；6—出瓶拨轮组；
7—后剔废组；8—理盖组；9—挂盖组；10—前剔废组；11—操作箱；12—机罩组

① 主传动　交流电机通过皮带轮将动力传给减速机，减速机的输出轴通过万向联轴器同进瓶拨轮齿轮相联，进瓶拨轮齿轮、轧盖齿轮、出瓶拨轮齿轮、出瓶分瓶齿轮相互啮合，完成瓶子在各个拨轮之间的相互交接。

② 圆盘输瓶装置　圆盘输瓶装置为圆盘理瓶及送瓶，可作缓冲及输送瓶的作用，主要适用于直径与高度比较大的瓶型（接近1∶1）。它由交流电机提供动力，圆盘的转速由调速器控制，可无级调速。包装瓶在圆盘的带动下经一组栅栏列队后源源不断地送往进瓶拨轮。

③ 拨轮装置　绞龙、拨轮供送包装瓶，其动作应与轧盖同步，否则会碎瓶。

④ 理盖斗　理盖斗主要利用电磁共振原理制成，理盖斗内设多通道螺旋线以满足高速理盖要求。调节调高手柄可调节出盖高低位置，调节调速器可调节理盖速度。

⑤ 戴盖部件　由理盖斗整理的盖子排列在通道中，压好塞子的瓶子在进瓶拨轮经过戴盖部件时，由瓶子挂着盖子经压盖板，使盖子戴正，这样每过一个瓶子便戴上一个盖子。当瓶上没有塞子时，由于瓶子的整体高度过小，不能挂上盖子，从而实现无塞不上盖、无盖不轧盖功能。

⑥ 轧盖部件　轧盖部件主要由压头部件、轧刀座、轧盖凸轮、轧刀等组成。它改以前的三刀轧盖方式或中心单刀轧盖方式为旁置式单刀轧盖，具有结构简单、运转平稳、工作可靠等优点。带好盖的瓶子进入轧盖部件时，升降座带动瓶子向上运动与压头部件接触，压头不停地旋转带动瓶子转动，轧刀在轧刀凸轮的控制下向瓶子靠拢，从而完成轧盖动作。轧好后轧刀松开，瓶子下降，再由出瓶拨轮带出。

⑦ 剔废部件　出瓶分瓶组主要来对无铝盖、无胶塞和胶塞密封性不合格的瓶子进行剔除。

⑧ 胶塞密封性检测组　检测拨轮从进瓶拨轮把瓶子承接到光纤或者视觉检测相机前，由真空系统把瓶子吸住定位检测。对于 C/A 级轧盖的设备必须配置此功能。

（4）轧盖机的特点

①具有对胶塞和铝盖的剔废功能，符合 GMP 要求；②具有单独的抽铝屑装置，并放置在单独的场所，符合 GMP 要求；③适用多种规格。

4. 胶塞（铝盖）清洗机

图 7-14-11　胶塞（铝盖）清洗机

胶塞（铝盖）清洗灭菌机见图 7-14-11。

三、设备特点

西林瓶小容量注射剂联动线特点：①凡与药物接触的零件均采用不锈钢或陶瓷制品，无污染。②采用伺服控制灌装，伺服驱动主机，装量调节在触摸屏上完成，并将调节结果保存在 PLC 中，以便日后调用。③操作简单，自动化程度高。④具有无瓶不灌、无瓶不加塞、自动计数显示等功能。⑤该机与洗瓶机、隧道式灭菌干燥机成 L 型布局，有效地减少高洁净区的面积，降低了制药企业的建设成本；减少了操作人员数量，且操作人员均在正面操作减少了操作人员在 B 级区域的移动，降低了传统方式对洁净区的污染风险，且有效降低了制药企业的运行成本。⑥本机可配置 ORABS 隔离系统，设备及相应的运输轨道具有 A 级环境的高效系统，其中 A 级环境的压差、风速、尘埃粒子数、沉降菌、浮游菌均可实现在线监控，以满足无菌生产的要求。

第十五节　冻干粉针剂设备

一、工艺流程

冻干粉针剂生产工艺流程见图 7-15-1。首先对冻干箱进行清洗，接着是灭菌，灭菌之后应做漏率检测，即压塞波纹管和蘑菇阀波纹管的完整性检测，再进行系统的漏率检测，证明系统真空良好，产品才能进箱。如果冻干机不带在位清洗和在位灭菌系统，则需人工清洗，并用其他合适的方法进行灭菌。整个冻干周期分为装料、预冻、抽空、干燥、压升、预放气、压塞、放气、存储、出料等，在自动运行模式下，冻干周期按上述步骤自动执行。

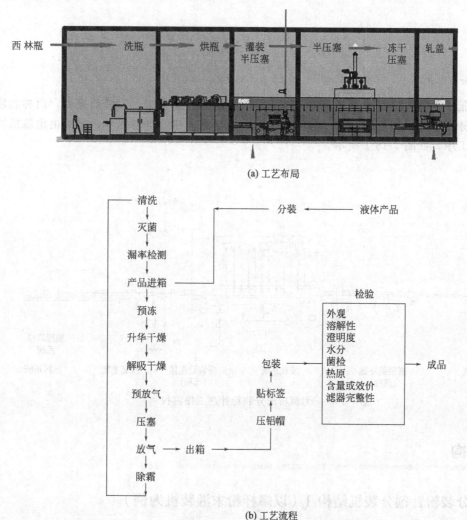

(a) 工艺布局

(b) 工艺流程

图 7-15-1　冻干粉针剂的工艺流程

　　在产品分装进箱完毕之后，进行产品的预冻，升华干燥（第一阶段干燥）和解吸干燥（第二阶段干燥），在预冻结束之前约 1h，要使冷阱提前降温到 −40℃ 以下的低温，然后启动真空泵，抽空冷阱和冻干箱，当冻干箱的真空达到 0.1mbar 后升华开始，对产品进行加热，升华结束之后，提高产品温度进入解吸干燥阶段，直至产品达到合格的残余水分含量之后，干燥结束。

　　产品干燥结束之后，根据要求进行真空压塞或充氮压塞。如果是真空压塞，则在干燥结束后立即进行；如果是充氮压塞，则需进行预放气，使氮气充到设定的压力，一般在 500～600mmHg，然后压塞，压塞完毕之后放气到大气压出箱，出箱后继续后续操作。检验滤器完整性中的滤器是指冻干机的进气口无菌过滤器，如果进气过滤器的完整性测试通不过的话，该批产品属于报废产品，因此有些冻干机安装两个进气过滤器，串联使用；两个过滤器完整性检测同时不合格的概率极小。

二、冻干粉针剂设备

　　西林瓶冻干粉针剂设备在西林瓶小容量注射剂设备的基础上增加了冻干机及自动进出料系统。真空冷冻干燥机见第四章第六节"真空冷冻干燥设备"一节。

第十六节 无菌粉末分装粉针剂设备

一、工艺流程

将来自烘箱的瓶子收集到过渡转盘上，匀速送瓶至灌装压塞机进瓶侧，灌装前充氮，西林瓶灌装，灌装后充氮，之后西林瓶加塞，加塞后对不合格的西林瓶进行剔废，然后自动取样，最终由出瓶机构将合格的西林瓶运至下道工序，如图 7-16-1 所示。

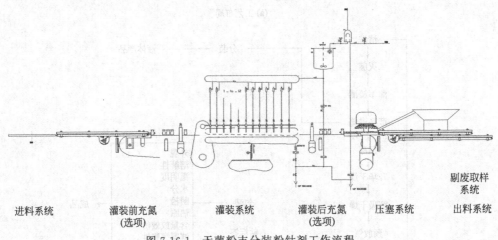

剔废取样系统

进料系统　灌装前充氮(选项)　灌装系统　灌装后充氮(选项)　压塞系统　出料系统

图 7-16-1　无菌粉末分装粉针剂工作流程

二、分装机结构

1. 无菌粉末分装粉针剂分装机结构 1（以螺杆粉末灌装机为例）

以螺杆粉末灌装机（图 7-16-2）为例，介绍无菌粉末分装粉针剂分装机构的一种常见结构，如图 7-16-3 所示。

图 7-16-2　螺杆粉末灌装机

（1）进瓶系统

该系统主要包括缓冲转盘、网带、进瓶星轮。转盘收集来自烘箱的西林瓶，输送给网带，然后输送给进瓶星轮，将瓶子逐个地输送给运瓶系统。转盘具备瓶多瓶少检测传感器；具有倒瓶剔除功能。

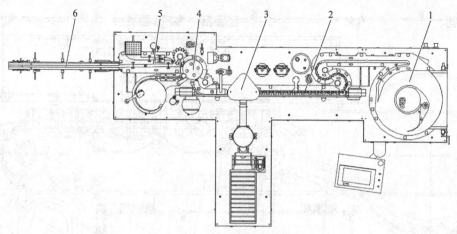

图 7-16-3　螺杆粉末灌装联动线

1—进瓶系统；2—运瓶系统；3—分装系统；4—加塞系统；5—取样剔废系统；6—出瓶系统

（2）运瓶系统

运瓶系统由运瓶滑块、挡板、伺服电机、直角减速机等部件组成，其功能为将包材从转盘及星轮处运送至分装灌装段。

（3）分装系统

分装系统由储粉仓、无菌蝶阀、粉斗、分装螺杆、料管、粉嘴、伺服星轮等组成。通过送粉螺杆或者振动器将原料输送到分装部位粉仓内，通过分装螺杆进行计量间歇分装。粉末灌装机根据分装原理分为机械螺杆式粉末分装机、气流插管式粉末分装机和气流轮转式粉末分装机，分别如图 7-16-4～图 7-16-6 所示。

图 7-16-4　机械螺杆式粉末分装机

图 7-16-5　气流插管式粉末分装机

图 7-16-6　气流转轮式粉末分装机

（4）加塞系统

加塞系统是振动料斗通过振动将压塞通过滑道传递给压塞星轮，此时压塞星轮接收来自运瓶系统的已灌装瓶子。压塞星轮对每一个瓶子进行全压塞或者半压塞，压塞完成后输送到出料系统。

（5）取样剔废系统

取样剔废系统由吸盘星轮、网带、接废盒等元件组成，对空瓶和未加塞的瓶子进行剔除，或进行取样。

（6）出瓶系统

出瓶系统瓶子通过出料星轮送入出料网带，然后进入托盘（单机）或进入自动进出料系统。

2. 无菌粉末分装粉针剂分装机结构 2

图 7-16-7 为另一种无菌粉末分装粉针剂分装结构示意。

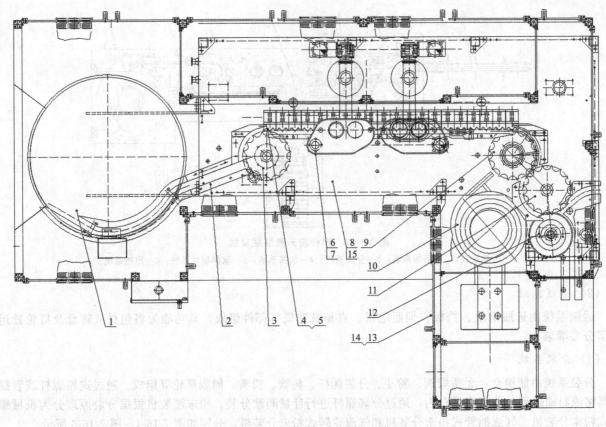

图 7-16-7　无菌粉末灌装机基本结构

1—理瓶组；2—进瓶轨道；3—进瓶拨轮；4—输送组；5—培养灌装部件；6—左分装组；7—右分装组；8—机架组；
9—压塞组；10—理塞部件；11—出瓶拨轮组；12—取样组；13—层流支架组；14—在线检测组；15—铭牌

　　该设备采用间歇定位式灌装及圆盘提升轨道式压塞。抗生素瓶完成洗瓶灭菌工序后输到理瓶组 1 中，理瓶组 1 将杂乱的瓶子整理排成单列输送到与其相连的进瓶轨道 2 中，进瓶轨道 2 末端与进瓶拨轮 3 相连；主机为间歇运动，与进瓶轨道 2 相连的进瓶拨轮 3 将瓶子交接进入输送组 4 中，输送到左右分装组 6、7 的计量室下完成灌装，再由输送组输送入压塞拨轮完成加塞动作，最终输出到下道工序；药粉由进粉螺杆送入计量室中，再由计量室计量后灌入处在灌装拨轮中的西林瓶中。胶塞经电磁振荡整理后送入与压塞拨轮同步运转的压塞盘下并被真空吸住，随压塞盘运转，西林瓶在底部轨道的作用下上下运动完成加塞工序。

　　药粉传送及分装机构见图 7-16-8，其工作过程为：物料由储料桶落入进粉室内，再由进粉螺杆送入计量室内。当生产第一次进粉时在触摸屏上选择手动控制进粉螺杆进粉，当粉面到达计量室的观察窗下方时停止进粉，而生产过程中的进粉则为自动状态。进粉螺杆由计量螺杆控制，当计量螺杆动作一定次数之后进粉螺杆动作一定时间，这两个参数在屏幕上可设置到最佳值，以保持计量室中的药粉总量恒定。同时搅拌电机转动带动计量室中的搅粉法兰转动，搅粉法兰上的搅粉杆将药粉搅拌均匀，保持它的流动性；而伺服电机控制计量室中的计量螺杆转动一定的角度，将药粉计量后输出。

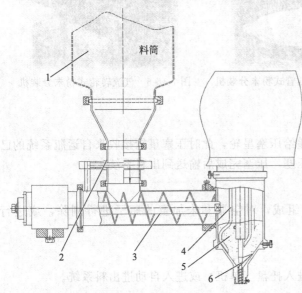

图 7-16-8　药粉传送及分装机构

1—储料桶；2—进料室；3—进粉螺杆；4—搅拌系统；5—计量室；6—计量螺杆

第十七节　小容量注射剂预灌封设备

小容量注射剂预灌封灌设备用于分装药液，适用于疫苗、大分子生物药、小分子化学药、胰岛素、凝胶等产品的分装。

一、概述

常见小容量注射剂预灌封设备是预充式注射器。预充式注射器主要由针管、橡胶活塞、推杆、不锈钢注射针或锥头（鲁尔锥头）和针帽组成，如图7-17-1所示。患者使用时直接注射，非常方便。每个预充式注射器中已经包含了一份的药物剂量，用完后可以直接抛弃，避免了常规注射时药物被注进注射器中的潜在污染。

注射器组件与药品有良好的相容性，同时注射器本身具有很好的密封性能，药品可以长期储存。

对于黏度较大的药液，注射时需用较大的推力，这对手指夹持针筒的外卷边缘造成用劲不便，尤其对外径较细的针筒，需要配置助推器，套入针筒边缘，加大了卷边的面积，更易于用劲儿，便于持针以及避免推杆的误操作，也防止了使用之前活塞的移动。为了便于注射，还有一些更为复杂的助推和保护装置。预充式注射器以特殊包装形式（巢盒）包装（图7-17-2），易于转运和操作。

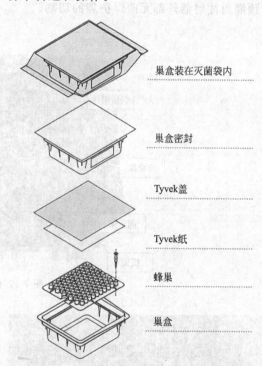

巢盒装在灭菌袋内

巢盒密封

Tyvek盖

Tyvek纸

蜂巢

巢盒

图 7-17-2　预充式注射器的注射针包装结构

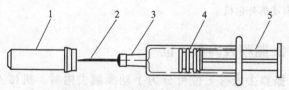

图 7-17-1　预充式注射器包装结构示意
1—针帽；2—注射针；3—针管；4—橡胶活塞；5—推杆

二、基本结构

预充式注射剂灌封机（图7-17-3）主要由拆包机、撕膜去内衬工位、灌装加塞工位三个部分组成。完成这三个工位的机器为拆外包机、拆内包机、灌装加塞机等。目前除了常规机械式结构，还有机器人结构

（图 7-17-3）。通过两台无菌机器人采用协同控制技术，成功实现了预充式注射器撕膜、去内衬、灌装、加塞等工艺流程全自动化，进一步提高了生产速度；无人化操作，解决了人工操作带来交叉污染的风险。机器人结构具有生产速度快，性能稳定，无交叉污染等特点，与传统设备相比占地面积节约一半，环境与人工等费用降低 20％以上。

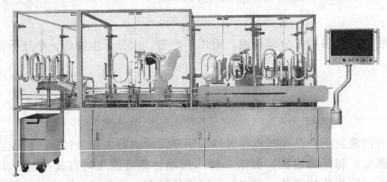

图 7-17-3　机器人预充式注射剂灌封机

1. 拆包机

拆包机可分为手动拆包、半自动拆包、全自动拆包三种机型。手动拆包是由操作人员通过手套进行开袋和转运至 B/A 级区域。半自动拆包是由操作人员通过手套将自动开袋的巢盒转运 B/A 级区域。全自动拆包无需操作人员干预，由拆包机自动完成开袋和转运至 B/A 级区域。图 7-17-4 所示为半自动拆外包机，用于预灌封注射器外部无菌保护袋的切割。

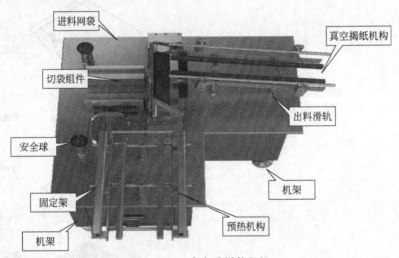

图 7-17-4　半自动拆外包机

图 7-17-5　机器人自动机构

2. 撕膜去内衬工位

撕膜去内衬工位可分为手动撕膜去内衬、机械式自动撕膜去内衬、机器人自动撕膜去内衬。手动撕膜去内衬是由操作人员通过手套进行撕膜、用镊子去内衬，并转运至灌装加塞工位。机械式自动撕膜去内衬是由设备机械部件自动撕膜、去内衬。机器人自动撕膜去内衬是由机器人自动完成撕膜、去内衬（如图 7-17-5 所示）。

3. 灌装加塞工位

输送带上设置 4 个气缸挡料的位置：前 2 个为预备

位置，第 3 个为蜂巢出盒位置，第 4 个为蜂巢装盒位置。通过程序控制，注射器盒前后有序地流经每一个位置。注射器盒送到出盒位置，真空气爪下降吸住蜂巢后上升将其提出盒内，然后转至 X-Y 轴工作平台的起始位置，气爪下降将蜂巢放到平台上，X-Y 平台托着蜂巢到达灌装位置开始灌装，蜂巢上第 3 列注射器开始灌装时，第一列同时开始加塞封口。

预充式注射器加塞形式主要有两种：套筒加塞和真空加塞。套筒加塞通过套筒引导胶塞到达适当的位置 [图 7-17-6(a)]。首先通过压杆将胶塞压至套筒内，套筒、胶塞和压杆一同下降至注射器内，然后压杆和胶塞不动，套筒上升，退出注射器，最后压杆上升，退出注射器。真空加塞通过抽真空使预充式注射器内部形成负压，胶塞由大气压推送至适当位置 [图 7-17-6(b)]。首先通过真空部件将注射器瓶口密封，抽真空，然后通过压杆将胶塞推进注射器瓶口，最后真空部件和压杆上升，离开注射器，胶塞在大气压的作用下滑动到适当位置。图 7-17-7 所示为全自动预灌封灌装加塞机，用于预灌封注射器的无菌分装和加塞保护。

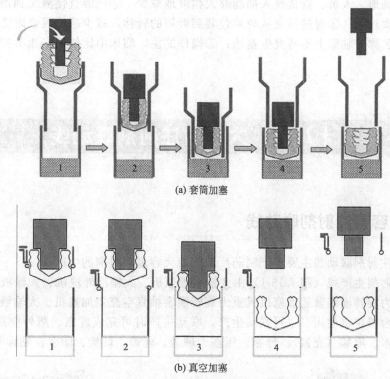

(a) 套筒加塞

(b) 真空加塞

图 7-17-6　全自动预灌封灌装加塞过程

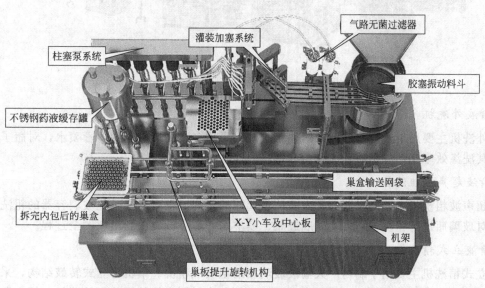

图 7-17-7　全自动预灌封灌装加塞机

设备还可根据需要配置在线称重以及灌装系统在线清洗和灭菌系统。

三、简要工作过程

无菌保护袋入料→拆外包→巢盒四周预热→揭除封盒纸→揭除内衬纸→从巢盒中提出巢板放入中心板→X-Y小车移动至灌装加塞工位→灌装→加塞→X-Y小车返回原位→巢板入盒→巢盒出料。

四、设备特点

①预灌封灌装机使用的是免清洗免灭菌的包材，不需要对包材进行再进行清洗和灭菌，因此可以节省设备的投入，相应地场地、人员、资金投入都能够大幅度地减少；②药液直接灌装到预灌封中，能预防注射中的交叉感染或二次污染；③规避药液从玻璃包装到针筒的转移，减少药物因吸附造成的浪费；④可在注射容器上注明药品名称，临床上不易发生差错；⑤操作简便，临床中比使用安瓿节省一般的时间，特别适合急诊患者。

第十八节　大容量注射剂联动线

一、玻璃瓶装大容量注射剂联动线

玻璃瓶装大容量注射剂联动线主要用于制药厂玻璃瓶大容量注射剂的生产。

玻璃瓶大容量注射剂生产线（图7-18-1）由大输液理瓶机、大输液外洗机、大输液超声波粗洗机、大输液立式精洗机、重力旋转灌装普通加塞机或重力旋转灌装抽真空充氮加塞机、大输液压盖轧（旋）盖机等几台单机组成。每台可单机使用，也可联动生产，联动生产时可完成理瓶、瓶外壁清洗、超声波粗洗、冲循环水、冲注射用水、灌装（充氮）、理塞、压塞、理盖、轧盖、灯检、印字、贴标等二十多个工序。

图7-18-1　大容量注射剂联动线组成

（1）大输液外洗机

大输液外洗机主要用于大规格玻璃瓶的外壁刷洗。采用多立轴毛刷配置多管喷水，对瓶子进行不同方位的刷洗，其洗涤效率高，洗刷质量优。

（2）大输液超声波粗洗机

大输液超声波粗洗机主要用于制药厂大输液玻璃瓶的粗洗，也可用于其他玻璃容器的粗洗。采用超声波清洗原理对玻璃瓶进行粗洗，可自动完成进瓶、喷淋水、超声波清洗到出瓶的全过程。

（3）大输液立式精洗机

大输液立式精洗机主要用于制药厂大输液玻璃瓶的粗洗或精洗。本机为立式转鼓结构，采用水气交替喷射冲洗的原理，对容器逐个清洗。循环水、压缩空气、注射用水均使用独立的喷针，插入瓶内冲洗；无交叉污染，水、气无压力损失，节约能源，且清洗效果好。同时还可目测到整个清洗过程，操作维护方便。

（4）重力旋转灌装加塞机

①重力旋转灌装普通加塞机　采用气动隔膜阀灌装与旋转跟踪式加塞，恒压自流灌装，通过设定灌装时间来控制灌装量，其自动化程度高，灌装精度高，并且还可以实现无瓶不灌装功能以及在线清洗与在线灭菌功能。

②重力旋转灌装抽真空充氮加塞机　采用抽真空充氮再灌装或恒压自流隔膜阀灌装以及抽真空充氮再进行加塞的结构。在加塞工位采用多次脉动抽真空充氮结构来置换瓶内的空气，降低了瓶内的氧气含量，有效保护了药品质量。并且还可以实现无瓶不灌装、在线清洗与在线灭菌功能。

（5）大输液压盖轧（旋）盖机

大输液压盖轧（旋）盖机主要用于制药厂玻璃输液瓶的封口，也可用于其他容器的封口。采用连续旋转式封口方式，可自动完成输瓶、上盖、封口到出瓶的全过程。采用先进的压盖、封口新工艺，此工艺先压后封，纠正挂盖偏差，封口平顺美观、合格率高。

二、塑料袋大容量注射剂联动线

常规的非 PVC 输液软袋（图 7-18-2）是由非 PVC 膜材（主要成分是 PP）、接口、密封盖以及用于印刷的色带制作而成。非 PVC 输液软袋全自动制袋灌封机的作用就是将上述包装材料按照既定的工艺制作成完整的输液软袋。

1. 非 PVC 输液软袋全自动制袋灌封机概述

非 PVC 输液软袋全自动制袋灌封机是在 20 世纪90 年代依托于非 PVC 输液软袋的广泛应用而发展起来的。受历史因素影响，PVC 输液软袋在国外发达国家仍有比较大的市场占有率，非 PVC 输液软袋全自动制袋灌封机在新兴的第三世界国家市场接受程度比较高。

非 PVC 输液软袋全自动制袋灌封机在 20 世纪 90年代末进入我国，初期以德国进口设备为主。随着近

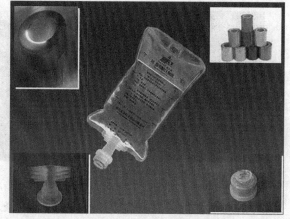

图 7-18-2　非 PVC 输液软袋

十几年来中国非 PVC 输液软袋市场的快速发展，以及中国制药机械生产厂家的技术进步，目前中国国内的各类型非 PVC 输液软袋全自动制袋灌封机有 600 多台，国产化率在 85% 左右，年产非 PVC 输液软袋35 亿袋左右。

非 PVC 输液软袋全自动制袋灌封机主要应用领域涵盖大输液的三大类别，即基础性输液、营养性输液和治疗性输液。基础性输液主要是葡萄糖、氯化钠等输液品种，用于补充能量、体液和作为其他药物输注的载体，这部分产品用量大、使用广泛，占据大输液总产量的 90% 以上；特点是产量大，产品附加值低，注重制造成本。营养性输液是以氨基酸、脂肪乳等肠外营养液为主的产品，产品附加值高，生产环节技术含量较高，对质量要求严格。治疗性输液是血液制品、透析液、抗生素等具有治疗效果的输液产品，产品附加值高，产量也比较大。

非 PVC 输液软袋按包装形式分类，分为单室袋、液液多室袋、粉液双室袋等；按口管形式分类，分为单硬管、双硬管、单座双阀、双软管、一体化口管等；按容量分类，分为小容量、大容量。

（1）基础输液非 PVC 软袋全自动制袋灌封机

此设备主要用于生产 1L 以下容量的输液软袋，是目前市场上的数量最多的产品系列，按适应的管口形式可分为硬管和软管两大类。可生产的药品包含了所有类型的软袋输液产品，如生理盐水、葡萄糖等基础性输液，脂肪乳等营养性输液，乳糖左氧氟沙星氯化钠等治疗性输液产品。

此类设备适应的管口形式众多，对应不同的管口，设备对应的定位装置、送料装置、焊接装置也不同。硬管可分为单硬管、双硬管、单座双阀；软管可分为单软管、双软管等。图 7-18-3 为部分非 PVC 输液软袋种类举例。

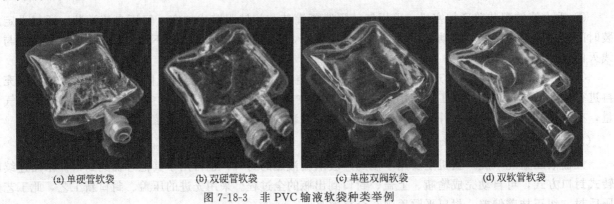

(a) 单硬管软袋   (b) 双硬管软袋   (c) 单座双阀软袋   (d) 双软管软袋

图 7-18-3　非 PVC 输液软袋种类举例

(2) 大容量专用非 PVC 软袋全自动制袋灌封机

该设备主要用于生产 1L 以上容量的大容量输液软袋。可生产的药品主要包含腹膜透析液、冲洗液等品种。大容量输液软袋采用的管口主要是双软管形式，密封塞根据产品差异存在多种类别，如图 7-18-4 所示。

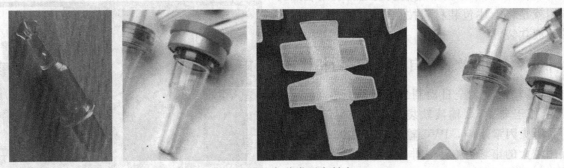

图 7-18-4　各种类型密封塞

(3) 液液多室袋专用非 PVC 软袋全自动制袋灌封机

液液多室袋专用非 PVC 软袋全自动制袋灌封机主要用于肠外营养液等营养性输液品种的生产。为了满足液液多室袋的工艺要求，设备上需要配备弱焊功能、充氮功能。图 7-18-5(a) 为液液多室袋的外形。

(a) 液液多室袋   (b) 粉液双室袋

图 7-18-5　其他非 PVC 输液软袋

(4) 粉液双室袋专用非 PVC 软袋全自动制袋灌封机

粉液双室袋专用非 PVC 制袋灌封机主要用于各品种粉液双室袋等治疗性输液品种的生产。为了满足粉液多室袋的工艺要求，设备上需要配备弱焊功能，后续还需要连接粉剂分装机、铝膜焊接机等配套设备。图 7-18-5(b) 为粉液双室袋的外形。

2. 设备基本原理

非 PVC 软袋大输液生产线（图 7-18-6）由制袋成型、灌装与封口三大部分组成，可自动完成上膜、印字、接口整理、接口预热、开膜、袋成型、接口热封、撕废角、袋传输转位、灌装、封口、出袋等工序。还可以与接口上料机、组合盖上料机、软袋输送机、灭菌柜、上下袋机、软袋烘干机、检漏机、灯检机、枕式包装机、装箱机、封箱机等辅助设备组成整条软袋包装联动生产线。主要用于制药厂大输液车间 50～3000mL 非 PVC 软袋大输液的生产。

图 7-18-6　非 PVC 软袋大输液生产线　　　　　　软袋大输液整体方案

3. 生产过程

非 PVC 软袋大输液袋的生产过程见图 7-18-7。

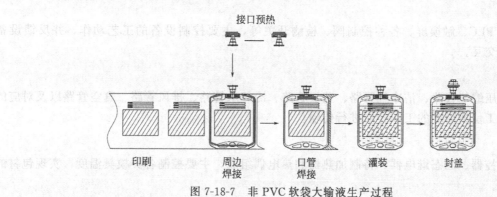

图 7-18-7　非 PVC 软袋大输液生产过程

（1）包材的传输

通过膜卷滚筒、振动料斗、夹具等将膜卷、口管、密封盖按照要求输送至各个工作位置。传输的驱动力通过伺服电机、气缸等方式实现。

（2）包材的焊接

非 PVC 软袋的制作主要通过不同包材之间的热焊来实现，包括膜与膜之间的焊接、口管与膜之间的焊接、口管与盖之间的焊接。膜与膜之间的焊接、口管与膜之间的焊接均是依靠发热的焊接模具对包材进行加热，将包材内层熔化，同时施加压力将其焊接到一起。口管与盖之间的焊接是依靠高温的加热片对口管和盖的焊接区域进行烘烤，熔化后迅速加压将两者熔封到一起。

（3）药液的灌装

通过药液管道和计量装置对灌入袋内的药液进行输送和计量，以满足药品生产要求。

（4）袋子的印刷

采用热烫印技术，通过加热加压使色带上的颜料层与色带基材剥离，转而与非 PVC 薄膜的外表面升华染色附着结合，实现印刷功能。预先制作好的印刷凸版决定了印刷内容，不同的品种或规格需要更换不同的印刷凸版。

4. 基本结构

以单硬管非 PVC 软袋全自动制袋灌封机为例，详细介绍一下设备的基本结构。

非 PVC 软袋全自动制袋灌封机整机（效果图见图 7-18-8）主要分为两大部分，分别完成制袋工序和灌封工序。整体采用模块化设计，分为十二个工位，各自完成上膜、印刷、拉膜、制袋、接口供给、接口预热、口管焊接、口管整形、转移、灌装、封口、下线功能，由制袋驱动装置和灌封驱动装置将各工位串联起来。设备包含以下子系统：控制系统、管路系统、加热系统、驱动系统，通过各子系统的配合实现各个工位的功能。

图 7-18-8　非 PVC 软袋全自动制袋灌封机效果图

（1）控制系统

控制系统包含 PLC、触摸屏、各种控制阀、检测开关等，主要控制设备的工艺动作，并反馈设备运行状态，实现人机交互。

（2）管路系统

管路系统包含压缩气管路、洁净气管路、药液管路、冷却水管路、排风管路、真空管路以及对应的控制阀等，为设备各工位所需要的工作介质进行传输。

（3）加热系统

加热系统由温控器、固态继电器、特制加热器和热电偶组成，主要控制各类模具温度，实现包材的热焊接、打印等功能。

（4）驱动系统

驱动系统由气缸、电机、伺服控制器、伺服电机和反馈系统组成，主要对各类运动进行精确定位控制。

5. 简要工作过程

根据图 7-18-9 所示工艺流程，非 PVC 软袋全自动灌封机分为以下十二个工位。

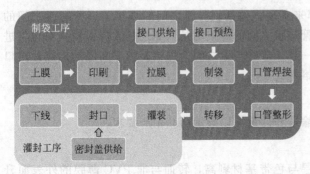

图 7-18-9　制袋工艺流程图

（1）上膜工位

各种规格尺寸的非 PVC 膜卷，在程序控制下，向后面的各个工位提供膜材。上膜工位（图 7-18-10）包括退卷滚筒、缓冲滚筒、导向滚筒三个部分。由气动张紧轴来固定膜卷，一台电机来驱动膜卷的滚动和停止，一根缓冲棒来控制膜在拉动过程中平稳运行。

（2）印刷工位

印刷工位（图 7-18-11）采用热烫印技术，通过加热加压使色带上的颜料层与色带基材剥离，转而与非PVC薄膜的外表面升华染色附着结合，从而在软袋的外面印上药品的名字、生产日期、批号、有效日期以及与药品有关的内容。印刷模板与加热模板分离，为插槽式，更换品种时只需将印刷模板抽出更换即可。

图7-18-10　上膜工位

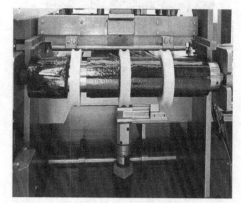

图7-18-11　印刷工位

（3）拉膜工位

拉膜的动作通过伺服电机带动直线驱动单元完成。在传送过程中，非PVC膜靠气缸与气爪同时夹紧，伺服电机的驱动可以保证膜材准确传送。在膜材传送的同时，使用固定的分膜刀将膜材分为两层，保证接口在运动的过程中准确放入膜材之中。

（4）制袋工位

制袋工位的主要功能是将袋子的周边焊接完整和切割成型，动作由气液增力缸完成。当非PVC膜材和预热的口管传送到这个工位时，气液增力缸驱动上模具快速运动，将软袋的周边和口管热合，然后增力缸转入力行程，将袋子切割成型。模具内嵌加热棒和热电偶，上下模具均有冷却板，内通冷却水，保护袋型内部非焊接区域免受高温影响。

（5）口管输送工位

由振动理料器将口管整理排列整齐，然后口管被送至口管滑道，通过专用夹送装置送至口管夹具上，随后由同步带带动逐步被送到后续工位。图7-18-12所示为口管输送工位。

（6）口管预热工位

因口管材质与膜材不同并且壁厚不均，为保证口管与膜的可靠焊接，减少微漏的概率，需在此工位上先对口管进行两次加热，保证膜材与口管能以最佳热的温度进行焊接。图7-18-13所示为口管预热工位。

图7-18-12　口管输送工位

图7-18-13　口管预热工位

（7）口管焊接工位

由导向气缸驱动焊接模具对口管和非PVC膜进行加温加压，将两者热焊到一起。该工位还实现对三角废料的全自动剔除功能（图7-18-14）。图7-18-15所示为口管焊接工位。

图7-18-14 三角剔除工位

图7-18-15 口管焊接工位

（8）撕边整形工位

焊接完成的袋子运行到此工位，使用和接口完全吻合的模具对焊接好的接口进行一次整形，同时气爪夹紧制袋余留下来的废料将其撕掉，使袋子成型完整，废边由专门的接料装置收集。到本工位，一个完整的空袋制作完成。

（9）袋转移工位

利用取袋机构将软袋从制袋环形夹具上取下，然后转移到灌封夹具上，通过特定机构使软袋实现90°翻转，使袋子成竖立方向，以方便后续灌封工序的顺利进行。

（10）灌装工位

如图7-18-16所示，升降机构驱动灌装嘴与口管对接，灌装阀打开，药液通过管道系统进入到袋内，采用质量流量计计量；（结合计量装置）该工位还具有在线清洗、在线灭菌功能。

（11）封盖工位

密封盖通过振动理料器整理排序并输送到达预定位置；加热片温度达到600℃左右，对密封盖和口管加热，达到加热效果后，通过驱动装置将密封盖和口管压合。图7-18-17所示为封盖工位。

（12）下线工位

灌装密封好的软袋通过气爪从设备上取下来，将软袋平稳整齐地摆放在平行输送带上并输送到后续工序。图7-18-18所示为下线工位。

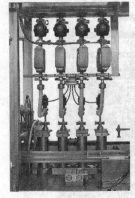

图7-18-16 灌装工位

图7-18-17 封盖工位

图7-18-18 下线工位

6. 特点

①采用PLC可编程控制器控制，功能强大，性能完善；②全中文彩色触摸屏操作，良好的人机对话

界面，所有工艺参数都可通过触摸屏直接设置；③具有在线清洗和在线灭菌功能，节约清洗时间，保证灭菌效果；④模具和膜卷的更换简单快速，能够满足专业化大批量生产的需要；⑤对已确认的工艺参数具有良好的储存记忆功能，使用时可直接调用；⑥强大的智能控制系统，不合格袋子自动检测剔除；⑦参数超出设定值时，机器自动报警；⑧运行出现故障时，设备将自动停机；⑨可在设备上应用多色套印、电脑热打印、充氮等技术。

第十九节　栓剂生产联动线

栓剂（suppository）是药物和适宜基质制成供腔道给药的固体制剂。栓剂根据用药部位分为肛门栓和阴道栓。肛门栓以子弹头型、鱼雷型为主；阴道栓以卵型、鸭嘴型为主。栓剂生产联动线用于制备栓剂，也可以加工成小剂量口服液、儿童食品。

栓剂设备是从国外引进的，国内早期采用模具浇注而成，进入 20 世纪 80 年代，基本是半自动栓剂灌封机组，需加工专用壳带；90 年代初出现自动栓剂灌封机组，21 世纪初开始有高速连续式栓剂灌封机组。

一、栓剂设备分类

（1）**按生产速度和栓壳连续性分类**

栓剂设备可分为普通栓剂灌封机组、高速连续式栓剂灌封机组。普通栓剂灌封机组速度较慢，在冷冻箱内剪切粒数固定。高速连续式栓剂灌封机组速度较快，能任意粒剪切。

（2）**按包装材料分类**

包装材料分为塑料 PVC/PE 和铝箔 ALV 包材两种，相应设备分别为双铝膜栓剂设备和 PVC/PE 膜栓剂设备，当前主要以 PVC/PE 膜栓剂设备较为多见。

（3）**按栓剂生产线结构分类**

按栓剂生产线结构来分类，栓剂设备可分为直线型栓剂设备和 U 型栓剂设备。如图 7-19-1 所示为 U 型栓剂自动生产线示意。

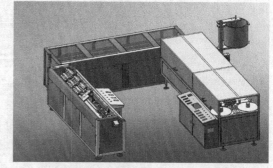

图 7-19-1　U 型栓剂自动生产线示意

二、基本原理

栓剂灌封机组的基本工作过程为制带、灌装、冷凝、封口、打印批号、齐上边、剪断等。成卷的塑料片材或铝箔片材经过栓剂制带机正压吹塑成型或由焊接模具将其焊合成型后，进入灌注工位，已搅拌均匀的药液通过高精度计量装置自动灌注到空壳内后，剪切成条后进入冷却工位，经过一定时间的低温定型，实现液态到固态的转化，变成固体栓剂。通过封口工位的预热、封上口、打批号、齐上边、计数剪切工序制成栓剂。

三、基本结构

栓剂自动生产线设备分为成型灌装部分、冷却部分、封尾部分。

（1）成型灌装部分

成型灌装部分由放膜盘、传送夹具、成型、修整底边、虚线切割、灌装泵、物料桶、物料循环泵和分段切刀工位组成，完成膜料的制壳、灌装，如图 7-19-2 所示。

（2）冷却部分

冷却部分是由两组冷却隧道和冷风机组成，完成栓剂液态药品固化工序，如图 7-19-3 所示。

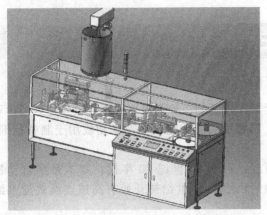

图 7-19-2　栓剂自动生产线成型灌装部分实体示意

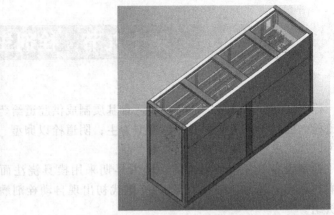

图 7-19-3　栓剂自动生产线冷却部分实体示意

（3）封尾部分

封尾部分是将固化后的条带进行顶部封口、打印批号、裁剪成预定数量的成品过程，如图 7-19-4 所示。

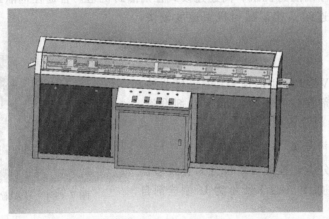

图 7-19-4　栓剂自动生产线封尾部分实体示意

四、简要工作过程

栓剂自动生产线的工作过程如下所示：

图 7-19-5～图 7-19-7 所示为普通栓剂灌封机组（U 型）、高速连续式栓剂灌封机组和高速双铝栓剂灌封机组。

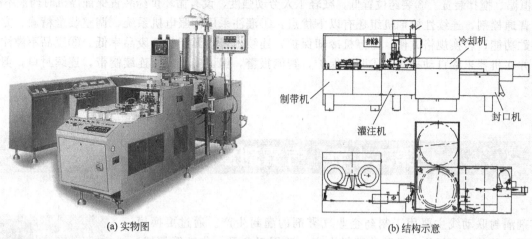

(a) 实物图   (b) 结构示意

图 7-19-5 普通栓剂灌封机组（U 型）

图 7-19-6 高速连续式栓剂灌封机组

栓剂生产线

(a) 全貌   (b) 局部

图 7-19-7 高速双铝栓剂灌封机组

五、设备特点

当代各栓剂灌封机组具备下列特点：①采用 PLC 可编程控制和人机界面操作，操作简便，自动化程度高。②采用插入式灌注，位置准确，不滴药、不挂壁。

普通栓剂灌封机组具有如下特点：①适应性广，可灌注难度较大的明胶基质和中药制剂。②储液桶容量大，设有恒温、搅拌装置。③装药位置低，减轻工人劳动强度，设有循环供药装置保证停机时药液不凝固。

相对普通栓剂，连续性栓剂机组还有以下优点：①灌注采用伺服电机系统，调整装量精确、方便；带有菜单存贮功能，转换规格方便。②停机冷却保护，连续出带，无断头，废品率低。③废品不灌注，并自动打孔，并在机器末端自动剔除。④联锁保护，智能报警，保证安全。⑤连续制带，连续封口，剪切粒数任意设置。

第二十节　气雾剂灌封联动线

气雾剂灌封联动线主要用于制药企业气雾剂的灌封生产。通过更换模具，一线可以兼用很多规格、品种的灌封生产。适用于食品、化工等领域，如空气清新剂、杀虫剂、清洗剂等。该联动线后端可配套喷码机、装盒机、装箱机等。

气雾剂药品（图 7-20-1）是国内目前正在兴起的一个新的剂型产品，发展速度快。制药行业药品的装量一般在 10～100mL（5～70g/瓶），基本上都是采用铝罐瓶包装，即以圆铝罐瓶、喷泵、喷阀、外盖为主的灌封设备联动线，瓶内容物为"药液＋抛射剂"。

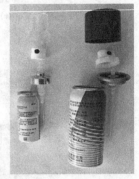

图 7-20-1　气雾剂包装

一、气雾剂灌封设备分类

（1）按抛射剂类别分

① 丙丁烷类　以前国内采用量较大。成本较低，同药液接触混合后使用，但必须全线防爆设计。

② 134A 类　新型的充填剂型，无需防爆。包材式样药液接触混合后使用，目前国内基本上都换用该类抛射剂。

③ 压缩空气类　最新类型，无需防爆。不同药液接触，直接使用药液，但目前生产这类气雾剂的全自动化灌封线还在研发过程中。

（2）按药液特性分

① 防爆型灌装机　凡是药液中含有乙醇（含量≥30%）的，必须设计制作全防爆型的灌装设备。

② 无菌型灌装机　要求实现无菌生产。

③ 普通型灌装机　以上两种以外的都属于普通型灌装机。

（3）其他分类方式

其他分类方式如按生产能力分类、按灌装泵形式分类、按灌装头数分类等，参见无菌滴眼剂。

二、系统组成及特点

气雾剂灌封联动线由网带式送瓶机、吹瓶机、灌装轧盖机、灌气机、水浴检漏机、加阀加盖机组成，辅助料液缓冲罐、称重检测仪、防爆系统、喷码机等设备。

（1）网带式送瓶机

①一般采用大容量网带式上瓶台，人工上瓶进网带。视瓶型也可以采用转盘式进瓶。②将瓶子呈单列或双列理出来送进灌装机，保持正立顺序出瓶，不倒瓶。

（2）吹瓶机

同本章无菌滴眼剂灌封联动线中吹瓶机。

（3）灌装轧盖机（图 7-20-2）

① 进瓶机构　顺序、平稳送瓶进入灌装区，倒瓶自动剔除。

② 灌装系统　蠕动泵或陶瓷柱塞泵在控瓶盘里定位、间歇式灌装，将药液定量灌进瓶子里。如药液有特殊需要，在灌装前后可实施充氮保护。

③ 理喷泵系统　一般采用离心提升式和电磁振荡式理泵头，将泵头按要求理顺并送出来。

④ 轧喷泵系统（图 7-20-3）　机械手定位间歇式取喷泵、加喷泵。采用特殊纠偏机构和加泵头方式，克服吸管弯曲倾斜的影响，保证加泵头成功合格率。因吸管比瓶身尺寸长，必须克服在加喷泵后轧喷泵前空挡区将泵头顶歪斜，导致无法轧紧泵头而漏液。轧喷泵有两种方式：一是大口瓶（口径≥Φ25mm），采用内撑胀式轧盖；二是小口径瓶（口径≤Φ20mm），采用外收口式轧花盖。

图 7-20-2　灌装轧盖机

图 7-20-3　轧喷泵系统

（4）灌气机（图 7-20-4）

① 进瓶机构　顺序、平稳送瓶进入工作区。

② 灌注系统　采用恒积增压技术，在控瓶盘里定位、间歇式灌注抛射剂，将抛射剂通过小喷管恒压定量灌进瓶子里。

③ 回收系统　一般采用负压的方式，将泄漏出的废气（抛射剂）吸走直排出房间，保证安全生产。

（5）检测系统

一是采用联控在线称重检测仪，将不合格品自动剔除；二是巡检人员随时抽检。

（6）水浴检漏机

一般都采用水浴检漏法。

① 进瓶输送机构　顺序、平稳送瓶进入工作区。单个机械手持瓶匀速前行，平行校位、倾斜入水、匀速传递、出水烘干，一链式工作。

② 水浴箱　水温、水位自动控制恒定，独立加热空间，人工观察窗口。一般最低保持瓶子在热水中浸没 3～5min。

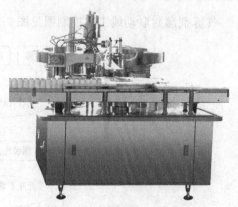

图 7-20-4　灌气机（抛射剂）

③ 剔废机构　一般采用人工剔废（手工取出）或一键式剔废（手工操作、气缸剔废）。废品集中收集。

④ 干燥系统　采用热风将瓶口凹槽里和瓶身水汽吹干。温度、压力可调，保持恒定。

（7）加阀加盖机（图 7-20-5）

此两种工序功能设计成一体机完成。

① 理阀、盖系统　一般采用电磁振荡器将喷阀、外盖整理并正立输送出来，送到预定加阀、盖工位。

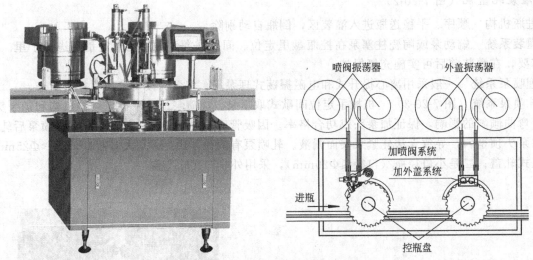

图 7-20-5　加阀加盖机及其工作原理图示

②加阀、盖系统　在控瓶盘里定位间歇式加压喷阀、加压外盖，一般采用双头加装的方式保证合格率和产能。

（8）料液缓冲罐

一般容量为 $50 \sim 100L$，料液位自控，可实现在线自清洗、灭菌。

（9）其他

这种包材一般都采用瓶身印刷式标签，不需要自动贴标机，可配置喷码机实现瓶底部三期字符标印。

三、工艺控制

气雾剂灌封联动线工艺控制图见图 7-20-6。

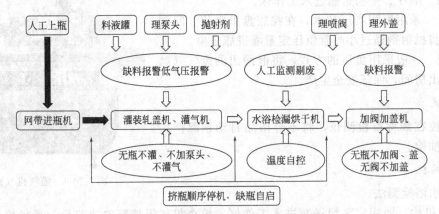

图 7-20-6　气雾剂灌封联动线工艺控制图

（说明：1.挤瓶停机是从后向前依次顺序停机；2.灌装机前轨道上设计有倒瓶自动剔除功能）

四、设备特点

①倒瓶自动剔除，卡瓶自动停机保护。②各输送轨道上缺料时（瓶子、喷泵、喷阀、外盖）报警或停机保护。③无瓶不灌装、不加喷泵、不加抛射剂、不加喷阀、不加外盖；无喷泵不加喷阀和外盖；无喷阀不加外盖。④灌装无滴漏挂滴、无冲击飞溅。加抛射剂无泄漏。⑤各台设备相关联前后自动联控保护操作。

第二十一节　喷雾剂灌封联动线

喷雾剂灌封联动线主要用于制药企业喷雾剂的灌封生产。通过更换模具，一线可以兼用很多规格、品种的灌封生产。适用于食品、化工等领域。该联动线后端可配套检漏机、贴标机、喷码机、装盒机、装箱机等。

喷雾剂药品是国内目前正在兴起的一类新的剂型产品，发展速度快，大约涉及近千种包装形式（每个生产企业的包材形状不一样），装量一般在 10～100mL，基本上都是采用 PE、PET 等塑料瓶、铝罐瓶和玻璃瓶包装，如图 7-21-1 所示。

因每个企业的包材都有区别，所有的灌封联动线设备工艺原理基本上一样，但布局、尺寸、模具等都不一样，属于非标定制设备。这对于设备厂家的研发设计能力、加工生产水平、经营诚信度等提出了更高的要求，最终都必须满足 GMP 标准要求和用户需求。本节以塑料圆瓶包材为例，介绍由以圆塑料瓶、喷泵（旋盖）、外盖为主要工艺的灌封设备联动线。

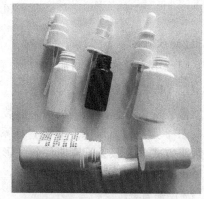

图 7-21-1　喷雾剂包材式样

一、喷雾剂灌封设备分类

（1）**按喷泵封口结构形式分类**

① **旋盖式灌封机**　喷泵自带螺纹，需要旋盖紧实现瓶口密封；是目前国内采用量最大的包装形式。适用于塑料瓶包装。

② **压盖式灌封机**　喷泵无螺纹，直接压倒瓶口上，利用倒扣压紧实现瓶口密封。适用于塑料瓶、玻璃瓶包装。

③ **轧盖式灌封机**　喷泵为铝塑材料，加到瓶口后利用轧刀轧紧铝盖实现密封。一般有轧平口、轧花口之分，适用于塑料瓶、玻璃瓶、铝罐瓶包装。

（2）**按药液特性分类**

① **防爆型灌装机**　凡是药液中含有乙醇（含量≥30％）的，必须设计制作全防爆型的灌装设备。

② **无菌型灌装机**　要求实现无菌生产。

③ **普通型灌装机**　以上两种以外的都属于普通型灌装机（同气雾剂）。

（3）**其他分类方式**

如按生产能力分类、按灌装泵形式分类、按灌装头数分类、同小容量玻璃瓶口服液。

二、系统组成及特点

喷雾剂灌封联动线（图 7-21-2）由自动理瓶机、吹瓶机（图中未标出）、灌装旋盖机、加盖机、贴标机组成，辅助料液缓冲罐、喷码机等设备。

（1）**全自动理瓶机**

①适用于塑料瓶。②设有大容量储瓶仓，满足正常连续开机 20min 以上用量。③若为玻璃瓶或铝罐瓶时，则只需要配置人工上瓶台，取消自动理瓶机。④将瓶子理出来，保持正立顺序出瓶，不倒瓶，反瓶自动剔除，挤瓶停机保护。

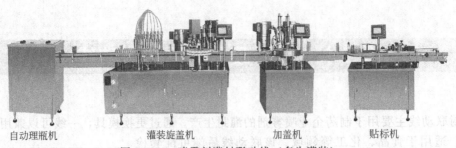

自动理瓶机　　　　　灌装旋盖机　　　加盖机　　　贴标机

图 7-21-2　喷雾剂灌封联动线（多头灌装）

（2）吹瓶机

同"小容量玻璃瓶口服液"。

（3）灌装旋盖机

灌装旋盖机包括进瓶机构、灌装系统、理泵头系统和旋盖（泵头）系统。前 3 个系统组成同气雾剂。图 7-21-3 为旋盖（泵头）系统，该系统的机械手定位取泵头、加泵头并伺服预旋，采用特殊纠偏机构和加泵头方式，克服吸管弯曲倾斜的影响，保证加泵头成功合格率。因吸管比瓶身尺寸长，必须克服在加泵头后旋泵头前空挡区将泵头顶歪斜，导致无法旋紧泵头而漏液。

（4）加盖机

加盖可单独一台设备完成，也可同灌装机设计制作成一体机。加盖机包括理盖系统和加盖系统：理盖系统根据包材特点，采用专业理盖机或者是振荡理盖器，将外盖按要求理顺并送出来。加盖系统（图 7-21-4）在控瓶盘里定位加盖，一般采用双头加盖的方式保证合格率和产能。

取盖机械手　　　伺服预旋系统

控瓶定位系统　　　吸管纠偏系统

图 7-21-3　旋盖（泵头）系统

图 7-21-4　加盖系统

（5）料液缓冲罐

一般容量为 50～100L，料液位自控，可实现在线自清洗、灭菌。

（6）其他

若产品为无菌药品，则需要配置 A 级净化系统和在线环境监测系统。

三、设备特点

①倒瓶自动剔除，卡瓶自动停机保护。②各输送轨道上缺料时（缺瓶子、缺泵头、缺外盖）报警或停机保护。③无瓶不灌装、不加泵头、不加外盖；无泵头不加外盖。④灌装无滴漏挂滴、无冲击飞溅。⑤各台设备相关联前后自动联控保护操作。⑥三级密码保护。

第八章

药品检测设备

第一节　片剂外观检测设备

一、概述

片剂外观检测设备用于对片剂进行外观检测，检测各类药片的瑕疵。药片正面、背面和侧面均可检测，实现360°全方位检测。

在2000年以前，国内没有一家药企对片剂外观进行检测。国外也仅是日本、美国有对片剂的外观检测设备。在2008年后国内开始研发生产。

二、简要工作过程

不论是何种片剂检测机的类型，均是对片剂进行单粒360°的检测，由此均需对每一粒片剂进行排列成单行或单排，或对片剂吸附，或对片剂进行翻面，以便相机从不种角度取图。当相机对单个片剂取到图片后提供给软件，由软件进行分析，给出OK/NG信号。剔除机构收到NG信号后对需剔除的产品进行剔除，对OK产品则流入到下一道工艺中。

三、基本结构

图8-1-1为片剂外观检测设备整机外观。

（1）提升机和下料器

当检测机的下料器中药片未到达设定量时（少料时），提升机进行工作，对药片进行提升。当药片到达设定量时（满料时），提升机停止工作。对药片不进行提升。

（2）储料器

当下料器上的药片进入到储料器时，由储料器上方的电机带动储料器内的毛刷进行工作，把药片排列到模具内。

（3）摆料机构

为了药片能顺利地进入模具内，储料器下方安装一个电机使储料进行纵向运动，同时安装下个电机带动横向的导轨，使储料器进行横向运动。

图 8-1-1　片剂外观检测设备整机外观　　　全自动药片检测机　　全自动软胶囊检测机

（4）药品模具

针对不同的产品需更换不同的药片模具，让药片进入到模具内进行拍照。

（5）光源

针对不同的产品配置不同的光源。打光方式决定了取图的好坏，从而决定了检测的精度和准确性。

（6）相机

针对不同产品，选用不种品牌的相机，以提供最好的图片。相机又分为面阵相机和线阵相机。从芯片上又分为 CCD 相机和 COMS 相机。

（7）剔除机构

选用高速电磁阀，确保剔除准确。

（8）清洗部分

选用高质量清洗装置，减少二次污染，由机器外置清洁气源进入到清洗机构内形成气幕，对运动过来的模具表面不停地吹，从而保证模具进入到储料器下方时模具的清洁。

（9）输送机构

单独剔除下料输送，不会产生混淆。当 OK 药片和 NG 药片从剔除机构下来时，会分别进入到不同的两根输送带上，由输送带把 OK 药片、NG 药片分别输送到机器外 OK/NG 药片收料器中。

（10）伺服电机

多个伺服电机保障速度的稳定性、精确性。伺服电机带动主轴使下料圆盘进行旋转，从而给药片运行、相机取图、药片剔除带来稳定性。确保每个工位都符合标准。

（11）电控部分

如计算机、PLC、不间断电源等。

（12）翻面机构

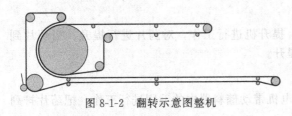

图 8-1-2　翻转示意图整机

当片剂正面检测完毕后，片剂进入到翻面机构，由圆轮与双输送带包裹片剂，对片剂进行翻面（图 8-1-2）。翻面好的片剂进入到第二组线阵相机进行取图分析，检测片剂的反面。药片翻转机构中药片由大圆轮与输送进行夹持，实现药片翻转。

（13）剔除工位

剔除工位对 NG 产品进行剔除，由软件给出信号，电磁阀开始动作，用压缩空气对 NG 产品进行剔除。

四、设备工艺布局

① 单机使用时　压片机→提升机→药片检测机。

② 联线使用时　理瓶机→药片检测机→数粒机→塞纸机→旋盖机→贴标机→铝箔封口机。

③ 联合使用时　药片检测机→铝泡罩机→泡罩板机测机→枕式包装机→装盒机→热收缩机。

五、设备特点

本机能实时监控生产过程中的状态。可在瓶装线和泡罩线之前，对每一粒药片进行检测。

第二节　泡罩异物检测设备

一、概述

泡罩异物检测设备用于对泡罩进行外观检测，可检测片剂和胶囊泡罩缺粒、半粒、混粒、切批号、字符打穿、字符打印不清、无批号、字符左右不明、批号过近泡罩、空泡、内凹药损、外凸异物、裂片、压泡、铝箔屑、细丝缺陷、头发丝、麻点缺陷、同色异物、毛边、铝箔走偏、铝箔接头、铝箔褶皱、淡色异物、网纹不清等。该设备适用于检测所有的铝塑药板（PVC＋铝箔），不适用于铝泡罩板。

1994 年以前，我国没有泡罩外观检测设备。1997 年后，在铝塑泡罩机封膜前加装一个相机进行检测，可检测空泡、少粒、半粒等大缺陷，无法对封膜后缺陷进行检测。2008 年后可对铝塑泡罩机封膜后所生产的各种缺陷进行检测。

二、简要工作过程

铝塑泡罩机下料→并道（成一列）→进入到 YP 全自动药品检测机→药板吸附在真空腔上进行输送→第一个传感器感应到产品给出信号→相机→给出光源信号→光源点亮→相机取图→输送到软件进行分析→输出 NG 信号→剔除机构→进行剔除，输出 OK 信号→流入到下一道工艺。

三、基本结构

图 8-2-1 为自动药品检测机（泡罩板）的整机图；其产品检测的原理示意见图 8-2-2。

（1）吸板工位

从前端输送带上药板进入真空腔吸附位置。

（2）真空腔输送

将吸附在真空腔上的药板通过输送带的运动，把药板输送到检测工位。当药板到达检测工位时，光源点亮，相机工作，把取到的图传输到主机，由主机软件进行 OK/NG 分析，并输送 NG 信号到剔除机构，对 NG 产品进行剔除。

（3）球积分光源

该机由不同的光源、镜头、相机组合而成，采用了高亮 LED 和独特的照射构造，LED 发出的光线经过球面内特殊的漫反射材料形成高亮且均匀地扩散光。球积分光源含有具有积分效果的半球面内壁，可均匀反射从底部360°发出的光线，使整个图像的照度十分均匀。适合于曲面、表面凹凸、弧形表面检测。若药板上有数目不等的泡罩，或胶囊或药片的颜色不一，球积分光源均可给泡罩板这种凹凸不平的产品打光，真实地反映产品本身现状。

全自动泡罩板检测机　　　图 8-2-1　自动药品检测机（泡罩板）

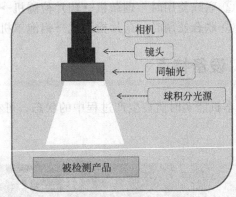

图 8-2-2　产品检测示意

（4）同轴光源

同轴光源主要由高密度 LED 和分光镜组成。LED 发出光经过分光镜后，跟 CCD 和相机在同一轴线上，可有效消除图像的重影，适合光洁物体表面划痕的检测。同轴光这套机械视觉系统发挥着不可替代的作用，泡罩板在球积分光源的作用下，成像图中泡罩上有一层阴影，同轴光可削弱阴影，减小误判。

（5）相机

选用千兆相机（面阵相机），200 万/400 万像素。功耗小于 2W，相机发热量小，高可靠性、高稳定性。Bayer 颜色转换、颜色校正矩阵、查找表、热点修正、伽马校正等功能可以由相机内部硬件来完成，减轻 CPU 负载，使计算机可以跑更复杂的算法，相机提供了光耦隔离的触发输入和闪光同步接口。

（6）镜头

镜头选用百万像素多种焦距镜头，充分运用广播电视用高清镜头的高度光学设计技术，采用 1 片镜片就可完成数片镜片功能的玻璃材质非球面镜片。

（7）板卡

传感器发出信号及电磁阀接收信号都是由板卡做中转，PCI-1730U 数字 I/O 卡，是 32 通道隔离数字输入/输出卡（16 输出＋16 输入）。它可以提供 2500V 光隔保护。拥有的宽输入范围，使之更容易感应到外部设备的状态。无极性特征适合于各种工业应用。同时还拥有 5～35V 的宽输出范围，适用于继电器驱动和工业自动化应用。此外，在数字输入通道上还提供了两个中断源。

四、设备工艺布局

泡罩异物检测设备工艺布局为：铝塑泡罩机→全自动药品检测机（泡罩板）→枕式包装机→装盒机→在线检重称→热收缩→监管码→装箱。

五、设备特点

①本机对泡罩的生产起监控作用，能实时提供生产过程中的状态。②从铝塑泡罩机输出后，泡罩不需要进行翻转就可完成泡罩板朝下、铝箔面朝上。③速度可达到 700 板/min。

第三节　液体制剂异物检测系统

一、概述

异物自动检查机（以下简称自动灯检机）主要检测药品内的可见异物。根据 GMP 2010 修订版对"可见异物"的描述：可见异物系指存在于注射剂、眼用液体制剂和无菌原料药中，在规定条件下目视可以观测到的不溶性物质，其粒径或长度通常大于 $50\mu m$。自动灯检机一般能够检查可见异物、液位（装量）和包装容器外观缺陷。其中可见异物包含金属屑、纤维、玻璃屑、毛发、黑块、白块等。对于熔封产品，包装容器外观缺陷一般检测是否存在炭化、黑块、勾头、泡头等拉丝缺陷，以及瓶身划痕和裂纹等缺陷，行业通用名称为焦头检测。对于轧盖密封产品，外观缺陷主要检测轧盖及胶塞质量、包装容器外观缺陷及胶塞质量，行业通用名称为轧盖检测。

日本和欧洲在 20 世纪 70 年代开始研发自动灯检机。我国起步稍晚，原国家医药局从 20 世纪 80 年代末组织有关厂家开展研制，因技术难以过关，最后没有研制成功。国外自动灯检机进入我国是在 2004 年的北京博览上，直到 2006 年才进入国内药厂。

二、异物检测分类

异物检测分为人工检测、半自动检测和全自动检测。

1. 人工检测

在两种颜色（黑白色）的背景下，在固定的时间内，操作工摇动一个或几个瓶子，凭肉眼检测瓶子中的异物，检测速度为几秒钟内 4～5 支瓶子。这种检测结果易受诸多因素影响，如检测者主观因素、身体因素、环境因素等。检测速度也因操作工的受训程度、经验程度而不同；同时与工作时间成反比。操作工无法在全部工作时间内集中精力，且每班的工作时间为 2h。

2. 半自动检测

输送系统简化了操作程序。操作工将瓶子放入机器中，瓶子在经过适当旋转并统一停在操作工前面的照明系统前时，操作工手动变换背景，凭视觉来判断"合格品"或是"不合格品"，并按下按钮将两类产品分开。

图 8-3-1 为异物半自动检查机。在不同灯光背景（白色、黑色背景）下，人工视觉检测液体内部不同性质的异物，即用机器替代了人体手工摇瓶动作，降低了一定的劳动强度，但增加了眼睛的疲劳强度。

3. 全自动检测

机器将瓶子运送到检测工位进行检测，每个检测工位由照明系统（从底部、侧面照射，人造偏振光板）和视觉系统（摄像系统和处理器）组成，其作用是鉴别产品中是否有异物或是瓶子损伤。整个系统由 PLC 控制（系统控制启动、停车、报警等）和电脑管理产品参数（显示报警和检测结果、产品数据、批次打印等）及操作界面。使用者/操作工的动作仅被简化为送瓶、收瓶和系统管理。自动系统时刻完全保证每个生产批次从头至尾的持续生产及检测的持续有效性。图 8-3-2 所示为全自动检查机局部图，机器旋转瓶子带动液体旋转，在不同灯光背景（白色、黑色背景）下，用物理方式检测液体内部异物及瓶体表面的缺陷，降低了人工劳动强度，提高了检测效果。

图 8-3-1　异物半自动检查机

图 8-3-2　全自动检查机局部图

　　另外，药品封装采用的容器多种多样，一种设备难以适用所有的容器；且药品特性不同，如有的为液体，有的为固体，有的为悬浊液，检测时，光源的照射方式不同，容器本身的检测缺陷也不一样。因此大多数生产厂家生产的自动灯检机一般按产品分类：安瓿瓶、西林瓶、口服液瓶和卡式瓶灯检机；大容量注射液灯检机；预充式注射器灯检机。其中安瓿瓶、西林瓶、口服液瓶和卡式瓶灯检机可检测液体/冻干品剂型。

三、全自动检测原理

　　全自动检查机采用机器视觉的原理进行检测。机器视觉是通过光源从不同角度照亮药品，将异物特征突出，相机对药品拍摄一系列图像，然后经过图像处理，通过计算可疑物的特征，判断是否为异物。上述三种异物检测方法的基本原理均是使瓶子摇动或旋转，配以适当的照明设施，经人眼或物理方式发现异物或瓶子损伤并排除。灯光可根据不同性质的缺陷和问题来改变。所有的手段都是为达到一个目的，即检测出混杂在产品中的异物和缺陷。液体内部异物一般分为可反射光异物和非反射光异物。其中可反射光异物有玻璃屑、塑料纤维等，在灯光照射下可向四周反射光亮，在黑色背景下检测。非反射光异物有黑点、毛发、炭点、橡胶屑等。在灯光照射下不向四周反射光亮，而是在白色背景下留有阴影。例如：安瓿瓶的主要问题是异物（根据不同的工艺而定），即在封口的时候会有玻璃屑落入药品中，玻璃这种颗粒属于可反射光异物，光源从底部照射是最好的发现办法，颗粒会在黑色背景和白色背景的反射线下被放大。如果是炭化的颗粒，即非反射光异物，则应选择光线从侧面照射，颗粒吸收光线，在白色背景下，黑色颗粒就能显现出来。对于西林瓶，其主要的异物是纤维和/或加盖时落入的橡胶屑或黑色的纤维，光源应从背面照射过来，增加了白色背景，以显示出黑色颗粒的形状。对于纤维的侦测，采用特殊的交叉人造偏振光板滤波器形成黑色的背景可衬托出纤维的形状。

　　检测系统（摄像系统）有两种感应方式（图 8-3-3）：线性式和平面矩阵式。这两种方式的共同作用是将光线转化成电子信号。电子信号强弱主要取决于像素的数量或光电晶体管的数量。线性式是早期的感应方式，它的基本原理是在瓶子的两侧分别装有光线发生器和光线接收器，光线发生器发出一束光线，光线穿过瓶子达到对面的光线接收器，处理器通过对接收器接收到的光线数量，判断光线是否被切割，从而确定异物有无和大小。进入 20 世纪 80 年代，数码摄像技术产生，随之而来的就是将平面矩阵式感应方式应用于检测系统，它的基本原理是通过光线将异物形状呈现在电荷耦合器件图像传感器 CCD 上，经过处理器分析来判断异物形状和大小。伴随 IT 技术的快速发展，数码照相和处理技术已经将照片数量从最初的 4 张/次提高到现在的最高 49 张/次，如图 8-3-4 所示。

　　目前市场上最先进的机器是每个摄像系统配一个信号处理器，它可以最多数量＋最快速度成像和处理照片，检测效果最好。缺点是价格比较高。另一种组成是多个摄像系统配一个信号处理器，它的摄像数量和处理速度都慢于前者，检测效果也就不言而喻了，且价格也低于前者。

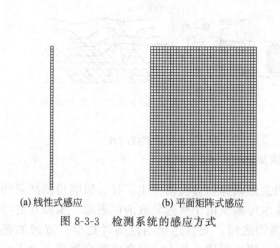

(a) 线性式感应   (b) 平面矩阵式感应

图 8-3-3　检测系统的感应方式

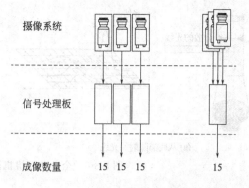

图 8-3-4　全自动灯检机图像获取处理过程

四、检测过程

1. 侦测方法

将每个瓶子旋转，突然急停，使瓶子停在光电系统前时，杂质（颗粒）还在随液体惯性而处在运动状态，以便获取成像。处理器将每个成像进行比较，然后侦测液体中的悬浮物质。成像数量可以根据不同产品的特性不同而变化，也可以根据产能的变化而变化，速度越快，产能越高，成像的数量也越少。

2. 获取成像

所有的成像系统都有 CCD 矩阵感应头。感应头有上千个元件构成，每个元件按比例向它接收的光源提供电能。成像系统的线路可测量感应头元件提供的电压值，然后转化成 CCIR（国际无线接收装置咨询委员会）标准的成像信号。该信号通过 SP 接口和处理板发出，记忆系统便会出现一个表格，并按照转换的编号将表格存档。每个编号代表在特定的点取像时灯的数量。这种方式叫做类似数字转化或数字化，如图 8-3-5 所示。

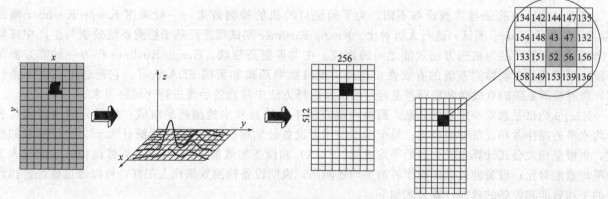

图 8-3-5　全自动灯检机获取成像及处理异物数学原理

3. 微粒检测

当进行手动视觉检测时，操作工需要连续晃动瓶中的液体，利用液体运动的惯性，使瓶子静止时微粒和液体还处在运动状态，在一个黑色背景下，从底部照射，便会看到白色微粒；若在白色背景下，看到的是黑色微粒。全自动灯检机运用的就是这个原理，如图 8-3-6 所示。最好的灯检机可以针对不同性质的微粒，采用多种组合照明系统，以便达到最有效的检测效果。

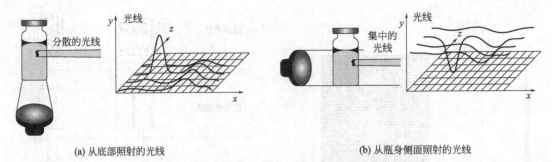

(a) 从底部照射的光线　　　　　　　　　　　　(b) 从瓶身侧面照射的光线

图 8-3-6　全自动灯检机微粒检测及处理异物数学原理

有些药品在生产过程中会产生气泡，在检测时，气泡会形同异物对检测产生干扰，影响检测结果的准确性，普通的检测方法无法克服这种影响。使用偏振光技术可减少由于气泡导致的误剔除。偏振片的特点是只让一个方向的光波通过，偏振片放置在光源和被检测物之间，光到达检测范围时是单一方向的偏振光，采用一个与第一个偏光板偏振轴方向相垂直的偏光板，到达摄像头的光线的亮度就会很弱。由于在两个偏振片之间运动的微粒可改变光波的方向，让一定量的光波穿过第二个偏振片，到达摄像头。偏振光检测原理见图 8-3-7。

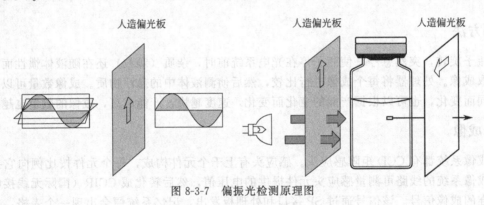

图 8-3-7　偏振光检测原理图

五、设备验证

自动灯检机的验证与常规设备不同，为了验证灯检机的检测效果，一般采用 Knapp-Kushner 测试（以下适用简称 Knapp 测试）进行人机对比。Knapp-Kushner 测试程序是基于检测系统效能与生产中任何一个测试或医药产品的挑选方法效能之间的比较。在世界制药领域，Knapp-Kushner 作为一种官方测试手段，用于评估自动检测系统的有效性。这种手段被欧洲药典和美国 FDA 认可，它是通过在生产条件下，现有检测系统的有效性和医药产品经过测试及选择方法中筛选的手段进行比较而得来。

Knapp 测试是选取一定量的药品，药品由确定的不合格品和未检测药品组成；然后分别由多名代表平均水平的操作者和设备分别检测，每个操作操作者设备分别检测 10 次；然后统计大于 7 次检测数的瓶数，再根据相关公式计算出操作者的平均效能（FQA）和设备的效能（FQB），然后将设备的效能与人工的平均效能对比；设备的效能比操作者的平均效能高，说明设备检测效果比人工好，可以通过验证。操作者的平均效能和设备的效能计算公式如下：

$$FQA_{(7,10)} = \sum_{i=1}^{M} FQA_i \qquad FQB_{(7,10)} = \sum_{i=1}^{M} FQB_i$$

详细地说，Knapp-Kushner 测试法就是挑选 250 支药（40 支明显异物、40 支不明显异物及 170 支未检品。这 250 支药由主管挑选出，不告诉灯检工以及设备操作者）分别交给 5 个灯检工和机器去检测 10 次。以此统计人工与机器的效能值。如果机器的效能值大于人工的效能值，就能证明机器的准确性大于人工灯检机，是优于人工检测的。按照新版《GMP 验收指南　无菌制剂》，10 次检测中应该只选择 7 次以上（包含 7 次）的药品来进行统计，比如 250 支药中编号 01 的废品人工检测平均值是 10 次中有 7 次检测

（4）控制流程

水针灯检机的控制流程如图 8-3-13 所示。

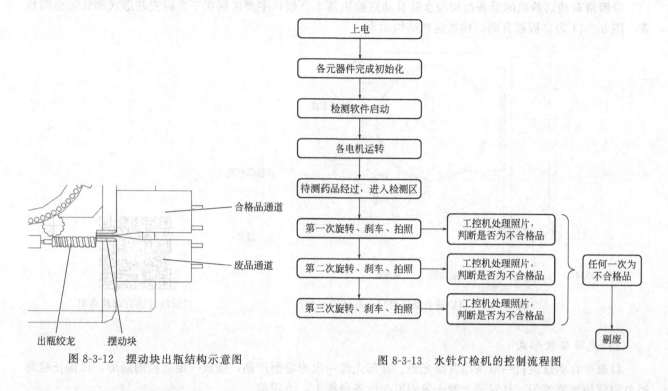

图 8-3-12　摆动块出瓶结构示意图

图 8-3-13　水针灯检机的控制流程图

4. 设备调节与维护

水针自动灯检机的设备调节与维护分为机械部分和检测部分。检测部分主要是光源亮度和检测参数；机械部分主要是输瓶是否顺畅、是否碎瓶等。

（1）机械部分

为做到药品输送稳定、顺畅，剔废准确，机械部分需要：①各栏栅和底部轨道交接处，一般从进瓶到出瓶，轨道要求平齐或者出瓶端轨道比进瓶端稍低。②各部件的零点位置要求准确，放入药品后，药品两侧间歇一致，否则会出现偶然性碎瓶。③凸轮结构的下压点和抬升点时间要求准确，否则在进瓶、出瓶时容易造成碎瓶。④相机跟踪稳定无抖动，要求从药品在拍摄图像在中间，且图像清晰。

（2）检测部分

①一般要求每班工作前，采用照度仪检测光源亮度值，并调整至验证时的亮度。②检查光源固定是否牢固，通光孔是否有异物。③检查光源中心是否与通光孔同轴。④检测参数一般不让调整，必须调整时，需要专业人员调整，且调整后需重新做验证。

七、口服液异物自动检查机

口服液异物自动检查机（以下采用制药行业通用名称：口服液自动灯检机）主要适用于各种类型的口服液瓶型。口服液瓶型常采用轧盖密封。故对于外观检测来说，主要检测轧盖质量；对于异物，主要检测玻屑、金属屑等大颗粒物体。

1. 基本原理

由于口服液一般为中药提取液，其澄明度相对于安瓿注射液较差，与水针灯检机一样，采用机器视觉原理。

2. 基本结构

口服液自动灯检机的设备结构与水针自动灯检机基本类似,主要区别在于光源安装形式和轧盖检测装置。图 8-3-14 为口服液自动灯检机运瓶结构示意。

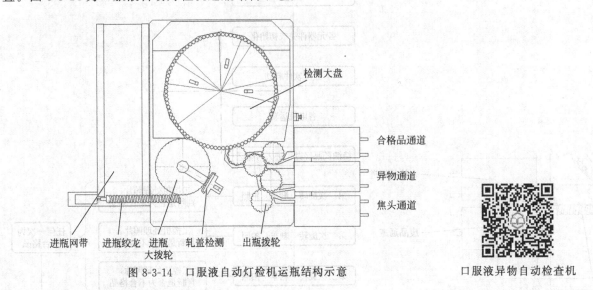

图 8-3-14　口服液自动灯检机运瓶结构示意

口服液异物自动检查机

（1）光源安装形式

口服液自动灯检机一般采用背部光源。背部光源一般为定制产品,做成一定直径的扇形,以保证检测时口服液的光照均匀,且背部光源一般固定在设备台板上,不跟踪。

（2）轧盖检测装置

轧盖检测装置检测轧盖质量,如花盖、烂盖、轧盖边沿断裂等缺陷。各个厂家检测方式多样,此处不做详细介绍。

八、大输液异物自动检查机

大输液异物自动检查机（以下采用行业通用名称:大输液灯检机）主要适用于塑料瓶、玻璃瓶大输液的异物检查。玻璃瓶大输液采用轧盖密封;塑料瓶采用熔封头部,且熔封的头部内有胶塞,底部焊接有挂钩。因此玻璃瓶、塑料瓶的外观检测各不相同。特别是塑料瓶,外观检测的需求千变万化。表 8-3-1 仅列举出几种常见检测项目。

表 8-3-1　大输液异物自动检查机检测项目

序号	检测项目	玻璃瓶大输液	塑料瓶大输液
1	异物	玻璃屑、黑块、白块、金属屑、毛发纤维等	玻璃屑、黑块、白块、金属屑、毛发、漂浮物[①]
2	头部	轧盖质量	有无胶塞、焊接缺陷、拉环有无、拉环过高、瓶头歪脖等
3	瓶身	变形	
4	底部		底部吊环缺失、粘环、断环等

① 漂浮物是塑料瓶大输液的特殊检测需求,目前尚无完善的检测方案。

1. 基本原理

大输液灯检机与水针灯检机一样。玻璃瓶大输液头部轧盖检测方案与口服液轧盖的检测方案类似。塑料瓶大输液需要检测底部吊环、头部拉环、胶塞等外观缺陷。由于外观缺陷多样,需要将光源从不同角度进行照射测试,才能有最佳光源照射方式。

2. 基本结构

大输液的瓶型直径较大，采用单列轨道输送药品，然后通过绞龙和进瓶拨轮将药品分隔到进瓶拨轮的凹槽中，形成固定工位。然后进入检测大盘，在检测大盘上设置有多个检测站，一般至少包含三个异物检测站。在出瓶拨轮处，一般会设置有一个头部外观检测站，对于玻璃瓶大输液则检测头部轧盖质量，而对于塑料瓶大输液则检测胶塞、拉环等。检测完成后，根据程序判定结果，自动剔除废品。大输液灯检机运瓶结构示意如图 8-3-15 所示。

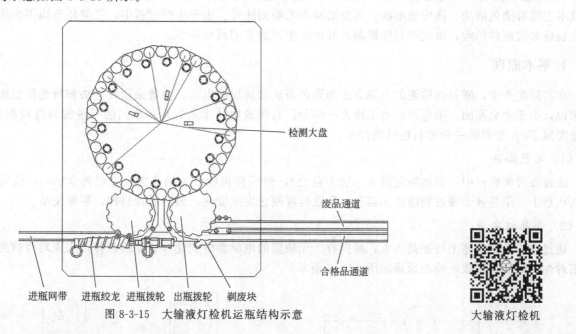

大输液灯检机

图 8-3-15　大输液灯检机运瓶结构示意

九、西林瓶冻干剂异物自动检查机

西林瓶冻干剂异物自动检查机（以下采用行业通用名称：西林瓶灯检机）检测对象为冻干剂，适用于各种标准西林瓶的冻干剂。一般检测以下缺陷：①外观缺陷，如有无胶塞、轧盖质量。②粉饼缺陷，如粉饼歪斜、颠倒，粉饼回熔或萎缩，产品液化、粉化状。③异物，如粉饼上表面、下表面以及侧表面的异物（包含玻璃屑）。④装量，如装量过高、过低、空瓶、瓶身部分产品飞溅物等。

西林瓶灯检机依然采用机器视觉原理进行检测。由于冻干剂不透光，一般采用前置光源形式照亮药品。

图 8-3-16 为西林瓶冻干剂异物自动检查机运瓶结构示意。

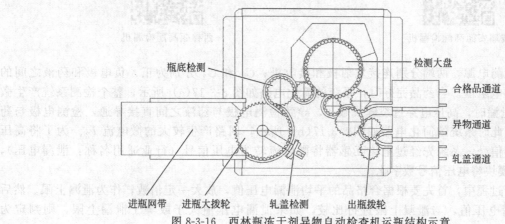

图 8-3-16　西林瓶冻干剂异物自动检查机运瓶结构示意

十、液体制剂（注射剂）电子微孔检漏设备

液体制剂（注射剂）电子微孔检漏机采用高压放电技术，用于无菌药品容器密封性的检测。该设备主要检测缺陷包含裂缝、小孔和较深的划痕。根据《药品生产质量管理规范》2010修订版 附录1第九十五条：无菌药品包装的容器应经过验证，以避免产品遭受污染，对于熔封的产品（如玻璃安瓿和塑料安瓿）应做100%的检漏实验，其他包装容器的密封性应根据适当规程进行抽样检查。目前经常采用的密封性检测技术主要有染色浴法、高压放电法、真空法和激光检测法等。由于生产过程中，任何环节均可出现导致产生裂缝和裂痕的风险，因此密封性检测最好放在生产加工的最后环节。

1. 基本原理

在实际生产中，密封性检测的主要方法为染色浴法和高压放电法，少数采用真空法和激光检测法。目前来说，由于历史原因，染色浴法占了很大一部分；高压放电技术是近几年新兴的一种密封性检测技术，也是美国FDA推荐的一种密封性检测技术。

（1）染色浴法

通过在灭菌腔室中，添加染色液（一般为蓝色），然后将灭菌腔室抽真空，并保持30min，使其处于负压状态下，染色液会通过裂缝进入容器，导致药液颜色发生变化，最后通过目检，剔除废品。

（2）高压放电法

通过在待检测物体上外加高压电，根据有、无缺陷的电学参数变化和表征的差异，实现对待检测品进行密封性测试。高压放电检测原理如图8-3-17所示。

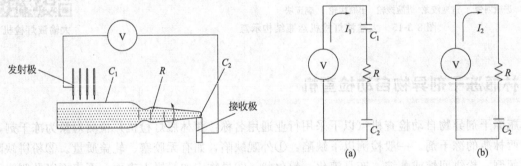

图8-3-17　高压放电检测原理

玻璃安瓿高配检漏机

西林瓶高配检漏机

V为高频高压检测电源，两端分别连接发射极和接收极；C_1和C_2分别为正、负电极和药液之间的电容值；R为药液的电阻值。当药品完好时，系统的简化电路如图8-3-17(a)所示，整个检测系统产生微电流I_1；当瓶发生泄漏时，高压电穿过裂缝或微孔，导致检测电极与药液之间直接导通，检测电极与药液之间的电容消失，此时系统的简化电路如图8-3-17(b)所示，回路产生较大的微电流I_2。为了将高压的微电流转换成数字信号，系统先经过电流互感器将微电流转为电压信号（行业通用名称：泄漏电压），然后采用A/D转换模块将电压信号数字化。

在设备实际运行过程中，首先要根据合格品的平均泄漏电压值，放大一定倍数，作为泄漏上限。然后采集每支药品的泄漏电压值，与泄漏上限进行比较，如果泄漏电压值大于或等于泄漏上限，则判定为废品。

（3）真空法

将待测品放到密封容器中，然后对该容器抽真空一定时间后停止，并实时监测真空度，通过对比合格品和不合格品容器内真空度下降的速度判定是否为废品。

（4）激光检测法

该法适用于充有惰性保护气体的药品。通过激光检测药瓶顶空内某种气体（一般为氧气，下面以检测氧气含量介绍检测原理）成分的含量来判定是否存在密封性缺陷。特定波长的激光通过氧气区域时，会被氧气吸收而损失能力，根据 Beer-Lambert 公式，能量的损失一般与气体浓度成比例，通过测量激光损失的能量值，根据该 Beer-Lambert 公式可计算出氧气浓度。

（5）HGA（顶隙气相分析器）

该系统是用于检测透明瓶子（已封好盖）是否漏气的一种检测装置。它采用的是一种非接触的检测方法，因此，适合装有粉末、液体及冻干产品的瓶子的检测。HGA 装置通过用 TDLAS（可调谐激光二极管吸收光谱学）光谱技术测量一条光路上的氧气浓度，也包括冻干产品的顶隙的 O_2 分子的数量（"顶隙"指产品表面和瓶肩或瓶盖底部之间的空间）。该系统可与现有的自动检测设备联机使用。

2. 设备分类

在实际生产中，染色浴法不需要添加额外的设备，仅在灭菌腔室中添加染色剂。而真空和激光检测法实际生产中使用较少，下面仅介绍采用高压放电方法的设备。

采用高压放电进行在线、逐支检测时，需要根据容器的外形，选择合适的输送装置和布置检测电极，以保证能够对药品进行全覆盖式检测。目前来说，各个设备厂商主要生产的高压放电检测设备包含：①安瓿电子微孔检漏机，主要检测小直径圆柱形容器的药品，如玻璃安瓿瓶、西林瓶、口服液等。②软袋电子微孔检漏机，主要检测非 PVC 软袋及易变形的袋装药品。③塑料联排安瓿电子微孔检漏机，主要检测 BFS 设备生产的塑料联排安瓿或者其他外形类似塑料联排安瓿的药品。④大输液电子微孔检漏机，主要检测大直径的圆柱形容器包装的药品，如玻璃瓶大输液、塑料瓶大输液等。

由于原理一样，下面仅选择安瓿电子微孔检漏机和联排塑料安瓿检漏机为例，介绍安瓿电子微孔检漏机的基本结构和检测流程。

3. 安瓿电子微孔检漏机

安瓿电子微孔检漏机通过更换模具，能够适用于各种标准、不同规格的安瓿瓶水针、西林瓶水针和口服液；能够检测容器壁上存在的裂缝、小孔、比较深的划痕等可能造成药液泄漏的缺陷。

如图 8-3-18 所示，安瓿电子微孔检漏机的整个设备主要包含：进瓶网带，进瓶拨轮，绞龙，进瓶扭瓶栏栅，检测站，出瓶扭瓶栏栅，剔废块，废品通道，合格品通道及其他附属部件。各个部件的作用如下：

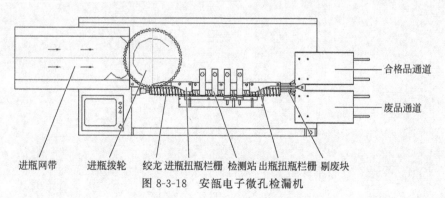

图 8-3-18　安瓿电子微孔检漏机

① 进瓶网带　暂存待检品。
② 进瓶拨轮　与进瓶网带配合，使药瓶进入进瓶拨轮凹槽，将药品分隔，形成固定工位。
③ 进瓶扭瓶栏栅　与绞龙配合将药品由竖立状态翻转成水平状态。

④ 检测站　一般设置 4 个检测站，四个检测站配合一起，对药品表面进行全覆盖式检测。

⑤ 出瓶扭瓶栏栅　将药品由水平状态转换为竖立状态。

⑥ 剔废块　将合格品和废品分开，合格品进入合格品通道，废品进入废品通道。

⑦ 合格品通道　暂存合格品。

⑧ 废品通道　暂存废品。

4. 塑料联排安瓿电子微孔检漏机

塑料联排安瓿电子微孔检漏机适用于各种外形的塑料联排药品，或采用相似外形包装的药品的检测。由于塑料联排安瓿采用 BFS（吹、灌、封）一体机生产的，各个厂家生产的模具各不相同。因而一般塑料联排安瓿电子微孔检漏机均为半定制产品，需要生产厂家根据待检样品的外形、检测区域进行定制化设计检测站的检测电极及正、负检测电极的布置方式，且检测电极材料一般采用柔性材料。

图 8-3-19 为一种塑料联排眼药水的电子微孔检漏机，主要检测联排塑料安瓿的合模线和易撕裂口是否存在密封性缺陷。

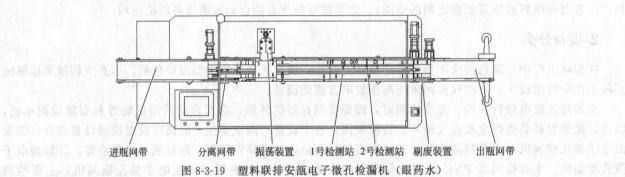

　　进瓶网带　　　分离网带　振荡装置　1号检测站　2号检测站　剔废装置　出瓶网带

图 8-3-19　塑料联排安瓿电子微孔检漏机（眼药水）

第九章

公用系统设备

第一节　换热设备

一、概述

换热设备是进行各种热量交换的设备，通常称作热交换器。在制药行业中，许多制药的场所及过程都与热量传递有关，如生产药品过程中的各种化学反应及反应条件都要在适宜的温度下，才能完成各种化学反应，因此需要一些反应设备来进行热量传递，这个设备就是换热器。

换热器是一种在不同温度的两种或两种以上流体间实现物料之间热量传递的节能设备，是使热量由温度较高的流体传递给温度较低的流体，使流体温度达到流程规定的指标，以满足工艺条件的需要，同时也是提高能源利用率的主要设备之一。换热器行业涉及暖通、压力容器、中水处理设备、化工、石油等近30多种产业，相互形成产业链条。国内换热器行业在节能增效、提高传热效率、减少传热面积、降低压降、提高装置热强度等方面的研究取得了显著成绩。

二、换热设备分类

根据不同的使用目的，换热器可分为四类：加热器、冷却器、蒸发器、冷凝器。按照传热原理和实现热交换的形式不同可以分为：间壁式换热器、混合式换热器、蓄冷式换热器（冷热流体直接接触）、有液态载热体的间接式换热器。衡量一台换热器好坏的标准是传热效率高，流体阻力小，强度足够，结构合理，安全可靠，节省材料，成本低，制造、安装、检修方便。

1. 管式换热器

管式换热设备是以管壁为换热间壁的换热设备。这类换热设备常用的有盘管式、套管式、列管式和翅片管式等。

（1）盘管式换热器

盘管式换热器又可分为沉浸式和喷淋式两种。沉浸式换热器是将盘管浸没在装有流体的容器中，盘管内通以另一种流体进行热交换。盘管形式很多，有的将若干段直管上下并列排列（称排管），有的将长管弯曲成螺旋形（称盘香管，图9-1-1），此外还有其他形式。这种换热器管径空间较大，因此管外液体流速

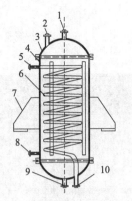

图 9-1-1　盘管式换热器示意

1—排气口；2—出水口；3—封头；4—筒体；
5—进液口；6—换热管；7—支座；8—进
水口；9—排污口；10—出液口

较小，传热系数不高，传热效率低，是较古老的一种设备。其优点是结构简单，制造、维修方便，造价低，能承受较高压力。而喷淋式换热器是将一种流体分散成液滴形式从上面喷淋下来，经盘管外表面进行换热，通常用作冷却器。

（2）套管式换热器

套管式换热器（图 9-1-2）是用两根口径不同的管子相套而成的同心套管，再将多段套管连接起来，每一段套管称为一程。各程的内管用 U 形管相连接，而外管则用支管连接。这种换热器的程数较多，一般都是上下排列，固定于支架上。若所需传热面积较大，则可将套管换热器组成平行的几排，各排都与总管相连。操作时，一种流体在内管中流动，另一种流体则在套管间的环隙中流动。蒸汽加热时，液体从下方进入套管的内管，顺序流过各段套管。蒸汽从上方进入，冷凝水由最下面的套管排出。

最新的套管式换热器有三层同心套管。在这种换热器中，里外两层通入加热介质，一般使用过热水，中间一层通入产品。这样做的好处是产品两面都受到加热，大大扩大了传热面积。目前这种三层同心套管式换热器广泛使用于无菌包装前的物料杀菌和冷却。套管式换热器每程的有效长度不能太长，否则管子易向下弯曲，并引起环隙层中的流体分布不均匀。通常采用的长度为 4～6m。

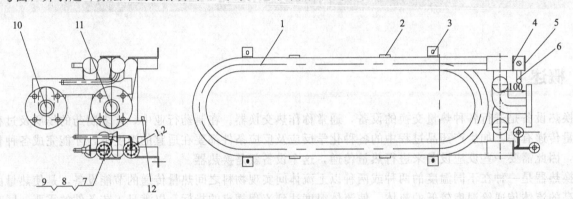

图 9-1-2　套管式换热器示意

1—套管组件；2—固定板；3—支架；4—堵盖 1；5—堵盖 2；6—出气管；7—分液器；8—分液管；
9—分液器连管；10—进水管组件；11—出水管组件；12—放水阀

（3）列管式换热器

列管式换热器又称为管壳式换热器。这种换热器多应用于医药行业蒸馏回流、料液干燥、汽水换热等工艺。列管式换热器由管束、管板、壳体、封头、折流板等组成，见图 9-1-3。管束两端固定在管板上，管子可以胀接（将管子内孔用机械方法扩张，使管壁由内向外挤压而固定在管板上）或焊接在管板上。管束置于管壳之内，两端加封头并用法兰固定。这样，一种流体从管内流过，另一种流体从管外流过。两封头和管板之间的空间即作为分配或汇集管内流体之用。两种流体互不混合，只通过管壁相互换热。如果列管式换热器两端封头分别设流体的进口和出口，同时封头内不另设隔板，则流体自一端进入后，一次通过全部管子从另一端流出。这种列管换热器称为单程式。为了使管内有一定流速，可将管束分为若干组，并在封头内加装隔板，即成为多程式。例如列管式换热器的系列有两程、四程、六程等。对于程数为偶数时，流体进出口在同一端。对于管外壳间的流体，也有同样的情况。为了使流体在管外分布均匀，或者为了当流量小时提高流速，以保持较高的传热系数，就在管外装设折流板（或挡板）。

（4）翅片管式换热器

常常会遇到这种情况，换热器间壁两侧流体的传热系数相差颇为悬殊，这时可考虑采用翅片管式换热器。例如医药工业中常见的干燥和采暖装置用蒸汽加热空气时，管内的传热系数要比管外的大几百倍，管外传热成了传热过程的主要阻力。这时采用翅片管式换热器是很有利的。一般来说，当两种流体的传热系

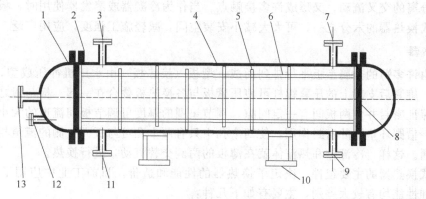

图 9-1-3 列管式换热器示意

1—封头；2—管板；3—进氟口；4—筒体；5—折流板；6—拉杆；7—充氟口；8—管箱；
9—出氟口；10—支座；11—排污口；12—进水口；13—出水口

数相差 3 倍以上时，就应考虑采用翅片管式换热器（图 9-1-4）。翅片管的形式很多，常见的有纵向翅片、横向翅片和螺旋翅片三种。安装翅片管式换热器时，务必使空气能从两翅片之间的深处穿过，否则翅片间的气体会形成死区，使传热效果下降。一般采用肋片管，以增加换热管外侧的表面积，从而在表面传热系数没有明显改善的情况下，使总的换热能力明显提高。翅片管式换热器既可以用来加热空气或气体，也可利用空气来冷却其他流体，后者称为空气冷却器。

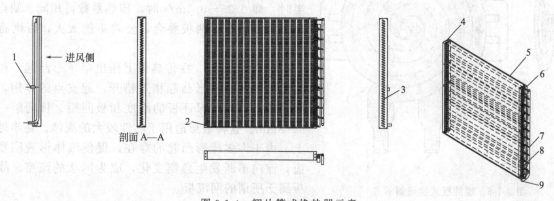

图 9-1-4 翅片管式换热器示意

1—出液口；2—U型换热器；3—U型弯；4—端板；5—翅片；6—水平端板；7—集气管；8—集液管；9—进气口

2. 板式换热器

板式换热器（图 9-1-5）是以板壁为换热壁的换热器，常见的有片式换热器、螺旋板式换热器、旋转刮板式换热器以及夹套式换热器等。该设备结构紧凑、体积小，相邻板之间纹路不同，凹凸不平，既保证

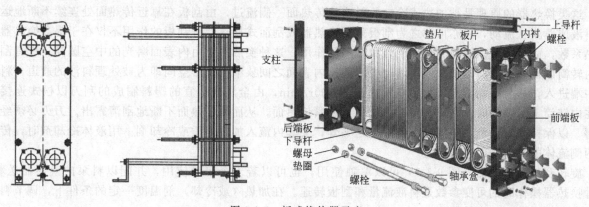

图 9-1-5 板式换热器示意

了两种流体相互分离的交叉流动，又形成许多接触点。当作为冷凝器或蒸发器使用时，板式换热器的尺寸与重量是传统管式换热器的六分之一，可大大减小安装空间，减轻施工强度，应用广泛。

（1）片式换热器

片式换热器由许多薄的金属型板平行排列而成。型板（换热板）由水压机冲压成型，悬挂于导杆上，其前端有固定板，旋紧后支架上的压紧螺杆可使压紧板与各换热板叠合在一起。板与板之间在板的四周上有橡胶垫圈，以保证密封并使两板间有一定间隙。调节垫圈的厚度可调节板间流道的大小。每块板的四个角上，各开一孔，借圆环垫圈的密封作用，使四个孔中只有两个孔可与板面一侧的流道相通，另两个孔与另一侧的流道相通。这样，冷流体和热流体就在薄板的两侧交替流动，进行换热。

换热板是片式换热器的主要组件，决定了换热器的性能和造价。目前工业中应用了多种类型的换热板，其结构形式和性能均有较大差别，主要有如下几种：

① 平行波纹板　金属板波纹是水平的平行波纹。流体垂直流过波纹时，形成了水平的薄膜波纹。由于流体流动，其方向和流速多次变动，形成强烈湍流，表面传热系数增大。其传热系数可比管式换热器大四倍。此外，由于板面凹凸不平，传热面也相应增大了。

② 交叉波纹板　交叉波纹板的波纹不是水平的，而与水平方向成一角度，相邻两板的波纹方向正好相反。因此，两块板叠在一起时，波纹就成点状接触。这样可以增加板的强度，保持板间距离。当流体通过这样的通道时，流速时大时小。流过点状接触部分时，忽散忽聚，引起剧烈的扰动，从而提高了换热系数。与平行波纹板相比，当流速只有平行波纹板的一半时，即 0.25～0.3m/s 时，传热系数可相同。缺点是制造技术要求高，两板叠合，公差不能太大，否则将影响传热。

③ 半球形板　在传热板上压出半球形凸起。相邻两块传热板的半球形凸起相互错开，起支点的作用，承受两侧的压力差，保证板的刚度和板间距。板间距一般为 6～8mm。这种板形适用于黏性较大的流体。在半球形板上，由于许多球形凸起的存在，促使流体形成剧烈的湍流，流向不断发生急剧变化，成为网状的流型。故这种板属于所谓的网流板。

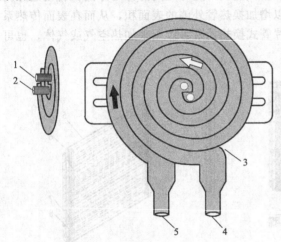

图 9-1-6　螺旋板式换热器示意

1—热流体入口；2—冷流体出口；3—换热管；
4—热流体出口；5—冷流体入口

（2）螺旋板式换热器

螺旋板式换热器（图 9-1-6）是用两张平行的薄钢板卷制成具有两条螺旋通道的螺旋体后，再加上端盖和连接管而制成的。螺旋通道之间用许多定距支撑，以保证通道间距，增加钢板强度。冷热流体在两个互不相混的通道内相互以逆流方式流动并通过钢板传热。

（3）旋转刮板式换热器

这类换热器的原理是被加热或冷却的料液从传热面一侧流过，由刮板在靠近传热面处连续不断地运动使料液成薄膜状流动，故亦可称之为刮板薄膜换热器或刮面式换热器。刮板的作用不仅在于提高换热器的传热系数，而且还可以增强乳化、混合和增塑等作用。这种换热器是由内表面磨光的中空圆筒、带有刮板的内转筒以及外圆筒所构成。内转筒与中间圆筒内表面之间狭窄的环形空间即为被处理料液的通道，料液由一端进入，从另一端排出。内转筒转速约为 500r/min，由金属或适宜的塑料制成的刮刀以松式连接固定在内转筒上。转动时，刮刀在离心力作用下贴紧传热面，从而使传热面不断地刮清露出。刀刃必须经常打磨，以保持平直锋利。中间圆筒的外部是夹套，夹套内流入加热介质或冷却剂。用液体冷却剂时，传热面两侧流体的流向应以逆向为宜。

旋转刮板式换热器（图 9-1-7）可以单独使用，也可以若干个串联使用，并配以料泵向换热器送料。这种换热器操作时的可变参数是料液流量和刮板转速。在加热（或冷却）剂温度一定的条件下，调节料液流量可得到工艺所要求的温度。

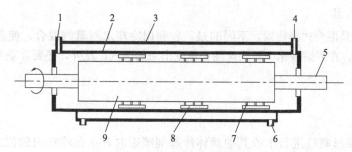

图 9-1-7　旋转刮板式换热器示意

1—料液进口；2—物料筒；3—夹套；4—料液出口；5—轴封；6—热介质进口；7—刮板；8—定位销；9—搅拌轴

（4）夹套式换热器

在制药工厂中使用的反应釜都属于夹套式换热器（图 9-1-8）。这种换热器有多种型式和用途。如有常压式、低压式或加压式；有的配有搅拌桨以加速换热。搅拌桨的类型有叶轮式、螺旋桨式、锚式和桨式等。容器有直立圆筒形或圆球形，可通过夹套进行加热或冷却。搅拌的目的是为了增加对流换热。搅拌桨类型的选择取决于产品的黏度。螺旋桨式搅拌桨用于黏度高达 2Pa·s 的产品，搅拌桨的直径大约为桶径的三分之一；叶轮式搅拌桨一般使用的直径也是桶径的三分之一，但使用黏度高达 50Pa·s；桨式搅拌桨使用直径较大，可以达到桶径的二分之一到三分之二，能使用于黏度达 1000Pa·s 的产品；对于更高黏度的产品，要使用锚式搅拌桨。

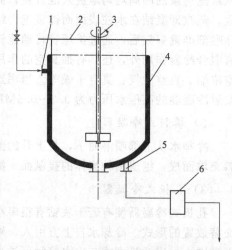

图 9-1-8　夹套式换热器示意

1—蒸汽/冷凝水进口；2—反应釜；3—搅拌轴；4—夹套；5—蒸汽/冷凝水出口；6—冷凝器排除器

3. 直接式换热器

直接式换热器也称为混合式换热器，其特点是冷、热流体直接混合进行换热，因此，在热交换的同时，还发生物质交换。直接式与间接式相比，由于省去了传热间壁，因此结构简单，传热效率高，操作成本低。但采用这种设备只限于允许两种流体混合的场合。

（1）蒸汽直接式换热器

蒸汽和液体混合直接加热是常见的一种加热方式。实践经验表明，在蒸汽和液体之间需要大的接触面，以利于蒸汽的快速冷凝，加速换热速度。研究表明，减小接触面，换热速率明显降低。在设备性能不正常时，如液滴太大或蒸汽泡太大，会导致换热速度低下。这种情况在高黏度产品时容易发生。

尽管在加热蒸汽和液体之间有很大的温度差，但这类设备的加热仍然是温和的。原因之一是加热时间很短，只有几分之一秒；另外一个原因，也许是更为重要的，是在蒸汽和物体之间立即形成一层很薄的冷凝液膜。这层液膜起到保护物体免受高温的影响。因此，蒸汽直接加热方式允许有很高的温度梯度，这是任何间壁式换热器无法做到的。这种换热器对蒸汽质量有一定要求，由于设备性能的需要和保证产品质量，蒸汽必须不含不凝结气体，因为不凝结气体会影响蒸汽冷凝、干扰换热过程。关于气源、蒸汽或锅炉用水，不应含有影响产品的物质。换句话说，锅炉用水应该具备饮用水的质量，非正常的水处理剂是不许使用的。在有些使用场合下，如药品提晶，需要除去蒸汽和产品混合时所增加的水分，以保持原有的组分不变。除去水分的方法通常是在真空下使水分蒸发。这是一举两得的做法，因为在真空闪蒸水分时，既除了水分，又可以使产品迅速冷却。通过温度控制（在蒸汽混合前、混合后以及蒸发后），可以做到处理前后产品的水分含量不变。

这种蒸汽直接加热设备有两种类型：喷射式和注入式。喷射式是在连续流动的液体中喷射蒸汽；注入式是在连续流动的蒸汽中注入液体。在蒸汽喷射式（蒸汽进入液体）中，蒸汽或者通过许多小孔，或者通过环状的蒸汽帘喷射入流体管道中。在蒸汽注入式（液体进入蒸汽）中，液体或者以膜的形式，或者以液滴的形式分布在充满高压蒸汽的容器中，落于容器底部，加热后的液体从底部排出。

（2）蒸汽喷射式换热器

蒸汽喷射式冷凝器也是混合式换热器。不同的是，它利用冷却水与蒸汽混合，使蒸汽冷凝，以除去水分。这在浓缩操作中是必须的。在浓缩操作中要快速除去蒸发出来的蒸汽，此外，还要在蒸发室内造成真空。

4. 冷凝器

（1）喷射式冷凝器

用断面逐渐收缩的锥形喷嘴进行水或其他液体冷却剂喷射时，水在喷嘴内的流速逐渐增快。速度越高意味着动能越大，而压力则越小。如果将喷嘴座板的喷嘴上、下游隔开，上游空间（即水室）通入高压水，则由于水的喷射就造成下游的低压，因而产生抽汽的作用。吸汽室将蒸汽吸入后，经过导向挡板使之从水流射束的四周均匀地进入混合室，而与许多聚集于喉部的射束表面相接触。因射束的流速高，其动能大，蒸汽即凝结在水柱表面而被带走。经过喷嘴所形成的射流速度一般为 15～30m/s。带走蒸汽的各射流在喉部准确聚集后，通过扩压管将动能转换为势能以后，再从尾管排出。由上述可知，喷射式冷凝器除了有混合冷凝作用外，还具有抽真空的作用。所以特别适用于真空系统中蒸汽的排除。例如食品工业中的真空浓缩、真空脱气、真空干燥等。当用这种水力喷射器作冷凝器时，就可以不再需要真空泵了。一般水力喷射冷凝器的高压水压力为 0.2～0.5MPa，可采用高压头的离心泵或多级离心泵供送。

（2）填料式冷凝器

冷却水从上部喷淋而下，与上升的蒸汽在填料层内接触。填料层是由许多空心圆柱形填料环或其他填料充填而成，组成两种流体的接触面。混合冷凝后的冷凝水从底部排出，不凝结气体则由顶部排出。

（3）孔板式冷凝器

孔板式冷凝器装有若干块钻有很多小孔的淋水板。淋水板的形式有交替相对放置的弓形式和圆盘圆环交替放置的形式。冷却水自上方引入，顺次经板孔穿流而下的同时，还经淋水板边缘泛流而下。蒸汽则自下方进入，以逆流方式与冷水接触而被冷凝。少量不凝结气体从上方排出。进入的冷却水经与蒸汽进行热交换后被加热，而后从下方尾管排出。

（4）低位式冷凝器

除喷射式冷凝器外，填料式和孔板式冷凝器都需要真空泵，使冷凝器内处于负压状态。在这种情况下，如无适当措施，冷凝水无法排出。通常采用两种方法，即低位式和高位式。

直接使用抽水泵将冷凝水从冷凝器内抽出，因而可以简单地安装在地面上，故名低位式冷凝器。高位式冷凝器不用抽水泵，而是将冷凝器置于 10m 以上的高度，利用其下部很长的尾管（称为气压管，俗称大气腿）中液体静压头的作用来平衡上方冷凝器内的真空度，同时抽出冷凝水。为了保证外部空气不进入真空设备，气压管应淹没在地面的溢流槽中。

（5）水帘（水幕）式空气冷却器

这种混合换热器常用作空气的冷却净化器。含尘空气进入后，经与冷却水的水幕接触而降温、增湿、净化。

第二节　冷水机组

一、概述

冷水机组是一个多功能机器，通过用人工的方法在一定的时间和一定的空间内将某物体或流体冷却，使其温度降低到环境温度以下并保持这个低温。冷水机组又称为冷冻机、制冷机组、冰水机组、冷却设备等，因各行各业的使用比较广泛，所以对冷水机组的要求也不一样。

在制冷行业中，根据冷凝方式的不同，冷水机组分为风冷式冷水机组、水冷式冷水机组、蒸发式冷水机组；根据压缩机不同又分为螺杆式冷水机组、涡旋式冷水机组、活塞式冷水机组；根据温度控制不同又可分为常温机组、低温机组和超低温机组。

二、水冷式冷水机组

1. 基本原理

水冷式冷水机（图 9-2-1）是利用壳管蒸发器使水与冷媒进行热交换，冷媒系统在吸收水中的热负荷使水降温产生冷水后，通过压缩机的作用将热量带至壳管式冷凝器，由冷媒与水进行热交换，使水吸收热量后通过水管将热量带出外部的冷却塔散失（水冷却）。

2. 基本结构

水冷式冷水机组主要由压缩机、冷凝器、膨胀阀、蒸发器等组成，还需外置一个冷却塔将冷却水降温，如图 9-2-2 所示。

图 9-2-1　水冷式冷水机组外观

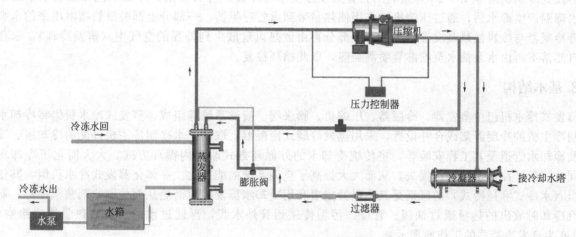

图 9-2-2　水冷式冷水机组结构示意

三、风冷式冷水机组

1. 基本原理

图 9-2-3　风冷式冷水机组外观

风冷式冷水机组是利用壳管蒸发器使水与冷媒进行热交换，冷媒系统在吸收水中的热负荷使水降温产生冷水后，通过压缩机的作用使热量带到翅片式冷凝器，再由散热风扇散失到外界的空气中（风冷却）。风冷式冷水机组（图 9-2-3）又可分为风冷螺杆机组、风冷箱型机组和风冷模块机组等。

2. 基本结构

风冷式冷水机组主要由压缩机、翅片冷凝器、蒸发器、膨胀阀、风机等组成，如图 9-2-4 所示。

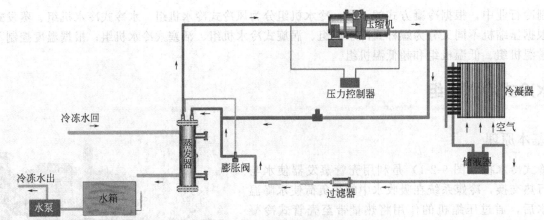

图 9-2-4　风冷式冷水机组结构示意

四、蒸发式冷水机组

1. 基本原理

蒸发式冷水机组（图 9-2-5）是利用壳管蒸发器使水与冷媒进行热交换，冷媒系统在吸收水中的热负荷使水降温产生冷水后，通过压缩机的作用使热量带到盘管冷凝器，一部分上部喷淋管喷淋出来的水喷洒在盘管冷凝器与冷媒换热蒸发带走热量，一部分再由散热风扇散失到外界的空气中（蒸发冷却），未蒸发的水自然落下再由水泵抽水至喷淋管喷洒换热，以此循环往复。

2. 基本结构

蒸发式冷水机组由蒸发器、冷凝器、压缩机、膨胀阀、喷淋系统等组成。蒸发式冷水机组将冷却水系统与制冷主机的冷凝器集成合并设置，采用蒸发冷凝式冷凝器，取消了水冷制冷主机外配的冷却塔、冷却水泵及冷却水管道及其工程安装等，将传统冷却水的外循环方式改为内循环方式，大大简化了冷却水系统，同时降低了冷却水的漂水损失，从而大大提高了空调系统的能效比。一体化蒸发式冷水机组与其他制冷机组（水冷式和风冷式）的区别是其冷凝器主要利用冷却水蒸发吸收潜热从而使制冷剂蒸汽冷却，制冷剂蒸汽冷却时放出的热量通过油膜、管壁、污垢传递到管外水膜，再通过水的蒸发将热量传递给空气。图 9-2-6 为蒸发冷凝器的工作原理示意。

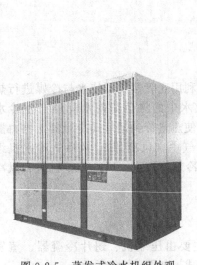

图 9-2-5　蒸发式冷水机组外观

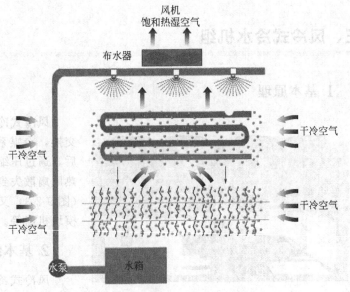

图 9-2-6　蒸发冷凝器工作原理

一、自动清洗系统

1. 制药用器具清洗机

制药用器具清洗机能够完成对物品的预洗、清洗、中和、冲洗、漂洗和干燥，是一种实现了可重现的"能被记录和验证"的清洗机。该清洗机具有容积大、清洗彻底、自动化程度高的特点，各项技术指标均能达到或接近国外同类产品。同时设备可以配置整套符合 FDA 要求的文件体系，是国内生物制药厂家的首选设备。

密封门采用了电动升降和充气胶条密封技术，在实现可靠密封的同时，大大减少了劳动者开关门的劳动强度，使该清洗机的自动化程度达到新的水准。上位机采用了新型 HMI 控制方式——触摸屏作为人机控制界面，可动态显示工作流程及工作过程中的时间、温度、压力等参数，使得操作更加直观、方便，用户还可根据需要方便地进行手动操作。下位机采用了现代新型控制装置——可编程逻辑控制器（简称 PLC）进行程序控制，具有功能强、可靠性高、使用灵活等特点。对于双扉（门）的设备，可有效隔离设备前后两操作端，满足我国 GMP 规范要求。图 9-3-1 为在位清洗（CIP）逻辑程序示意。

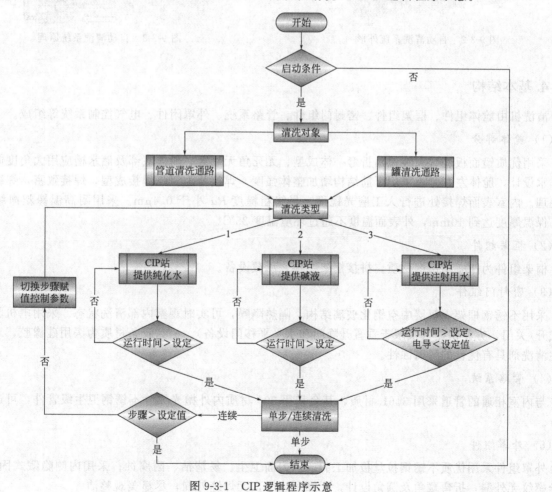

图 9-3-1　CIP 逻辑程序示意

2. 清洗机分类

制药用器具清洗机按结构分为自动升降门、手动门以及连续式；按容积分为270～8000L；按照生产领域分为生产型和实验室型；按照使用环境分为常规设备和防爆型设备。

3. 基本原理

自动清洗系统的外形见图9-3-2，其工作原理见图9-3-3。以注射水和纯化水作为工作介质，并自动加入适量的清洗剂，通过大流量循环泵，使清洗溶液在清洗舱和清洗管路中循环，并通过旋转喷射臂将带有压力的清洗溶液均匀地、强有力地喷射到被清洗物品上，对物品进行有效清洗。清洗后，使用所选水源对物品进行多次漂洗，直至污物残留浓度符合清洗效果，最后通过热风对设备的内外表面进行干燥。

图9-3-2 自动清洗系统外形

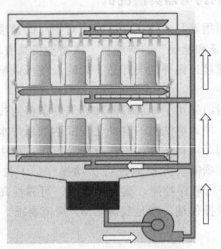

图9-3-3 自动清洗系统原理

4. 基本结构

清洗机由舱体组件、框架组件、密封门组件、管路系统、外罩附件、电气控制系统等组成。

（1）舱体部分

采用优质镜面板进行大圆弧角折弯一体成型、无死角无死区、舱体底部及储水槽应用大角度倾斜可彻底排水设计，舱体左右侧板采用压筋结构增加整体强度，焊接处为氩弧焊接成型，焊接致密，焊缝钝化磨光处理。内室表面焊接处进行人工磨光镜面，最终粗糙度 Ra 小于 $0.4\mu m$。采用耐高温橡塑海绵进行保温，保温厚度达到10mm，外表面温度不超过环境温度25℃。

（2）框架组件

框架组件为304不锈钢材质，拼接框架结构，承载设备。

（3）密封门组件

采用不锈钢框架+双层中空钢化玻璃结构，隔热降噪，可实时观察内部清洗状态。采用电机驱动，一键式开/关门，方便快捷（仅限于垂直升降门和水平平移门设备）。密封胶条材质为医用硅橡胶，对酸性或碱性清洗剂具有优良的耐腐蚀性。

（4）管路系统

与内室相通的管道采用316L材质，其余采用304材质内外抛光无缝不锈钢卫生级管件，可追溯材料成分。

（5）外罩组件

外罩组件采用优质不锈钢拉丝板加工而成，表面卫生、易清洁、耐腐蚀；采用内侧隐藏式固定结构，螺栓螺纹无外漏，折弯藏角及圆角设计，无锋利边缘，无焊缝外漏，尽显美观整洁。

（6）高效率空气加热系统

高效率空气加热系统由大风量风机、加热系统和高效空气过滤器组成。能在最短的时间内将空气加热到所需温度，节省干燥时间。独特的空气预热系统，消除了因为环境温度不同对空气加热系统的影响。

（7）电气控制

控制柜用碳钢喷塑/不锈钢制成，防护等级为 IP54，并分成强电动力箱（断路器、交流接触器等）和弱电控制箱（PLC、电源、继电器等）两部分。

在清洗机前、后两端（双扉设备）均设有操作面板，前操作面板上主要有触摸屏、打印机、电源开关和急停开关。后操作面板上主要有指示灯、操作按钮和急停开关。前、后控制面板的全部装配及电缆和接线端子排是作为成套单元连接到控制箱的，便于维护、保养。

二、料斗清洗机

1. 概述

料斗清洗机（图 9-3-4）是针对固体制剂用混合料斗和周转料斗的清洗设备，是固体制剂药品生产过程中执行卫生标准的必要装备之一。该设备可有效清除残留在料斗（图 9-3-5）内外表面的异物（主要是化学残留物），从而防止药品生产过程中各种成分的交叉污染，为容器清洗提供统一的清洗标准，减小劳动强度，提高生产效率，易于清洗过程的追溯和认证。它是固体制剂工艺生产流程中常用的清洗设备；是应用 PLC 程序控制技术的机电一体化制药企业装备，更是固体制剂药品生产过程中符合 GMP 规范的必要装备之一，实现了由人工清洗向设备自动清洗的转化。

图 9-3-4　料斗清洗机

图 9-3-5　料斗

在新旧版 GMP 要求中，药品生产者逐渐认识到清洁的重要性，形成了通过验证来保证有效性的方法，由此逐步衍生出针对主要工艺设备、物料转移容器、必要的工器具等的各自对应的自动/半自动清洁设备。其中全自动料斗清洗机也是根据 GMP 要求以及市场的需求应运而生的，相对来讲，国内在料斗清洗领域的专业设备，起步是比较晚的，直到 2000 年以后才有真正投放于市场的全自动清洗设备。

2. 设备分类

料斗清洗机按照门的形式可分为手动铰链门和自动平移门设备；按照舱体数量可分为单舱式和双舱式；按安装形式可分为地面安装和地坑安装；按转盘功能分为带转盘的料斗清洗机和不带转盘的料斗清洗机；按烘干功能的配置与否分为清洗烘干一体机和不带烘干功能的清洗机。

3. 基本原理

公用工程管道的清洁用水（城市用水、清洗剂溶液、热水、纯化水等）在泵增压后，通过清洗管路，在系统控制不同的出水阀门作用下，经伸缩清洗球和喷嘴分别喷射到腔体内的料斗内外表面，形成水量冲刷和水压冲击作用，去除药物残留。同时，待清洁料斗在转盘带动下做旋转运动，使其覆盖面更加完整和均匀。在不同工艺参数（时间、压力、温度）组合下，完成料斗的清洗，再经洁净压缩空气吹扫，去除表面大量水珠。泵站系统也可配置加热器，直接加热自来水得到热水。洁净热风处理系统提供10万级洁净热风，温度可调控，腔内部在排风机作用下形成负压，洁净热风随之进入，在不同工艺参数（时间、温度等）组合下，完成对料斗内外部的烘干。图9-3-6为料斗清洗机原理示意。

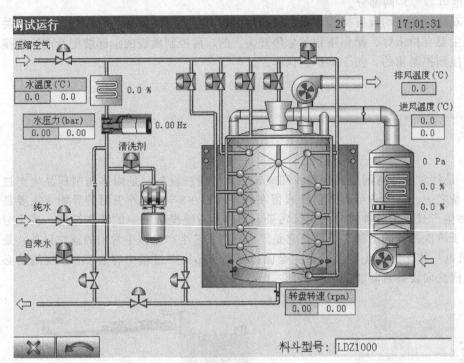

图 9-3-6　料斗清洗机原理示意

料斗清洗机（带转盘
功能清洗机）

4. 基本结构

该设备由框架腔体、门体、增压泵站系统、管道分配系统、热风净化处理系统、控制系统组成。所有的操作均人机界面。料斗清洗机结构示意如图9-3-7所示。

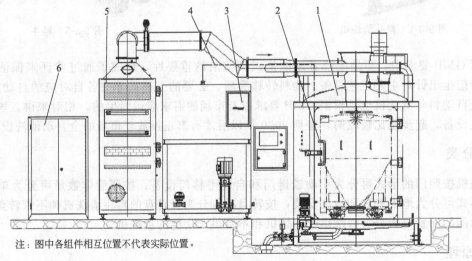

注：图中各组件相互位置不代表实际位置。

图 9-3-7　料斗清洗机结构示意

1—框架腔体；2—门体；3—增压泵站系统；4—管道分配系统；5—热风净化处理系统；6—控制系统

5. 适用范围

料斗清洗机广泛应用于中药、西药以及食品行业中，具有相当规模和数量的物料容器的车间；尤其对于过程管控有更高要求的药品生产企业，清洗作业的标准化、验证重现性都是最基本的要求，故对应的料斗清洗机是必备的清洗设备。

三、移动式清洗机

移动式清洗机（图 9-3-8）主要用于制药工业固体制剂生产中对容器清洗或固定型设备、大型不便移动和拆卸的设备，配液罐、大型的混合/周转料斗等进行清洗，根据需要也可对其他任何适于冲淋清洗的物品、器件进行清洗。本机同时可应用于食品、化工行业中的清洗作业。整机可方便移动，优化了生产工艺。

1. 基本原理

工作时，将待清洗的混合料斗、周转料斗或者移动罐等推到清洗间，打开斗盖或者上部接口，放上专有清洗旋转球的斗盖或者接口座，做好清洗的准备。按工艺要求设定清洗程序，确认后按设定的程序清洗内表面，容器的外表面有人工用高压水枪清洗。将清洗后的容器送到烘干室进行干燥，以备待用。移动式清洗机工作原理见图 9-3-9。

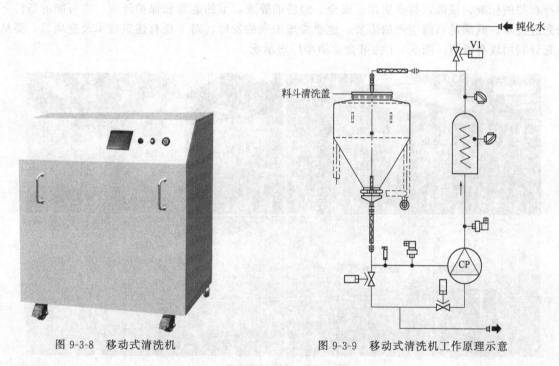

图 9-3-8　移动式清洗机　　　　　　　　图 9-3-9　移动式清洗机工作原理示意

2. 基本结构

料斗清洗机在结构上可分为框架部分、管路部分和电气控制系统。

① 框架部分　支撑移动清洗机上各个部件。底部设有脚轮，可方便移动。

② 管路部分　主要由循环泵和配套管路组成。与清洗物品连接一般为软连接。可根据需要配置碱液回收箱等节能措施。入口四路，出口两路（内洗配有一个 360°旋转的清洗球，清洗料斗内表面；外洗配有一把高压水枪，人工清洗料斗外表面）。

③ 电气控制系统　控制系统为按钮、继电器控制和 PLC 触摸屏控制两种选择。高端设备包含触摸屏、打印机和电气元件等，实现程序的自动运行和数据打印。

一、厂房设施概述

《药品生产质量管理规范（2010 年修订）》在药品生产企业的实施包括两方面的内容：软件和硬件。软件是指先进可靠的生产工艺，严格的管理制度、文件和质量控制系统；硬件是指合格的厂房、生产环境和设备。硬件设施是药品生产的基本条件。我国 1998 版 GMP 第三章"厂房与设施"共 23 条，2010 年修订 GMP 吸收国外发达国家 GMP 相关条款并结合我国药品生产企业现状，将第四章"厂房与设施"条款增加到 33 条，说明厂房与设施作为硬件在药品生产中起到重要作用。

药品生产企业厂房设施主要包括：厂区建筑物实体（含门、窗），道路，绿化草坪，围护结构；生产厂房附属公用设施，如洁净空调和除尘装置，照明，消防喷淋，上、下水管网，洁净公用工程（如纯化水、注射用水、洁净气体的产生）等。对以上厂房的合理设计，直接关系到药品质量。

医药工业洁净厂房设施的设计除了要严格遵守 GMP 的相关规定之外，还必须符合国家的有关政策，执行现行有关的标准、规范，符合实用、安全、经济的要求，节约能源和保护环境。在可能的条件下，积极采用先进技术，既满足当前生产的需要，也要考虑未来的发展。对于现有建筑技术改造项目，要从实际出发，充分利用现有资源。图 9-4-1 为某企业洁净厂房示意。

图 9-4-1　洁净厂房示意

厂房设施作为药品生产的基础硬件，是质量系统的重要组成要素。它们的选址、设计、施工、使用和维护情况等都会对药品质量产生显著的影响。厂房设施的合理布局、高质量的施工以及必要的维护活动能够为药品的生产和贮存等提供可靠的保障（如洁净环境、适宜的温湿度等）；可以最大限度地降低影响产品质量的风险（如交叉污染等）；同时能够确保员工健康和生产安全并对环境提供必要的保护。

药品生产企业必须有整洁的生产环境，厂区的地面、路面及运输等不能对药品生产造成污染；生产、行政、生活和辅助区的总体布局应合理，不得互相妨碍。厂房应该按照生产工艺流程及所要求的空气洁净等级进行合理布局，同一厂房间内及相邻之间的操作不得相互妨碍。人流、物流应遵循洁净级别由低向高方向，不同的洁净级别应有缓冲过渡。

厂房应有防止昆虫和其他动物进入的设施；在设计和建设厂房时，应考虑便于清洁工作。洁净室的内表面应平整、光滑、无裂缝、接口严密、无颗粒物脱落，并能耐清洗和消毒，墙壁和地面的交接处宜成弧形或采取其他措施，以减少灰尘积聚，以便于清洁。生产区和储存区应有与生产规模相适应的面积和空间用以安置设备、物料，便于生产操作，存放物料、中间产品、待验品和成品，应最大限度地减少差错和交叉污染。洁净区内的各种管道、灯具、风口以及其他公用设施，在设计和安装时应考虑避免出现不易清洁的部位；管道应减少弯曲，灯具采用嵌入式，上检修，风口应平整，接口要密封；洁净区应根据生产的要求提供足够的照明。对照度有特殊要求的生产部门可设置局部照明。厂房应设有应急照明设施。灯具需要定期检查、更换；设置安全出入口，工作人员需要通过比较长的卫生通道才能进入洁净室，因此在车间厂房必须设置利于疏散的通道。安全出入口只能作为应急使用，平时不能作为人员或物料通道，以免产生交叉污染。

二、空气过滤器

1. 概述

空气过滤器（图9-4-2）是空调净化系统的核心设备，过滤器对空气形成阻力，随着过滤器积尘的增加，过滤器阻力将随着增大。当过滤器积尘太多，阻力过高，将使过滤器通过风量降低，或者过滤器局部被穿透，所以，当过滤器阻力增大到某一规定值，过滤器将报废。因此，使用过滤器，要掌握合适的使用周期。在过滤器没有损坏的情况下，一般以阻力判定使用寿命。

过滤器的使用寿命除了取决于其本身的优劣，如过滤材料、过滤面积、结构设计、初始阻力等，还与空气中的含尘浓度、实际使用风量、终阻力的设定等因素有关。

洁净室中高效过滤器的安装密封，是确保洁净室洁净度的关键因素之一。因此，在洁净室设计时，应该选择先进的密封技术和可靠的密封方法，大致分为接触填料密封、液槽刀口密封、负压泄漏密封。

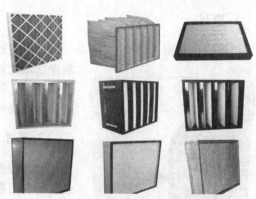

图 9-4-2　各种空气过滤器

2. 基本原理

空气汇总的尘埃粒子，随气流做惯性运动或无规则布朗运动或受某种场力的作用而移动，当微粒运动撞上其他物体，物体间存在的范德华力（分子与分子、分子团与分子团之间的力）使微粒粘到纤维表面。进入过滤介质的尘埃有较多撞击介质的机会，撞上介质就会被粘住，从而起到过滤的作用。空气过滤器按我国 GB/T 14295—1993 和 GB 13554—1992 两个标准分类，如表9-4-1所示。

表 9-4-1　过滤器种类及性能

性能指标　＼　类别	额定风量下的效率/%	额定风量下的初阻力/Pa	备注
初效	粒径≥$5\mu m$,$80>\eta\geq20$	≤50	效率为大气灰尘计数效率
中效	粒径≥$1\mu m$,$70>\eta\geq20$	≤80	
高中效	粒径≥$1\mu m$,$90>\eta\geq70$	≤100	
亚高效	粒径≥$0.5\mu m$,$99.9>\eta\geq95$	≤120	
高效 A	≥99.9	≤190	A、B、C 三类效率为钠焰法效率；D类效率为计数效率；C、D类出厂要检漏
高效 B	≥99.9	≤220	
高效 C	≥99.9	≤250	
高效 D	粒径≥$0.1\mu m$,≥99.9	≤280	

3. 分类

根据过滤器的过滤效率分类，通常可以分为初效、中效、高中效、亚高效和高效过滤器等。按照材料的不同可以分为：

（1）滤纸过滤器

这是洁净技术中使用最为广泛的一种过滤器，目前滤纸常用玻璃纤维、合成纤维、超细玻璃纤维以及植物纤维素等材料制作。根据过滤对象的不同，采用不同的滤纸制作成 $0.3\mu m$ 级的普通高效过滤器或亚高效过滤器，或做成 $0.1\mu m$ 级的超高效过滤器。

（2）纤维层过滤器

这是各种纤维填充制成过滤层的过滤器，所采用的纤维有天然纤维，是一种自然形态的纤维，如羊毛、棉纤维等。通常用作中等效率的过滤器。

（3）泡沫材料过滤器

这是一种采用泡沫材料的过滤器，此类过滤器的过滤性能与其孔隙率关系密切，但是目前泡沫塑料的孔隙率控制困难，所以基本不用。

三、洁净传递窗

1. 概述

洁净室传递窗（图 9-4-3）是一种洁净室的辅助设备，主要用于洁净区与洁净区之间、洁净区域与非洁净区域之间小件物品的传递，以减少开门次数。它设有两扇不能同时开启的窗，可将两边的空气隔断，防止污染空气进入洁净区，把对洁净室的污染降到最低程度。

2. 基本原理

洁净传递窗是设置在洁净室出入口或不同洁净度等级房间之间，传递货物时阻断室内外气流贯通的装置，以防止污染空气进入较洁净区域和产生交叉污染。

3. 分类

洁净传递窗一般分为电子联锁传递窗、机械联锁传递窗、自净式传递窗。

图 9-4-3　洁净室传递窗

4. 使用方法

物料进出洁净区，必须严格与人流通道分开，由生产车间物料专用通道进出。物料进入时，原辅料由工作人员脱包或外表清洁处理后，经传递窗送至车间原辅料暂存间；内包材料在其外暂存间拆去外包装后，经传递窗进入内包间。通过传递窗传递时，必须严格执行传递窗内外门"一开一闭"的规定，两门不能同时开启。开外门将物料放入后先关门，在开门将物料拿出，关门，如此循环。洁净区内的物料送出时，应先将物料运送至相关的物料中间站内，接物料进入时相反程序移出洁净区。所有半成品从洁净区运出，均需从传递窗送至外暂存间经物流通道转运至外包装间。极易造成污染的物料及废弃物，均应从其专用传递窗运到非洁净区。物料进出结束后，应及时清理各包间或中间站的现场及传递窗的卫生，关闭传递窗的内外通道门，做好清洁消毒工作。

四、洁净层流工作台

1. 概述

洁净层流工作台（图 9-4-4）是静脉配置中心内使用的最主要的净化设备。因为所有的无菌静脉药物配置均需在洁净层流工作台内完成，无菌物品亦需放置在洁净工作台内。该设备广泛适用于医药卫生、生物制药、食品、医学科学实验、光学、电子、无菌室实验、无菌微生物检验、植物培接种等需要局部洁净无菌工作环境的科研和生产部门，也可连接成装配生产线；具有低噪声、可移动性等优点。它是一种提供局部高洁净度工作环境通用性较强的空气净化设备，它的使用对改善工艺条件，提高产品质量和增加成品率均有良好效果。

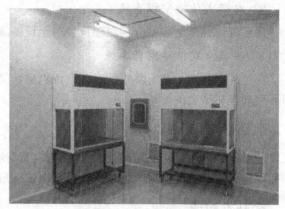

图 9-4-4　洁净层流工作台

2. 基本原理

洁净层流工作台的工作原理是通过加压风机将室内空气经高效过滤器过滤后送到净化工作台区域，最终使得净化工作台内区域达到局部百级的操作环境。

3. 分类

根据风向方向不同，洁净层流工作台可分为水平层流工作台和垂直层流工作台。

水平层流净化工作台属于通用性较强的局部净化工作台，适用于国防、电子、精密仪器、仪表、制药领域；垂直层流净化工作台大部分应用在需要局部洁净的区域，如生物制药、实验室、微电子、光电产业、硬盘制造等领域。垂直单向流净化工作台具备高洁净度，能够连接成装配生产线，具有低噪声、可移动性等优点。

目前用户大部分会选择垂直层流净化工作台，垂直送风的方式就是风垂直向下吹，垂直流形，准闭合式台面，能够有效避免外部合流透入及操作异味对人体的侵害，还能够保证气流可以没有阻挡的通过。当然也可根据实验特点的要求进行选购。

4. 基本作用

该设备可为静脉药物配置工作区域创造百级的工作区域。通过提供稳定、净化的气流，防止层流台外空气进入工作区域，从而避免工作台外空气对所配置的药物产生污染，将人员和物料（输液袋、注射器、药品等）带入的微粒清除出工作区域。

五、洁净空调系统

1. 概述

洁净空调系统是空调工程中的一种，它不仅对室内空气的温度、湿度、风速一定的要求，而且对空气中的含尘数、细菌浓度等都有较高的要求，因此相应的技术成为空气洁净技术。

2. 基本原理

来自室外的新风经过过滤器将尘埃杂物过滤后与来自洁净室内的回风混合，通过初效过滤器过滤，再分别通过表冷段、加热段进行恒温除湿处理后经过中效过滤器过滤，然后经加湿段加湿后进入送风管道，通过送风管道上的消声器降噪后进入管道最末端的高效过滤器后进入房间，部分房间设有排风口，由排风口排出室外，其余的风通过回风口及回风管道与新风混合后进入初效过滤器前循环。

3. 分类

（1）集中式洁净空调系统

在系统内单个或多个洁净室所需的净化空调设备都集中在机房内，用送风管道将洁净空气配给各个洁净室。

（2）分散式洁净空调系统

在系统内各个洁净室分别单独设置净化设备或净化空调设备。

（3）半集中式洁净空调系统

在这种系统中，既有集中的净化空调机房，又有分散在各洁净室内的空气处理设备，是一种集中处理和局部处理相结合的形式。

4. 洁净空调形式

洁净空调系统按照送回风形式分为全新风系统、一次回风系统、二次回风系统；按照风量分为定风量和变风量系统；按照送风气流形式分为单向流（层流、垂直流）、乱流。

5. 基本构成

洁净空调系统由加热或冷却、加湿或去湿以及净化设备组成；辅助系统包括将处理后的空气送入各洁净室并使之循环的空气输送设备及其管路和向系统提供热量、冷量的热、冷源及其管路系统。

六、洁净级别确认

1. GMP 洁净区等级划分

洁净室需要将一定范围内空气中的微粒子、有害空气、细菌等污染物排除，并将无尘室室内温度、洁净度、室内压力、气流速度与气流分布、噪声振动及照明、静电控制在某一需求范围内，为了达到这些效果而专门设计的无尘室不论外部空气如何变化，其室内均能有效维持原先设定要求的洁净度、温湿度及压力等性能。之前，按照每立方英尺（约 $0.028m^3$）大于 $0.5\mu m$ 的个数，洁净级别分为几个级别：1 级、10 级、100 级、1000 级、10000 级、100000 级、300000 级。洁净度值越小，净化级别越高。

1 级：主要应用于制造集成电路的微电子工业，对集成电路的精确要求为亚微米。

10 级：主要用于带宽小于 $2\mu m$ 的半导体工业。

100 级：这一级别的洁净室是最常用的，因此是最重要的洁净室，通常被称为无尘洁净室；这一洁净室大量应用于植物体内物品的制造、外科手术（包括移植手术）、集成器的制造。

100 级洁净间的气流形式是层流方式，空气以均匀的端面速度沿平行流线流动，与流体力学的层流概念不太相同，具体是垂直层流侧回风。和百级以上洁净间所采用的混流或乱流方式（即空气以不均匀的速度呈不平行流线流动）相比较，它具有效果完全、转速稳定、粉尘堆积与再漂浮极少以及易于管理等优点，但是设备造价非常高，维护费用也很高。

当前《药品生产质量管理规范（2010 年修订）》中规定洁净度等级分为 A、B、C、D 四个级别，同时分为静态和动态。

A 级：高风险操作区，如灌装区、放置胶塞桶与无菌制剂直接接触的敞口包装容器的区域及无菌装配或连接操作的区域，应当用单向流操作台（罩）维持该区的环境状态。单向流系统在其工作区域必须均匀送风，风速为 $0.36 \sim 0.54m/s$（指导值）。应当有数据证明单向流的状态并经过验证。在密闭的隔离操作器或手套箱内，可使用较低的风速。

B 级：无菌配置和灌装等高风险操作 A 级洁净区所处的背景区域。

C 级和 D 级：无菌药品生产过程过程中重要程度较低操作步骤的洁净区。

2. 洁净区的要求

（1）A 级洁净区

洁净操作区的空气温度为 20～24℃；洁净操作区的空气相对湿度应为 45％～60％；操作区的水平风速≥0.54m/s，垂直风速≥0.36m/s；高效过滤器的检漏率＞99.97％；照度：＞300～600lx；噪声≤75dB（动态测试）。

（2）B 级洁净区

洁净操作区的空气温度为 20～24℃；洁净操作区的空气相对湿度应为 45%～60%；房间换气次数≥25 次/h；B 级区相对室外压差≥10Pa，同一级别的不同区域按气流流向应保持一定压差；高效过滤器的检漏率＞99.97%；照度＞300～600lx；噪声≤75dB（动态测试）。

（3）C 级洁净区

洁净操作区的空气温度为 20～24℃；洁净操作区的空气相对湿度应为 45%～60%；房间换气次数≥25 次/h；C 级区相对室外压差≥10Pa，同一级别的不同区域按气流流向应保持一定压差；高效过滤器的检漏率＞99.97%；照度＞300～600lx；噪声≤75dB（动态测试）。

（4）D 级洁净区

洁净操作区的空气温度为 18～26℃；洁净操作区的空气相对湿度应为 45%～60%；房间换气次数≥15 次/h；100000 级区相对室外压差≥10Pa；高效过滤器的检漏率＞99.97%；照度＞300～600lx；噪声≤75dB（动态测试）。

3. 洁净级别的确认

为确认洁净区的界别，每个采样点的采样量不得少于 1m³。A 级洁净区空气悬浮粒子的级别为 ISO 4.8，以≥5.0μm 的悬浮粒子为限度标准。B 级洁净区（静态）的空气悬浮粒子的级别为 ISO 5；C 级洁净区（静态和动态）而言，空气悬浮粒子的级别分别为 ISO 7 和 ISO 8。对于 D 级洁净区（静态）空气悬浮粒子的级别为 ISO 8。

在确认级别时，应当使用采样管较短的便携式尘埃粒子计数器，避免≥5μm 悬浮粒子在远程采样系统的长采样管中沉降。在单向流系统中，应当采用动力学采样头。动态测试可在常规操作、培养基模拟灌装过程中进行，证明达到动态的洁净度级别，但培养基模拟灌装试验要求在"最差状况"下进行动态测试。

七、工艺性中央空调

在制药行业中，为保证药品成型及药性良好，必须对制药过程（如制丸、定型、干燥、选丸、包装等多道普通工序）的环境条件进行严格控制。因此必须对制药车间的温度、湿度进行控制，故在实际生产过程中普遍采用中央空调系统营造必要的工艺性空调环境。

1. 分类

按空气处理过程的除湿原理，中央空调系统可分为普通冷冻除湿中央空调系统、吸湿剂除湿机组中央空调系统及高端中央空调系统三大类。

目前国内外公认的除湿方法与除湿范围如图 9-4-5 所示。由该图可以看出，普通冷冻除湿机组通常应用于露点温度大于 10℃的生产工艺，而欲使送风状态的露点温度满足小于 10℃的要求，必须采用普通转轮除湿方法进行深度除湿。

普通转轮除湿方法技术相对成熟，因其初期投资较低而被广泛应用。但该除湿技术运行过程能耗大、运行费用高，特别是在应用于软胶囊生产、中药丸生产等工艺时，因软胶囊、中药丸的"带油"，经常使转轮的轮芯因"油"而失效，故在实际应用中需更换新的转轮轮芯，给生产厂家带来很大不便，严重影响正常生产。

高端中央空调系统不仅能够将送风状态露点温度降低为 5℃或更低到-20℃，而且，实现这

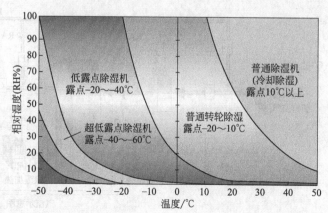

图 9-4-5　普通冷冻除湿机与普通转轮除湿机工作区域图

一状态所消耗的能量仅为采用普通转轮除湿方法进行深度除湿所消耗的能量的 1/4～1/6。更值得一提的是，新型的热管热泵节能空调机组不会因软胶囊、中药丸加工工艺的"带油"而影响使用效果。

2.普通转轮除湿型中央空调系统

（1）基本原理

普通转轮除湿型中央空调系统的基本原理是将待要处理空气经过制冷系统的表冷器冷却处理到一定状态后，送进转轮除湿机的扇形区域，让空气中的水分子被转轮内的吸湿剂吸收后，处理到设定的露点温度，然后将转轮除湿机出来的空气进行后冷却处理，达到要求的送风温度后送入空调房间。

除湿转轮在除湿过程中，转轮不断缓慢转动。当处理空气区域的转轮扇面吸收了水分子，变成相对饱和的状态后，被转到再生空气端。这时，高温的再生空气（120～135℃）流过转轮轮芯，将轮芯中之水分子带出，吸收湿分后的再生空气则由再生风机排至室外。图 9-4-6 为转轮除湿的工作原理示意。

图 9-4-7 为标准型转轮除湿机的除湿性能曲线。如图 9-4-7 所示，采用转轮除湿系统进行除湿时，首先必须将空气冷却处理到"含湿量 14g/kg、温度 20℃"的状态才能进入转轮除湿机，然后该状态空气在转轮除湿机内被处理到"含湿量 4.7g/kg、温度 54℃"的状态，最后从转轮除湿机出来的 54℃的高温空气必须被冷却到送风温度（如 15℃）后才能送入空调房间。

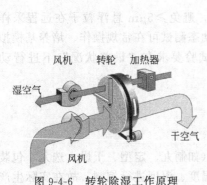

图 9-4-6　转轮除湿工作原理

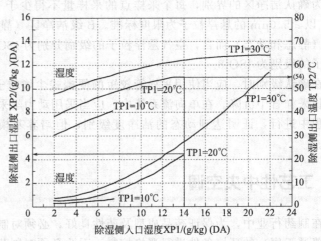

图 9-4-7　标准型转轮除湿机的除湿性能曲线

（2）基本结构

本设备主要由风机、转轮、加热器等组成，如图 9-4-8 所示。一个不断转动的蜂窝状转轮是除湿机中吸收水分为重要部件，它是由特殊复合耐热材料制成的波纹状介质所构成的，波纹状介质中载有干燥剂

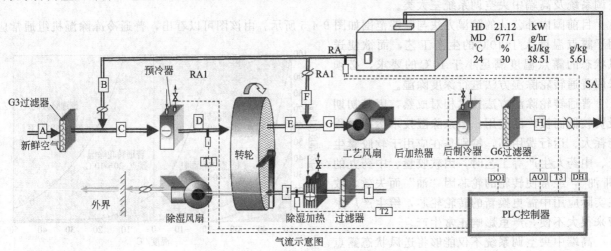

图 9-4-8　转轮除湿中央空调示意

（高效活性硅胶、分子筛等）。这种设计，结构紧密，且提供了巨大的除湿表面。除湿转轮由含有高度密封填料的隔板分为两个区：一个是处理空气端270°的扇形区域；另一个是再生空气端90°扇形区域。

（3）特点

普通转轮除湿型中央空调是目前应用最为广泛的低湿中央空调系统，运行稳定性较好，但运行过程一方面能耗较大，另一方面除湿后空气的温度大幅度升高，必须再次进行低温冷却，造成能源的浪费和运行费用的增加。

3. TLW系列高端中央空调系统

（1）基本原理

TLW系列中央空调系统的基本原理见图9-4-9。在引风机的作用下，待处理的空气首先被内外复合式两相流热管冷量回收子系统中的多个蒸发器冷却降温，接着又被带排热热泵循环子系统的多个蒸发器再进一步冷却，最后被无排热的内外复合式热泵循环子系统的多个蒸发器再一次深度冷却，被处理的空气最终达到了设定的露点状态。随后，经挡水板去除空气中夹带的液态水滴后，被处理的空气流经两相流热管冷量回收子系统中的多个冷凝器被适度加热，再进入无排热的内外复合式热泵循环子系统的多个冷凝器进一步加热，达到设定的出风温度后，进入空气后处理段，完成空气的调温调湿处理过程。

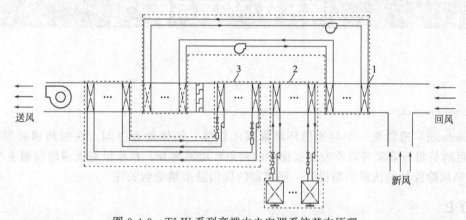

图9-4-9　TLW系列高端中央空调系统基本原理

1—内外复合式两相流热管冷量回收子系统；2—并联复合式压缩制冷子系统；3—热泵循环子系统

（2）基本结构

本设备将室外新风初效过滤段、降温除湿并适度加热段（核心段）、风机段等有机联接为一体，如图9-4-10所示。

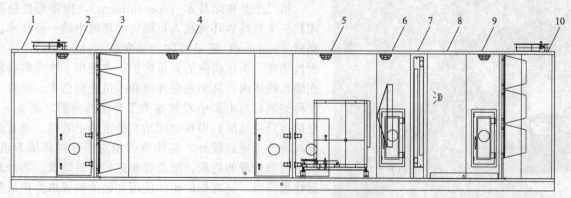

图9-4-10　中央空调系统结构示意

1—新风段；2—检修段；3—初效过滤段；4—核心段；5—送风机段；6—均流段；7—钢管蒸汽盘管段；

8—检修段；9—中效过滤段；10—出风段

该机动力源部分采用的是将内外复合式两相流热管冷量回收技术、并联复合式压缩制冷技术、内外复合式热泵节能技术等有机结合而形成的空气处理方法，无需消耗任何冷气（水）及热气（水），只需较少量的电能便可完成调温调湿空气处理工艺，是一种高效节能型调温调湿空气处理方法。

图 9-4-11 为热管热泵高效节能空调机组照片。

图 9-4-11　热管热泵高效节能空调机组

第五节　隔离系统

一、概述

隔离器（isolator）通常是一个与周围环境隔离的舱体、箱体或者空间。在制药领域根据工艺用途，使用隔离器的目的是将污染源与需要控制或保护的对象环境隔离开。在非最终灭菌的制剂生产过程中，随着 cGMP 对污染风险控制的认识不断提升，隔离器的应用越来越受到关注。

1. 发展历史

追溯药用隔离器的发展历史，需要关注三个方面技术的发展。

第一个是医疗技术，开启了对微生物污染的认知。1865 年，Lister 发现引起伤口感染的原因是细菌，使用碳酸能够降低干扰的发生概率。1900 年，外科医生开始穿戴手术手套、手术服和口罩。而手术室被设计为封闭的，带有圆弧角便于清洁的设计。1960 年，手术室设计了单向向下的气流，并改进了手术服，有数据显示一项髋部手术的感染率从 10% 下降到了 1%。

第二个是密闭技术（containment），指将毒性物质密闭在一个与外界环境和人员隔离的环境中的一种技术。隔离器（isolator）最早被称为手套箱（glovebox），用于放射性物质、生化研究的人员防护，主要用于将危害物密闭在隔离舱体内，从而避免环境和人员受到伤害。经常可以在科幻题材的电影中看到这类手套箱的身影，图 9-5-1 为电影《异星觉醒》中在空间站实验室的手套箱。通常这类隔离器为全密封设计，箱体内部相对于外界环境为负压，根据内部处理的物质，配置有相应的灭活装置。当处理放射性物质时，隔离器的舱体使用加铅的钢板来防止放射性物质的扩散。

第三个是单向洁净气流技术，随着使用高效空气过滤器（HEPA filter）应用于洁净室形成单向气流（unidi-

图 9-5-1　影视作品中的手套箱

rectional airflow），一项由美国空军建立的 T. O. 00-25-203 标准于 1961 年颁布。紧接着在 1963 年，美国 Federal Standard 209 颁布，这项标准被认为是 ISO14644-1 的基础。在安装有高效过滤器的洁净室中，在单向气流下，训练穿着洁净服的人员如何保证洁净卫生以及控制行动，在当时被认为是需要被执行的洁净工艺（NASA，1968）。直到大约在 1980 年，这项技术才逐渐被使用到制药行业（图 9-5-2）。

人是无菌生产中最大的"污染源"的概念逐渐被认识到。于是将操作者隔离到生产区以外的概念被欧美一些药厂所提出。图 9-5-3 为早期隔离器的代表，使用软性塑料材质为隔离器的隔离屏障，使用半身服，紊流设计是当时隔离器的特点。

图 9-5-2　1980 年无菌注射剂生产

图 9-5-3　早期的隔离器

随着设备自动化发展的推进，以及生产设备稳定性的提高，相当程度地减少了人员的干预，使得隔离器被更多的药厂使用。无菌制剂生产过程中的核心区域在隔离器内部由单向气流保护，隔离器相对背景洁净室为正压；通过在特定的位置安装手套进行工艺干预；配置相应的装置进行无菌物品的传递（传入/传出）；隔离器集成汽化过氧化氢灭菌功能；通过独立的空调系统对隔离器内部生产环境进行温湿度调节。赋予隔离器内环境的所有控制都基于药品生产过程以及药品特性对环境的需要。图 9-5-4 为典型的大批量注射剂生产线隔离器。

2. 分类

（1）根据隔离器的应用的保护对象分类

① 毒性密闭隔离器（containment isolator）　保护对象为操作者和环境，通常处理非无菌的毒性物质，如高活性或者毒性的原料药。行业内将职业暴露水平（occupational exposure level，简称 OEL，指一种物质在 8h 工作时间内可以暴露在空间中的最高浓度）小于 $10\mu g/m^3$ 的物质定义为毒性，需要采取防护和密闭措施来保护操作者。

图 9-5-4　大批量注射剂生产线隔离器

② 无菌隔离器（aseptic isolator）　保护对象为无菌药品，将操作者和背景环境隔离在无菌工艺生产环境之外。降低生产过程中产品污染的风险。

③ 无菌且毒性密闭隔离器（aseptic & containment isolator）　这类隔离器既要保证无菌生产不受到污染，同时又要考虑操作人员和环境的安全。这类隔离器的要求相对较高，设计也比较复杂。

（2）根据 FDA cGMP 2004 的附录 1 无菌工艺分类

① 封闭式隔离（closed isolator）　通过无菌连接到辅助设备完成材料转移，而不是使用通向周围环境的开口，从而隔离了隔离器内部的外部污染。在整个操作过程中保持隔离器的封闭，如无菌检查隔离器，见图 9-5-5。

② 开放式隔离器（open isolator）　设计成允许在操作期间通过一个或多个开口连续或半连续地进入和/或排出材料。设计开口（如使用连续过压）以避免外部污染物进入隔离器。例如无菌注射剂生产线隔离器，见图 9-5-6。

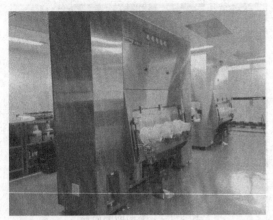

图 9-5-5　无菌检查隔离器

图 9-5-6　无菌注射剂生产线隔离器

（3）根据隔离器中执行的操作分类

对原料药进行称重、分装、取样等操作的称重、分装、取样隔离器；用于无菌制剂出厂前的无菌检查的无菌检查隔离器（sterility testing isolator）。

本节将以无菌注射剂生产线隔离器为代表进行具体介绍，同时对集成于这种隔离器上的汽化过氧化氢灭菌系统进行说明。

二、无菌注射剂生产线隔离器

1. 基本原理

隔离器技术涉及制药工艺技术、机械与自动化控制技术、空调和净化技术、微生物等多个学科。本节着重对基本应用原理进行说明。

无菌注射剂生产线根据药品是否有毒性，分为无菌设计和无菌且毒性密闭设计两种类型。

隔离器用于为无菌和/或毒性工艺生产形成一个封闭的可控环境，通过将操作人员和工艺生产的隔离，降低无菌产生的污染风险或减少产品毒性对人员健康产生的影响。隔离器内部的环境需要满足工艺和 cGMP 的要求，这些要求可能包括洁净度等级（A 级）、微生物的控制、单向气流设计、压差、温湿度、泄漏率、光照等。无菌传递装置、手套或半身衣用于生产过程中的物料传递或工艺干预。注射剂生产线隔离器一般与上下游工艺设备对接和集成，包括去热原隧道烘箱、灌装机、冻干机及其进出料系统、轧盖机、外壁清洗机（生产毒性产品时应用）等。鼠洞用于连接隔离器的不同工艺区域。无菌工艺关键区域设计有单向气流。连续非活性粒子监测和微生物采样系统配置于隔离器中的核心工艺位置。隔离器集成汽化过氧化氢灭菌系统，用于隔离器腔体表面和工艺设备表面（不直接与产品接触的表面）的灭菌。一般对暴露的表面灭菌效果能够达到高抗性生物指示剂下降大于 6 个对数值。在灭菌循环结束后，经过通风阶段，隔离器箱体中的过氧化氢浓度降低至工艺可接受范围以下。

（1）无菌隔离器

图 9-5-7 为典型的无菌隔离器设计。其特点有：①隔离器舱体内，通过风机过滤器单元（FFU）形成

单向气流，其中一半多用 H14 级的高效过滤器。②单向流由双层回风墙或者双层回风玻璃门形成内循环。通过新风和部分回风进入空调系统（HVAC）调节隔离器内部空气的温度和湿度。

图 9-5-8 为应用于西林瓶冻干制剂生产线的无菌隔离器的基本原理图。隔离器各段舱体通过控制进风量、排风量（风机转速、阀门开度）控制各段的压差。一般隔离器舱体内相对于洁净室压差为 +15～50Pa。而在隔离器上下游不同的功能段之间也必须形成一定的压差梯度，使气流从最关键的核心区域流向次关键的区域，如灌装段隔离器舱体压差高于冻干进出料段或者轧盖段。

图 9-5-7　无菌注射剂生产线隔离器

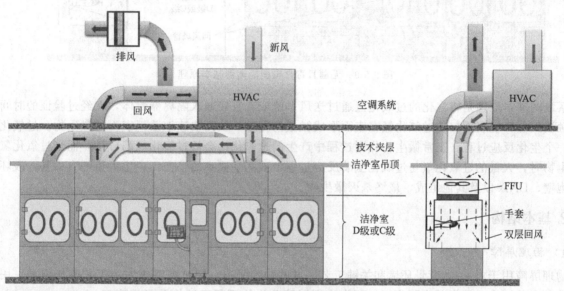

图 9-5-8　无菌隔离器基本原理

（2）无菌且毒性密闭隔离器

当产品具有毒性时，隔离器需要密闭设计（containment design），密闭设计除了传统理解上的泄漏控制外，还要保证物料进出、维护维修过程中都不能有残留的毒性物质暴露。在生产过程中，毒性物质将仅仅在隔离器舱体内暴露，使用风管回风，并且回风经过袋进袋出（BIBO）高效过滤器过滤，才能回到隔离器中或进入空调系统（HVAC）中处理。图 9-5-9 为无菌且毒性密闭隔离器的基本原理。隔离器在生产结束后，必须将毒性物质去除后才能打开设备。去除毒性物质的常用方法是通过使用化学介质进行中和或者用水进行洗涤冲洗。因此从图 9-5-9 中可以看到，无菌且毒性密闭隔离器使用的是在位自动清洗（CIP）的回风风管。

（3）汽化过氧化氢灭菌原理

目前制药行业中使用的隔离器 90% 以上都是使用汽化过氧化氢进行"灭菌"的。

$$2H_2O_2 \longrightarrow 2H_2O + O_2$$

如以上化学反应式所示，过氧化氢分解后，产物仅为水和氧气。由于相对甲醛、臭氧等消毒方式环保安全，目前也广泛地应用于洁净室、实验室等大环境的消毒。这里的"灭菌"或者称为"去除污染"（decontamination）与传统的湿热、干热灭菌（sterilization）不同，从杀灭的目标来说是有区别的。

汽化过氧化氢（vapor phase hydrogen peroxide，简称 VPHP）渗透性较弱，通常只用于对无菌生产环境中不和药品直接接触的物品表面进行灭菌。虽然 VPHP 的 SAL 能达到 10^{-6}（SAL，无菌保障水平，微生物存活概率为百万分之一），但在隔离器中一般要求能够达到高抗性生物指示剂下降大于 6 个对数值。

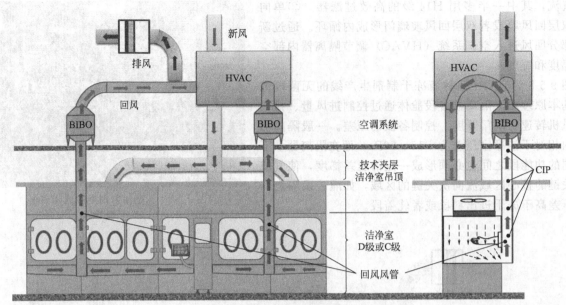

图 9-5-9　无菌且毒性密闭隔离器基本原理

灭菌系统的基本原理是将汽化的过氧化氢通过送风系统或者直接通入隔离器舱体，在经过验证的时间内充分接触被灭菌环境表面，使过氧化氢在表面形成微量的凝结，从而快速地杀灭表面的微生物。过氧化氢灭菌是一个生化反应过程。正常微生物代谢过程中产生的过氧化物会被过氧化氢酶分解，而当过氧化氢接触到微生物时，大量的过氧化氢与过氧化氢酶反应过程中破坏了原本的平衡，产生大量的自由基，破坏细胞的细胞壁、DNA 以及其他组成，最终杀灭微生物。

2. 基本结构

(1) 物理屏障

物理屏障用于对人员/背景环境和关键工艺区域的物理隔离，同时需考虑内部工艺操作要求，用于操作组件的安装固定。根据其实际作用，可将物理屏障分为物理隔离结构及可视窗口（viewing panel）。隔离器的主体结构通常使用标准的奥氏体不锈钢材料，内部使用美标 AISI 316L 不锈钢制造并保证内部表面处理的粗糙度 $Ra < 0.8\mu m$。为保证内部舱体结构便于清洁，内部边角应为圆弧角设计，通常半径应在 (15 ± 3) mm。外部材料通常使用 304 不锈钢制造且外部表面处理的粗糙度 $Ra < 1.6\mu m$。隔离器的可视窗口通常使用钢化玻璃制成，用于提供良好的视野及长期的完整性。同时可视窗口上设计有手套法兰（对于手套组件）或半身服法兰，用于操作组件的安装。物理屏障的整体结构应保证良好的完整性，具体性能可通过泄漏测试进行检测。

(2) 操作组件

操作组件用于在隔离器内部执行工艺过程或使用工具对整个产品生产过程进行干预。其通常使用手套组件执行相关操作；如对较重的物品或较为复杂的操作活动，则会使用半身服执行操作。

① 手套组件　用于操作的手套组件可根据操作人员的要求设计为不同尺寸、材料、强度的类型。如使用厚手套，具有较好的机械强度及抗撕扯性能，但操作人员无法取用较小的物品或执行复杂的操作；如使用薄手套，便于小物品的取用及复杂操作的执行，机械性能较差，易破损。目前使用的手套组件通常为 0.4mm 或 0.6mm 厚度的手套。同时考虑到其对内部灭菌剂的耐受性，通常使用氯磺化聚乙烯（CSM）材料制成的手套组件。手套组件通常安装于可视窗口上，基本结构如图 9-5-10 所示。

手套口通过锁定的法兰安装于可视窗口上，袖套的 O 型圈安装于袖套圈上，用于保证袖套部分的气密性。同时锁定的法兰两端设计安装有 O 型圈，以保证手套口的安装不对物理屏障的完整性造成影响。可依照 ISO 14644 7：2004 Annex C 的方法对隔离器手套组件进行更换。由于手套组件属于柔性组件，实际灭菌过程中产生的交叠面应通过手套支架进行支撑，尽可能减少其交叠面。

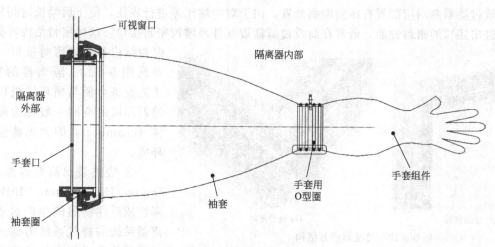

图 9-5-10　手套组件的基本结构

② 半身服　半身服（half-suit）通常用于隔离器内部较重物品的操作或大范围的操作组件。整个组件通过一个安装法兰安装于隔离器主体结构上，为单层或双层结构设计，用于在隔离器内部执行活动范围大于180°的操作活动，整个操作范围在1m以上。半身服通常设计为垂直安装，具体可参见图9-5-11。

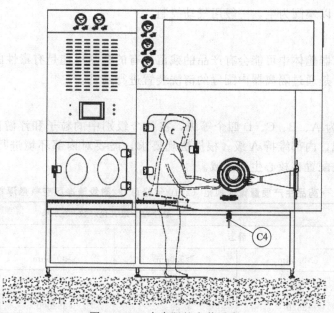

图 9-5-11　半身服的安装示意

（3）气流控制系统

对于无菌注射剂生产线隔离系统而言，气流控制系统用于对整个工艺过程提供单向气流保护及动态压差控制，保证其与操作人员/背景环境的动态隔离。整个风速、气流及压差控制通过集成于隔离系统内部的风机-高效组件（fan-filter-unit，FFU）进行。

① 风机系统　作为气流循环及压差控制的动力，风机系统需进行良好设计，同时保证风量及输出压力的要求。设计风量用于对内部的气流风速进行保障，输出压力用于对可能的结构阻力进行克服，确保对应的气流风速控制在0.36~0.54m/s。

② 高效过滤器　隔离器中最常用的高效过滤器为H14级，过滤效率为99.99%。图9-5-12所示为高效过滤器结构示意。

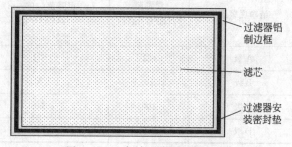

图 9-5-12　高效过滤器结构示意

所有高效过滤器两端应配置有压差监测装置，用于对两端压差进行表征，便于后续长时间使用后的更换。为保证进出接口的密封性能，通常在高效过滤器边框外部增加密封接口。这些密封结构可分为硅胶条密封结构和液槽密封接口，具体结构参见图 9-5-13。隔离器的物理屏障、工艺设备台面与循环风机以及空气过滤器形成的空间一般称为隔离器的舱体（chamber），即为无菌生产所在的环境。

(a) 硅胶密封　　　　　　　(b) 液槽密封

图 9-5-13　过滤器密封结构

③ 袋进袋出高效过滤器（bag-in bag-out HEPA filters，BIBO）　对于毒性或活性物质的生产过程而言，隔离器系统的排气系统需通过过滤系统对活性物质进行有效拦截并不对其造成人员危害。袋进袋出高效过滤器设计安装于隔离器的回风风管中，用于对生产过程中的活性物质进行阻挡。该过滤器通常用于需高风量的活性物质的生产过程中，保证所有的活性产品截留在隔离器内部并在过滤器更换过程中不造成任何的人员危害或影响。

④ 阀门　作为隔离器与背景环境的接口，为保证隔离器内部的完整性，控制新风、排风的阀门通常为具有密封功能的阀门，以蝶阀为主，一般用气动控制。

（4）清洗系统

在生产结束后，隔离器舱体中可能会有产品的残留，有的药品可能是有毒性的，因此，不能直接打开隔离器进行人工清洁，而是通过隔离器内配置的清洗装置进行清洗。

（5）环境监测系统

GMP 对洁净环境分为 A、B、C、D 四个等级，在各个级别中的粒子和浮游菌如表 9-5-1 所示。无菌隔离器中为核心生产区域，内部维持 A 级。根据法规要求，需要对内部环境进行动态监测。在线粒子计数器、浮游菌采样器将被配置在核心生产区域。

表 9-5-1a　《药品生产质量管理规范（2010 年修订）》附录洁净区空气悬浮粒子的标准

洁净度级别	悬浮粒子最大允许数/立方米			
	静态		动态	
	$\geqslant 0.5\mu m$	$\geqslant 5.0\mu m$	$\geqslant 0.5\mu m$	$\geqslant 5.0\mu m$
A 级	3520	20	3520	20
B 级	3520	29	352000	2900
C 级	352000	2900	3520000	29000
D 级	3520000	29000	不作规定	不作规定

表 9-5-1b　《药品生产质量管理规范（2010 年修订）》洁净区微生物监测的动态标准

洁净度级别	浮游菌 /(CFU/m³)	沉降菌(ϕ90mm) /(CFU/4h)	表面微生物	
			接触(ϕ55mm) /(CFU/碟)	5 指手套 /(CFU/手套)
A 级	<1	<1	<1	<1
B 级	10	5	5	5
C 级	100	50	25	—
D 级	200	100	50	—

环境监测系统的其他结构均设计安装于舱体下部或外部环境中，具体见图 9-5-14。

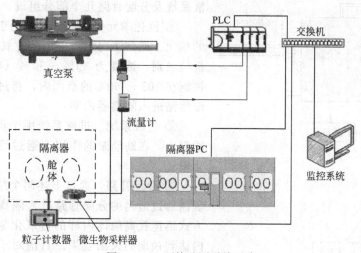

图 9-5-14　环境监测系统示意

① 粒子监测　隔离器内部的悬浮粒子通常使用激光式尘埃粒子计数器［图 9-5-15(a)］进行在线监测。设备内部应布置有设计合理的粒子采样头，用于对关键工艺区域的空气进行等动力取样。如采样头的采样速度远高于气流流速，会导致隔离器内部的气流出现异常；如采样头的采样速度远低于气流流速，会导致隔离器内部的悬浮粒子采样过程不具备代表性，具体如图 9-5-15 所示。

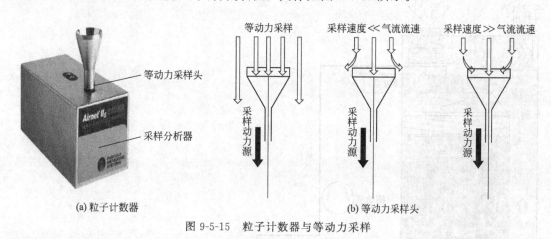

图 9-5-15　粒子计数器与等动力采样

尘埃粒子的环境监测控制阀门设计安装于舱体外部，根据采样的过程进行开关。下部安装有尘埃粒子传感器，使用激光头对空气中不同粒径的悬浮粒子（主要为 $0.5\mu m$ 及 $5\mu m$ 的粒子）进行监测。部分传感器会不对采样用真空源，会在后端进行真空源的连接。悬浮粒子传感器前端的管路应采用无尘的洁净管路，防止管路中产生粒子。同时连接管路应尽量避免大的转角并设计为尽可能短的管路，防止大粒径的粒子在管道内部沉降，造成环境监测的"假阴性"。管路长度通常应不超过 1.8m，管路弯折的角度应不大于 30°。

② 浮游菌监测系统　设备内部应布置有设计合理的浮游菌采样头，用于对关键工艺区域的空气进行等动力取样。环境监测系统的其他结构均设计安装于舱体下部或外部环境中，具体见图 9-5-16。

(6) 灭菌系统

隔离器内部常用汽化过氧化氢灭菌系统（vaporized phase hydrogen peroxide，VPHP）对隔离器舱体表面及

图 9-5-16　在无菌生产线中的浮游菌采样头

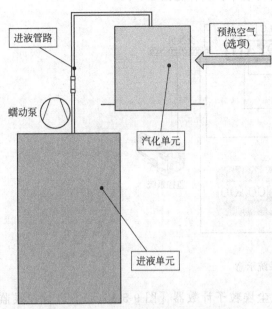

图 9-5-17　典型的过氧化氢汽化系统

其他设备表面进行灭菌。整个灭菌系统由汽化单元、进液系统及分配管路几个部分组成。具体见图 9-5-17。

① 汽化单元　汽化单元是用于将过氧化氢溶液汽化的单元。通常情况下，使用的过氧化氢溶液为食品级/分析纯级别、浓度为 30%～50%（W/W）的溶液，温度控制在 102～160℃ 的范围内，将过氧化氢汽化并通过分配管路进入隔离器内部。

② 进液系统　进液系统用于将过氧化氢液体由储液罐吸出，在蠕动泵的作用下通过管路系统将其分配至汽化单元。

③ 分配管路　通过上述两个结构产生的汽化过氧化氢需通过适当的分配管路进入隔离器内部并通过循环的方式迅速提高舱体内部的过氧化氢含量，以保证短时间内达到预期的灭菌效果。目前对于灭菌系统与隔离器对接，存在两种方案：a.整个设备集成于隔离器内部，包括汽化单元及进液系统；b.灭菌系统设计为独立的灭菌设备，通过管路系统与隔离系统对接，具体如图 9-5-18所示。

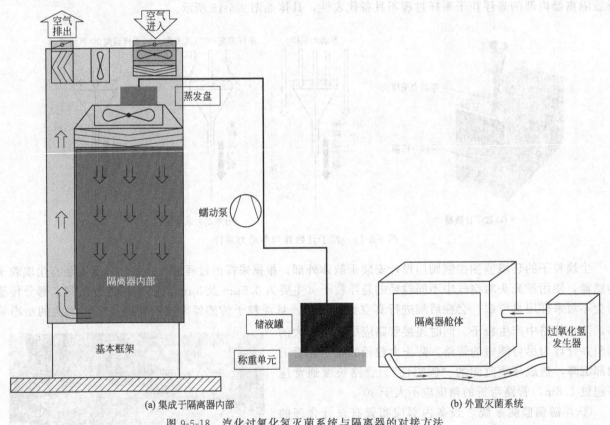

(a) 集成于隔离器内部　　　　　　　(b) 外置灭菌系统

图 9-5-18　汽化过氧化氢灭菌系统与隔离器的对接方法

（7）物料传递接口

无菌注射剂生产线隔离器设计为相对封闭的结构，而在实际生产过程中，大量的物料需传入或传出隔离器。这些物料传递过程对于维护隔离器的完整性而言，是非常重要的操作过程，特别是对于无菌毒性隔离器。图 9-5-19 中所示为进出隔离器的物料及对应使用的物料传递接口。

①灭菌传递舱　灭菌传递舱可设计为不同的尺寸并集成有灭菌系统，该灭菌系统采用汽化过氧化氢或

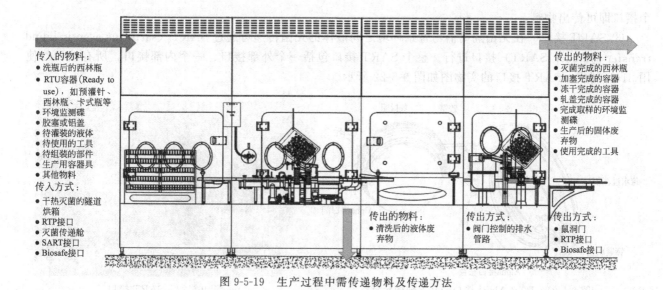

传入的物料：
● 洗瓶后的西林瓶
● RTU容器（Ready to use），如预灌针、西林瓶、卡式瓶等
● 环境监测碟
● 胶塞或铝盖
● 待灌装的液体
● 待使用的工具
● 待组装的部件
● 生产用容器具
● 其他物料

传入方式：
● 干热灭菌的隧道烘箱
● RTP接口
● 灭菌传递舱
● SART接口
● Biosafe接口

传出的物料：
● 清洗后的液体废弃物

传出方式：
● 阀门控制的排水管路

传出的物料：
● 灭菌完成的西林瓶
● 加塞完成的容器
● 冻干完成的容器
● 轧盖完成的容器
● 完成取样的环境监测碟
● 生产后的固体废弃物
● 使用完成的工具

传出方式：
● 鼠洞门
● RTP接口
● Biosafe接口

图 9-5-19　生产过程中需传递物料及传递方法

其他的灭菌方法。可用于产品、包材、工具、容器具及环境监测物料等固体物料向隔离器内部无菌环境的传入，也可用于废弃物料、采样完成的环境监测碟、使用完成的工具及容器具等的传出。当执行物料传入时，将待传递的物料放入传递舱体内部并依照经验证的参数执行灭菌过程，完成后开启传递门将这些物料由传递舱传入隔离器内部；当执行物料传出时，依照经验证的参数执行灭菌过程，完成后开启传递门将这些废弃物料等传出。

对于移动式设计的传递舱，应配置有合适的不间断电源（UPS）维持移动过程中的无菌保护。

② RTP接口　快速传递接口（rapid transfer ports，RTP）用于在低级别区域执行物料的传入/传出操作，而不影响设备的完整性且不引入任何污染物。RTP的基本原理参见图 9-5-20。

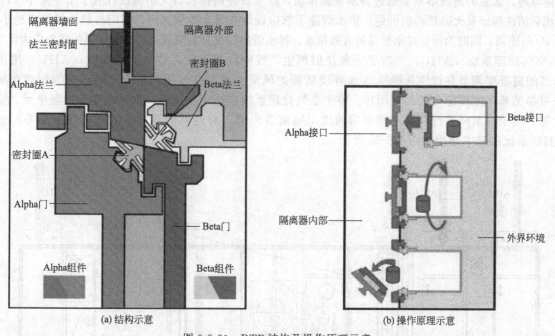

(a) 结构示意

隔离器墙面
法兰密封圈
密封圈B
Alpha法兰
Beta法兰
密封圈A
Alpha门
Beta门
Alpha组件
Beta组件

(b) 操作原理示意

Beta接口
Alpha接口
隔离器内部
外界环境

图 9-5-20　RTP 结构及操作原理示意

RTP 接口由一组 Alpha 接口及一组 Beta 接口组成，通常情况下 Alpha 接口设计安装于隔离器腔体上（图 9-5-21），Beta 接口安装于相应的传送器具或传递桶、传递推车等设备。当进行无菌或毒性物质传递时，将物品放置于安装有 Beta 接口的容器内部，使用特定的灭菌方式进行灭菌，保证物品的无菌性；两个接口对接后，旋转 Beta 接口约 30°确保其两个接口锁紧；在隔离器内部通过操作组件打开锁紧的大门，确保两个无菌环境联通后将所需的物料传入隔离内部。如需传出物料，在隔离器内部将物料放入后分离两

个接口即可传出物料。

③ SART 接口　在无菌隔离器与背景环境之间液体的无菌传递可通过 SART（sartorius aseptic liquid transfer system，SART）接口进行。整个 SART 接口包括一个外部接口、一个内部接口，所有接口均使用 316L 制成。SART 接口的实物图如图 9-5-22 所示。

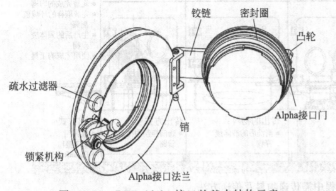

图 9-5-21　RTP Alpha 接口的基本结构示意

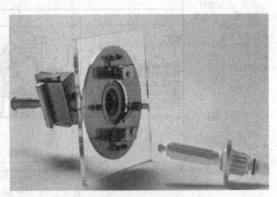

图 9-5-22　SART 接口

④ 鼠洞门　鼠洞门用于不同隔离器区域之间的中间品、完成特定工艺过程的物料等进行的连续传递，通过良好的气流控制系统保证鼠洞两侧的隔离器区域压差梯度良好。鼠洞门通常设计为带有气密封结构的小门结构，用于相关物料的连续传递。由于两侧腔体良好的压差控制，鼠洞口存在"过压"现象保证良好的无菌传递过程。为尽量减少的风量损失，根据传递物料的大小应尽可能减小鼠洞口的尺寸。如可能，在鼠洞口增加鼠洞挡板。鼠洞门的气密封通过设置的气密封流量计进行监测。如气密封出现泄漏，流量计数值超标，则触发报警。

⑤ 排水管路　对于整个清洗过程，清洗过程中的液体废弃物通过设计的排水管路排出隔离器内部。当使用清洗喷淋球时，大量的清洗溶剂需通过排水管路排出，排水管路的排水口大小应设计大于 1.5 英寸（40mm）。同时考虑到清洗验证及灭菌死角的问题，排水管路下部应设计有排水控制阀门，阀门与舱体的距离越小越好，应遵循 3D 的原则。同时为保证排水管路的有效排水，排水管路应设计有最低点，排水管路的倾角应大于 1°。

⑥ 空气处理系统（AHU）　对于无菌注射剂生产线隔离器而言，空气处理系统（AHU）用于对隔离器内部的温湿度调节并提供其维持 A 级环境所需的风量。整个空气处理系统与隔离器的相对布局及联动方法可参见基本原理部分的相关图片。整个空气处理系统包括表冷单元、加热单元、加湿单元、空气过滤单元等，用于对新风进行温湿度调节后输送至隔离器内部，对内部的环境参数（如温湿度等）进行调节。AHU 系统的基本结构如图 9-5-23 所示。

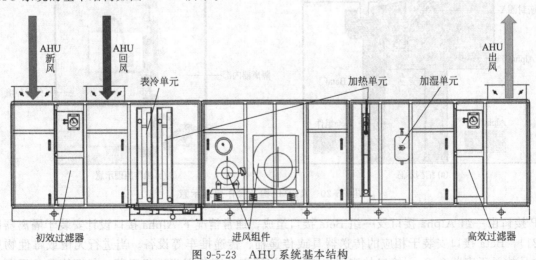

图 9-5-23　AHU 系统基本结构

室外的新风通过初效过滤后，使用表冷单元、加热单元及加湿单元进行温湿度调节后经过滤器净化后进入隔离系统。隔离器系统的排风通过连接风管回到空调箱内部，重新进行温湿度调节后再次进入隔离器内部，用于对内部温湿度进行调节。相对洁净空间的空气处理系统，隔离器配置的空气处理系统应单独设计有独立的排风箱，用于灭菌完成后对隔离器内部高浓度灭菌剂的排除。排风箱内部应设计有独立的风机组件并配置有催化分解单元，用于对高浓度的灭菌剂进行去除，防止其对环境的污染。

3. 特点

①使用物理隔离及动态隔离将关键工艺区域与操作人员进行隔离，有效降低了污染风险。②隔离系统设计，在执行活性产品的生产过程中有效保护人员及背景环境。背景环境由B级区域变为C级/D级区域，有效减少人员更衣操作成本并提高操作人员的舒适度。③配置有可重复灭菌的灭菌系统，克服了传统洁净区域无法有效保证灭菌有效性的缺陷，提供更高的无菌保证值。④所有关键参数可通过隔离系统的数据系统进行集成，便于后续的数据溯源。⑤更小的洁净区域面积，有效降低日常运行成本。

第六节　制药用水系统

一、概述

水在制药工业中是应用最为广泛的工艺原料，它既用作药品的成分、溶剂、稀释剂，也用作清洗器具、容器的清洗溶剂等。制药用水通常是指制药工艺过程中用到的各种质量标准的水。制药用水是制药生产过程中重要原料，参与了整个生产工艺过程，包括原料药材清洗、分离纯化、成品制备、容器清洗和消毒、最终灭菌等。所以不管哪个环节都离不开水的参与。

1. 制药用水系统的组成

在制药行业中，对于制药企业来讲最关心的制药用水主要是原料水，即纯化水、高纯水、注射水等多种参与制药过程的水。从系统的功能来分类，制药用水系统主要由制备系统和储存与分配系统两部分组成（图9-6-1）。制药用蒸汽系统主要由制备系统和分配系统两部分组成。

制备系统主要包括预处理单元、纯化水机、蒸馏水机、纯蒸汽发生器等。主要功能是能够连续、稳定地将原水处理成符合制药企业内控指标或药典要求的制药用水；储存与分配系统主要包括储存单元、分配单元和

(a) 制备系统　　　　(b) 储存与分配系统

图 9-6-1　制药用水系统组成

用水点管网，其主要功能为以一定缓冲能力，将制药用水输送到所需的工艺点，满足相应的流量、压力和温度等需求，并维持制药用水的质量始终符合药典要求。

制药用水极易滋生微生物，微生物指标是其最重要的质量指标之一。在制药用水系统的设计、安装、验证、运行和维护中需采取各种措施抑制其微生物的繁殖。

2. 制药用水的定义、用途

制药用水通常指制药工艺过程中用到的各种质量标准的水。对制药用水的定义和用途，通常以药典为准。各国药典对制药用水通常有不同的定义、不同的用途规定。

客观来说，制药工艺过程中用到的各种质量标准的水并不仅仅局限于药典质量标准，制药用水可分为药典水和非药典水两大类。药典水特指被国家或组织收录的制药用水。例如，《中国药典》收录了纯化水、注射用水和灭菌注射用水；非药典水特指未被药典收录，但可用于制药生产的制药用水，如饮用水、软化

水、蒸馏水和反渗透水等。非药典水只是要符合饮用水的要求，通常还需要进行其他的加工以符合工艺要求，非药典水中可能会包含一些用于控制微生物而添加的物质，因而不必符合所有的药典要求。有时，非药典用水会用其所采用的最终操作单元或关键纯化工艺来命名，如反渗透水；在其他情况下，非药典水可以用水的特殊质量属性来命名，如低内毒素水。值得注意的是，非药典水的质量不一定比药典水的差，事实上，如果应用需要，非药典水的质量可能比药典水的质量更高。

（1）常见的药典水

① 纯化水　为饮用水经蒸馏法、离子交换法、反渗透法或其他适宜的方法制得的制药用水。不含任何添加剂，其质量应符合纯化水项下的规定。

② 注射用水　为纯化水经蒸馏所得的水。应符合细菌内毒素试验要求。注射用水必须在防止细菌内毒素产生的设计条件下生产、贮藏及分装。其质量应符合注射用水项下的规定。

③ 灭菌注射用水　本品为注射用水照注射剂生产工艺制备所得。不含任何添加剂。

表 9-6-1 所示为常见的制药用水（药典水）应用范围。

表 9-6-1　常见的制药用水（药典水）应用范围

类别	应用范围
纯化水	非无菌药品的配料及直接接触药品的设备、器具和包装材料的最后一次洗涤用水；非无菌原料药精制工艺用水；制备注射用水的水源；直接接触非最终灭菌棉织品的包装材料的粗洗用水等 纯化水可作为配制普通药物制剂用的溶剂或实验用水；可作为中药注射剂、滴眼剂等灭菌制剂所用饮片的提取溶剂；口服、外用制剂配制溶剂或稀释剂；非灭菌制剂器具的精洗用水 也用作非灭菌制剂所用饮片的提取溶剂。纯化水不得用于注射剂的配制与稀释
注射用水	直接接触无菌药品的包装材料的最后一次精洗用水；无菌原料药精制工艺用水；直接接触无菌原料药的包装材料的最后洗涤用水；无菌制剂的配料用水等 注射用水可作为配制注射剂、滴眼剂等的溶剂或稀释剂及容器的精洗
灭菌注射用水	灭菌注射用灭菌粉末的溶剂或注射剂的稀释剂。其质量应符合灭菌注射用水项下的规定

（2）常见的非药典水

① 饮用水　为天然水经净化处理所得的水，其质量必须符合现行中华人民共和国国家标准，它是可用于制药生产的最低标准的非药典用水。例如，中华人民共和国 GB 5749—2006《生活饮用水卫生标准》规定，饮用水的微生物指标必须符合如下标准：总大肠菌群（CFU/100mL）不得检出；耐热大肠菌群（CFU/100mL）不得检出；总大肠杆菌（CFU/100mL）不得检出；菌落总数（CFU/100mL）小于等于100。饮用水可作为药材精制时的漂洗、制药用具的粗洗用水。除另有规定外，也可作为药材的提取溶剂。

② 软化水　指饮用水经过去硬度处理所得的水，将软化水处理作为最终操作单元或最重要操作单元，以降低通常由钙和镁等离子污染物造成的硬度。

③ 反渗透水　指将反渗透作为最终操作单元或最重要操作单元的水。

④ 超滤水　指将超滤作为最终操作单元或最重要操作单元的水。

⑤ 去离子水　指将离子去除或离子交换过程作最终操作单元或最重要操作单元的水。当去离子过程是特定的电去离子法时，则称为电去离子水。

⑥ 蒸馏水　指将蒸馏作为最终单元操作或最重要单元操作的水。

⑦ 实验室用水　指经过特殊加工的饮用水，使其符合实验室用水要求。

非药典水也可以应用到整个制药操作中，包括生产设备的清洗、实验室用水以及作为原料药生产或合成的原料。但是，需要注意的是，药典制剂的配制必须使用药典水。无论是药典水还是非药典水，企业均应制定适宜的微生物限度标准，应根据产品的用途、产品本身的性质以及对用户潜在的危害来评估微生物在无菌制剂中的重要性，并期望生产者根据所用制药用水的类型来制定适当的微生物数量的警戒限和行动限，这些限度的制定应基于工艺要求和系统运行的历史记录。

3. 药典水的质量标准

在《中国药典》2020 版中，规定纯化水检查项目包括：性状；pH/酸碱度；氨；不挥发物；硝酸盐；

亚硝酸盐；重金属；易氧化物；总有机碳；电导率；微生物限度（需氧菌总数），其中总有机碳和易氧化物两项可选做一项。在《中国药典》2020版中，规定注射用水检查项目包括：性状；pH/酸碱度；氨；不挥发物；硝酸盐；亚硝酸盐；重金属；总有机碳；电导率；细菌内毒素；微生物限度（需氧菌总数）。在《中国药典》2020版中，规定灭菌注射用水检查项目包括：性状；pH/酸碱度；氯化物；硫酸盐；钙盐；二氧化碳；易氧化物；氨；不挥发物；硝酸盐；亚硝酸盐；重金属；电导率；细菌内毒素。

纯化水和注射用水检测指标中外药典对比见表9-6-2和表9-6-3。

表 9-6-2　纯化水检测指标中外药典对比

检验项目	《中国药典》2020版	《欧洲药典》9.1版	《美国药典》42版
性状	无色的澄清液体；无臭	—	—
pH/酸碱度	应符合规定	—	—
氨	≤0.3μg/mL	—	—
不挥发物	≤1mg/100mL	—	—
硝酸盐	≤0.06μg/mL	≤0.2μg/mL	—
亚硝酸盐	≤0.02μg/mL	—	—
重金属	≤0.1μg/mL	≤0.1μg/mL	—
铝盐	—	不高于10μg/mL 用于生产透析液时需控制此项目	—
易氧化物	符合规定	符合规定	符合规定
总有机碳（TOC）	≤0.5mg/L	≤0.5mg/L	≤0.5mg/L
电导率	应符合规定	应符合规定	应符合规定（三步法测定）
细菌内毒素	—	＜0.25EU/mL；用于生产渗析液时需控制此项目	—
微生物限度	需氧菌总数≤100CFU/mL	需氧菌总数≤100CFU/mL	菌落总数≤100CFU/mL

表 9-6-3　注射用水检测指标中外药典对比

检验项目	《中国药典》2020版	《欧洲药典》9.1版	《美国药典》42版
性状	无色的澄清液体；无臭	无色澄明液体	—
pH/酸碱度	5.0～7.0	—	—
氨	≤0.2μg/mL	—	—
不挥发物	≤1mg/100mL	—	—
硝酸盐	≤0.06μg/mL	≤0.2μg/mL	—
亚硝酸盐	≤0.02μg/mL	—	—
重金属	≤0.1μg/mL	≤0.1μg/mL	—
铝盐		不高于10μg/mL 用于生产透析液时需控制此项目	—
易氧化物			
总有机碳（TOC）	≤0.5mg/L	≤0.5mg/L	≤0.5mg/L
电导率	应符合规定（三步法测定）	应符合规定（三步法测定）	应符合规定（三步法测定）
细菌内毒素	＜0.25EU/mL	＜0.25EU/mL	＜0.25EU/mL
微生物限度	需氧菌总数≤100CFU/mL	需氧菌总数≤100CFU/mL	菌落总数≤100CFU/mL

二、制药用水设备及蒸汽技术要求

1. 纯化水系统

纯化水系统以饮用水作为原料水，采用多种过滤及去离子的组合方法。纯化水系统的处理工艺主要经过了 3 个发展阶段。第一阶段采用"预处理＋离子交换法"工艺，运行中需要大量的酸碱来再生阴阳离子树脂；第二阶段采用"预处理＋反渗透"工艺，反渗透技术的应用极大低降低了制水过程中的酸碱的耗量，但是不能制备较低电导率的纯化水；第三阶段采用"预处理＋反渗透＋EDI"工艺，有效避免了再生时的酸碱耗量，同时能制备较低电导率的纯化水。

原水水质应达到饮用水标准——《生活饮用水卫生标准》（GB 5749—2006），方可作为制药用水或纯化水的起始用水，如果原水达不到饮用水标准，那么就要将原水首先处理到饮用水的标准，在进一步处理成为符合药典要求的纯化水。图 9-6-2 为纯化水制备方法示意。纯化水系统需要进行定期的消毒和水质的监测来确保所有使用点的水符合药典对纯化水的要求。纯化水制备工艺流程的选择需要考虑到以下因素：原水水质、产水水质、设备运行的可靠性、系统微生物污染预防措施和消毒措施、设备运行及操作人员的专业素质、

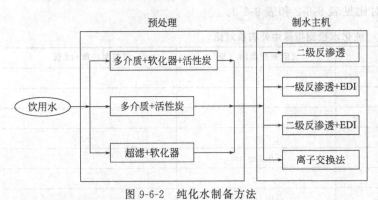

图 9-6-2　纯化水制备方法

不同原水水质变化的适应能力和可靠性、设备日常维护的方便性、设备的产水回收率及废液排放的处理、日常的运行维护成本、系统的监控能力。

（1）原水箱

原水箱一般作为整个系统的原水的缓冲水箱，容积的配置需要与系统产能匹配，并具备一定的缓冲时间来保证整套系统的连续运行。原水箱的材质可以是 PE，也可以是不锈钢，只要不产生溶出物或与添加药剂发生反应。所以可按预处理的消毒方式来选择不同的材质。由于原水箱具有一定缓冲时间导致流速较慢，存在微生物滋生风险。在原水箱进水前加入一定量的次氯酸钠溶液，能有效地降低微生物滋生风险。建议添加后的浓度在 0.3～0.5mg/L，可通过余氯检测仪或 ORP 表进行自动检测，并在进入 RO 膜前将余氯降低到 0.1mg/L。

（2）多介质过滤器

多介质过滤器又称为机械过滤器或砂滤，过滤介质由不同直径的石英砂分层填装，较大直径的介质通常位于过滤器底部，顶部可装填无烟煤等。水流自上而下通过过滤的介质层，通常情况下介质床的孔隙率应允许去除微粒的尺寸最小为 10～40μm，故过滤器主要用于过滤除去原水中的大颗粒、悬浮物、胶体及泥沙等，以降低原水浊度对膜系统的影响，同时降低 SDI（污染指数）值，出水浊度<1，SDI<5，方能达到反渗透系统进水要求。根据原水水质的情况，需要对原水中的浊度和硅化物含量进行分析，当原水中含有较高浊度和较高浓度的硅化物时，需要在多介质过滤器前投加絮凝剂。通过絮凝作用和混合脱硅作用分别降低水中的浊度和硅化物负荷，使水中大部分悬浮物和胶体变成微絮体从而在多介质滤层中被截留去除。

多介质过滤器的日常维护比较简单。其运行成本也相对比较低，只需在日常运行中定期正反洗，将截留在滤料空隙中的杂质冲出，就能恢复多介质过滤器的处理效果。过滤器可以通过 SDI 检测、进出口压力或设定反洗周期来进行清洗。一般情况下，反洗液可以采用清洁的原水，通常以 2 倍以上的设计流速冲洗约 10min 以上，反向冲洗结束后，再进行短暂正向冲洗，使介质床复位。通常情况下设计时原水泵采用变频控制或者增设反洗泵来提升反洗时的流量。当过滤器设计直径较大或原水水质较差的情况下，可考虑设计增加空气擦洗功能，能大大提高反洗的效果。为了保证系统有良好的运行效果，需对多介质过滤器内的填料进行定期更改，更换周期一般为 1～3 年/次。

（3）活性炭过滤器

活性炭过滤器装置主要是通过碳表面毛细孔的吸附能力和活性自由基去除水中的游离氯、色度、有机物以及部分重金属等有害物质，以防止它们对反渗透膜系统造成影响。过滤介质通常是由颗粒活性炭（如椰壳、褐煤或无烟煤）构成的固定层，过滤器底部铺有一层石英砂，减缓反冲洗时对活性炭的冲击。经过

处理后的出水余氯应<0.1mg/L。对水中余氯的去除能力是活性炭过滤器最主要的考察指标，同时，活性炭也具有一部分吸附有机物的能力。

由于活性炭具有多孔吸附的特性，大量的有机物被吸附后会出现微生物繁殖，长时间运行后产生的微生物一旦泄漏至后面设备，将会对后面单元的使用效果产生影响，并带来很大的微生物污染风险。因此，定期对活性炭过滤器进行消毒，使其微生物风险得到有效的控制，如巴氏消毒法或纯蒸汽消毒法。

（4）阳离子软化器

软化器通常由盛装树脂的容器、树脂、阀或调节器以及控制系统组成。过滤介质为树脂，目前主要是用钠型阳离子树脂中有可交换的 Na^+ 阳离子来交换出原水中的钙、镁离子而降低水的硬度，以防止钙、镁等离子在 RO 膜表面结垢，使原水变成软化水后，出水硬度能达到<1.5mg/L。由于软化器中的树脂需要通过再生才能恢复其交换能力，为了保证纯化水系统连续稳定的运行，软化器通常配备两个，且采用串联式运行。当一个软化器进行再生时，另一个可以继续运行且完全满足纯化水系统的运行。采用串联式运行能有效地避免水中微生物的快速滋生。软化器筒体部分通常采用玻璃钢、不锈钢、有机玻璃等材质组成。通过 PLC 控制系统来对软化器装置进行自动控制。图 9-6-3 为串联式软化器工作原理示意。

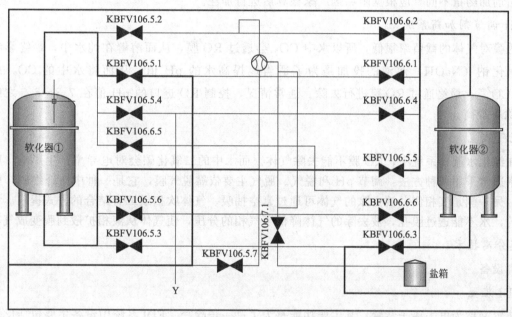

图 9-6-3　串联式软化器工作原理示意

软化器的再生通过食盐水进行置换来完成。软化系统需提供一个盐箱，盐箱中保持饱和食盐水，最终再生浓度约为 8%。软化树脂本身是不耐氧化的，氧化会造成树脂功能基团的破损，最终影响交换能力。当次氯酸钠浓度不高于 1mg/L 时，其对树脂的氧化伤害作用相对较小。当控制预处理系统中次氯酸钠浓度在 0.3~0.5mg/L 时，可将软化器设置在活性炭过滤器之前。这样能有效利用预处理系统中次氯酸钠的杀菌作用，预防微生物在软化器中的快速滋生。同时软化树脂能耐受 120℃ 的高温，也可以进行巴氏消毒。

（5）加药装置

在制药用水系统中，化学加药是必不可缺的组成部分。稳定的加药装置设计不仅是系统保持长期高效运行也是最终水质要求达标的重要保障。常用的加药装置为絮凝剂 PAC（聚合氯化铝）、氧化剂（次氯酸钠）、还原剂（亚硫酸氢钠）、阻垢剂、pH 调节剂（氢氧化钠）。

聚合氯化铝是一种由氢氧根离子的架桥作用和多价阳离子的聚合作用而产生分子量较大、电荷较高的无机高分子水处理药剂。絮凝剂的净化原理主要通过压缩双电层、吸附电中和、吸附架桥、沉淀物网补等机制作用，使水中细微悬浮粒子和胶体粒子凝聚、絮凝、混凝、沉淀，最终通过石英砂滤层后，截留下来，达到净化的效果。在水系统中，通常在过滤器的入口处设计絮凝剂加药系统。

次氯酸钠（NaClO）溶液是含氯消毒剂的一种，也是一种强氧化剂。投入水中的次氯酸钠会立即分解成次氯酸和次氯酸根，这两种化学物质是次氯酸钠溶液主要的杀菌成分。常规的次氯酸钠溶液的浓度一般是 10%。如果原水中供水余氯浓度小于 0.3mg/L，就可以考虑设计次氯酸钠溶液加药装置。

次氯酸钠溶液投加量一般与后续的余氯传感器进行 PID 连锁控制。浓度控制在 0.3～0.5mg/L，因为浓度过低有微生物滋生风险，浓度过高导致活性炭吸附的压力过大或者添加更多的还原剂（亚硫酸氢钠）来还原，无形中人为添加了离子，加重了 RO 膜的负担。

亚硫酸氢钠（$NaHSO_3$）溶液在水系统常作为水体中余氯的还原剂，一般浓度为 10%。亚硫酸氢钠溶液极不稳定，所有现在配置加药溶液的设计容量不宜过大，建议配备用量为 1 周以内。为了保证亚硫酸氢钠溶液与水中的余氯有充分的反应时间，应尽量远离 RO 膜的入口或增加混合装置。投加量是次氯酸钠的 3～5 倍。

阻垢剂加药装置是在反渗透进水中加入阻垢剂，防止反渗透浓水中碳酸钙、碳酸镁、硫酸钙等难溶盐浓缩后析出结垢堵塞反渗透膜，从而损坏膜元件的应用特性。因此在进入膜元件之前设置了阻垢剂加药装置。常用阻垢剂有六偏磷酸钠和有机化合物。主要阻止 SO_4^{2-} 的结垢，它的主要作用是相对增加水中结垢物质的溶解性，以防止碳酸钙、硫酸钙等物质对膜的阻碍，同时也可以降低铁离子堵塞膜。不同的水质，不同的阻垢剂加药量不同，应根据阻垢剂厂家核算后进行加注。

（6）pH 调节剂加药系统

反渗透膜对气体的截留率很低，所以水中 CO_2 会透过 RO 膜，从而溶解在纯水中，最终影响水的电导率。氢氧化钠（NaOH）溶液的投加是为了适当地提高水的 pH 值，从而将水中的 CO_2 的转化成 HCO_3^- 和 CO_3^{2-}。最终通过 RO 膜进行去除。通常情况，控制 RO 进口的 pH 值在 7.8～8.5 之间，这对 CO_2 的去除率最高。

（7）脱气装置

由于在纯化水制备系统中，RO 膜不能去除气体。而水中的二氧化碳会对电导率产生影响。所以为了降低电导率通常采用两种方法：调节 pH 和脱气。脱气主要依靠脱气膜，它是一种中空纤维膜，膜的一侧是液相侧，另一侧是气相侧，被去除的气体可通过真空抽吸、气体吹扫或二者结合的方式提取。该纤维膜是疏水性的，水不能透过膜孔，被去除的气体降低了气相的分压，使气体从液相扩散到膜变成气相。

（8）膜分离技术

见分离设备。

（9）EDI 装置

EDI 装置又称为电去离子装置，其主要功能是为了进一步除盐。EDI 系统中设备主要包括反渗透产水箱、EDI 给水泵、EDI 装置及相关的阀门、连接管道、仪表及控制系统等。电去离子装置利用直流电的活性介质和电压来运送离子，从水中去除电离的或可以离子化的物质。电去离子与电渗析和通过电的活性介质来进行氧化/还原的工艺是有区别的。

在电去离子装置中，电的活性介质用于交替收集和释放可以离子化的物质，便于利用离子或电子替代装置来连续输送离子。电去离子装置可能包括永久的或临时的填料，操作可能是分批式、间歇的或连续的。对装置进行操作可以引起电化学反应，这些反应是专门设计来达到或加强其性能的，可能包括电活性膜，如半渗透的离子交换膜或两极膜。连续的电去离子（EDI）工艺区别于收集/排放工艺（如电化学离子交换或电容性去离子），这个工艺过程是连续的，而不是分批的或间歇的，相对于离子的能力而言，活性介质的离子输送特性是一个主要的选型参数。

EDI 单元是由两个相邻的离子交换膜或由一个膜和一个相邻的电极组成。EDI 单元一般有交替离子损耗和离子集中单元，这些单元可以用相同的进水源，也可以用不同的进水源。水在 EDI 装置中通过离子转移被纯化。被电离的或可电离的物质从经过离子损耗的单元的水中分离出来而流入到离子浓缩单元的浓缩水中。

在 EDI 单元中被纯化的水只经过通电的离子交换介质，而不是通过离子交换膜。离子交换膜是能透过离子化的或可电离的物质，而不能透过水。纯化单元一般在一对离子交换膜中能永久地对离子交换介质进行通电。在阳离子和阴离子膜之间，通过有些单元混合（阳离子和阴离子）离子交换介质来组成纯化水单元；有些单元在离子交换膜之间通过阳离子和阴离子交换介质结合层形成了纯化单元；其他的装置通过在离子交换膜之间的单一离子交换介质产生单一的纯化单元（阳离子或阴离子）。CEDI 单元可以是板框结构或螺旋卷式结构。

通电时在 EDI 装置的阳极和阴极之间产生一个直流电场，原料水中的阳离子在通过纯化单元时被吸引到阴极，通过阳离子交换介质来输送，其输送或是通过阳离子渗透膜或是被阴离子渗透膜排斥；原料水中的阴离子被吸引到阳极，并通过阴离子交换介质来输送，其输送或是通过阴离子渗透膜或是被阳离子渗透膜排斥。离子交换膜包括在浓缩单元中和纯化单元中去除的阳离子和阴离子，因此离子污染就从 EDI 单元里去除了。有些 EDI 单元利用浓缩单元中的离子交换介质。

EDI 技术是将电渗析和离子交换相结合的除盐工艺，该装置取电渗析和混床离子交换两者之长，弥补对方之短，即可利用离子交换做深度处理，且不用药剂进行再生，利用电离产生的 H^+ 和 OH^-，达到再生树脂的目的。由于纯化水流中的离子浓度降低了水离子交换介质界面的高电压梯度，导致水分解为离子成分（H^+ 和 OH^-），在纯化单元的出口末端，H^+ 和 OH^- 连续产生，分别地重新生成阳离子和阴离子交换介质。离子交换介质的连续高水平再生使 EDI 工艺中可以产生高纯水（$1\sim18M\Omega$）。EDI 的工作原理如图 9-6-4 所示。

EDI 单元不能去除水中所有的污染物，主要是去除离子的或可离子化的物质。EDI 单元不能完全纯化进水流，系统中的污染物是通过浓缩水流来排掉的。EDI 在实际操作中是有温度限制的，大多数 EDI 单元是在 $10\sim40℃$ 进行操作。EDI 单元可避免水垢的形成，还有污垢和受热或氧化退

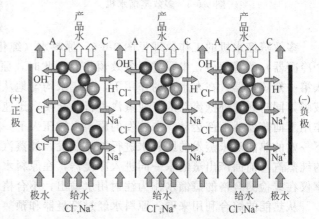

图 9-6-4　EDI 工作原理图

化。预处理及反渗透装置能明显地降低硬度、有机物、悬浮固体和氧化剂，从而达到可以接受的水平。EDI 单元主要用一些化学剂消毒，包括无机酸、碳酸钠、氢氧化钠、过氧化氢等。特殊制造的 EDI 模块可以采用 80℃ 左右的热水消毒。

2. 注射用水系统

《中国药典》（2020 版）规定"注射用水为纯化水经蒸馏所得的水"。注射剂若含有超过药典规定的细菌内毒素含量将极有可能产生热原反应，蒸馏水机的最主要功能是去除水中的细菌内毒素，同时，也极大地控制了水中的微生物含量。

注射用水是生产注射剂最为关键、最基础的一种原料，热原控制尤为关键。采用蒸馏法制备注射用水的注射水设备主要有单效蒸馏水机、多效蒸馏水机、热压式蒸馏水机。蒸馏是通过气液相变法和分离法来对原料水进行化学和微生物纯化的工艺过程。在这个工艺中纯化水被蒸发，产生的蒸汽从水中脱离出来，而流到后面去的未蒸发的水溶解了固体、不挥发物质和高分子杂质。在蒸馏过程当中，小分子杂质可能被夹带在水蒸发后的蒸汽中，所以需要通过一个分离装置来去除细小的水雾和夹带的杂质，这其中包括内毒素。纯化了的蒸汽经冷凝后成为注射用水。通过蒸馏的方法至少能减少 99.99％ 内毒素含量。

（1）单效蒸馏水机

单效蒸馏水机主要用于实验室或科研机构的注射用水制备。通常情况下产量较低。单效蒸馏水机主要由蒸发室、分离室、冷凝器组成。原料水通过蒸发室加热成蒸汽后，通过分离室进行分离，再进入冷凝器，最终的冷凝水即成为注射用水。由于单效蒸馏只蒸发一次，加热蒸汽消耗量较高，能源浪费比较大，所以逐渐被淘汰。

（2）多效蒸馏水机

多效蒸馏水机设备（图 9-6-5）通常由两个或更多蒸发换热器、分离装置、预热器、两个冷凝器、阀门、仪表和控制部分等组成。一般多效蒸馏水机有 $3\sim8$ 效，每效包括一个蒸发器、一个分离装置和一个预热器。

图 9-6-5 多效蒸馏水机

在一个多效蒸馏设备中，经过每效蒸发器产生的二次蒸汽（纯蒸汽）都是用于加热原料水的，并在后面的各效中产生更多的纯蒸汽，纯蒸汽在加热蒸发原料水后经过相变冷凝成为注射用水。由于在这个分段蒸发和冷凝过程中，只有第一效蒸发器需要外部热源加热，经最后一效产生的纯蒸汽和各效产生的注射用水的冷凝是用外部冷却介质来冷却的，所以在能源节约方面效果非常明显，效数越多，节能效果越好。在注射用水产量一定的情况下，要使蒸汽和冷却水消耗量降低，就得增加效数。但是效数越多，投资成本越高，所以合理选择效数是使用方应该考虑的问题。

多效蒸馏水机的工作原理见图 9-6-6。原料水（纯化水）先经过冷凝器（根据设备大小，进一个或两个冷凝器）的管程后，串联进入各效预热器。此时，原料水被含纯蒸汽和蒸馏水的汽-液混合物加热，进入第一效蒸发器，在布水盘的作用下，纯化水均匀地从蒸发器的列管内壁流下，在蒸发列管内形成均匀的液膜，同时列管外壁流动的工业蒸汽进行热交换，迅速蒸发成为蒸汽和部分未蒸发的原料水，在压力差的作用下向蒸发器下部运动，未蒸发的原料水被压入下一效蒸发器。蒸发产生的纯蒸汽通过分离装置后作为下一效的热能对未蒸发的原料水进行加热蒸发，纯蒸汽冷却后变成蒸馏水。依次类推，直到最后一效产出的纯蒸汽与前面产出蒸馏水一同进入冷凝器，在原料水和冷却水作用下，成为设定温度的蒸馏水，经电导率仪在线检测合格的蒸馏水作为注射用水输出，不合格的蒸馏水将自动排放。

从热能的综合利用来看，原料水经过冷凝器和预热器，把原料水的温度升到 100℃ 左右。进入蒸发器后第一效蒸发器产生的蒸汽能用于加热下一效的原料水，这种热能的重复利用大大降低了热能的消耗。多效蒸馏水机的效率取决于加热蒸汽的压力和蒸馏水机的效数。工业蒸汽的压力越大，能够产出的蒸馏水越多，效数越多则热能的利用率越高。

在多效蒸馏水中关键的技术是气-液分离技术。蒸馏法对原水中不发挥性的有机物、无机物包括悬浮物、胶体、细菌、病毒、热原等杂质有很好的去除作用。目前，多效蒸馏水机主要的分离技术有重力分离、螺旋分离、导流板撞击分离等。

（3）S 型蒸馏水机

S 型蒸馏水机通常是指采用丝网分离的蒸馏水机机型。重力分离是利用液滴本身的重力来实现气-液分离的方法。原料水从列管中流下时，经过工业蒸汽闪蒸后，纯蒸汽和多余的料水直接进入分离器底部，气流经 180℃ 转向向上，这使一部分液滴从气流中分离并沉降下来。上升的气流经过上端丝网时，速度再次降低到，细小的液滴经过丝网的阻挡后再次沉降滴落。

（4）F 型蒸馏水机

F 型蒸馏水机通常指采用螺旋分离的蒸馏水机机型，可有效实现汽-液分离。热原具有水溶性，仅存在于水以及蒸汽/水混合液滴中。由于液滴与蒸汽的密度差，在沿着螺旋轨道高速运动时，液滴和蒸汽的离心力存在非常大的差异，从而可以实现汽-液分离。基于螺旋轨道半径可使离心力产生差异，螺旋分离可分为内螺旋分离和外螺旋分离两种方式。内螺旋分离方式受其结构限制，离心加速度低于外螺旋分离方式，除沫效率不足，所以一般需增加丝网除沫进行再次分离。丝网除沫器利用惯性碰撞、气体吸附、截留作用以及静电吸附等原理来实现分离。外螺旋分离由于螺旋高度足够，气流上升时旋转气流对液滴产生的离心力非常大，能够充分将液滴分离出去，达到非常理想的分离效果。

（5）B 型蒸馏水机

B 型蒸馏水机通常采用导流板撞击式分离。导流板撞击分离是一种分离效果较好的分离技术。当带有液滴的气流通过这种通路时，液滴会和挡板发生碰撞，之后液滴停留在上面，最终形成大液滴经排液管排出。由于汽-液折返角度不大，虽进行多次折返，但是如果气流的减速效果不理想时，撞击力偏小，导致分离效果不一定最好，所以在出汽的末端再经过换向和丝网，能大大提高蒸馏水的品质。

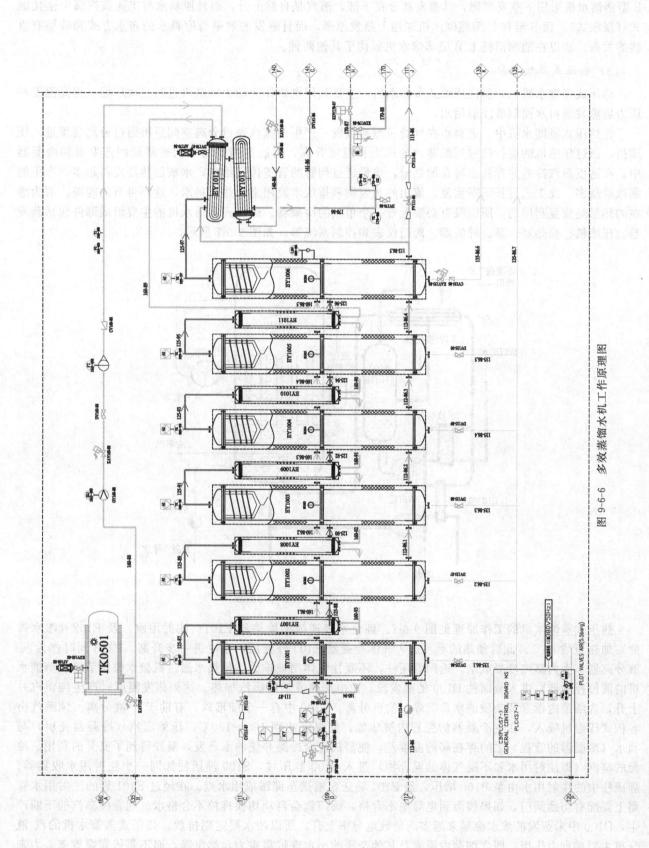

图 9-6-6　多效蒸馏水机工作原理图

B 型蒸馏水机与 S 型蒸馏水机和 F 蒸馏水机的区别不仅仅是分离方式不同。蒸发的方向上也有区别：B 型蒸馏水机采用下蒸发原理，其蒸发部分在下部，蒸汽是自然上升，而且原料水与工业蒸汽属于全接触式（浸没式）。而 S 型和 F 型蒸馏水机采用上蒸发原理，而且蒸发的效果与原料水的布水方式和效果有直接的关系。所以在能源消耗上 B 型蒸馏水机要优于其他两种。

（6）热压式蒸馏水机

热压式蒸馏水机也称蒸汽压缩式蒸馏水机，主要利用电机作为动力对蒸汽进行二次压缩、提高温度和压力后蒸发原料水而制备注射用水。

在热压式蒸馏水机中，进料水在列管一侧被蒸发，产生的蒸汽通过分离空间后再通过分离装置进入压缩机，通过压缩机的运行使被压缩蒸汽的压力和温度升高，然后高能量的蒸汽被释放回蒸发器和冷凝器中，在这里蒸汽冷凝并释放出潜在的热量，热量通过列管的管壁传递给水，水被加热蒸发得越多，产生的蒸汽就越多，此工艺过程不断重复。流出的蒸馏物和排放水流用来预热原料水，这样可节约能源。因为潜在的热量是重复利用的，所以没有必要配置一个单独的冷凝器。热压式蒸馏水机的主要组成部件包括蒸发器、压缩机、换热器、泵、呼吸器、阀门仪表和控制系统等，如图 9-6-7 所示。

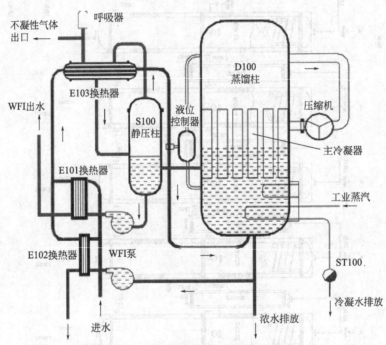

图 9-6-7　热压式蒸馏水机结构与原理

热压式蒸馏水机的工作原理见图 9-6-7。纯化水经逆流的换热器 E101（注射用水）及 E102（浓水排放）加热至约 80℃。此后预热的水再进入气体冷凝器 E103 外壳层，温度进一步升高。E103 同时作为汽-液分离器，壳内蒸汽冷凝成水，返回静压柱，不凝性气体则被排放。预热水通过机械水位调节器（蒸馏水机的液位控制器）进入蒸馏柱 D100 的蒸发段，由电加热或工业蒸汽加热。达到蒸发温度时产生纯蒸汽并上升，含细菌内毒素及杂质的水珠沉降，实现分离。D100 中有一个圆形罩，有助于汽-液分离。纯蒸汽由容积式压缩机吸入，在主冷凝器的壳程内被压缩，使温度达到 125～130℃。压缩蒸汽（冷凝器壳层）与沸水（冷凝器的管程）之间存在高的温度差，使蒸汽完全冷凝并使沸水蒸发，蒸发得到了充分的利用。冷凝的蒸汽（即注射用水和不凝气体的混合物）进入 S100 静压柱，S100 静压柱如同一个注射用水收集器。静压柱中的注射用水由泵 P100 增压，经 E101 输送泵输送至储罐或用水点。在经过 E101 后的注射用水管路上要配有切换阀门，如果检测到电导率不合格，阀门就会自动切换排掉不合格水。随着纯蒸汽的不断产生，D100 中未蒸发的浓水会越来越多而导致电导率上升，所以浓水要定期排放。热压式蒸馏水机的汽-液分离主要靠重力作用，即含细菌内毒素及其他杂质的小水珠依靠重力自然沉降，而不是依靠螺旋离心力来实现分离的。

热压式蒸馏水机的主要结构分为蒸发器、压缩机和预热单元三部分。蒸发器的主要功能是将热压式蒸馏水机的进水和经压缩机压缩后的蒸汽进行换热。蒸发器中蒸汽的温度要高于进水温度，它会在蒸发器中冷凝并释放汽化潜热，而进入热压式蒸馏水机的原水温度较低，会吸收蒸汽冷凝时释放的汽化潜热，从而被蒸发为蒸汽。按蒸发器的安装形式划分，热压式蒸馏水机分为立式与卧式两种（图9-6-8）。

(a) 立式　　　　　　　　　　　(b) 卧式

图 9-6-8　热压式蒸馏水机的类型

（7）非蒸馏注射用水机

《美国药典》规定"注射用水经蒸馏法或比蒸馏法在移除化学物质和微生物水平方面相当或更优的纯化工艺制得"。《美国药典》《欧洲药典》与《中国药典》均要求注射用水的细菌内毒素含量应小于 0.25IU/mL 或 0.25EU/mL，同时对微生物污染水平也给出了明确的要求，即每 100mL 供试品中需氧菌总数不得超过 10CFU。因此，为了制备符合药典要求的注射用水，纯化法应在微生物含量及内毒素含量两方面对原水进行有效控制。终端超滤法是一种较为成熟的用于制备注射用水的纯化工艺，终端超滤装置在制药用水系统中的主要用途是降低微生物及内毒素的负荷，与 RO、EDI 等单元操作相结合，其产水水质可满足注射用水的水质需求。使用终端超滤法生产注射用水的设备（图9-6-9），可通过截留分子量 6000 以下的超滤膜组件对纯化水进行过滤，从而获取注射用水。

（8）注射用水分配系统

注射用水的储存与分配系统包括储存单元、分配单元和用点管网单元（图9-6-10）。一个良好的储存与分配系统的设计需兼顾法规、系统质量安全、投资和实用性等多方面的综合考虑，并杜绝设计不足和设计过度的发生。

图 9-6-9　终端超滤装置

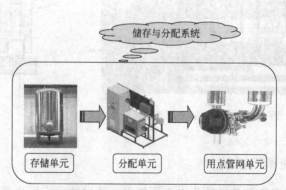

图 9-6-10　储存与分配系统的组成

储存与分配系统的正确设计对注射用水系统成功与否至关重要。任何注射用水储存与分配系统都必须达到下列三个目的：①保持注射用水水质在药典要求的范围之内。②将注射用水以符合生产要求的流量、压力和温度输送到各工艺使用点。③保证初期投资和运行费用的合理匹配。

注射用水储存与分配系统的设计形式多种多样，选择何种设计形式主要取决于用户需求与生产要求。

注射用水系统分配单元是整个储存与分配系统中的核心单元。分配系统的主要功能是将符合药典要求的注射用水输送到工艺用点，并保证其压力、流量和温度符合工艺生产或清洗等需求。分配系统采用流量、压力、温度、TOC、电导率、臭氧等在线检测仪器来进行水质的实时监测和趋势分析，并通过周期性消毒或灭菌的方式来有效控制水中微生物负荷，按照质量检测的有关要求，整个分配系统的总供与总回管网处还需安装取样阀进行水质的取样分析。图 9-6-11 是注射用水储存与分配系统的基本原理。

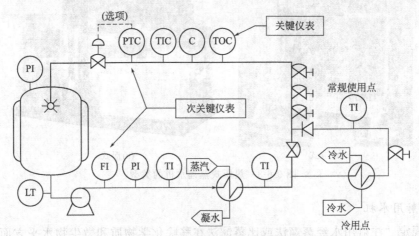

图 9-6-11　注射用水储存与分配系统

分配系统主要由以下元器件组成：带变频控制的输送泵、换热器及其加热或冷却调节装置、取样阀、隔膜阀、316L 材质的管道管件、温度传感器、压力传感器、电导率传感器与变送器、TOC 传感器及其配套的集成控制系统（含控制柜、I/O 模块、触摸屏、有纸记录仪等）。图 9-6-12 是一个典型的分配系统。

取样是注射用水系统进行性能确认的一种关键措施，FDA 规定，注射用水取样量不得小于 100mL，以 100～300mL 为宜。为保证取样的安全性，防止人为交叉污染，ISPE 推荐采用卫生型专用取样阀进行纯化水和注射用水的离线取样。图 9-6-13 是注射用水系统中两种常见的专用取样阀。取样阀主要安装于制水设备出口、分配系统总供、总回管网以及无法随时拆卸的硬连接使用点处。

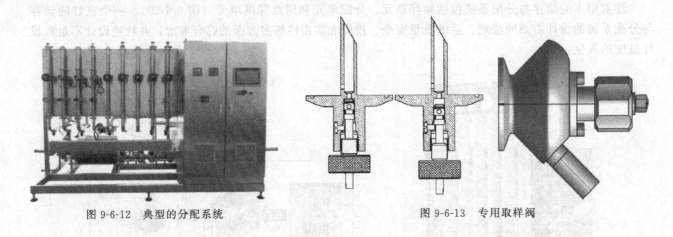

图 9-6-12　典型的分配系统　　　　　　　　　图 9-6-13　专用取样阀

3. 纯蒸汽系统

纯蒸汽通常是以纯化水为原料水，通过纯蒸汽发生器或多效蒸馏水机的第一效蒸发器产生的蒸汽，纯蒸汽冷凝时要满足注射用水的要求。软化水、去离子水和纯化水都可作为纯蒸汽发生器的原料水，经蒸发、分离（去除微粒及细菌内毒素等污染物）后，在一定压力下输送到使用点。

纯蒸汽发生器（图 9-6-14）通常由一个蒸发器、分离装置、预热器、取样冷却器、阀门、仪表和控制部分等组成。分离空间和分离器可以与蒸发器安装在一个容器中，也可以安装在不同的容器中。

纯蒸汽发生器设置取样器，用于在线检测纯蒸汽的质量，其检验标准是纯蒸汽冷凝水是否符合注射用水的标准，在线检测的项目主要是温度和电导率。纯蒸汽可用于湿热灭菌和其他工艺，如设备和管道的消毒。

图 9-6-14　纯蒸汽发生器

4. 储存与分配系统

纯化水与注射用水的储存与分配在制药工艺中是非常重要的，因为它们将直接影响到药品生产质量合格与否。

制药用水的储存与分配系统（图 9-6-15）包括储存单元、分配单元和用水点管网。

（1）储存单元

储存单元用来储存符合药典要求的制药用水并满足系统最大峰值用水量的要求。储存系统必须保持供水质量，以便保证使用点的质量合格。储存系统允许使用产量较小、成本较少并满足最大生产要求的制备系统。储罐的内表面水流速度缓慢，容易滋生微生物膜，特别是储罐的顶部是一个盲区。因此对储罐的消毒和保证罐内水的连续循环是非常重要的。通过安装罐体喷淋球，使水连续冲刷储罐顶部内表面，可进一步降低微生物膜的形成。

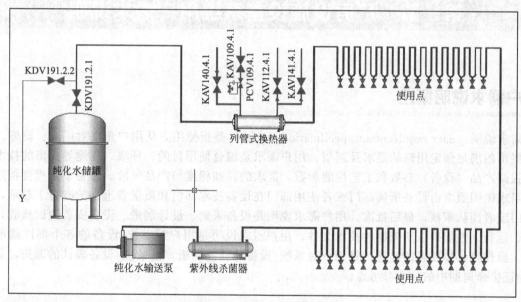

图 9-6-15　储存与分配系统示意

（2）分配单元

制药用水系统分配单元是整个储存与分配系统中的核心单元。分配系统的主要功能是将符合药典要求的制药用水输送到工艺用水点，并保证其压力、流量和温度符合工艺生产或清洗等的需求。分配系统采用流量、压力、温度、TOC、电导率等在检测仪器来进行水质的实时监测和趋势分析，并通过周期性消毒或灭菌的方式来有效控制水中微生物负荷，按照质量检测的有关要求，整个分配系统的总送与总回管网处需安装取样阀进行水质的取样分析。

分配单元主要由输送泵（变频）、紫外线杀菌（纯化水可选）、换热器及仪器仪表、管阀件组成。

储存与分配系统的消毒灭菌方式有化学消毒、巴氏消毒、纯蒸汽灭菌、过热水灭菌。化学消毒由于残留的问题目前很少再使用。纯化水储存与分配系统多采用巴氏消毒，消毒时系统温度维持在85℃并保持1~2h；注射用水储存与分配系统采用纯蒸汽或过热水灭菌时，系统温度维持在121℃并保持30min。

（3）用水点管网单元

用水点管网单元是指从制水间分配输出后经过所有工艺用水点后回到制水间的分配系统，其主要功能是通过管道将符合药典的制药用水输送到各用水点。分配系统管网都采用304或316L不锈钢。

第十章
厂房设施设备系统生命周期管理

第一节 厂房设施设备系统用户需求说明

一、用户需求说明概述

用户需求说明（user requirement specification，URS）是指使用方从用户角度对厂房、设施、设备或其他系统提出的满足预定用途的要求及期望。用户需求是综合使用目的、环境、用途等提出的技术说明文件，重点强调产品（设备）参数和工艺性能参数，需求的详细程度与产品风险、设备复杂程度相匹配。

用户需求说明通常由设备所属部门或者使用部门在设备技术部门和质量管理部的支持下起草，通过相关技术部门或者团队审核，最后批准。用户需求说明是设备采购、设计制造、设备安装调试验收，直至设计、安装、运行、性能确认所依据的技术文件。用户需求说明是用户对系统/设备的各个部件或单元的结构、性能、操作等具体要求的描述，是用户对系统/设备的性能期望，是系统/设备确认的源头，是贯穿系统/设备验证生命周期中的一个参考点。

二、用户需求说明的内容

（1）URS 准备工作

熟悉设备/系统在产品工艺流程的用途和地位；收集并熟悉设备/系统相关法规、国际标准、国家标准、行业标准等资料；收集设备/系统技术资料。

（2）URS 的内容

① 目的 用于描述起草设备/系统 URS。例如，本用户需求说明概述了××车间××设备/系统的工艺需求、安装需求、法规需求等用户需求说明，是××设备/系统的采购、设计、安装、调试、验收等的依据。本用户需求说明中用户仅提出最低限度的技术要求和设备的最基本要求，并未涵盖和限制卖方设备具有更高的设计与制造标准和更加完善的功能。卖方应在满足本要求书的前提下提供卖方能够达到的更高标准和功能的高质量设备及其相关服务。卖方的设备应满足中国有关设计、制造、安全、环保等规程、规范和强制性标准要求。如遇与卖方所执行的标准发生矛盾时，应按较高标准执行（强制性标准除外）。供应商一旦接受了 URS 文件，即意味着可以提供 URS 所含的全部要求。

② 范围 用于描述起草设备/系统 URS 的范围。例如，本用户需求说明适用于××车间××设备/系

统，作为公司采购××车间××设备/系统的技术要求。

③ 设备/系统描述 用于描述设备/系统功能、结构、性能、原理、安装区域等。以小容量注射剂注射用水制备和分配系统为例。该系统主要由纯化水供水循环管路、蒸汽加热管路、多效蒸馏水机、注射用水贮罐、纯蒸汽发生器、注射用水工艺用水循环管路、卫生泵、水质在线监测系统及控制系统等组成。注射用水系统工作时以二级反渗透系统制备的纯化水为原料水，经多效蒸馏水机蒸馏而得到注射用水，同时具备纯蒸汽生产能力，合格注射用水进入注射用水贮罐（不合格水自动排放），以一定流速，在70℃以上通过循环管路保温循环供各使用点使用。本系统安装于小容量注射剂车间制水间。

④ 设备/系统参考标准/指南 用于描述本URS适用的、参考的法律、法规、国际标准、国家标准、行业标准、公司指南、公司标准操作程序（SOP）等技术资料。例如，××设备/系统必须满足《药品生产质量管理规范》（2010年修订版）、《中国药典》（2020年版）的要求，设计、制造、材料、所有部件的供应以及配置必须基于并符合中华人民共和国相关规范、要求和准则。

⑤ 术语 用于解释和说明本URS中用到的专业术语、缩略语。如表10-1-1为相关术语。

表 10-1-1 术语

缩写	定义
BL	Biohazard Level(生物危害水平)
CFR	Code of Federal Regulations(联邦条例法典)
EMI	Electro-Magnetic Interference(电磁干扰)
HMI	Human-Machine Interface(人-机界面)
ISO	International Organization for Standardization(国际标准化组织)
OIP	Operator Interface Panel(操作员界面面板)
RFI	Radio Frequency Interference(无线电频率干扰)
URS	User Requirement Specification(用户需求说明)
FS	FunctionSpecification(功能标准)
HDS	Hardware Design Specification(硬件设计规范)
SDS	Software Design Specification(软件设计规范)
DQ	Design Qualification(设计确认)
FAT	Factory Acceptance Testing(工厂验收测试)
SAT	Site Acceptance Testing(现场验收测试)
IQ	Installation Qualification(安装确认)
OQ	Operation Qualification(运行确认)
PQ	Performance Qualification(性能确认)

⑥ 用户需求内容 用于描述设备/系统需求的具体内容，针对不同的设备/系统其内容有所不同，但通常至少包含以下内容：

a.工艺需求 用于描述设备/系统工艺参数范围（如速度、温度、压力、转速等），设备效率/产能，清洁消毒灭菌参数及方法等。

b.安装需求 用于描述设备/系统安装房间环境温湿度，可用的公用系统（如压缩空气、氮气、洁净蒸汽、真空系统、水、电等），材质要求（重点考虑与产品直接接触的部件，此外该项也可以根据实际情况单列），安装尺寸等。

c.法规需求 用于描述设备/系统的GMP要求，环保要求（噪声、排污等），安全要求（电气保护、压力保护、机械锁等）。

d.操作和功能需求 用于描述设备/系统的电器、自动控制过程的要求，明确设备/系统的运行模式以及相应的硬件要求（PLC、触摸屏、仪表等）。

e.文件需求 用于描述供应商应提供设备/系统的使用说明书，维护说明书，图纸（机械、电气、管道 PI&D 等），产品出厂合格证，材质证明书，压力容器证书，备品备件清单等文件。

f. 验证需求　用于描述供应商应提供或协助进行的验证需求（DQ、FAT、SAT、安装调试等）。

g. 其他需求　用于描述培训需求、售后服务需求（维护和维修需求）等其他需求。

（3）URS 起草的注意事项

①每个需求描述要求准确，切记产生歧义。②内容必须全面，防止项目遗漏。③关注设备/系统的可操作性及易维护性、稳定性、安全性。④每个需求应满足"SMART"特性。⑤URS 文件生效前需经批准，一旦批准不得随意更改，需要更改时应按变更控制要求进行，最终需再经批准方可生效。⑥URS 文件应按文件管理要求进行编号管理，以便于追溯。⑦URS 是集合团队智慧，是各专业人员保持良好的沟通交流的结果。

第二节　设备/系统设计与选型原则

药品生产实现过程主要是通过软件和硬件两方面来实现的，其中软件包括企业文化、管理制度、文件、记录等；硬件包括厂房、设施、设备、仪器。GMP 的核心是最大限度地降低药品生产过程中污染、交叉污染以及混淆、差错等风险。硬件是药品生产的基本条件，药品生产离不开良好的硬件设施，因此对于药品生产企业配备足够的、符合要求的厂房设施和设备尤其重要。

一、设备/系统设计与选型的法规要求

中国 GMP（2010 年修订版）从第三十八条到第九十九条，见第十五章 GMP 简介章节详细条款。

二、设备/系统设计与选型原则

设备/系统设计与选型需要慎重，不仅仅要符合 GMP 规范，还必须考虑工艺需求、安全环境健康等诸多因素。通常通过起草《用户需求》（URS）文件来指导设计选型，需要有经验和知识的专业人员起草讨论定稿。

（1）符合性原则

设备/系统应首先能满足产品工艺需求，符合预定用途，特别是多产品/剂型共用厂房设施、设备，其次应符合 GMP 规范、国家行业标准、国际通用标准。

（2）可靠性原则

设备/系统应能满足在其寿命周期能持续稳定地满足工艺需求，生产出符合预定用途的药品。

（3）先进性原则

设备/系统设计与选型应能满足发展需求，不仅仅满足当前要求，应考虑到未来发展需要。

（4）安全、环保、健康原则

当前国家对于企业生产安全，废气、废渣、废水等环保要求，职工健康要求越来越高，促使企业对厂房设施设备选型过程中必须考虑安全、环保、健康要求。

（5）经济性原则

企业的资源是一定的，在设备/系统满足上述四个原则基础上，设备/系统的购买及使用维护保养过程的成本将会是一个考虑因素，这是不可回避的。

此外，企业设备/系统设计与选型还要考虑配套的售后服务、能耗等其他因素。总而言之，用于药品生产的设备/系统以满足产品工艺需求和现行 GMP 为最基本要求，在可能的条件下，积极采用先进技术，

既满足当前生产的需要，也要考虑未来的发展。

第三节　厂房设施设备系统设计确认

一、设计确认概述

设计确认（design qualification，DQ）是指有文件记录证明厂房设施、公用系统、设备设计符合其预定用途和GMP规范的要求。新的或改造的厂房、设施、设备确认的第一步为设计确认，设计确认是整个确认活动的起点，经过批准的设计确认报告是后续安装确认、运行确认、性能确认活动的基础。

设计确认主要是针对设备/系统选型和设计的技术参数和技术规格对生产工艺适用性和GMP规范适用性的审查，通过对照供应商提供的设计图纸、技术文件、使用说明书和供应商对用户需求说明回应，考察设备/系统是否适合产品的生产工艺、清洁消毒、维修保养等方面要求。质量源于良好的设计。良好的设计确认能有效避免设备/系统设计缺陷，降低设备/系统对产品质量的风险；是用户需求得到有效实施的保证。

二、设计确认的内容

（1）设计确认的准备工作

确认URS是现行版本且已经得到批准并得到供应商的回应；确认供应商提供的设备/系统的设计技术文件是现行版本且已经得到批准。

（2）设计确认内容

① 目的　用于描述设备/系统设计确认的目的。例如，本设计确认目的为确认××车间的××设备/系统，是按照中国GMP以及用户需求说明进行设计。本设计确认主要是对××设备/系统选型和技术规格、技术参数和图纸等文件对生产工艺适用性的审查，通过审查确认系统/设备用户要求说明中的各项内容得以实施；并考察系统/设备是否适合该产品的生产工艺、维修保养、清洗等方面的要求。

② 范围　用于描述设备/系统设计确认的范围。例如，本设计确认的范围为××车间的××设备/系统的设计确认。设备型号规格：××。

③ 职责　用于描述设备/系统设计确认小组成员或部门职责。

④ 设备/系统描述　用于描述设备/系统功能、结构、性能、原理、安装区域等。例如，以某公司纯化水制备系统为例：××车间的纯化水制备系统主要由机械过滤器、活性炭过滤器、保安过滤器、二级反渗透系统、EDI单位、纯化水贮罐等组成，安装于××车间制水间（房间编号：××）设计产量为$10m^3/$h，纯化水机制备的纯化水储存在储罐内，主要供××车间、注射用水和纯蒸汽原料水使用。该系统能持续提供符合中国现行药典 ChP 2020 版相关规定和GMP要求的纯化水。该系统采用西门子 PLC 控制系统，通过触摸屏进行操作。可以在线监测进水流量、各单元产水指标、产水温度、电导率等并设有适当的报警。

⑤ 设备/系统参考标准/指南　用于描述本设计确认适用的、参考的法律、法规、国际标准、国家标准、行业标准、公司指南、公司标准操作程序（SOP）等技术资料。

⑥ 术语　用于解释和说明设计确认中用到的专业术语、缩略语。

⑦ 设计确认内容　用于描述设备/系统设计确认的具体内容，针对不同的设备/系统其内容有所不同，但通常至少包含以下内容：

a.文件条件　用于确认设备/系统设计确认需要的 URS 和设计技术文件及图纸确认。检查××设备/系统 URS 和供应商提供的设计技术文件、图纸齐全且是经过批准的现行版本，并为后续的确认提供帮助。

b.培训确认　用于确认设备/系统设计确认所有参与人员经过培训。

c.部件确认　用于确认设备/系统关键部件选型符合 URS 和 GMP 规范要求。

d.材质确认　用于确认设备/系统的材质特别是与物料直接接触的部件材质符合 URS 和 GMP 规范要求。该部分也可以与第三项部件确认合并进行。

e.设计/运行参数确认　用于确认设备/系统设计/运行参数（在线清洗或灭菌可以在该部分体现，也可以单独体现）符合 URS 和 GMP 规范要求。

f.安装要求确认　用于确认设备/系统（特别是厂房、空调系统、水系统等）的安装过程和安装质量符合 URS 和 GMP 规范要求。

g.安全确认　用于确认设备/系统安全设计符合 URS 和 GMP 规范要求。

h.公用工程确认　用于确认设备/系统需要的公用工程（压缩空气、氮气、水、电、真空系统等）能符合 URS 和 GMP 规范要求。

i.控制系统确认　用于确认设备/系统的控制系统设计能满足 URS 和 GMP 规范要求。

第四节　厂房设施设备系统工厂验收与现场验收

一、工厂验收测试

1. 概述

工厂验收测试（factory acceptance testing，FAT）是指系统、设备或设施完成生产制造后，发货前在系统、设备或设施制造场所由供应商主导客户参与，对即将交付的系统、设备或设施进行相关测试以确保其符合预期标准的一系列测试活动。工厂验收测试通常由设备/系统供应商进行客户参与的在发货前对设备进行检查并测试设备/系统的文件、安装和功能的符合性，以便及时发现设备/系统的缺陷并更快、更有效地进行补救，也避免了设备/系统运输到客户现场后才发现缺陷而延迟工期。工厂验收测试也可以委托有资质的第三方进行，完成测试后经签字确认，各项指标符合供应商与客户约定的验收要求后就可以安排交货。

2. 工厂验收测试的内容

工厂验收测试属于良好工程管理规范（GEP）的一部分，有助于在设备安装、运行、性能确认前发现问题并在设备制造场所解决，其测试内容可能包括安装确认、运行确认中的一些测试内容，通常为不受运输或安装影响的测试内容；若在工厂验收测试中严格按照 GMP 要求进行测试、复核和记录，则后续的确认可以引用这一部分内容不需要重复进行。工厂验收测试方案和报告通常是由供应商起草并执行，在客户或经客户认可的第三方见证下，经客户审核，双方签字批准。其测试内容一般包含如下内容：文件资料确认（设备使用、维护保养、安装说明书、备品备件清单、材质证明、P&ID 图、电气图等）；设备材质和主要部件确认；控制系统的软硬件确认（包括软件输入/输出的 I/O 接口）；公用工程连接、标识和参数确认；设备的空载运行测试（包括报警和联锁测试）；必要时根据客户提供的物料进行负载功能测试。

二、现场验收测试

1. 概述

现场验收测试（site acceptance testing，SAT）是指系统、设备或设施完成运输到达客户现场后，在系统、设备或设施客户的设备使用场所进行的由供应商主导客户参与，对即将交付的系统、设备或设施进行相关测试以确保其符合预期标准的一系列测试活动。与工厂验收测试相比，工厂验收测试是在设备的制造场所进行，现场验收测试是在客户的设备使用场所进行的相关测试以确保其符合预期标准的一系列测试活动，通常现场验收测试更偏重于在设备的制造场所无法进行的测试。此外现场验收测试可以与设备现场安装调试一起进行。

2. 现场验收测试的内容

现场验收测试是由供应商在客户设备使用场所在移交设备给客户之前进行的一系列测试活动，其部分测试内容可能与工厂验收测试相同，建议侧重于测试在设备制造场所无法进行的测试。现场验收测试方案和报告通常是由供应商起草并执行，在客户或经客户认可的第三方见证下，经客户审核，双方签字批准。此外若在现场验收测试中严格按照 GMP 要求进行测试、复核和记录，则后续的确认可以引用这一部分内容不需要重复进行。

第五节　厂房设施设备系统安装确认

一、安装确认概述

安装确认（installation qualification，IQ）是指为确认安装或改造后的设施、系统和设备符合已批准的设计及制造商建议所作的各种查证及文件记录。应对新的或改造之后的厂房、设施、设备等进行安装确认。

安装确认（IQ）是设备/系统安装后进行的各种系统检查及技术资料的文件化工作；是对供应商提供的技术资料（使用说明书、安装手册、设备图纸、产品合格证等）的核查，对设备、备品备件的检查验收以及设备的安装检查，以确认其是否符合 GMP、厂商的标准及企业特定技术要求的一系列活动；是根据用户需求和设计确认中的技术要求对厂房、设施、设备进行验收并记录。

二、安装确认的内容

1. 安装确认的准备工作

① 确认设备/系统设计确认报告已完成并经批准，没有未关闭的偏差或存在的偏差不影响安装确认；
② 确认现场安装调试报告（SAT）已完成并经批准，没有未关闭的偏差或存在的偏差不影响安装确认；
③ 检查安装确认需要的设备/系统的使用说明书、图纸、备品备件清单、与药品直接接触部件材质证明和粗糙度证明、仪器/仪表一览表等齐全。

2. 安装确认内容

① 目的　用于描述设备/系统安装确认的目的。例如，本安装确认的目的为检查和证明××车间的××设备/系统是按照相应设计标准设计，并按照生产商/供应商所提供安装手册要求进行安装，关键部件安装正确且和设计要求一致，设备应配备的技术资料齐全，能够满足中国 GMP 要求。安装确认检查将按照该确认方案实施并记录。
② 范围　用于描述设备/系统安装确认的范围。例如，本安装确认的范围为××车间的××设备/系统的安装确认。设备型号规格：××。

③ 职责　用于描述设备/系统安装确认小组成员或部门职责。

④ 设备/系统描述　用于描述设备/系统功能、结构、性能、原理、安装区域等。参照设计确认中关于设备/系统的描述。

⑤ 设备/系统参考标准/指南　用于描述本安装确认适用的、参考的法律、法规、国际标准、国家标准、行业标准、公司指南、公司标准操作程序（SOP）等技术资料。

⑥ 术语　用于解释和说明安装确认中用到的专业术语、缩略语。

⑦ 安装确认内容　用于描述设备/系统安装确认的具体内容，针对不同的设备/系统，其内容有所不同，但通常至少包含以下内容：

a.先决条件确认　用于确认设备/系统安装确认需要的设计确认和现场安装调试验收测试报告已完成并经批准，且没有未关闭的偏差或存在的偏差不影响安装确认，并为后续的确认提供帮助。

b.人员确认　用于确认所有参与执行IQ方案的人员并签名确认。

c.文件确认　用于确认检查、安装、维修设备/系统所需文件的完整性、可读性；核查并记录这些文件和资料的文件名称、编号、版本号以及存放位置（含图纸，如洁净区工艺平面布局图等还需要有专门的"竣工"标识）。

d.培训确认　用于确认设备/系统安装确认所有参与人员经过培训。

e.部件确认　检查和记录设备/系统部件的名称、规格、型号、技术参数、制造商等信息，应与供应商提供的部件清单和设计标准一致。

f.材质和表面粗糙度确认　检查和复印供应商提供的设备/系统材质证明和表面粗糙度证明，并核查是否与供应商提供的部件材质描述和设计标准一致。

g.仪器/仪表校准确认　检查和记录仪器/仪表的名称、规格型号、编号、用途、安装位置、校准证书（并附上校准证书复印件）等，并核查所有仪器/仪表是否经过校准并在有效期内。

h.安装情况确认　对照设备/系统的图纸和供应商提供的安装手册检查设备/系统的机械、电气安装等是否与供应商提供的安装手册和设计标准一致。此外如水系统管路涉及焊接还应进行焊接情况检查确认等。

i.公用系统安装连接确认　检查公用系统与设备连接情况，并确认公用系统的技术参数能满足设备/系统的使用要求。

j.软件安装确认　涉及计算机化系统的设备/系统还应对软件安装情况进行检查确认，检查并记录设备/系统软件名称、版本号并按照供应商提供的安装手册安装成功且与设计标准一致。

k.控制系统确认　检查设备/系统的控制系统安装与设计标准一致。

l.其他确认　此外根据设备/系统情况可能还会进行一些其他项目确认，如润滑剂确认、排水能力确认、管道压力测试等确认。

第六节　厂房设施设备系统运行确认

一、运行确认概述

运行确认（operation qualification，OQ）是指为确认已安装或改造后的设施、系统和设备能在预期的范围内正常运行而进行的试车、查证及文件记录。运行确认应在安装确认完成之后进行，其测试项目应根据工艺、系统和设备的相关知识制定，应包括操作参数的上下限度（最高温度和最低温度、最快转速和最慢转速、最快速度和最慢速度等），必要时应选择"最差条件"；此外测试应重复足够的次数以确保结果可靠并且有意义。

运行确认是通过功能测试等方式，证实设备/系统各项运行技术参数（包括运行状况）能满足用户需求说明和设计确认报告的技术标准，证明设备/系统各项技术参数能否达到预定用途的一系列活动。运行确认是确认设备/系统有能力在规定的限度和允许范围内稳定可靠运行。

二、运行确认的内容

1. 运行确认的准备工作

① 确认设备/系统安装确认报告已完成并经批准，没有未关闭的偏差或存在的偏差不影响运行确认；
② 检查运行确认需要的设备/系统的使用说明书、图纸、标准操作规程、仪器/仪表一览表等齐全。

2. 运行确认内容

① 目的　用于描述设备/系统运行确认的目的。例如，本运行确认的目的是通过记录在案的测试，确定××车间的××设备/系统按照设计要求在规定的限度和容许范围内能够正常地使用，稳定可靠，能够满足中国 GMP 的要求。运行确认的测试和检查的结果将按照该确认方案进行记录。

② 范围　用于描述设备/系统运行确认的范围。例如，本运行确认的范围为××车间的××设备/系统的运行确认。设备型号规格：××。

③ 职责　用于描述设备/系统运行确认小组成员或部门职责。

④ 设备/系统描述　用于描述设备/系统功能、结构、性能、原理、安装区域等。参照设计确认中关于设备/系统的描述。

⑤ 设备/系统参考标准/指南　用于描述本运行确认适用的、参考的法律、法规、国际标准、国家标准、行业标准、公司指南、公司标准操作程序（SOP）等技术资料。

⑥ 术语　用于解释和说明运行确认中用到的专业术语、缩略语。

⑦ 运行确认内容　用于描述设备/系统运行确认的具体内容，针对不同的设备/系统其内容有所不同，但通常包含以下内容：

a. 先决条件确认　用于确认设备/系统运行确认需要的安装确认报告已完成并经批准，且没有未关闭的偏差或存在的偏差不影响安装确认，并为后续的确认提供帮助。

b. 人员确认　用于确认所有参与执行 OQ 方案的人员并签名确认。

c. 文件（SOP）确认　用于确认设备/系统运行确认所需文件（使用、清洁、维护保养 SOP）的完整性、可读性；记录并核查这些文件和资料的文件名称、编号、版本号以及存放位置。

d. 培训确认　用于确认设备/系统运行确认所有参与人员经过培训。

e. 仪器/仪表校准确认　通过检查和记录仪器/仪表（包括 OQ 测试需要的仪器仪表）的名称、规格型号、编号、用途、安装位置、校准证书（并附上校准证书复印件）等，核查所有仪器/仪表是否经过校准并在有效期内。

f. 功能测试　通过设备使用说明书及 SOP 对设备的基本功能（特别是可能影响产品质量的关键参数，包括功能的上下限度，此外还包括设备 SIP、CIP）、系统控制功能（报警、自动控制、手动操作）、安全方面的功能（如设备的急停开关功能、安全连锁功能）进行测试，从而确认设备运行状况与预定要求和设计标准一致。

g. 断电再恢复确认　确认设备/系统正常运行时若出现断电将停止运行，断电再恢复电力后设备/系统不能自动运行处于待机状态，断电前设定的参数或获得的电子记录应保存完整无丢失。

h. 权限确认　涉及计算机化系统的设备/系统应考虑进行此项确认，确认只有输入正确的账号、密码才能进入 HMI（人机操作界面）相应的页面，只有输入正确的密码才能进入 HMI 操作，错误的密码不得访问系统，以及根据需要通常分为三级权限管理等。

i. 操作规程适用性确认　确认起草的使用、维护保养与清洁操作规程能满足日常使用，并根据确认结果对规程进行完善定稿。

j. 其他确认　此外根据设备/系统情况可能还会进行一些其他项目确认，如喷淋球覆盖能力测试、审计追踪功能确认、数据存储备份恢复确认、输入/输出确认等。

第七节 厂房设施设备系统性能确认

一、性能确认概述

性能确认（performance qualification，PQ）是指为确认已安装连接的设施、系统和设备能够根据批准的生产方法和产品的技术要求有效稳定（重现性好）运行所作的试车、查证及文件记录。性能确认通常应在安装确认和运行确认完成之后执行。性能确认既可以作为一个单独的活动进行，在有些情况下也可以考虑将性能确认与运行确认结合在一起进行。

性能确认（PQ）是为了证明设备/系统是否能达到设计标准和GMP规范要求而进行的系统性检查和试验。就公用系统或辅助系统而言，性能确认是公用系统或者辅助系统确认的终点，如空调系统（HVAC）、纯化水系统、压缩空气系统等。对于生产设备而言，性能确认系指使用与实际生产相同的物料或产品（也可以使用具有代表性的模拟物料或产品）通过系统联动试车的方法，考察工艺设备运行的可靠性、关键运行参数的稳定性和运行结果的重现性的一系列活动。当最终性能确认报告批准后，设备/系统可用于正常生产操作或工艺验证。

二、性能确认的内容

1. 性能确认的准备工作

① 确认设备/系统安装确认和运行确认报告已完成并经批准，没有未关闭的偏差或存在的偏差不影响性能确认；

② 检查性能确认需要的设备/系统的相关SOP已批准并齐全；

③ 检查性能确认需要的相关检验方法已完成方法学验证；

④ 检查性能确认需要的仪器仪表已经校准并在有效期内。

2. 性能确认内容

① 目的　用于描述设备/系统性能确认的目的。例如，本性能确认的目的是证明××车间的××设备/系统在负载条件下能持续稳定可靠运行，能够满足设计标准和中国GMP的要求。性能确认的测试和检查的结果将按照该确认方案进行记录。

② 范围　用于描述设备/系统性能确认的范围。例如：本性能确认的范围为××车间的××设备/系统的性能确认。设备型号规格：××。

③ 职责　用于描述设备/系统性能确认小组成员或部门职责。

④ 设备/系统描述　用于描述设备/系统功能、结构、性能、原理、安装区域等。参照设计确认中关于设备/系统的描述。

⑤ 设备/系统参考标准/指南　用于描述本性能确认适用的、参考的法律、法规、国际标准、国家标准、行业标准、公司指南、公司标准操作程序（SOP）等技术资料。

⑥ 术语　用于解释和说明性能确认中用到的专业术语、缩略语。

⑦ 性能确认内容　用于描述设备/系统运行确认的具体内容，针对不同的设备/系统其内容有所不同，但通常包含以下内容：

a. 先决条件确认　用于确认设备/系统性能确认需要的安装确认和运行确认报告已完成并经批准，且没有未关闭的偏差或存在的偏差不影响性能确认，并为后续的确认提供帮助。

b. 人员确认　用于确认所有参与执行 PQ 方案的人员并签名确认。

c. 文件（SOP）确认　用于确认设备/系统性能确认所需文件的完整性、可读性；记录并核查这些文件和资料的文件名称、编号、版本号以及存放位置。

d. 培训确认　用于确认设备/系统运行确认所有参与人员经过培训。

e. 仪器/仪表校准确认　检查和记录 PQ 涉及的仪器/仪表的名称、规格型号、编号、用途、安装位置、校准证书（并附上校准证书复印件）等，并核查所有仪器/仪表是否经过校准并在有效期内。

f. 性能测试　根据设备/系统的具体性能，通过采用与实际生产相同的物料或产品（也可以用模拟物料或产品）测试设备/系统负载条件下能持续稳定可靠运行并且产出符合设计标准的产品（如空调系统提供的洁净空气、纯化水系统制备的纯化水、设备生产出的产品等）。例如，粉碎机的粉碎粒度分布和一次粉碎合格率，胶囊填充机的装量差异，压片机的片子重量差异，混合机的颗粒或粉末含量均一性等。此外还应对设备/系统的质量保证和安全保护功能的可靠性以及一些合理的"挑战"进行测试，如剔废功能、无瓶止灌、超载报警、生物指示剂测试等。

第十一章

工艺设计

第一节 工艺设计概述

工艺设计可以有狭义和广义两种理解。狭义的"工艺设计"是指在小试和中试的基础上进行的产品工艺设计，即匹配产品的特性的工艺包设计，包括确定合适工艺步骤，选择合适的设备类型，在恰当的环境（温度、压力）下进行相关的工艺加工，最终形成完整的工艺路线的过程。广义的"工艺设计"则包括产品工艺设计，以及为了实现产品工艺而进行的工程设计，包括在药厂车间新建、改建、扩建、迁建等过程中，对某一具体品种或某类品种生产工艺，依次进行的工艺流程确定、设备选型、设备和工艺管道布置、车间布置等形成系列图纸和文件的规划过程。很明显，广义的工艺设计即工艺实施设计，包括产品工艺设计，也可以说工艺实施设计是在产品工艺设计基础上进行的。确定的图纸包括工艺流程图、工艺设备流程图、车间工艺平面布置图、施工条件图、设备一览表等。本教材所指工艺设计中的"工艺"则是指制药工艺，包括各种制剂工艺、化学原料药生产工艺、中药饮片生产工艺、生物药生产工艺等。本章所指的"工艺设计"是指广义的工艺设计，即着重指围绕产品工艺实施而进行的系列工程设计。

一、工艺设计阶段划分及其内容

基建项目按建设性质可以划分为新建、扩建、改建、恢复和迁建项目；按照项目规模可以划分为大、中、小型基建项目。所有基建项目都应按照基建程序办事，但不同的基建项目在基建各个阶段的内容和深度上有所侧重。

医药工程建设项目从设想到建设完成开始生产的基本工作程序如图 11-1-1 所示。项目的一般程序是：提出项目建议书，进行可行性研究，编制设计任务书，选择建设地点，进行勘察设计，进行建设准备，计划安排，组织工程施工，进行生产准备，竣工验收和交付生产等。

整个项目建设周期分为设计前期、设计中期及设计后期三个阶段，而工艺设计工作围绕这三个阶段有所不同。

项目设计前期工作包括项目建议书及可行性研究报告，是为了证明该项目建设的社会必要性、工艺可实施性以及经济可行性。项目建议书的内容包括：项目建设的背景和依据，项目建设的必要性和经济性，产品名称及质量标准，产品方案及生产规模，工艺技术方案，原材料规格及来源等，主要由建设单位完成。

可行性研究需在项目建议书的基础上进行产品需求预测，项目技术路线可行性分析，项目社会安全

（环保、安全、消防）分析，项目技经（包括投资估算，资金来源，投资回报率等）分析等，其工作成果是可行性研究报告。可行性研究报告由建设方配合有资质的咨询公司完成。一些技术成熟的小型项目可在项目建议书批准后直接进入施工图设计阶段。

设计中期阶段根据项目建设规模及工程重要性分为两阶段或三阶段模式。国内一般分为初步设计及施工图设计，国际普遍分为概念设计（CD）、基础设计（BD）和详细设计（DD）。

初步设计阶段是根据设计任务书（或可行性研究报告）、设计基础资料及全厂设计原则、设计标准、设计方案等资料进行系列设计。涉及专业包括总图、工艺、土建、电气、通风空调、给排水动力及概算等。初步设计成果是初步设计说明书和图纸等系列资料。初步设计的深度应满足下要求：设计方案的比选和确定，主要设备材料定货，土地征用，基建投资的控制，施工图设计的编制，施工组织设计的编制，施工准备和生产准备等。

工艺专业设计内容包括：工艺专业初步设计说明、设计图纸和表格，并为其他专业（水、电、暖、动力等）提供各类设计条件。

设计说明应包括下列内容：

① 设计依据和设计范围：包括建设方提供的文件，如任务书、调查报告等；设计资料如中试报告、调查报告等。

② 设计指导思想和设计原则：包括项目设计的具体方针政策和指导思想，以及专业设计原则，如工艺路线选择、设备选择和材质等选用原则。

③ 建设规模和产品方案：产品名称和性质、质量规格、生产规模、副产物及其数量、产品包装储藏方式。

④ 生产方法和工艺流程：简要说明工艺原辅料路线和工艺方案及工艺流程。其中工艺流程图包括工艺方块流程图和带控制点的工艺流程图，是工艺专业主要设计内容，后面相关章节详细介绍。

⑤ 车间组成及生产制度：生产制度包括年工作日、操作版次、生产类型（连续或间歇）。

⑥ 物料衡算和热量衡算：应说明物料计算基础，并列出计算结果（可用物料方块流程图表示）。

⑦ 主要工艺设备选择：应包括工艺主要设备选型及材料选择的依据，并应阐述其先进性，以及工艺主要设备计算依据、计算过程及计算结果等。

⑧ 主要原辅材料及工艺用公用工程消耗量：应包括主要原辅材料的消耗量、工艺用公用工程的消耗量、公用工程负荷表。

⑨ 存在的问题及建议：可按实际情况说明设计存在的问题并提出建议。

设计图纸和表格应包括工艺管道及仪表流程图、工艺设备一览表，并应按合同约定确定是否需要提供工艺物料流程图、公用工程流程图、工艺设备数据表、管线一览表、安全阀和爆破片数据表等。

工艺施工图设计文件内容应包括文件目录、设计和施工说明、设计图纸、设计表格、计算书等。各项内容均在初步设计的基础上深化和完善。施工图设计的深度应满足以下要求：设备材料的安排和非标准设备的制作，施工图预算和施工要求的编制等。施工图各项文件应作为技术资料归档。

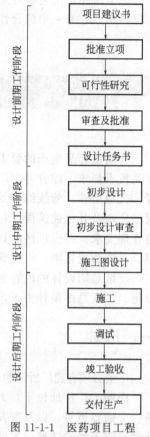

图 11-1-1 医药项目工程建设流程

二、工艺设计的重要性

车间设计是一项综合性很强的工作，包括土建、设备安装、采暖、通风、电器、给排水、动力、自控、概预算、经济分析等专业。设计工作应委托经过资格认证并有主管部门颁发的设计证书、从事医药专业设计的设计单位进行。

工艺设计和其他非工艺专业设计共同组成车间设计，在车间设计中工艺设计起主导作用。工艺设计人员除了完成本专业设计之外，需就本专业需求向其他非工艺专业提出各项设计条件，配合各专业进行设计。

综上所述，工艺设计是一门以药学、药剂学、GMP 和工程学及相关理论和工程技术为基础的应用型工程科学，它是一个综合性、整体性很强必须统筹安排的系统工程和技术学科。

第二节　厂区总图设计概述

为满足药品生产的要求，各类厂区都涉及厂区总图设计，其任务是根据药厂的组成和使用需要，结合有关技术要求，综合考虑厂区条件、工艺流程、建筑物和各项设施平面和空间的关系，正确处理建筑物布置、交通运输、管线综合及环境保护，充分利用地形，节约用地，使厂内各项设施组成协调的整体，并与周围环境及其他建筑群体相协调而进行的设计。设计时要遵循国家的方针政策，按照对药品生产质量管理的管理要求，结合厂区的具体条件，如厂区的卫生、防火技术等要求，进行分析综合，做到工艺流程合理、总体布置紧凑，以达到投资省建设周期短、生产成本低、效率高的效果。

厂区总图设计的内容包括：总平面布置，竖向布置，交通运输布置，管线综合布置，环境保护，厂区绿化。厂区总图设计由工艺专业及其他专业共同完成。

一、选址

厂址必须有建厂所需的足够面积和较适宜的平面形状，这是能否建厂的基本条件也是对厂址的最基本要求。

医药工厂厂址位于在大气含尘、含菌浓度低，无有害气体，自然环境好的区域。远离铁路、码头、机场、交通要道等，以及散发大量粉尘和有害气体的工厂、仓储、堆场，远离严重空气污染、水质污染、震动或噪声干扰的区域；不能远离严重空气污染区时，则位于全年最小频率风向下风侧。

药品生产企业总体布局应符合《化工企业总图运输设计规范》《建筑设计防火规范》《石油化工企业设计防火规范》《精细化工企业工程设计标准》《药品生产质量管理规范》（2010 年修订）等相关规范。

二、总图设计的依据和原则

确定厂址后，需要根据生产品种、建设规模及有关技术要求，缜密考虑和总体解决工厂内部所有建筑物和构筑物在平面和纵向上布置的相对位置及运输网、工程网，进行工厂的总图布置。

1. 总图设计的依据

总图设计依据主要有以下几点：政府部门下发、批复的与建设项目有关的一系列文件；建设地点工程设计基础资料（厂区总貌、工程地质、水文地质、气象条件及给排水、供电等有关资料）；建设地用地红线图及规划、建筑设计要求；项目所在地控制性详细规划。

2. 总图设计的原则

总图设计需满足生产、安全、发展规划三方面的要求。

厂区可分为行政、生产区、辅助区和生活区；不同区域合理布局。厂区主要道路应贯彻人物分流的原则，做到"各行其道"，尽量避免交叉污染，人流物流不穿越或少穿越，并应考虑产品工艺特点，合理布局，间距恰当，内外运输相协调，线路短捷、顺畅，避免或减少折返迂回运输；厂区人流出入口和物流出入口宜在厂房不同方向设置；洁净厂房周围道路面层材料整体性好，发尘少；医药洁净厂房应布置在厂区内环境清洁且人流、物流不穿越火少穿越的地段，并应根据药品生产特点布局。医药工业洁净厂房环境应清洁，洁净厂房周围应绿化，露土面积少，不种植对药品生产有不良影响的植物。兼有原料药和制剂生产的药厂，原料药生产区位于制剂生产区全年最大频率风向的下风侧。高致敏性药品（如青霉素类）或生物制品（如卡介苗或其他用活性微生物制备而成的药品）必须采用专用和独立的厂房、生产设施和设备，其生产厂房位于厂区全年最小频率风向的上风侧。厂区内应设置消防车道，消防车道的设置应符合现行国家标准。

三、厂区纵向布置

纵向布置和平面布置是工程布置不可分割的两部分内容。平面布置的主要任务是确定全厂建筑物、构筑物、道路、管道等的平面坐标，纵向布置的任务是确定他们的标高。纵向布置的目的是合理利用和改造厂区的自然地形、协调场内外的高程关系，在满足生产工艺、运输、卫生安全等方面要求的前提下使工厂场地的土方工程量最小，使厂区的雨污排水能顺利排出，并不受洪水淹没的威胁。

纵向布置的方式包括平坡式、阶梯式和混合式三种。平坡式适用于建筑密度较大，自然地形坡度小于4％的平坦地区或缓坡地带，该方式土方量较大，平整后的坡度不宜小于5‰；阶梯式多用于山区，丘陵地带，场地自然地形坡度较大，运输简单，管线不多的工厂设计；平坡式和阶梯式均兼有的设计方法称之为混合式。

四、总图设计的成果

总图设计的成果包括设计图纸和设计表格。设计图纸主要包括：区域布置图；总平面图；纵向布置图；综合平面布置图等。设计表格包括总平面布置的主要技术经济指标和工程量表、设备表、材料表等。

在工业企业总平面设计中，往往用总平面布置图中的主要技术经济指标来衡量总图设计的经济合理性。总图技术经济指标一般包含厂区总用地面积、建构筑物面积，厂区建筑密度、容积率、绿化率等相关系数，如表 11-2-1 所示。

表 11-2-1　总图技术经济指标

序号	项目	计量单位	数值	规划指标
1	规划总用地	m²		
2	建筑占地面积	m²		
3	总建筑面积	m²		
	地上	m²		
	地下	m²		
4	计算容积率的建筑面积	m²		
5	容积率	%		
6	建筑密度	%		
7	机动车位			
8	非机动车位			
9	绿地率			
10	行政办公及生活附属用房占地面积	m²		
11	行政办公及生活附属用房占地比例	%		

第三节　车间工艺设计

一、工艺流程设计

工艺流程设计是工艺设计的一部分。工艺流程设计是用图示的方法将生产过程中所有设备，物料和能量变化以及流向、管道和仪表等表示出来。它是设计和施工的依据，也是操作运行及检修的指南。

对于工艺流程设计的不同阶段，工艺流程图的深度有所不同。工艺流程图又分为工艺流程框图、设备工艺流程图、物料流程图、带控制点的工艺流程图等。

1. 工艺流程框图

生产路线确定以后，物料衡算工作开始之前，为了表示生产工艺过程，绘制工艺流程框图。这是一种定性图纸，便于方案比较和物料衡算，不编入设计文件中。某单抗生产工艺流程框图如图11-3-1所示。

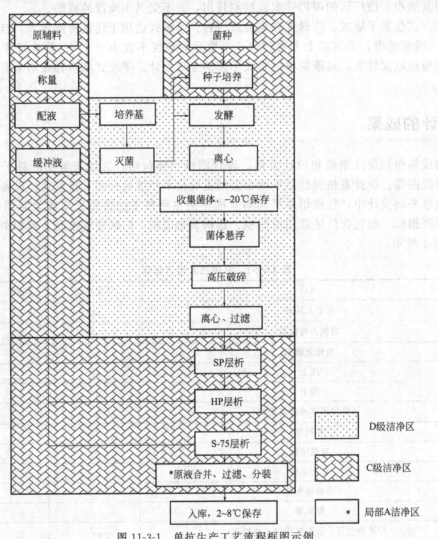

图 11-3-1　单抗生产工艺流程框图示例

2. 设备工艺流程图

以工艺方块流程图为基础，确定设备形式、规格后，可以绘制设备工艺流程图。在设备工艺流程图中，以设备的几何图形表示单元反应和单元操作，以箭头表示物料和介质的流向，用文字表示设备、物料和介质名称。图11-3-2为纯水制备设备工艺流程图。

3. 管道仪表流程图

管道仪表流程图（P&ID）需要把全部设备、管道、阀门、管件和仪表及其控制方法等表示出来，是工艺设计中必须完成的成品，是施工、安装和生产过程中设备操作、运行和检修的依据。

施工图初步设计阶段由工艺专业与仪表及自动控制专业，根据生产流程、控制方案等，共同绘制带控制点的工艺流程图并编入设计文件中，施工图设计阶段，则按施工的进度要求进一步深化，需要绘制管道

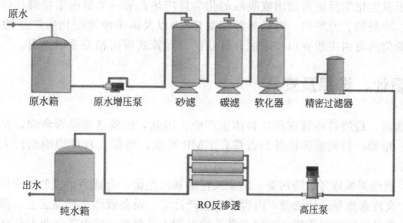

原水

原水箱　原水增压泵　砂滤　碳滤　软化器　精密过滤器

出水

纯水箱　RO反渗透　高压泵

图 11-3-2　纯水制备设备工艺流程图

和仪表流程图。两图绘制的要求是一致的。前者是以工艺管道及仪表为主，后者需将工艺流程图和所需的全部设备、管道、阀门及管件和仪表表示出来。其中辅助系统的管道及仪表流程图也需按照一般介质分类分别绘制和合绘制在一张图上。（对流程简单、设备不多的工程项目，可并入工艺管道流程图）。绘制时，当一个流程中包括数个相同的系统（如提取罐、醇沉罐时）可以只绘出一个系统的流程图，其余系统以细双点划线的方框表示，框内注明系统名称及其编号。图中工艺物料管道用粗实线，辅助管道用粗线，其他如设备、阀门、管件等都用细实线。

二、工艺物料衡算和热量衡算

1. 物料衡算概述

物料衡算是医药工艺设计的基础。根据项目年产量，通过对全过程或者单元操作的物料衡算，可以得到单耗、副产品量、输出过程中的物料损耗量以及"三废"生成量等，使设计由定性转向定量。物料计算的基础是过程前后物料之间遵循质量守恒定律。

$$\Sigma G_1 = \Sigma G_2 + \Sigma G_3 \tag{11-1}$$

式中，G_1 为输入的物料量；G_2 为输出的物料量；G_3 为物料的损失量。

对于间歇操作，物料计算可以采用一批或者一日为基准；对连续操作，则应以单位时间（h）进行计算。通过物料计算可进行如下工作：确定设备容积、台数和主要尺寸；进行热量计算；进行管道设计；考虑环境保护、执业安全卫生等。

在初步设计阶段，在下列各项中反映物料计算的结果：产品名称及生产规模；副产品名称及产量；工艺过程简述中物料配比和得量；以方块流程表示的物料流程；主要原料消耗表中的消耗定额和消耗量；原材料及成品贮运输项中车间贮存量和运输量；环境保护项中污染物的名称、组分、含量及排出量；消防项中原料、中间体、成品用量和贮存量；职业安全卫生项中有害物的种类名称和性质；产品成本项中原辅料的消耗费用；主要经济指标项中原材料消耗量及三废排量。

2. 热量衡算概述

热量衡算是在物料衡算的基础上对需加热或冷却的设备进行的热量计算，用以确定加热剂或冷却剂的消耗量，以及通过设备壁面所需传递的热量。热量计算的基础是能量守恒定律。

$$Q_1 + Q_2 + Q_3 = Q_3 + Q_4 + Q_5 \tag{11-2}$$

式中，Q_1 为物料带到设备中的热量；Q_2 为由加热剂（冷却剂）传给设备的热量（加热时取正值，冷却时取负值）；Q_3 为过程的热效应；Q_4 为物料从设备离开所带走的热量；Q_5 为消耗于加热（冷却）设备和各个部件上的热量；Q_6 为设备向四周散失的热量。

通过式（11-2）可以计算 Q_2，由 Q_2 进而可以计算加热剂或冷却剂的消耗量；过程的热效应 Q_3 可分为两类，一类是由于发生化学反应所放出或吸收的化学反应热，另一类是由于物理化学过程所发生的状态变化热（如汽化热、冷凝热、升华热、结晶热等相变热），以及由于浓度变化所产生的浓度变化热。化学反应热和各种状态变化热可由手册查出或通过计算获得，计算式可由相关手册查出。

三、工艺设备设计、选择及安装

设备的设计与选型，最终将体现在药厂具体生产中，因此，设备选型是否合理，是否符合企业工艺生产特点，便于操作、维修，特别是该设备是否符合 GMP 要求，将很大程度影响药厂 GMP 认证以及今后的生产和进一步发展。

制药设备设计、选型需慎重考虑防污染、防交叉污染和防差错，合理满足工艺需求因素，通常通过起草《用户需求》(URS) 文件来指导设计选型，内容涉及生产计划、设备操作、产品工艺、质量控制、安全环境健康、设备维修、生产效率等诸多因素，需要有经验的专业人员起草，并由各专业人员充分讨论定稿。

1. 工艺设备的要求

① 设备的设计、选型、安装、改造和维护必须符合预定用途，应当尽可能降低产生污染、交叉污染、混淆和差错的风险，便于操作、清洁、维护，以及必要时进行的消毒或灭菌。

② 应当建立设备使用、清洁、维护和维修的操作规程，并保存相应的操作记录。

③ 应当建立并保存设备采购、安装、确认的文件和记录。

④ 不应选择落后设备。

⑤ 设备选择首先要满足工艺流程、各项工艺参数要求，并依据这些要求选择设备相应的功能尤为重要。

⑥ 设备最大生产能力应大于设计工艺要求，尽量避免设备长期在最大能力负荷下运行。

⑦ 设备的最高工作精度应高于工艺精度要求，对产品质量参数范围留有调节余量。

⑧ 推荐选择就地自动清洗设备、系统，最好安装有在线清洁检测装置，以保证清洗系统达到洗净的目的。

⑨ 对于清洗区的专用清洗设备、干燥设备，建议设计为被清洗物进入口与出口分区设置，避免被清洗物倒流产生污染。

⑩ 清洗设备应考虑设计自清洗功能，以保证设备本身不被清洗物污染。清洗设备排水管口不应产生污水反流、浊气反流，通常考虑设计有反水弯、单向阀、切断并封闭排水管装置。

2. 工艺设备的设计和安装要求

① 生产设备不得对药品质量产生任何不利影响。与药品直接接触的生产设备表面应当平整、光洁、易清洗或消毒、耐腐蚀，不得与药品发生化学反应、吸附药品或向药品中释放物质。

② 应当配备有适当量程和精度的衡器、量具、仪器和仪表。

③ 应当选择适当的清洗、清洁设备，并防止这类设备成为污染源。

④ 设备所用的润滑剂、冷却剂等不得对药品或容器造成污染，应当尽可能使用食用级或级别相当的润滑剂。

⑤ 生产用模具的采购、验收、保管、维护、发放及报废应当制定相应操作规程，设专人专柜保管，并有相应记录。

⑥ 在易燃易爆环境中使用的设备，应采用防爆电器，并设有消除静电装置及安全保险装置。

⑦ 涉及压力容器，除符合上述要求外，还应符合压力容器有关规定。

⑧ 工艺设备穿越不同洁净室（区）时，除考虑固定外，还应采取可靠的密封隔断装置，以防止污染。

⑨ 不同洁净等级房间之间，如采用传送带传递物料时，为防止交叉污染，传送带不宜穿越隔墙，应在隔墙两边分段传送。

3. 工艺布局要求

工艺布局设计的目的是对厂房的配置和设备的布置做出合理的安排，车间工艺布置对车间建成后生产活动、设备维护检修等有重大影响。

生产制造区应有足够的空间，使生产活动能有条理地进行，防止不同药品的中间产品和待包装产品之间发生混淆；防止由其他物质或其他药品带来的污染或交叉污染；防止遗漏任何生产或控制步骤差错事件的发生。

生产区应当有适度的照明，目视操作区域的照明应当满足操作。生产区内可设中间控制区域，但中间控制操作不得给药品带来质量风险。仓储区的设计和建造应当确保良好的仓储条件，并有通风和照明设施。仓储区应当能够满足物料或产品的贮存条件（如温湿度、避光）和安全贮存的要求，并进行检查和监控。生产区和原辅料包材仓储区、成品仓储区应当有足够的空间，确保有序地存放设备、物料、中间产品、待包装产品和成品，避免不同产品或物料的混淆、交叉污染，避免生产或质量控制操作发生遗漏或差错。

质检研发区通常应当与生产区分开，生物检定、微生物和放射性同位素实验室还应当彼此分开。

工艺布局需满足生产工艺要求，设备布置要求，安全疏散要求等。在生产区平面布局设计中，要综合各项因素，最终确定最小的生产空间以利于管理、减少环境清洁及消毒工作，也有利于节约能源。

4. 生产工艺要求

设备布置时要满足工艺流程顺序，保证工艺流程在水平和垂直方面的连续性；同类型设备可能布置在一起，以便集中管理，统一操作；卫生要求相同的设备或房间尽可能布置在一起，以减少空调机净化费用，洁净级别不同区间适当布置缓冲区，以减少污染；车间应留有堆放原料、半成品和包装材料的位置及必要的运输通道；要考虑到设备间的管线及物料输送的距离尽可能短，避免交叉往返；设备间距应考虑操作、检修、安装的要求。

5. 设备布置要求

笨重设备或运转时产生很大震动的设备尽可能布置在厂房底层，有剧烈震动的设备的基础或操作台不得与建筑物的柱和墙相连；布置设备时要避开建筑物的沉降缝或伸缩缝；厂房操作台需要统一考虑，不得高低参差不齐。在工艺流程允许的情况下，将较高设备集中布置，充分利用空间，简化厂房体型。

6. 设备安装要求

根据设备大小及结构考虑设备安装检修拆卸所需的面积和空间；能顺利进出厂房经常搬动的设备应靠近大门，大门宽度比最大设备宽 0.5m；不经常搬动的设备若不能从大门出入，可在墙上设置安装孔，待设备运入后砌墙封口；通道弯曲较多的洁净区，应在适当的点安装密封门，以方便设备进出。多层厂房，楼面要设置吊装孔，各层应在相同的平面位置，吊装孔一般在 2.7m×2.7m 以内，对外形尺寸很大又不能倾转的机械设备，可采用安装孔或安装墙；在吊装孔或安装孔上方应考虑预埋吊钩以便悬挂起重设备，如在厂房内水平吊运，应考虑使被吊运物件的运输高度大于途中设备的高度。厂房的高度主要由生产设备的布置要求所决定，即取决于设备的高度和安装的位置、检修的要求及安全卫生条件；在有毒害气体或有高温的厂房中，要适当加大层高或设置天窗，以利于通风和散热。

四、洁净公用工程设计

洁净公用工程包括纯化水、注射水、纯蒸汽的制备及分配，在医药设计中由工艺专业完成。

1. 制备系统

（1）纯化水制备

通常情况下，纯化水制备系统的配置方式根据地域和水源的不同而不同，纯化水制备系统应根据不同的原水水质情况进行分析与计算，然后配置相应的组件依次把各指标处理到允许的范围之内。目前，国内常用的处理方式为二级反渗透加 EDI 处理方式，一般由设备厂家成套提供。

（2）注射水制备

《中国药典》（2020 年版）中规定，注射用水是使用纯化水作为原料水，通过蒸馏的方法获得。蒸馏方式包括单效蒸馏、多效蒸馏、热压式蒸馏三种方式。

（3）纯蒸汽制备

纯蒸汽通常是以纯化水为原料水，通过纯蒸汽发生器或多效蒸馏水机的第一效蒸发器产生蒸汽，纯蒸汽冷凝时要满足注射用水的要求。软化水、去离子水和纯化水都可作为纯蒸汽发生器的原料水，经蒸发、分离（去除微粒及细菌内毒素等污染物）后，在一定压力下输送到使用点。

2. 储存分配系统

储存系统用于调节高峰流量需求与使用量之间的关系，使二者合理地匹配。储存系统必须维持进水的水质以保证最终产品达到质量要求。储存系统最好是用较小、成本较低的处理系统来满足高峰时的要求。储罐的投资成本通常低于为满足高峰用量而扩大系统处理规模所增加的成本。储存系统的缺点是它会引起一个低速水流动的区域，这可能会促进细菌的生长，所以合理地选择储存系统非常重要。

大多数水系统的分配是用一个循环回路。循环的主要目的是减少微生物的生长或微生物附着在系统表面的机会。

洁净公用工程的储存分配系统设计需注意以下要点：

① 储罐周转率　普遍的做法是储罐的周转率每小时 1～5 次。对于使用外部消毒或处理设备的系统，储罐周转率可能是很重要的。当储罐处于消毒条件下，如热储存或臭氧，储罐周转率不是很重要。

② 系统排净能力　用蒸汽进行消毒或灭菌的系统必须要完全排净来确保冷凝水被完全去除。从来不用蒸汽消毒或灭菌的系统不需要完全排净，只要水不在系统中停滞就可以。

③ 死角　好的工程规范是在有可能的情况下尽量减少或去除死角。常见的做法是限制死角小于 6 倍分支管径或更小。工程设计规范要求死角长度最小，有很多好的仪表和阀门的设计是尽量减少死角的。

④ 正压　始终维持系统的正压是很重要的。系统的设计如果没有足够的回流，在高用水量时，使用点可能会形成真空，由此可能引起预想不到的系统微生物挑战。

⑤ 循环流速　一般设计循环环路最小返回流速为 3ft/s(0.9m/s) 或更高，在湍流区雷诺数大于 2100。在最小返回流速的情况下，要维持循环内在正压下充满水。

第四节　医药洁净厂房设计

一、洁净厂房的划分

1. 药品生产环境的分区

国内外在药品生产环境的分区上趋于一致，通常分为室外区、一般区和保护区、洁净区、无菌区四个区域。

（1）室外区

室外区是厂区内部或外部无生产活动和更衣要求的区域。通常与生产区不连接的办公室、机加工车间、动力车间、储罐区、餐厅、卫生间等在此区域。

（2）一般区和保护区

一般区和保护区是厂房内部产品外包装操作和其他不将产品或物料明显暴露操作的区域，也称非控制区，如外包装区、QC实验区、原辅料和成品储存区等。

① 一般区：没有产品直接暴露或没有直接接触产品的设备和包材内表面直接暴露的环境。例如无特殊要求的外包装区域，环境对产品没有直接或间接的影响。环境控制只考虑生产人员的舒适度。

② 保护区：和一般区一样，本区没有产品直接暴露或没有直接接触产品的设备和包材内表面直接暴露的环境。但该区域环境或活动可能直接或间接影响产品。例如有温湿度要求的外包装区域、原辅料及成品库房、更衣室等。

（3）洁净区

洁净区是厂房内部非无菌产品生产的区域和无菌药品灭（除）菌及无菌操作以外的生产区域。非无菌产品的原辅料、中间产品、待包装产品以及与工艺有关的设备和内包材，能在此区域暴露。

（4）无菌区

无菌区是无菌产品的生产场所。

2. 洁净级别划分

我国 GMP（2010 年修订）对药品生产受控环境的洁净级别与美国、欧盟、世界卫生组织的 GMP 中的洁净级别的分类基本一致，GMP 根据生产要求将洁净级别分成 A 级、B 级、C 级、D 级四个不同等级洁净区。

（1）A 级

A 级为高风险操作区，如灌装区、放置胶塞桶和与无菌制剂直接接触的敞口包装容器的区域及无菌装配或连接操作的区域。A 级区域应当用单向流操作台（罩）维持该区的环境状态。单向流系统在其工作区域必须均匀送风，风速为 0.36～0.54m/s（指导值）。此外，应当有数据证明单向流的状态并经过验证。在密闭的隔离操作器或手套箱内，可使用较低的风速。

（2）B 级

B 级指无菌配制和灌装等高风险操作 A 级洁净区所处的背景区域。

（3）C 级和 D 级

C 级和 D 级指无菌药品生产过程中重要程度较低操作步骤的洁净区。

口服液体和固体制剂、腔道用药（含直肠用药）、表皮外用药品等非无菌制剂生产的暴露工序区域及其直接接触药品的包装材料最终处理的暴露工序区域，应当参照"无菌药品"附录中 D 级洁净区的要求设置，企业可根据产品的标准和特性对该区域采取适当的微生物监控措施。表 11-4-1 为洁净级别分类标准；表 11-4-2 为洁净区微生物检测动态标准。

表 11-4-1 洁净级别分类标准

清净度级别	悬浮粒子最大允许数/m³			
	静态		动态	
	≥0.5μm	≥5.0μm	≥0.5μm	≥5.0μm
A 级	3520	20	3520	20
B 级	3520	29	352000	2900
C 级	352000	2900	3520000	29000
D 级	3520000	29000	不作规定	不作规定

表 11-4-2 洁净区微生物检测动态标准

洁净度级别	浮游菌 CFU/m³	沉降菌（φ90mm）CFU/4 小时	表面微生物	
			接触（φ55mm）CFU/碟	5 指手套 CFU/手套
A 级	<1	<1	<1	<1
B 级	10	5	5	5
C 级	100	50	25	—
D 级	200	100	50	—

二、洁净厂房物流人流规划

1. 物流规划

物流规划是指生产工艺路线的设计，即将生产过程分解成若干工序，每个工序分配到设备上，每台设备分配到房间或洁净区里，将车间内的房间或区域分成若干单元反应的物料流动。物流路线与传料方式紧密相关。无论采用何种方式，必须保证所采用的方式不会对药品生产造成不利影响，如交叉污染、仪器设备复杂致使所需的确认或验证无法有效实施等。

洁净厂房物流规划的原则如下：

① 综合考虑物流路线合理性，最小化交叉污染，使之更有逻辑性、更直接、更顺畅等；

② 减少物料处理工艺步骤，缩短物料运输距离；

③ 采取合适的保护措施，避免交叉污染；

④ 进入有空气洁净度要求区域的原辅料、包装材料等应有清洁消毒措施，进入无菌区域的原辅料和包材应设置除菌过滤、灭菌设施等；

⑤ 废弃物出口和物料进口采用各自的气闸或传递窗；

⑥ 输送人和物料的电梯应分开，洁净区尽量不设电梯；

⑦ 设有器具清洗间和存放间，避免已清洁的设备部件、模具和未清洗设备部件、模具共用同一储存区域。

2. 人流规划

人流规划主要关注人员对产品、产品对人员及生产环境的风险。涉及的人员包括一般员工、生产人员、参观人员、维护人员等。

进入制药工厂内一般区、洁净区和无菌区的人员更衣设施，应根据生产性质、产品特性、产品对环境的要求等设置相应的更衣设施。

（1）总更

通常人员进入制药工厂区或车间内，首先会有第一次更衣，即从室外区进入一般区或保护区的更衣，也称为总更衣。总更衣的目的是提供员工统一工服，使员工在一般区的操作活动符合安全的要求并使一般区保持干净。由于一般区的操作不涉及产品或物料的明显暴露操作，不会对产品或物料产生污染或交叉污染，所以总更衣间的设计和更衣程序的要求不高。

人员在总更衣间脱掉外衣和鞋子，更换统一的工衣和工鞋。一般在总更衣间设置衣柜，每位员工均有专用的衣柜。通常脱外衣和脱鞋子与穿统一的工服和工鞋可在一个区域内依次进行（一个更衣柜）。总更衣间没有空气洁净度的要求，但保持总更衣间的通风干燥和干净是必要的。总更衣后，人员可进入一般区，如外包装区、储存区等。

（2）进入洁净区的更衣

通常人员进入洁净区有两种途径。一个途径是经过总更衣后从一般区经第二次更衣后进入洁净区；另一途径是从室外区经更衣后直接进入洁净区。两种进入洁净区的途径在国内外制药工厂的设计和实践中均有表现。我国主要采用第一种方式，即经过二次更衣进入洁净区。

进入洁净区更衣的目的：保护产品不受操作人员的污染，如操作人员的皮肤、头发；保护产品不受洁净区外部环境的污染，主要污染源来自工鞋、衣服、洁净室室外空气的进入等；保护操作人员不受产品影响；减小不同物料和（或）产品之间的交叉污染，防止在离开洁净区时带出吸附在衣服上的产品和物料。

更衣室应提供更衣区域和设施供人员存外衣、换鞋、洗手（消毒）、更换洁净工作服等。更衣室通常分为两个区域：非洁净更衣区和洁净更衣区。人员在非洁净更衣区脱下外衣和鞋子，洗手或消毒后，进入洁净更衣区更换洁净衣后，方能进入洁净生产区。更衣室的两个区域应分别设置更衣柜（架），更衣柜内宜通风。更衣室的两扇门应设计为互锁，用来预防一扇门未完全关闭时打开另一扇门。更衣设施须结合合理的更衣顺序、洗手（消毒）程序、洁净空气等级和气流组织及合理的压差和监控装置等，来满足净化更衣的目的。

（3）进入无菌区的更衣

无菌区是无菌产品的生产场所，进入无菌区的更衣要求与进入一般区和洁净区的更衣要求有本质的不同，其目的是保障产品的无菌性。

无菌更衣无论在更衣设施的设计，还是在无菌服装材质和款式的设计、更衣程序、空调洁净度及气流组织等各个方面都有最高的要求。无菌更衣设施的设计是更衣程序的硬件保证，起着极其重要的作用。

在无菌更衣设施的设计上，国内外已有以下共识和设计实践：进入和离开无菌区宜采用不同路线，避免对无菌环境和无菌衣的污染；在无菌更衣的整个过程不用水作为洗手剂，避免微生物的污染；无菌更衣室后段的静态级别应与其相应洁净区的级别相同。

进入无菌区的更衣通常有以下两种途径：人员从一般区先进入 C 级区，再从 C 级区进入无菌区；人员从一般区直接进入无菌区。

三、洁净厂房平面布局

洁净厂房的平面设计应满足生产工艺的要求及合理的洁净分区。需考虑如下因素：

① 平面设计应考虑各操作单元的逻辑流。各生产功能区尽可能靠近与其相联系的生产区域，减少运输过程中的混淆与污染。

② 工艺设备本身及清洗设备的空间需求。

③ 考虑合理的洁净分区。各区域洁净度要求应与所实施的操作相一致。洁净级别相同的房间尽可能地结合在一起。

④ 相应辅助功能区，如工作服的洗涤、干燥或灭菌操作室；设备和容器具的存放、洗涤和干燥或灭菌操作区。

⑤ 与生产相关的辅助设施，如压缩空气压缩机、真空泵、除尘设备、除湿设备、排风机等应与生产区分区布置，有效地防止药品之间产生交叉污染。

⑥ 洁净区的通道应保证能直接到达每一个生产岗位、中间体储存间。不能把其他岗位操作间或存放间作为物料和操作人员进入本岗位的通道，更不应把一些双开门的设备作为人员的通道，如双门烘箱。

⑦ 对于发尘量大的称量、粉碎、过筛、压片、充填、原料药干燥等岗位，若不能做到全封闭操作，除设计必要的捕尘、除尘装置外，还应考虑设计缓冲室（气锁间），以避免对邻室或共用走道产生污染。

除了生产工艺所需房间外，还要合理设置辅助生产区域的面积（如休息室、设备维护保养空间）。

四、洁净厂房空调系统

在药品生产过程中，存在着各种各样的影响药品质量的因素，包括环境空气带来的污染，药品间的交叉污染和混淆，操作人员的人为差错等。为此，必须建立起一套严格的药品质量体系和生产质量管理制度，最大限度地减少影响药品质量的风险，确保患者安全用药。

作为药品生产质量控制系统的重要组成，药品生产企业 HVAC（heat, ventilation and air conditioning）系统主要通过对药品生产环境的空气温度、湿度、悬浮粒子、微生物等的控制和监测，确保环境参数符合药品质量的要求，避免空气污染和交叉污染的发生，同时为操作人员提供舒适的环境。另外，药厂 HVAC 系统还可起到减少和防止药品在生产过程中对人造成的不利影响，并且保护周围的环境。

（1）空调机组（系统）分区

生产区一般划分为若干分区，每个分区均配备一个单独的空气处理机组，每一个分区通常被视为一种类型的工艺过程或同一洁净等级的区域。比如，口服固体制剂的压片区或者无菌产品的所有分级区域，分区还应考虑到对产品和操作人员的风险评估。

（2）洁净室送风量与换气次数

洁净室的通风状况通常可用"换气次数"这一较为直观的表示方法，"换气次数"为每小时进入空间的风量除以该空间的体积。

（3）排风系统

排风可采用独立系统，用以去除工作区的固体微粒、气体或蒸汽等空气中的污染物。医药洁净室（区）的排风系统，应符合下列规定：应采取防止室外气体倒灌的措施；排放含有易燃、易爆物质气体的局部排风系统，应采取防火、防爆措施；对直接排放超过国标排放标准的气体，排放时应采取处理措施；青霉素等特殊药品生产区的空气均应经高效空气过滤器过滤后排放；二类危险度以上病原体操作区及生物安全室，应将排风系统的高效空气过滤器安装在医药洁净室（区）内的排风口处；采用熏蒸消毒灭菌的医药洁净室（区），应设置消毒排风设施。

（4）温、湿度

洁净室的温度与相对湿度应与药品生产要求相适应，应保证药品的生产环境和操作人员的舒适感。当药品生产无特殊要求时，洁净室的温度范围可控制在 $18 \sim 26℃$，相对湿度控制在 $45\% \sim 65\%$。考虑到无菌操作核心区对微生物污染的严格控制，对该区域的操作人员的服装穿着有特殊要求，故洁净区的温度和相对湿度可按如下数值设计：A 级和 B 级洁净区，温度 $20 \sim 24℃$，相对湿度 $45\% \sim 60\%$；C 级和 D 级洁净区，温度 $18 \sim 26℃$，相对湿度 $45\% \sim 65\%$。当工艺和产品有特殊要求时，应按这些要求确定温度和相对湿度。

（5）压差

为了防止"脏"空气污染"干净"空气，重要的方法是使高级别区域的空气流向低级别区域，形成不同区域的级别梯度。生产区相同级别房间之间同样也必须设定气流方向。遵循由核心区向外递减的原理以减少对产品的潜在污染。

五、洁净厂房的管道设计

洁净厂房的管道设计需要考虑以下因素：

① 洁净产房内公用系统的主管应布置在技术夹层、技术夹道或技术竖井中。地下管道应在地沟管槽或地下埋设。这些主管上的阀门、法兰和接头不宜设在技术夹层内，管道连接应采用焊接，主管的放净口、吹扫口等均应布置在技术夹层之外。

② 输送无菌介质的管道应采取灭菌措施或采用卫生卡箍快接可拆卸管道，管道不得出现无法灭菌的盲管。

③ 输送纯化水、注射用水的管道、阀门、管件应采用低碳优质不锈钢。

④ 尽量减少输送纯化水、注射用水管道上的支管、阀门。输送管道应有一定坡度。其主管应采用环形布置，支管应设回流管路，防止水的滞留。

⑤ 引入洁净室的各种明设管道应方便清洁，不得出现不宜清洁的部位。洁净室的管道应排列整齐，尽量减少洁净室内的阀门、管件和管道支架。

⑥ 排水竖管不应穿过洁净度要求高的房间。如必须穿过时，竖管上不得设置检查口。

⑦ A、B 级的洁净室内不得设置地漏，C 级洁净室也应少设地漏。

⑧ 设在洁净室的地漏应该带水封、带格栅和塞子的全不锈钢内抛光的洁净室地漏须能开启方便，防止废气倒灌，必要时可消毒灭菌。

⑨ 洁净区的排水总管顶部应设置排气罩，设备排水口应设水封，地漏均需带水封。

⑩ 穿越洁净室的墙楼板、硬吊顶的管道应敷设在预埋的金属套管中，保冷管道外壁不得低于环境的露点温度。

⑪ 绝热材料应选用整体性能较好、不宜脱落、不发散颗粒、绝热性能好、容易施工的材料，洁净室内的管道绝热层应加金属外壳表示。

⑫ 洁净室及其技术夹层、技术夹道内应设置灭火措施和消防给排水系统。

六、洁净厂房其他设计

1. 车间土建设计

医药洁净室（区）的主体结构多采用框架或轻钢结构，单层、多层均可；医药工业洁净厂房的围护结构的材料应能满足保温、隔热、防火和防潮等要求；医药工业洁净厂房主体结构的耐久性应与室内装备、装修水平相协调，具有防火、控制温度变形和不均匀沉陷性能；厂房伸缩缝不应穿过医药洁净室（区），药品生产车间各工艺房间高度应与工艺相适应；医药洁净室（区）内走廊宽度适当，物流通道设置防撞构件；医药制剂车间可设计成二至三层，可利用位差输送物料，并减少粉尘扩散，避免交叉污染。

2. 车间室内装修

医药工业洁净厂房应气密性良好，采用温度和湿度变化影响下变形小的材料。室内材料种类与洁净区等级有关；洁净区内隔断采用彩钢板，地面采用 PVC 或环氧树脂自流平；洁净室内墙壁和顶棚的交界处、墙壁与墙壁的交界处，应平整、光洁、无裂缝、接口严密、无颗粒物脱落，并应耐清洗。墙壁和地面交界处作成弧形；洁净室的地面整体性好、平整、耐磨、耐撞击，不易积聚静电，易除尘清洗。夹层的墙面、顶棚应平整、光滑，技术夹层为轻质吊顶时，可设置检修通道；窗具有良好的气密性，能防止空气的渗漏和水汽的结露；窗与内墙面宜平整，不留窗台；如有窗台则呈斜角，以防积灰并便于清洗。

门窗、墙壁、顶棚、地面结构和施工缝隙应采取密闭措施；门框不设门槛，洁净区域的门、窗不采用木质材料，避免生霉生菌或变形；门朝空气洁净度较高的房间开启，大小适当，以满足设备安装、修理、更换等；需监控洁净区各个生产区域空气压差，一旦出现不合格，视为严重违规，必须停产；药厂中设置密闭平开安全门，必要时可逃生。

3. 给排水和工艺管道设计安装

车间给水排水主管道敷设在技术夹层、技术夹道内或地下，引入洁净室内的支管须暗敷；管道外表面采取防结露措施；进入洁净区的给水管道，如自来水、循环水、热水等管道及管件，应为不锈钢材质或保温层用不锈钢板包覆。纯化水及注射用水管道应为循环管路且材质为优质不锈钢，建议 316L 不锈钢；排水立管不穿过 A 级和 B 级洁净区，当排水立管穿过其他洁净室区时，不设置检查孔；空气洁净度 A 级、B 级的洁净室区不应设置地漏；空气洁净度 C 级的洁净室（区）应少设置地漏；车间洁净区不应设置排水沟。

4. 车间电气、照明设计安装

洁净区内的配电设备，选择不易积尘、便于擦拭、外壳不易锈蚀的小型暗装配电箱及插座箱，功率较大的设备由配电室直接供电；根据生产要求提供足够的照明，主要工作室的照度不低于 300Lx；厂房配备应急照明设施。洁净区内选用外部造型简单、不易积尘、便于擦拭、易于消毒杀菌的照明灯具；洁净区内的一般照明灯具宜明装。采用吸顶安装时，灯具与顶棚接缝处采用可靠密封措施；洁净区内与外界保持联系的通信设备，选用不易集尘、便于擦洗、易于消毒灭菌的洁净电话；医药洁净厂房根据生产管理和生产工艺需要可设置闭路监视系统；易燃易爆房间照明应采用防爆照明灯和防爆开关。

第五节　中药提取车间设计

一、GMP 及其附录中对中药制剂生产的规定

① 中药材的前处理、提取、浓缩等生产操作，必须与制剂生产严格分开。

② 中药材的蒸、炒、炙、煅等炮制厂房，应与其生产规模相适应，并具有良好的通风除烟、除尘、降温等设施。

③ 中药材筛选、切制、粉碎等生产操作的厂房，应安装捕捉吸尘等设施。

④ 中药材使用前须按规定进行拣选、整理、剪切、炮制、洗涤等加工，需要浸润的要做到药透水尽。

⑤ 净选药材厂房内应设拣选工作台，工作台表面应平整，不宜产生脱落物。

⑥ 中药材中药饮片的储存应便于养护。

⑦ 中药材的库房应分别设置原料库与净料库，毒性药材、贵细药材应分别设置专库或专柜。

⑧ 中药材、中药饮片的提取、浓缩等厂房与其生产规模相适应，并有良好的排风机，防止污染和交叉污染等设施。

⑨ 非洁净厂房地面、墙壁、天棚等内表面应平整、易于清洁，不宜脱落，无霉迹，对加工生产不造成污染。

⑩ 用于直接入药的净药材和干膏的配料、粉碎、混合、过筛等的厂房应能密闭，有良好的通风、除尘等设施，人员物料进出及生产操作应参照洁净区管理。

⑪ 非创伤外用药制剂及其他特殊的中药制剂生产厂房的门窗应能密闭，必要时有良好的除湿、排风、除尘、降温等措施，人员物料进出及生产操作应参照洁净室管理。

⑫ 中药制剂生产过程中应采取以下防止交叉污染和混淆措施：中药材不能直接接触地面，含有毒性药材的药品的操作应有防止交叉的特殊措施；拣选后药材的洗涤应使用流动水，用过的水不得用于洗涤其他药材，不同的药材不宜在一起洗涤；洗涤和切制后的药材的炮制品不得露天干燥；

⑬ 中药材中间产品、成品的灭菌方法应以不改变质量为原则。

⑭ 中药材、中药饮片清洗、浸润、提取工艺用水质量标准应不低于饮用水标准。

二、中药提取工艺流程

中药提取工艺流程由中药提取前处理流程和中药提取流程组成。因此，中药提取车间一般包括前处理车间及提取车间。前处理车间完成原药材的洗药、净选、切片、干燥、粉筛、备料等；提取车间则完成中药的提取、浓缩、醇沉、成品、干燥、包装；醇提项目还需有配套乙醇回收等工艺；不同项目工艺流程不完全相同，图 11-5-1 及图 11-5-2 流程示意图仅供参考。

1. 中药提取前处理流程

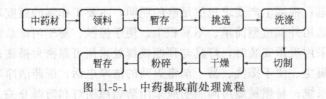

图 11-5-1　中药提取前处理流程

2. 中药提取流程

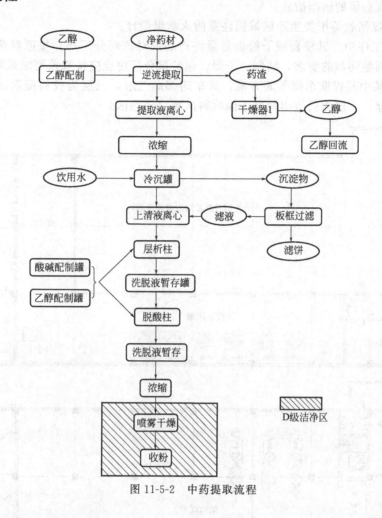

图 11-5-2　中药提取流程

三、中药提取车间的布置设计

1. 安全技术对布置的要求

对自然采光的厂房，在布置设备时应尽量做到背光操作，高大设备避免靠窗布置，以免影响通风和采光，如必须布置时，设备与墙的净距应大于 0.6m；为加强自然通风，可在厂房楼面上设置中央通气孔，屋顶设置天窗；易燃、易爆生产设备应布置在防火、防爆区内。防火区间应用防火墙分割；使用和生产甲、乙液体的厂房管沟不应和相邻厂房的管沟相通，该厂房的下水道应设有隔油设施；甲乙丙类厂房的疏散楼梯应采用封闭楼梯间。高度超过 32m，且每层人数超过 10 人的高层厂房，宜采用防烟楼梯间或室外楼梯；变电所、配电所不应设在有爆炸危险的甲、乙类厂房内或贴临建造供上述甲、乙类专用的 10kV 及以下的变电所配电所，当采用无门窗洞口的防火墙隔开时，可与建筑物贴临建设。不同生产类别厂房的安全出口数目，厂房内最远工作点到外部出口或楼梯的距离以及厂房疏散楼梯、走道和门的宽度指标需满足《建筑设计防火规范》（GB 50016—2014）。

2. 中药提取车间的布置

中药提取方法有水提和醇提，其生产流程有生产准备、投料、提取、排渣、过滤、蒸发、蒸馏、醇沉、水沉、干燥、辅助等生产工序组合而成。中药提取对车间工艺布置的要求如下：

① 大中型中药水提多采用多层厂房垂直布置，将生产准备投料工序布置在顶层，提取、蒸发、药渣输送工序布置在中间层，底层干燥收料；中小型规模的提取车间可多采用单高层厂房加操作台操作，满

足工艺设备的位差，采用单层厂房可降低厂房投资，设备安装容易适应生产工艺的可变性，较易采取防火、防爆等措施及采取必须的洁净措施。

② 对于醇提和溶媒回收等甲类生产区域需注意防火防爆设计。

③ 提取车间最后工序中，其浸膏或干粉也是最终产品，对这部分厂房，按原料药成品厂房的洁净级别，与其制剂的生产剂型同步的要求，精制、干燥、包装部分厂房也应按规范要求采取必要的洁净措施。

图 11-5-3 所示为某中药提取车间平面方案，其车间部局三层，三层为投料提取区域，二层布置渣车轨道及提取液精致浓缩，一层为药渣出料及干燥收料区域（洁净区）。

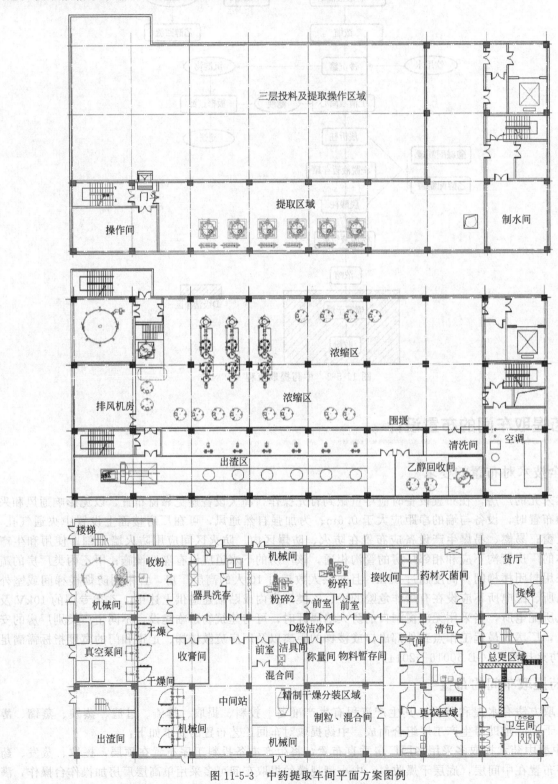

图 11-5-3　中药提取车间平面方案图例

第六节　固体制剂工艺设计

一、固体制剂概述

口服固体制剂作为应用最为广泛的药品剂型，包括颗粒剂、片剂和胶囊剂等。

颗粒剂系指活性药物组分与适宜的辅料制成具有一定粒度的干燥颗粒状制剂，可以分为可溶性颗粒、混悬颗粒、泡腾颗粒、肠溶颗粒、缓释颗粒和控释颗粒等。颗粒剂的特点是吸收快、显效迅速、携带方便、药效稳定。

片剂以口服普通片为主，由一定量体积的颗粒，在固定位置的冲模中压制而成，可以被生产成多种片形和大小的咀嚼片、分散片、泡腾片、舌下片等。片剂具有如下优点：片剂的溶出度及生物利用度较其他剂型好；剂量准确，片剂内药物含量差异较小；质量稳定，片剂为干燥固体，且某些易氧化变质及易潮解的药物可借包衣加以保护，光线、空气、水分等对其影响较小；服用、携带、运输等较方便；机械化生产，产量大，便于实现规模效益。

胶囊剂是指将活性药物组分加适宜的辅料充填于空心硬质胶囊中或者密封于弹性软质囊材中而制成的固体制剂，主要供口服应用，少数用于直肠等肠道给药。

固体制剂是当前常见的剂型，在药物制剂中占有率高达 70%。按照相关设计标准及 GMP 规范要求，为满足固体制剂生产的需要，固体制剂车间的工艺设计及厂房布置直接影响到生产线的效率，只有确保固体制剂车间工艺布置的合理性，才能提高产品质量和生产效率。固体制剂产品种类虽然多种多样，但生产工艺却是相似的，不论是何种剂型的产品都需要经过称量、粉碎、过筛、制粒、干燥、整粒、总混。而产品工艺流程的区别，主要体现在压片和胶囊填充这些工序中。在固体制剂车间设计时，按照工艺流程逻辑关系、生产工艺的特点和类型将整个车间划分成不同区域模块，且负责对应生产工艺。而每一个区域都有自己相对应的工艺，这些区域之间相对独立，最终共同构建成一个整体。在充分满足生产工艺、产能和消防安全的基础上，综合考虑人流、物流走向，结合设备性能，自动化智能化要求，减少物料周转路径，避免粉尘产生及交叉污染，提高生产效率，节省能耗，降低人工成本，维护维修便捷等，最终实现高效顺利低成本生产。

二、一般固体制剂生产工艺流程

以片剂、胶囊剂的生产工艺流程图（图 11-6-1 和图 11-6-2）为参考进行工艺介绍，一般片剂和胶囊剂的生产工艺流程如下：

（1）原辅料处理

来自存储区域的原辅料经拆外包装或外表面清洁处理后，由缓冲间进入洁净生产区，存于原辅料暂存间。原辅料按要求经粉碎、过筛后，按配方称量后待用。

（2）配浆

将称量后的黏合剂加入黏合剂配制罐按不同配方的要求加入纯化水或乙醇，加热搅拌调制成浆液并保温待用。

（3）制粒干燥

制粒干燥方式有两种：①湿法制粒-沸腾干燥法，它是将原辅料以及调制成的浆液通过真空上料机加入高位湿法混合制粒机中，经搅拌混合制得软材，软材通过摇摆式颗粒机制得湿颗粒，湿颗粒经干燥制得干颗粒；②为一步制粒干燥法，它是将原辅料以及调制成的浆液分别加入沸腾制粒机经沸腾制粒、干燥制

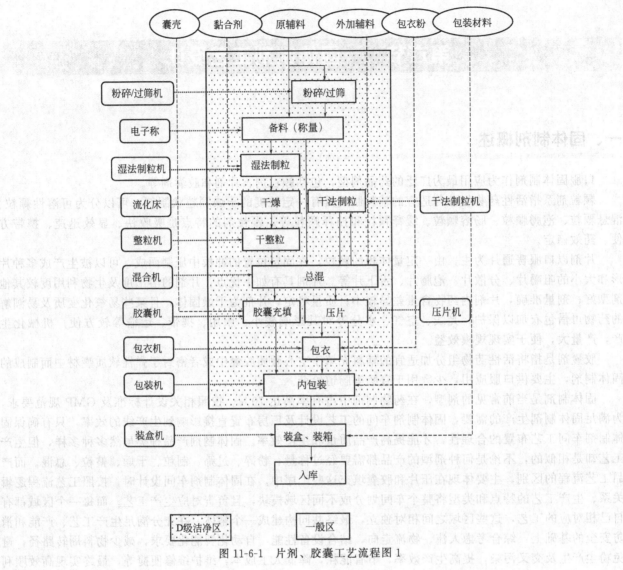

图 11-6-1　片剂、胶囊工艺流程图 1

得干颗粒。

（4）总混、过筛

颗粒剂的干颗粒按不同配方的要求加入混合机混合，再经筛分机筛除细粉后，存于中转料桶待用。

（5）胶囊填充、包装

经总混、过筛后的干颗粒经胶囊填充机填充，再经胶囊抛光机抛光后去包装。

（6）压片、包衣

经总混、过筛后的干颗粒由压片机压制成片后装入容器中送至中转区暂存。无需包衣的素片送至内包装间，需包衣的素片送至包衣间。

制作片剂的过程就是将有效的药剂成分融合起来，再与其他辅料成分混合，通过压片成型设备制作成片状。片剂以口服普通片为主，也有含片、舌下片、口腔贴片、咀嚼片、分散片、可溶片、泡腾片、阴道片、速释或缓释或控释片与肠溶片等。片剂的制法可分为直接压片和颗粒压片法两大类，目前以颗粒压片法应用最多。颗粒压片法分为两种制作方法：①湿法压片，即将药物原料和辅料粉碎，进行湿化处理后，混合均匀，然后压制成片状；②干法压片，即将药物原料通过压制的方法形成颗粒状，然后再次粉碎成感知颗粒，通过压片装备将药物压制成片状。具体到每个工序，有不同的工艺路线。如同一个品种的制粒工艺，可能采用湿法制粒-干燥工艺，也可能采用干法制粒或者湿法制粒加干法制粒工艺。

近几年来，许多复杂工艺在生产中的应用越来越多。例如：①微丸包衣工艺，其中微丸制法有挤出滚

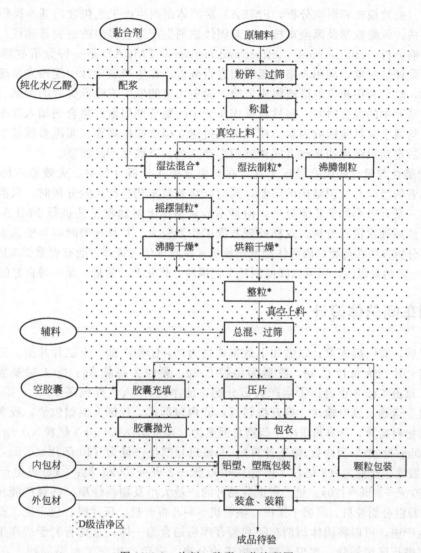

图 11-6-2 片剂、胶囊工艺流程图 2

圆法和离心造粒法；微丸工艺又分为含药微丸和空白丸芯上药工艺。微丸进行肠溶包衣或者缓释包衣后再进行压片或者胶囊填充等。②热熔挤出工艺，其工艺原理是使用热熔挤出机，使多组分物料进行充分的对称交换和渗透，最终达到分子水平的混合，主要用于提高难溶性药物的溶出度、制备缓控释制剂等。热熔挤出技术结合了固体分散体技术和机械制备的诸多优势，实现了减少粉尘、连续化操作、良好的重现性、极高的生产效率和在线监测。③连续化生产工艺，优化和替代传统单元处理工艺使它们变为连续工艺，使药物从原料药到成品的过程更加便捷、可控性更好，如连续混合，连续制粒，连续包衣，且在连续生产过程中应用 PAT 技术可对物料进行实时动态检测，保证产品质量均一可控。

合理的固体制剂生产线应当从提高产能、升级产线、新工艺、模块化、自动化、智能化等方面综合考虑。针对产能要多方面考虑，考虑生产周期的长短，是否连续生产，不同工序最大程度地重叠生产，工艺与设备的适应性；单品种连续生产批量越大越好，如果多品种共线间断性生产就应该尽量地重叠生产，批量不宜过大导致下一工序等待而浪费时间。通过新设备、先进工艺的运用提高一次性合格率。通过采用 AGV 与 RGV 的应用，结合各生产工艺模块化理念，初步实现固体制剂生产的数字化、智能化管理以及自动化、无人化操作。

三、固体制剂生产工艺质量管理与分析

为降低固体制剂生产工艺中的质量风险，确保产品质量。在分析固体制剂生产工艺的基础上，可运用

质量风险管理工具（失效模式和影响分析，FMEA）对固体制剂生产工艺包含的基本操作单元中存在的质量风险进行风险评估、风险控制及风险审核，并对固体制剂生产工艺提出改进完善建议。

失效模式和影响分析（failure mode，effect and analysis，FMEA）是一种分析故障因果关系的基本方法，以失效为风险评估对象，利用表格或流程图进行分析，在生产或设计中能预先发现潜在故障以及故障产生的严重影响，然后利用相应的措施解决风险，避免风险的发生或降低失效的后果。在固体制剂生产工艺中，混合操作单元中的混合时间、制软材操作单元中的黏合剂用量和黏合剂加入速度以及干燥操作单元中的干燥温度，均属于高风险影响因素。建议可通过建立标准操作规程、实施参数及中间体控制进行生产工艺验证以及开展定期风险评估来改进固体制剂生产工艺，以确保产品质量。

FMEA 作为前瞻性与量化的风险管理工具，在对失效模式分析过程中，失效形式的判定、评价标准的制定易受到实施者的经验与知识结构的限制；同时，对制粒工艺进行风险分析时，只能根据制粒的流程将制粒步骤分解为一系列微小的子步骤分析，但是不能从整体上对制粒工艺进行 FMEA 分析，必须合并全部可能的因素，然后逐次进行分析，这样处理数据工作量较大，并且耗费时间与资源也会增多。

总之，FMEA 分析方法在药物口服固体制剂制粒工艺风险评估与管理方面有着重要应用价值，应用可行性较高，虽然存在一定的局限性，但可以降低制粒工艺风险，优化产品质量，是一种良好的风险分析工具。

四、固体制剂车间总体设计

制定工艺流程后，需明确需求，以做如下数据规格为例：①年产能，十亿片片剂，三亿粒胶囊，三千万袋颗粒；②规格，片剂为每片 0.5g，胶囊为每粒 0.5g，颗粒为每袋 3g；③工时基数，每年工作 250 天，每天分三班，每班工作 8 小时；④生产人员分配，洁净区 20 人，外包区 10 人；⑤上料方式，AGV 输送、同层周转料斗运输、真空输送、提升机转运；⑥内包形式，片剂为铝塑包装，胶囊为塑瓶包装，颗粒使用袋包装；⑦物料衡算，计算每班生产药物总混重为（10 亿片×0.5g＋3 亿粒×0.5g＋3000 万×3g）÷250 天÷3 班≈1000kg/批（结果为约数，便于计算）；⑧每班片剂生产量为（10 亿片×0.5g）÷250 天÷3 班≈667kg/批；⑨每班胶囊生产量为（3 亿粒×0.5g）÷250 天÷3 班≈200kg/批；⑩每班生产颗粒剂生产量为（3000 万×3g）÷250 天÷3 班≈120kg/批。根据各品种的产量大小及物料性质，选择产能相匹配设备，如过筛机、粉碎机、制粒混合制粒机、沸腾干燥机、整粒机、料斗混合机、压片机、包衣机、胶囊充填机等。

在固体制剂生产中，可以将固体制剂车间和暂存库房结合为一体，这样有利于提高生产效率和方便运输。同时还要合理进行区域划分，实现人流和物流的分离，避免产生交叉污染问题。在车间内的洁净区域，需要设置管道和送排风等设施，确保与相关规范要求相符。由于固体制剂车间物料运输量较大，宜按工艺流程顺序来设计车间内的物流，尽量缩短运输路线，避免物料在前后工序中存在交叉污染问题。对于一些特殊药品的生产车间，需要单独设立厂房或生产区域，分别设置洁净区人员进入和退出的通道。

典型的口服固体制剂生产单元包括配料，制粒/干燥/整粒，压片，胶囊填充，灌装，包衣等，以及辅助生产单元，如黏合液配制、包衣液配制、容器和模具清洗、物流走道、过程控制、气锁间等。

口服液体和固体制剂、腔道用药（含直肠用药）、表皮外用药品等非无菌制剂生产的暴露工序区域及其直接接触药品的包装材料最终处理的暴露工序区域，应当参照 GMP 中"无菌药品"附录中 D 级洁净区的要求设置，企业可根据产品的标准和特性对该区域采取适当的微生物监控措施。

1. 平面布局设计

为了能够有效地避开生产质量风险和 EHS 风险，需要结合厂房空间、人流物流、隔离等对厂房进行合理设计，并选择适宜的装修材料。在厂房布局设计时，要以药品生产质量管理规范和洁净厂房设计规范作为主要依据，确保做到车间总体布局的合理性，具体的生产区、仓储区、质量控制区和辅助区之间不得相互妨碍，布置时工艺条件相近的可以靠近布置，差异大的则要分开布置设计。在单层厂房内，可以设置多层操作平台，这样不仅能够更好地满足工艺需求，同时还能够与设备位差要求相符。合理布置人流和物流通道，消防安全通道要保证畅通性。

固体制剂的平面布局有平层和垂直流两种形式。典型平层型固体制剂车间产能不大，布局中间设置中间站，周围设置称量、粉碎、总混、制粒、压片等功能间，如图 11-6-3 所示。

固体制剂的物料传递传料方式分为三种：①垂直传料，需高层或多层车间，这种方式可减少或避免生产工序间的操作，不受生产设备批次能力限制，物料暂存区域设置减少；②气动/真空传料，在平层建筑结构即可满足要求；③容器传料，是最基本的传料方式，需要考虑运输工具、储存区域、上/下料设备以及清洗因素等。

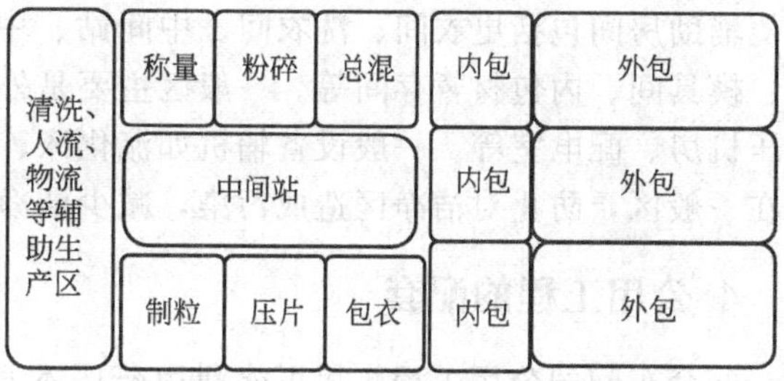

清洗、人流、物流等辅助生产区	称量	粉碎	总混	内包	外包
	中间站			内包	外包
	制粒	压片	包衣	内包	外包

图 11-6-3　平层型固体制剂功能布局

2. 人流、物流设计

人流、物流应当分开设置，二者最好设置在相反的位置。当从同方向设置人流、物流入口时，两者之间应保持相对较远的距离，不得相互影响和妨碍。

（1）固体制剂车间人流设计要求

① 洁净厂房需要设置对应的门禁系统，从而对进入人员进行严格控制，防止未经批准的人员进入生产区、贮存区和质量控制区，不得用作业本区人员的通道；

② 人员进入区域需要设置脱衣区、气锁间等；

③ 如果固体制剂车间所生产的医药是青霉素、头孢等之类的，则必须设置对应的淋洗间，并要求每一名直接接触原材料的工作人员进行淋洗；

④ 物流与人流必须分开，且工艺路线必须保持顺畅，同时设计物流路线时要注意不能出现返流的情况，整体路线要保持短捷标准；

⑤ 人流与物料的出入口需要分开，建议在相反的方向设计物料入口与人流入口。

（2）固体制剂车间物流设计要求

① 最大限度缩短物流运输的距离，且将物流出来的工艺步骤减少；

② 需要进入到空气洁净区域的所有包装材料、原辅料等，需要设有对应的清洁措施；

③ 在实际生产的过程中，物料进口与废弃物出口不可以合用一个传递窗或者气闸，需要对应单独设置传递设施；

④ 人员与物料进出生产区域的通道需要分别对应设置，例如，部分原辅料、生产过程中出现的废弃物等这类容易造成污染的物料，需要设置专用出入口；

⑤ 倘若需要在洁净区域设置清洗间，那么空气洁净度必须与该区域标准相契合；同时，还要避免已经清洁的相关设备、模具与未进行清洗的设备、模具存放在一个区域之中，已经经过清洗的设备、模具、物品等需要尽快进行烘干处理，然后在存放到指定环境中。

3. 生产设备布局设计

生产设备应按工艺流程合理布局，不迂回、不往返，一般可考虑直线型、U型或L型布置，使物料传输距离最短。暂存物料的中间站应靠近操作间，方便各工序之间联系，防止药品生产的污染、混淆和人为差错。

考虑到车间物料量较大的因素，建议围绕中间站并按着科学的工艺流程对各种生产工序进行布置，生产工序之间要设置物流储存空间，确保上下工序能够合理衔接，且必须特别注意成品、半成品、中间品、材料不能出现相互交叉污染的情况。例如，可设置材料暂存间，并带有围帘或者设置排风除尘的功能，最大限度保障粉尘不会外泄造成污染。另外，在洁净走廊设计时，需要考虑工作人员能够通过走廊直接到达自己的岗位、材料存放间、中转物存放间。以口服固体制剂为例，该生产工艺相对其他医药生产更加复杂，涉及多项工序，所以功能间、辅助间的设计非常重要，车间工艺布局情况会直接影响到生产效率与质量。因此，在设计符合 GMP 以及相关标准的固体制剂车间的过程中，要充分考虑制药企业的实际情况，明确 GMP 以及相关法律法规的具体要求，从而科学、合理地进行工艺设计，不仅要保障药品的质量，还必须达到企业节约成本以及长足发展的要求。

我国 GMP（2010 年修订）中规定：固体制剂等非无菌制剂生产的暴露工序区域及其直接接触药品的包装材料最终处理的暴露工序区域，应当参照"无菌药品"附录中 D 级洁净区的要求设置。D 级洁净区内设置功能间一般分为称配区、制粒区、压片/胶囊区、包衣区、内包区。主要功能间有粉碎过筛间、称量间、原辅料暂存间、湿法制粒间、干法制粒间、压片间、胶囊填充间、包衣间、内包间、器具清洗间，其他辅助房间包括更衣间、洗衣间、中间站、中间产品检测间、物料传递间、废弃物传出间、洁具清洗间、模具间、内包材暂存间等。一般区主要是外包装操作间以及公用系统配套房间，如制水间、空调间、空压机房、配电室等。一般设备辅机如流化床、包衣机的进排风和除尘系统、压片机和胶囊机的除尘器也放在一般区，防止对洁净区造成污染，减少洁净区面积，降低能耗。

4. 公用工程的配套

配套车间的公用工程，尽可能利用药厂本身现有的资源，如压缩空气、氮（液）气、冷冻水、循环水、纯化水、蒸汽、真空、暖通、供电等。

5. 物料转运方式选择

固体制剂生产时，物料很难全部通过管道转运，经常采用料斗、料桶方式转运，如果大批量生产，转运料斗就是一件比较耗费体力的工作。物料转运方式通常有两种：一种则是通过 AGV 或轨道方式进行料桶的自动转运；另一种就是在平面布局时尽量采用房间及设备的高度差充分利用物料重力垂直落料以减少人工劳动强度，提高生产效率。例如，目前压片机上料方式包括真空上料、提升机提升料斗加料、层间垂直落料等，但采用哪种方式还取决于建筑层间高度、房间面积大小、批量大小、清洁时间长短、能耗成本等综合考虑。通常产量足够大的品种，物料连续周转量大建议采用层间落料方式对制粒机、压片机、包装机等设备进行加料（如湿法制粒→流化床→干整粒→混合垂直下料流程图，图 11-6-4），降低劳动强度，减少容器具清洗工作量，提高工作效率。

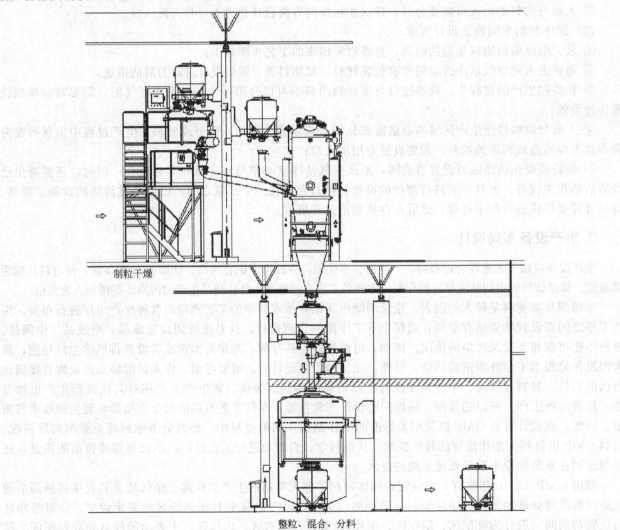

制粒干燥

整粒、混合、分料

图 11-6-4　湿法制粒→流化床→干整粒→混合垂直下料流程图

五、其他设计要点

口服固体制剂区域，应参照 GMP 中"无菌药品"附录中 D 级洁净区的要求设置，洁净区与非洁净区之间、不同等级洁净区之间的压差应不低于 10Pa。

在口服固体制剂（OSD）生产设施中，最常见的污染是物料操作过程中的粉体（粉尘）污染。生产中必须对粉尘进行处理，必须对制粒、混合、干燥、压片等生产操作区进行风险分析，以判断这些区域采用直流风或循环风是否合适。

OSD 设施中往往有易燃易爆有机溶媒用于制粒和包衣，这会对建筑和操作者产生危险，也可能会对 HVAC 系统的分区产生影响。

有溶媒出现的房间的换气次数必须按照稀释要求来确定。此类房间应设置事故通风，事故通风宜根据工艺设计要求通过计算确定，但换气次数不应小于每小时 12 次。不建议对易燃蒸汽及其混合物（低于爆炸下限的易燃蒸汽与粉尘的混合物）进行循环。易燃物质暴露及其贮存区的空气通常采用直流风系统，在易燃物质暴露的地方建议采用局部排风。

如有多种产品同时生产，则需要再循环系统采用双重 HEPA 过滤（一个用于送风，一个用于回风）。

如有多种产品同时生产，可采用正压或负压气锁室，来避免公用走廊受到污染。单一产品或多产品周期性生产设施可以采用正压公用走廊作为连接工艺流程的气锁室。

六、固体制剂车间 GMP 设计

GMP 的一项重要任务是防止药品生产过程中的污染和交叉污染。对于口服固体制剂而言，通过对各个单元生产操作间进行合理的压差及气流控制、有效的除尘是保证 GMP 成功实施的关键。

1. 避免污染与交叉污染的措施

为降低污染和交叉污染的风险，固体制剂车间在设计时常常采用以下措施避免污染与交叉污染：

① 生产特殊性质的药品，如高致敏性药品（如青霉素类）、β-内酰胺类药品、性激素类避孕药品、某些激素类、细胞毒性类、高活性化学药品，必须采用专用和独立的厂房、生产设施和设备。

② 应当综合考虑药品的特性、工艺和预定用途等因素，确定厂房、生产设施和设备多产品共用的可行性，并有相应评估报告。

③ 洁净区与非洁净区之间、不同级别洁净区之间的压差应当不低于 10Pa。对于生产中产生粉尘的工段，如称量、粉碎、制粒、干燥、胶囊填充、压片、颗粒包装等与洁净走廊和相邻房间呈相对负压。这些工段设置除尘子系统，所有排气经中效和高效过滤，尾气再经碱性水喷淋净化塔处理后排至大气，排风口应当远离其他空气净化系统的进风口。

④ 除尘室内同时设置回风及排风，风量相同，车间内所有排风系统均与相应的送风系统联锁，即排风系统只在送风系统运行后才能开启，避免不正确的操作，以保证洁净区相对室外正压。工序产尘时开除尘器，关闭回风；不产尘时开回风，关闭排风。所有控制开关设在操作室内。前室相对洁净走廊为正压，相对工作室为正压。这样可确保洁净走廊空气不流经工作室，而产尘空气不流向洁净走廊，从气流组织上避免交叉污染。同时可降低室内噪音向外界的传播。

2. 固体制剂生产除尘方式

一般而言，常用的固体制剂生产除尘方式分为两类：集中除尘和单机除尘。其中单机除尘根据单机除尘机摆放的位置，又可分为就地式（与除尘点在同一操作间）和分离式（与除尘点分处不同房间）。分离式又可分为除尘机房设置在净化区及非净化区两种情况。

（1）集中除尘方式

此种方式一般选用一台除尘机针对不同房间的若干个除尘点（视除尘点数量确定除尘机风量）。除尘机一般设在非净化区。操作间除尘管道兼做房间排风管。从除尘效果考虑，此种方式不宜离开除尘点太远

（见图 11-6-5）。

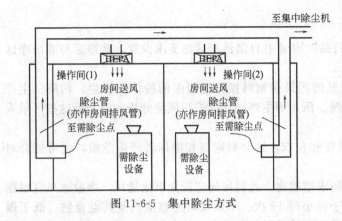

图 11-6-5　集中除尘方式

① GMP 因素　a.除尘效果：集中除尘方式通过风管对多个粉尘散发点进行除尘，由于风管存在管路阻力，当除尘点距离除尘机较远时，除尘效果不佳。b.风压控制：由于除尘机在工作过程中，过滤介质的阻力会有变化，造成房间风压的变化，因此，需采用自动控制和变频除尘风机来减少房间风压的变化。c.除尘机出灰：除尘机在非净化区出灰，对净化区影响较小，同时，除尘设备相对集中，出灰的工作量较小且便于维护管理。d.除尘管路清洗：集中除尘的风管管路一般走在吊顶技术夹层内，清洗困难。风管设计中不宜采用水平管段（水平管段需保证一定坡度），并需在适当部位设置清扫口以避免积灰，但当各除尘点较分散时难以做到。

② 成本因素　a.初期投资：由于采用自动控制和变频除尘风机增加了风管的投资等因素，在除尘点较少的情况下初期投资将大于单机除尘方式，如果除尘点较多则会产生规模效应，减少总投资。b.运行成本：为保证操作房间的相对风压，除尘机除尘需作为房间排风的一部分，在整个生产周期中（即使不需除尘）不能关闭。由于整个周期中除尘风机皆需克服风管及过滤介质的阻力，因此能耗较高。

③ 操作环境的舒适性　操作间无除尘设备，不会产生额外的热量和噪声。

④ 改造灵活性　集中除尘方式一旦设计、建造完毕，各操作间的除尘风量便确定，如更换工艺设备（如压片机）导致需要的除尘风量变化，则需对整个空调系统进行改造。

（2）就地式单机除尘方式

就地式单机除尘方式是除尘机从操作间吸风，除尘后的空气直接排在操作间内（见图 11-6-6）。

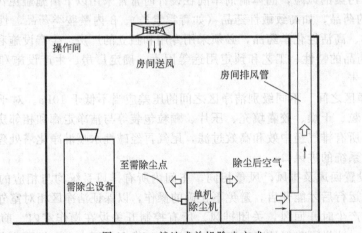

图 11-6-6　就地式单机除尘方式

① GMP 因素　a.除尘效果：不存在风管阻力的影响，效果较好。b.风压控制：除尘机从操作间吸风，除尘后的空气直接排在操作间内，对操作间总的送/排风无影响。c.除尘机出灰：除尘机在净化区出灰，对净化区洁净度控制有一定影响；除尘设备多且分散，出灰的工作量较大且不便于维护管理。d.除尘管路清洗：除尘机和除尘点之间采用软管连接，清洗方便。

② 成本因素　a.初期投资：在除尘点较少的情况下初期投资小于集中除尘方式。b.运行成本：除尘机起停对操作间风压无影响，在不需除尘时可关闭除尘机，运行成本相对较少。

③ 操作环境的舒适性　除尘机开启时产生的噪声、热量对操作间环境有一定影响。

④ 改造灵活性　如更换工艺设备（如压片机）导致需要的除尘风量变化，只需更换相应的除尘机即可。

（3）分离式单机除尘方式（除尘机房设置在净化区）

除尘机从操作房间吸风，排至除尘机房内，再通过除尘机房的排风口排出车间。为避免除尘机的开/关对操作间风压的影响，在操作间与除尘机房之间的隔墙上开孔（设风口及过滤网，孔大小由计算确定），见图11-6-7。

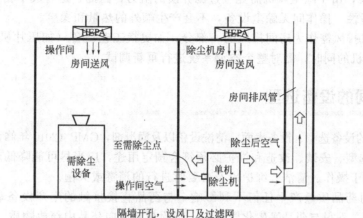

图11-6-7　分离式单机除尘方式（除尘机房设置在净化区）

① GMP因素　a.除尘效果：不存在风管阻力的影响，效果较好。b.风压控制：除尘机从操作间吸风，除尘后的空气直接排在相邻除尘机房内，除尘机关闭时多余的风量通过隔墙孔压至相邻除尘机房，对总的送/排风无影响。c.除尘机出灰：除尘机在净化区出灰，对净化区洁净度有一定影响，但操作间与除尘机房之间存在气流及压差控制，除尘机房对操作间的影响较小；除尘设备多且分散，出灰的工作量较大且不便于维护管理。d.除尘管路清洗：除尘机和除尘点之间采用软管连接，清洗方便。

② 成本因素　a.初期投资：在除尘点较少的情况下初期投资小于集中除尘方式。b.运行成本：除尘机起停对操作间风压无影响，在不需除尘时可关闭除尘机，运行成本较少。但该方式相对就地式单机除尘方式增加了除尘机房的面积，因此，房间空调运行的成本略有增加。

③ 操作环境的舒适性　除尘机开启时产生的噪声、热量对操作间环境影响较小。

④ 改造灵活性　如更换工艺设备导致需要的除尘风量变大，只需更换相应的除尘机并将隔墙孔的面积开大即可（避免除尘机关闭时，通过隔墙孔的风速过大产生噪音）。

（4）分离式单机除尘方式（除尘机房设置在非净化区）

除尘机从操作房间吸风，排至除尘机房内，再通过除尘机房的排风口排出车间。为避免除尘机的开/关对操作间风压的影响，车间生产时除尘机不能关闭，除尘机排风需作为房间排风的一部分（见图11-6-8）。

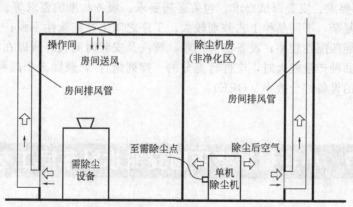

图11-6-8　分离式单机除尘方式（除尘机房设置在非净化区）

① **GMP因素**　a.除尘效果：不存在风管阻力的影响，效果较好。b.风压控制：由于除尘机在工作过程中过滤介质的阻力会有变化，造成房间风压的变化，需采用变频除尘风机来减少房间风压的变化。c.除

尘机出灰：除尘机在非净化区出灰，对净化区洁净度的影响较小，除尘设备分散且数量较多，出灰的工作量较大且不便于维护管理。d. 除尘管路清洗：除尘机和除尘点之间采用软管连接，清洗方便。

② **成本因素** a. 初期投资：需采用变频除尘风机来减少房间风压的变化，投资较其他两种单机除尘方式大，但不存在集中除尘的风管初期投资。b. 运行成本：为保证操作房间的相对风压，除尘机在车间生产期间不能任意开/关，由于除尘风机需克服过滤介质的阻力，因此，运行成本相对较高。

③ **操作环境的舒适性** 操作间无除尘设备，不会产生额外的热量和噪声。

④ **灵活性** 除尘机排风需作为房间排风的一部分，如更换工艺设备（如压片机）导致需要的除尘风量变化，则在更换除尘机的同时，需对整个空调系统进行重新调试。

七、固体制剂车间的设备选型

关于固体制剂车间的设备选型、设备表面、清洗设备以及润滑剂，GMP（2010 年修订）中作出如下规定：

① 设备的设计、选型、安装、改造和维护必须符合预定用途，应当尽可能降低产生污染和交叉污染、混淆和差错的风险，便于操作、清洁、维护以及必要时进行的消毒或灭菌。

② 生产设备不得对药品质量产生任何不利影响。与药品直接接触的生产设备表面应当平整、光洁、易清洗或消毒、耐腐蚀，不得与药品发生化学反应、吸附药品或向药品中释放物质。

③ 应当选择适当的清洗、清洁设备，并防止这类设备成为污染源。

④ 设备所用的润滑剂、冷却剂等不得对药品或容器造成污染，应当尽可能使用食用级或级别相当的润滑剂。

此外，固体制剂车间在进行设备选型时，应从工艺需求、质量需求、GMP 规范、提高生产效率、安全、平面布局等几个方面写出详细的 URS，并根据 URS 进行验收。

① 设备性能满足工艺和产能等基本操作要求 例如用于干燥的流化床，应说明工艺需求的进风温湿度、风量调节范围、批量范围、进出料方式等，以及满足这些工艺要求的设备结构特点，如进风气流分布盘样式、集尘袋孔径及抖袋频率、喷枪位置、视窗位置等。

② 外观及材质要求 如任何物料所接触的部件（包括管道、泵、热交换器、各类仪表及探头等）的设计和材质要满足 ASME-BPE 标准要求，所有材料均能耐受消毒剂、甲醛、臭氧等的腐蚀，必须采用 AISI 316L 不锈钢或 SUS 304 不锈钢材质或其他 GMP 认可的材质，其余部分采用符合 GMP 要求的其他材料制成，并提供相关材质证明。内表面粗糙度为 $Ra \leqslant 0.4 \mu m$。

③ 电气控制系统及计算机验证要求 如操作系统采用 PLC＋平板电脑或触摸屏，关键运行参数及报警信息均可在操作界面实时显示。电器元件品牌要求国际知名品牌；至少三级密码权限；具有数据采集功能等。

④ 设备清洁要求 如具有在线清洗功能，清洗后的干燥功能等。

⑤ 安全要求 如需要有机溶剂防爆功能；设备运转时不能开门；异常停机时具有声光报警功能等；

⑥ 其他要求 文件要求、安装调试要求、包装运输要求、服务与维护要求等。

固体制剂生产工艺复杂，不同品种工艺差别较大；工序之间生产连续性不强；多个品种在同一生产线上生产时，不同工序产能匹配性较差；设备清洁困难，清洗及安装时间长。所以在设备选型时应充分考虑各种因素，特别是多个品种产量较大时，应进行充分的"排列组合"，兼顾多个品种生产产量和质量需求，才能通过设计实现合理的设备综合效率（OEE）。

第七节　小容量最终灭菌安瓿水针车间工艺设计

为使厂区环境和车间的设计布局适合注射剂生产的要求，得到洁净的生产环境，有效地避免因交叉污染等因素影响药品质量，注射剂的生产应根据 GMP 的要求进行厂房的位置选择和车间的结构设计。注射剂类型的不同，对生产车间有不同的设计要求。

最终灭菌制剂按规格可分为小容量和大容量注射剂两种剂型。其中大容量注射剂指供静脉滴注、装量在 50mL 以上（包括 50mL）的输液制剂。小容量注射剂大多为安瓿水针，大容量包括西林瓶及软袋包装。它们的生产工艺基本类似，本节以小容量最终灭菌安瓿水针举例说明。

一、最终灭菌安瓿水针工艺流程概述

原辅料经物料气锁进行清包缓冲进入洁净生产区，经称量、浓配、稀配、除菌过滤后送至灌装机，安瓿瓶经清包后进入生产区，经清洗、烘干灭菌进入灌装机灌装、熔封，出洁净区经过灭菌、检漏、灯检、印字包装后进入待验工序，检验合格后，成品入库。最终灭菌安瓿水针的生产工艺流程如图 11-7-1 所示。

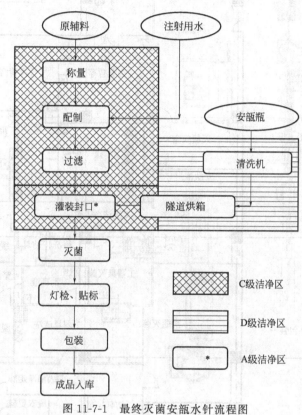

图 11-7-1　最终灭菌安瓿水针流程图

二、安瓿水针车间设计要点

车间设计要贯彻人流、物流分开的原则。人员经过更衣气锁进入各级别的生产区，不同级别的生产区需有相应级别的更衣净化措施。物料经物料气锁进入生产区。废弃物设置废弃物通道。

车间主要工艺功能间包括原辅料暂存、称量、配液区域、洗烘灌联动线区域、灭菌区域及检查包装区域，辅助功能间包括器具清洗、灭菌、洁净洗衣、洁具等。

生产区域洁净级别划分：一般生产区、D 级洁净区、C 级洁净区以及 C 级背景下的局部 A 级洁净区。一般生产区包括安瓿外清处理、半成品的灭菌检漏、检查、包装等；D 级洁净区包括安瓿的洗烘、工作服的洗涤等；C 级洁净区包括原辅料称量、配制、过滤，灌装、封口为 C 级背景下的局部 A 级洁净区。

水针生产车间需要排热、排湿房间，还有浓配间、稀配间、工具清洗间、灭菌间、洗瓶间、洁具室等，灭菌检漏需考虑通风。

公用工程包括洁净公用工程纯化水、注射水、纯蒸汽、压缩空气制备及分配，一般公用工程给排水、供气、供热、强弱电、制冷通风、采暖等专业设计应符合 GMP 原则。

地面一般做耐清洗的环氧自流坪地面，隔墙采用轻质彩钢板，墙与墙、墙与地面、墙与吊顶之间接缝处采用圆弧角处理，不得留有死角。

图 11-7-2 为最终灭菌安瓿水针生产车间布局示例。

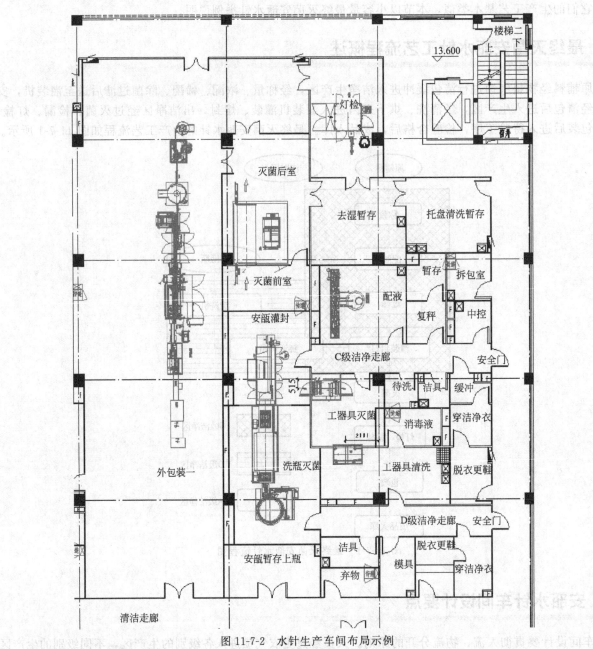

图 11-7-2 水针生产车间布局示例

第八节 非 PVC 多层共挤膜大输液工艺设计

一、非 PVC 多层共挤膜大容量注射剂工艺设计概述

非 PVC 多层共挤膜大容量注射剂（软袋大输液）的生产工艺是车间设计的重要部分，其生产过程一般包括原辅料的准备、浓配（也可以没有浓配，一次性配液）、稀配、包材处理（外清、自净等）、灌封、

灭菌、灯检、包装等工序。非 PVC 多层共挤膜大输液工艺流程及环境区域划分见图 11-8-1。

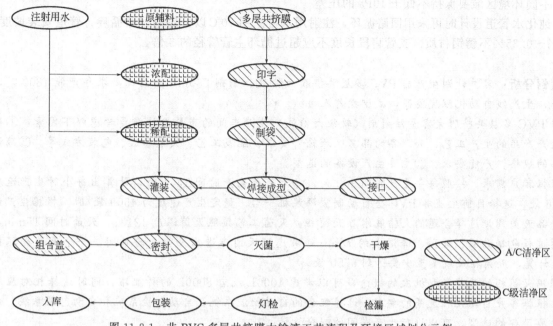

图 11-8-1 非 PVC 多层共挤膜大输液工艺流程及环境区域划分示例

非 PVC 多层共挤膜大容量注射剂（软袋大输液）车间设计一般性要点如下：

① 设计时要分区明确，按照 GMP 规定，由大输液生产工艺流程及环境区域划分示意图可知：

a. 大输液生产分为一般生产区、C 级洁净区、C 级及局部 A 级洁净区。一般生产区包括灭菌、灯检、包装及辅助房间等。

b. C 级洁净区包括配制、过滤、灌封，其中灌封工序部分需局部 A 级。生产相联系的功能区要相互靠近，以达到物流顺畅、管线短捷，如物料流向→原辅料称量→浓配→稀配→灌封工序尽量靠近。

c. 车间设计时合理布置人流、物流，要尽量避免人流、物流的交叉。人流路线包括人员经过不同的更衣进入一般生产区、C 级洁净区。

d. 进出车间的物流一般有以下几条：内包材的进入、原辅料的进入、外包材的进入以及成品的出口。

② 熟练掌握工艺生产设备是设计好输液车间的关键，软袋大输液除了核心设备采用全自动生产线，灭菌、灯检、包装可以采用全自动生产设备，也可以采用人工生产线。工艺设备的差异，使其车间布置必然不同。目前输液生产车间大部分采用自动生产线。

③ 合理布置好辅助用房。辅助用房是大输液车间生产质量保证和 GMP 认证的重要内容，辅助用房的布置是否得当也是车间设计成败的关键。一般大输液生产车间的辅助用房包括 C 级区工器具清洗存放间、中间品化验室、模具间、消毒液配制、洁具间等，以及一般区不合格品存放间、洁具室等。

④ 生产车间一般按照主要生产工艺路线来设计布局。

二、非 PVC 多层共挤膜大容量注射剂车间一般性技术要求

① 非 PVC 多层共挤膜大输液车间控制区包括 C 级洁净区、C 级背景下的局部 A 级，控制区温度为 18～26℃，相对湿度为 45%～65%。

② 洁净生产区一般高度为 2.7m 左右较为合适，灌装操作间和配液操作间的高度需要根据设备高度来确定。上部吊顶内布置包括风管在内的各种管线需考虑维修需要，吊顶内部高度需为 2.5m。洁净生产区需用洁净地漏，A 级区不得设置地漏。

③ 生产车间内地面一般做耐清洗的环氧自流坪地面，隔墙采用轻质彩钢板，墙与墙、墙与地面、墙与吊顶之间接缝处采用圆弧角处理，不得留有死角。

④ 浓配间、稀配间、工器具清洗间、灌装间、灭菌间需考虑排热、排湿。在灌装间制袋封口过程中

均产生较多热量，除采用低温水系统冷却外，空调系统应考虑相应的负荷。

⑤ 不同环境区域要保持不低于10Pa的压差。

⑥ 纯化水管道设计时可采用回路循环，注射用水可采用70℃以上保温回路循环，管道安装坡度一般为0.1%~0.35%不锈钢材质。支管盲段长度不应超过循环主管管径的3倍。

案例分析：客户计划生产非PVC多层共挤膜大输液注射剂250mL产品，要求年产能1800万，两班生产，生产线自动化程度要高，减少操作人员。

非PVC多层共挤膜大容量注射剂（软袋大输液）生产车间的布局设计需要考虑以下因素：①确认需要生产产品的生产工艺，如产品的品名、原辅料要求、配液工艺、灭菌参数、包装方式等。②确认生产产品的规格，产能要求。③主要生产设备的选型。

根据客户需求，按照每年生产时间300天，每天有效生产时间14小时，计算出每小时生产速度约为4286袋。选择目前主流非PVC全自动制袋灌装机一台。稳定生产速度为4500袋/时。根据生产线速度和产品灭菌周期选择合适的大输液水浴灭菌柜。灭菌工艺按照灭菌温度121℃、灭菌时间15min，整个灭菌过程包括升温、灭菌、降温大约75min，考虑到灭菌车进出灭菌柜的时间，一个灭菌循环按照90min计算，灭菌柜装载量至少要达到6750袋。

根据灭菌柜的装载量和批次的概念，可以考虑4000L或者8000L的稀配罐，同时选择相对应的浓配罐。根据客户自动化程度高的要求，选择配套的自动物流系统、自动灯检系统和自动包装系统。以上根据主要设备的选型，可以进行生产车间的概念设计。

（1）设计思路

根据主要设备选型，按照产品的工艺路线进行主要设备布局，配液系统、全自动制袋灌封机、自动物流、大输液水浴灭菌柜、自动灯检、自动包装等按照产品流向进行布局和区域划分。

（2）主要设备布局时要考虑以下因素

①拟建车间的尺寸面积。一般车间主要生产设备布局可以根据产品流向成"一"字直线型。这样的优势是设备方便布局，各设备之间衔接简单，缺点是全自动生产线设备较多，会占用过长的建筑用地。一般多条生产线会采用此种布局。生产线设备也可以布局为"L"型，这样的优势是布局灵活，辅助房间方便布局，车间整体尺寸比较方正，一般单条生产线采用此种布局。②配套原辅料库和仓库的位置和路线。③参观效果。注射剂车间布局设计时尽量使核心区域在CNC区域通过观察窗观察到。

（3）区域划分

整个车间分为C级区（灌装机自带A级层流）和一般区，在这个车间设计中，浓配也做成了C级区，为避免对其他C级区域造成污染，该房间可以设计为全排风。

（4）人流物流通道

人流、物流通道分开，避免洁净区域的交叉污染。进入洁净区的人员经过二次更衣后进入相关岗位。其他一般区域操作人员经过一般区走廊进入相关工作岗位。

第九节　冻干粉针剂工艺设计

一、冻干粉针工艺流程概述

冻干粉针工艺流程主要有以下几个方面。

① 西林瓶清洗灭菌　西林瓶在清包间清外包后传送至洗瓶间进行超声波洗瓶；然后经烘箱灭菌后进

入灌装间。

② 胶塞清洗灭菌　胶塞经脱包缓冲，进入洁净区，在胶塞清洗灭菌间进行胶塞清洗及清洗、灭菌、干燥至灌装间。

③ 铝盖灭菌　铝盖经脱包缓冲，进入洁净区，经双扉灭菌柜灭菌后至轧盖间。

④ 配料　原辅料经脱包缓冲，进入洁净区，然后经过称量配料至配液间进行配液后，再经两级过滤器去至灌装区。

⑤ 灌装　合格的料液进行灌装、压塞，然后通过轨道输送至冻干机进行冻干。

⑥ 冻干　灌装后的产品经冻干机进出料系统，在 RABS 保护下至冻干机，产品冻干完毕，在 RABS 的保护下通过轨道送至 C 级轧盖间进行轧盖。

⑦ 轧盖　冻干后的产品进行轧盖，然后输送至装箱间装箱，然后送至冷库暂存。

⑧ 包装　产品依次经过全自动灯检、自动贴签机贴签、自动装盒机装小盒、自动装中盒、热缩膜裹包中盒、人工装大箱、热缩膜裹包大箱。包装后的产品转运至仓库。

冻干粉针的工艺流程如图 11-9-1 和图 11-9-2 所示。

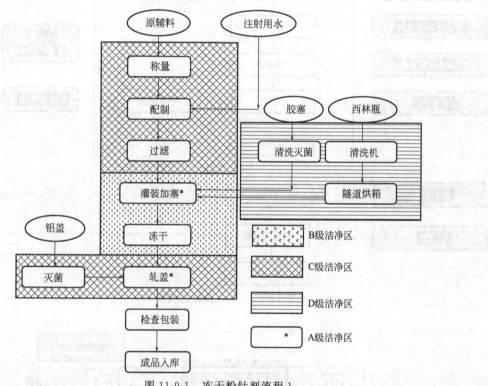

图 11-9-1　冻干粉针剂流程 1

冻干粉针剂的生产工序由配液、洗瓶及干燥灭菌、胶塞处理及灭菌、铝盖洗涤及灭菌、分装加半塞、冻干、轧盖、灯检、包装等核心工艺组成。冻干粉针制剂属于无菌制剂，在整个生产流程中都需要严格控制微生物和微粒，防止人体注射后产生热源反应和其他危害。因此，在整个生产流程（图 11-9-3）中都必须严格控制生产环境。

二、生产区的洁净度等级划分

GMP 的目标是确保建立科学的、严格的无菌药品生产环境、工艺、运行和管理体系，最大限度地消除所有可能的、潜在的生物活性、灰尘、热原污染，生产出高品质的、卫生安全的药物产品。在多数的冻干制剂车间内，洁净区是以微粒和微生物为主要控制对象，其空气洁净度等级被分为 B 级背景下的 A 级、B 级、C 级和 D 级。其中料液的分装加半塞、冻干、轧盖、净瓶塞存放为 B 级环境下的 A 级，配制、过滤、洗瓶、干热灭菌入口为 C 级，西林瓶轧盖前如能保证压塞完好，允许在 C 级背景下的 A 级送风环境进行操作。

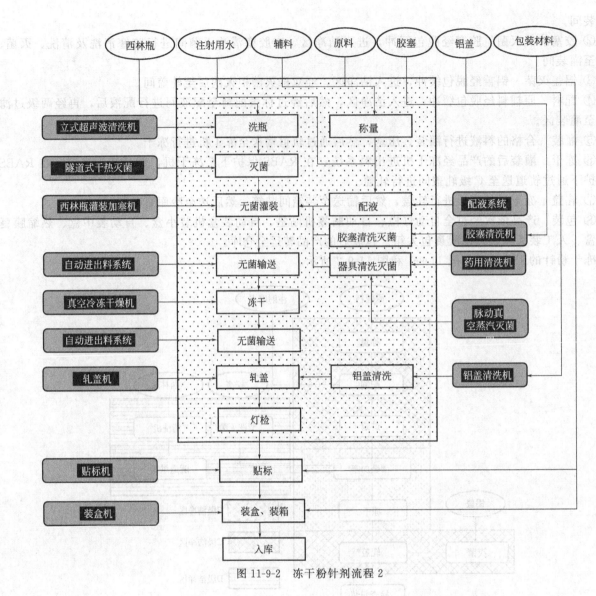

图 11-9-2　冻干粉针剂流程 2

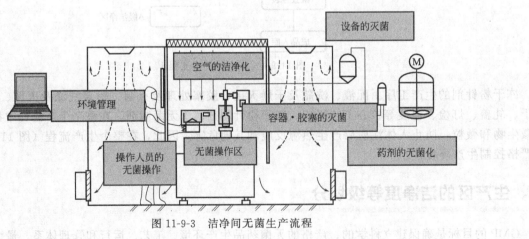

图 11-9-3　洁净间无菌生产流程

三、洁净间的生产人员要求

洁净车间设计力求布局合理，遵循人流、物流分开的原则，不交叉返流。

（1）物流的规划

物流规划也就是生产工艺路线。典型的物流路线与传料方式有密相关。常见的有三种物料传料方式有垂直传料、气动和真空传料和容器传料。

（2）人流的规划

人流规划主要关注人员对产品、产品对人员及生产环境的风险。涉及的人员包括一般员工、生产人员、参观人员、维护人员等。从保护产品角度来讲，人流规划措施如下：医药洁净厂房要配备对人员进入实施控制的系统，如门禁系统。进入车间的人员必须经过不同程度的净化程序分别进入 D 级、C 级和 B 级洁净区。进入 B 级和 A 级的人员必须穿戴无菌工作服（图 11-9-4），A 级区限制人员的进入，B 级背景的 A 级区核心区域禁止人员的介入。

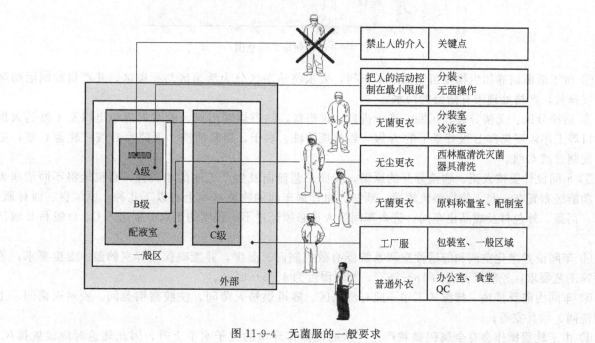

图 11-9-4　无菌服的一般要求

四、洁净间的设计及工艺要求

（1）压力控制

控制相对压力，是控制气流方向的一种方法，它对大多数生产操作的保护起关键作用（如产尘房间负压控制）。重要的房间要设置压差传感器，无菌作业区的气压要高于其他区域压力梯度。根据 GMP 要求，洁净区与非洁净区、不同等级洁净区之间的压差应不低于 10Pa，应尽量把无菌作业区布置在车间的中心区域，这样有利于气压从较高的房间流向较低的房间。图 11-9-5 为洁净间压差示意图。

（2）温湿度控制

车间设置净化空调和舒适性空调系统，可有效控制温、湿度，并能确保培养室的温、湿度达到工艺要求。控制区温度一般设定为 18～26℃，相对湿度为 45%～65%。

（3）无菌作业要求

① 辅助用房的布置要合理，清洁工具间、容器具清洗间宜设在无菌作业区外，非无菌工艺作业的岗位不能布置在无菌作业区内。

② 物料或其他物品进入无菌作业区时，应设置供物料、物品消毒或灭菌用的灭菌室或灭菌设备。

③ 洗涤后的容器具应经过消毒或灭菌处理方能进入无菌作业区。

④ 车间和空调系统需要定期采用 VHP、甲醛、臭氧等方法灭菌。

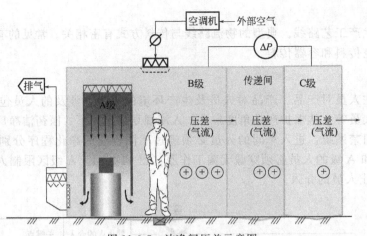

图 11-9-5　洁净间压差示意图

⑤ 对于活菌培养如生物疫苗制品冻干车间，要求将洁净区分为活菌区与死菌区，并严格控制活菌区的空气排放，严格处理带有活菌的污水。

⑥ 洁净分区：无菌分装、压塞、冻干机自动进出料、隧道烘箱出口、胶塞灭菌柜出口及工器具灭菌柜出口等工序需要局部 B 级背景下的 A 级；西林瓶清洗、烘干，器具清洗、灭菌为 D 级；轧盖 C 级；原辅料配制过滤 C 级。

⑦ 车间设计要按人流、物流分开的原则，按照工艺流向及生产工序的相关性，有机地将不同洁净要求的功能区布置在一起，使物料流短捷、顺畅。粉针剂车间的物流基本上有以下几种：原辅料、西林瓶、胶塞、铝盖、外包材及成品出车间。进入车间的人员必须经过不同程度的更衣分别进入 C、D 级和 B 级洁净区。

⑧ 车间设置净化空调和舒适性空调系统能有效控制温、湿度，并能确保培养室的温、湿度要求；若无特殊工艺要求，控制区温度为 18～26℃，相对湿度为 45％～65％。

⑨ 车间内需要排热、排湿的工序一般有洗瓶区、隧道烘箱灭菌间、洗胶塞铝盖间、胶塞灭菌间、工具清洗间、洁具室等。

⑩ 由于轧盖操作会有金属铝微粒产生，从而使操作环境的粒子水平上升，因此轧盖时应设置排风，并且排风点尽量靠近轧盖机，以最大程度减少轧盖区域的微粒数。

⑪ 级别不同洁净区之间保持不低于 10Pa 的压差，每个房间应有测压装置。如果是生产青霉素或其他高致敏性药品，分装室应保持相对负压。

⑫ 无菌区内的回风口的位置应靠近地板，最好沿着洁净室的长边尺寸方向两面墙安装。

⑬ 按照 GMP 的规则要求布置纯水及注射用水的管道。

⑭ 若有活菌培养如生物疫苗制品冻干车间，则要求将洁净区严格区分为活菌区与死菌区，并控制、处理好活菌区的空气排放及带有活菌的污水。

五、冻干粉针剂生产车间工艺布局

冻干粉针注射剂生产是从原辅料配置开始，至西林瓶装注射剂成品结束。图 11-9-6 为冻干粉针剂生产车间工艺布局示例。下面我们将根据核心工艺生产流程逐步讲解。

1. 原辅料称量工序

原辅料经脱包、净化，经气闸间进入 C 级环境，在 C 级背景 A 级送风条件下的负压称量室进行称量配料，目的是降低微生物负荷，同时防止粉尘扩散污染。

图 11-9-7 为原辅料称量工序示意。制剂的原辅料称量通常应当在专门设计的称量室内进行。负压称量室一般采用垂直单向流的气流形式，回风先要通过初效及中效过滤器的预过滤，将气流中的大颗粒粉尘粒子处理掉，以起到保护高效过滤器的作用。经过预处理后的空气，在离心风机提供的压力下，通过高效

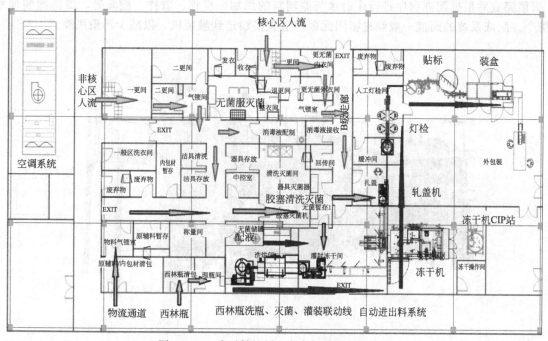

图 11-9-6　冻干粉针剂生产车间工艺布局示例

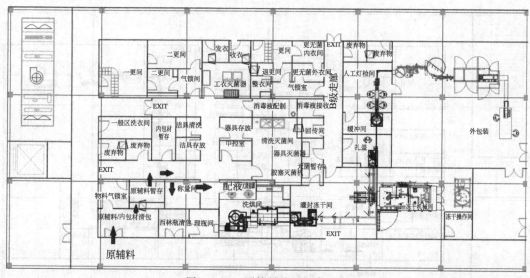

图 11-9-7　原辅料称量工序示意

过滤器，使之达到 A 级洁净度要求。洁净气流被送至送风箱体内，85%～90%通过均流送风网板，形成均匀的垂直送风气流，10%～15%则通过风量调节板排出设备或者专门设置的排风机经中效过滤后排出室外。所有气流均经过高效过滤器处理，所以送风、排风均不带残余粉尘，避免了二次污染。由于在工作区域形成稳定的单向流，在此区域中散发的粉尘，会在单向气流的影响下，随着流线而被初、中效过滤器所捕集。设备带有 10%～15%的排风，从而形成相对于外部环境的负压，从一定程度上保证了此区域内的粉尘不会扩散至室外，起到保护外部环境的作用。

2. 配液工序

配液是将原辅料按照设定的工艺配置成特定浓度的合格药液过程。配液系统主要由罐体、搅拌系统、无菌掺气系统、补偿系统、SIP&CIP 系统、控制系统组成（图 11-9-8）。在工作前配液系统需要进行在线注射水清洗（CIP），去除残液、内毒素等有害物质。然后干燥去除残留水分，进行纯蒸汽在线灭菌

（SIP）。灭菌完成后根据配液程序进行注射水与原辅料的添加、搅拌、取样、检验等，等待灌装加塞机的待灌装指令。配液系统的药液一般经过密闭无菌管道直接输送到灌装机，以减少污染风险。

图 11-9-8　配液系统

3.西林瓶洗烘灌工序

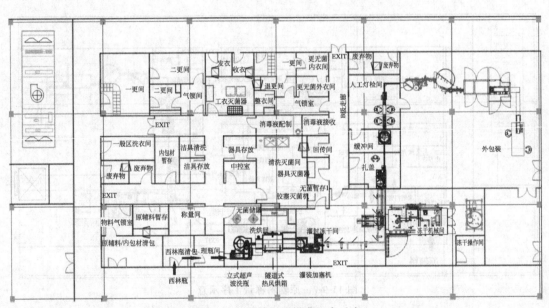

图 11-9-9　西林瓶洗烘灌工序示意

洗烘灌工序为西林瓶的专用工序（图 11-9-9），主要流程为：西林瓶的去热原清洗→干热灭菌去内毒素→药液定量灌装→西林瓶半加塞。该工序主要由立式超声波清洗机、隧道式热风循环灭菌烘箱、西林瓶灌装半加塞机组成（图 11-9-10）。

洗烘灌工序需要用到的包材有胶塞、铝盖、西林瓶。胶塞和铝盖在 C 级区房间进行清洗和灭菌，然后分别传递到 B＋A 级的灌装加塞区和 B＋A（或 C＋A）的轧盖区，此过程需注意胶塞的无菌转移风险。图 11-9-11 为胶塞清洗、灭菌、转运的流程及布局示意图。

西林瓶经过 D 级去外包进入理瓶间上瓶，穿墙到达 C 级区的洗瓶间，完成在 C 级区的超声波清洗、注射水冲洗、压缩气吹干后，直接输送到隧道式热风循环灭菌烘箱 C 级区入口进行 320℃干热灭菌（5min，FH＞1365），再从隧道式热风循环灭菌烘箱出口，输送到灌装加塞机。

隧道式热风循环灭菌烘箱出口与灌装加塞机处在 B 级背景（常见为 O-RABS，部分致敏性药品或毒

超声波洗瓶机	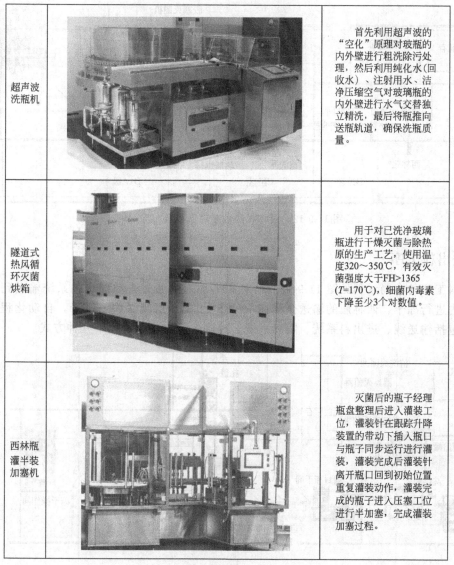	首先利用超声波的"空化"原理对玻璃瓶的内外壁进行粗洗除污处理,然后利用纯化水(回收水)、注射用水、洁净压缩空气对玻璃瓶的内外壁进行水气交替独立精洗,最后将瓶推向送瓶轨道,确保洗瓶质量。
隧道式热风循环灭菌烘箱		用于对已洗净玻璃瓶进行干燥灭菌与除热原的生产工艺,使用温度320～350℃,有效灭菌强度大于FH>1365(T=170℃),细菌内毒素下降至少3个对数值。
西林瓶灌半装加塞机		灭菌后的瓶子经理瓶盘整理后进入灌装工位,灌装针在跟踪升降装置的带动下插入瓶口与瓶同步运行进行灌装,灌装完成后灌装针离开瓶口回到初始位置重复灌装动作,灌装完成的瓶子进入压塞工位进行半加塞,完成灌装加塞过程。

图 11-9-10　洗烘灌封设备及原理

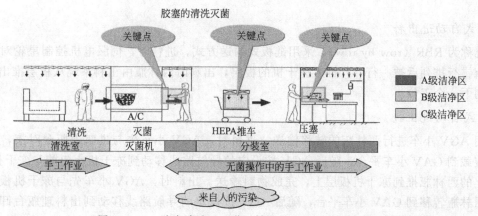

图 11-9-11　胶塞清洗、灭菌、转运的流程及布局示意图

素类采用 C-RABS 和 Isolator 更高的隔离等级）A 级层流保护下,所有流程配备风速（0.54m/s）、浮游菌、沉降菌、尘埃粒子在线检测装置,可有效保证整个生产过程符合要求。图 11-9-12 为西林瓶洗烘灌封流程及布局示例。

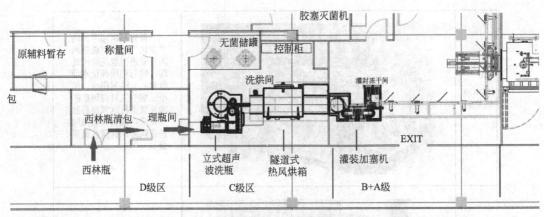

图 11-9-12　西林瓶洗烘灌封流程及布局示例

4. 自动进出料工序

自动进出料工序的布局示例见图 11-9-13。西林瓶半加塞后通过自动进出料系统输送到冻干机（真空冷冻干燥机）内进行冻干，西林瓶的输送全程在 RABS 的 A 级层流保护下进行，自动化程度高。自动进出料系统一般包括输送线、进出料系统、隔离系统、控制系统，主要有以下几种方式。

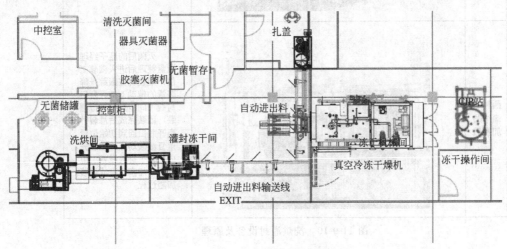

图 11-9-13　自动进出料工序

（1）固定式自动进出料

行业内也称为 RBR（row by row），采用链板式输送方式，进料时，伺服电机控制星轮对西林瓶精确计数，西林瓶错行排列后被一行一行推入冻干机的板层，出料时西林瓶由出料系统从板层推出，通过尾端输送线输送到下一个工位。

（2）移动式自动进出料

一般采用 AGV 小车进行西林瓶的转移输送。进料时，AGV 小车先与进瓶理瓶台对接，将预先梳理好的西林瓶装载到 GAV 小车平台，随后 AGV 按设定的导航路线移动到冻干机小门前与冻干机板层对接，将小车平台上的西林瓶推到冻干机板层上，完成物料输送。出料时，AGV 小车先与冻干机板层对接，将冻干完成的西林瓶转移到 GAV 小车平台，随后 AGV 按设定的导航路线移动到出料理瓶台卸料，完成物料输送。

（3）混合式自动进出料

混合式自动进出料兼备以上两种进出料方式，进料端采用固定式，出料端采用移动式。它适合上下结构冻干机特定布局的工况。

图 11-9-14 为自动进出料系统的种类及特点。

固定式自动进出料		固定式自动进出料的优点是全程封闭，无菌风险最小，适用于ORABS/CRABS/ISOLATOR等多种形式的隔离器装置。缺点是占地面积大，清洁不方便。
移动式自动进出料		移动式自动进出料的优点是占地面积小，冻干机前无任何设备，清洁方便。缺点是AGV小车与冻干机对接存在"接缝"，达不到无缝对接，只适合O-RBAS，不适合C-RABS/ISOLATOR。
混合式自动进出料		混合式自动进出料的优点是出料和进料不在同一个区域，方便两侧清场，互不影响，工作效率较高。缺点是资金投入较大。

图 11-9-14　自动进出料系统种类及特点

5. 冷冻干燥工序

冷冻干燥是将含水物质先冻结成固态，而后使其中的水分从固态升华成气态，以除去水分而保存物质的方法。在低温干燥过程中，微生物的生长和酶的作用几乎无法进行，能最好地保持物质原来的性状。干燥后体积、形状基本不变，物质呈海绵状，无干缩；复水时，与水的接触面大，能迅速还原成原来的性状。因系真空下干燥，氧气极少，使易氧化的物质得到了保护，能除去物质中 95%～99% 的水分，制品的保存期长。这对于那些热敏性物质，如疫苗、菌类、毒种、血液制品等的干燥保存特别适用。

冻干机是将西林瓶内的液态药液加工成为粉针的专用设备，是冻干粉针制剂生产线的核心。冻干机的主体设备一般放置在 D 级环境/一般环境，冻干机的装载和卸载门在生产线核心区域内。

冻干机一般包括前箱、板层、冷阱、制冷系统、真空系统、SIP 系统、CIP 系统、控制系统等。冻干工艺步骤一般分为在线 CIP/SIP、装载、预冻、一次升华、解析干燥、压塞、卸载。

冻干机的性能指标：极限真空度为 0.5～1Pa（绝对压力）；箱搁板最低制冷温度−55℃；冷阱盘管最低制冷温度−75℃；前箱降温速率＋20℃降至−40℃，＜60min；前箱升温速度每分钟大于1℃；搁板温度均匀性±1℃；真空泄漏率≤1×10^{3}Pa·m^3/s；冷阱捕冰能力：20kg/m^2；后箱从 20℃降到−40℃降温时间＜30min；灭菌条件：121℃/30min。

冻干核心区房间采用 B＋A 级环境，在 B 级环境房间内需要有尘埃粒子在线检测装置、浮游菌、沉降菌的监测装置。自动进出料和冻干机装载门的对接位置为 A 级高风险区，需要单独进行尘埃粒子在线检测、浮游菌、沉降菌监测。

(a) B级背景下的A级核心装载区　　　　　(b) 一般环境的冻干机机房区

图 11-9-15　冷冻干燥核心装载区和冻干区的设备

6. 轧盖与灯检工序

轧盖与灯检工序的设备及特点见图 11-9-16。轧盖机应单独放置在轧盖间,轧盖间与冻干间有隔离措施。轧盖环境为 B+A 级的环境,在确保胶塞密封到位的情况下允许 C+A 级的环境。为防止轧盖产生的铝屑粉尘污染核心区,轧盖机应有铝屑收集装置,尽量减少铝屑的污染。

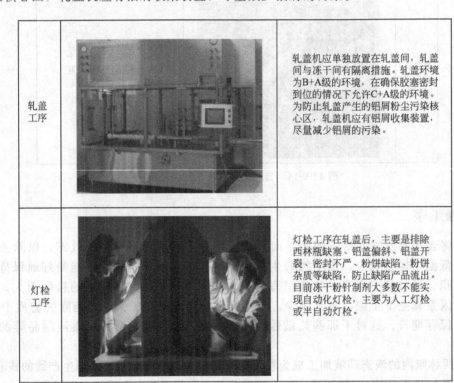

| 轧盖工序 | | 轧盖机应单独放置在轧盖间,轧盖间与冻干间有隔离措施。轧盖环境为 B+A 级的环境,在确保胶塞密封到位的情况下允许 C+A 级的环境。为防止轧盖产生的铝屑粉尘污染核心区,轧盖机应有铝屑收集装置,尽量减少铝屑的污染。 |
| 灯检工序 | | 灯检工序在轧盖后,主要是排除西林瓶缺塞、铝盖偏斜、铝盖开裂、密封不严、粉饼缺陷、粉饼杂质等缺陷,防止缺陷产品流出。目前冻干粉针制剂大多数不能实现自动化灯检,主要为人工灯检或半自动灯检。 |

图 11-9-16　轧盖与灯检工序的设备及特点

7. 外包装工序

冻干粉针剂生产车间工艺布局中包装工序见图 11-9-17 中画方框所示。外包装工序主要包括贴标、制托、喷码、装盒、装箱等工位。其中贴标、喷码、装盒工序的设备及特点见图 11-9-18。包装工序一般遵循以下原则:包装车间的设置,应邻近生产车间和中心储存库;包装线房间要设置与生产规模相适应的物料暂存空间;不同的产品线要隔离设置;前、后包装工序要隔离,内外包材之间尽可能要隔离;设置与产品生产相适应的洁净等级房间存储模具;办公室和维修间不能有发尘作业,尽可能远离生产区。

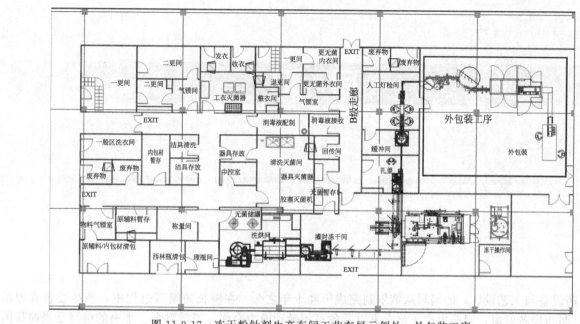

图 11-9-17　冻干粉针剂生产车间工艺布局示例外：外包装工序

图 11-9-18　贴标、喷码、装盒工序的设备及特点

后 记

　　《制药设备与工艺设计》的编写从策划到完成历经十年之久。在漫长的编写过程中，药品监督管理部门专家、制药设备专家、制药生产企业专家以及各高校教师通力合作、产教融合。本书的编写是当前我国制药设备专家和制药行业专家参与药学、中药学实践类教学学科建设的一次探索。

　　本书主要内容的编写情况说明如下：保定创锐泵业有限公司吴巍编写"蠕动泵"部分；常州一步干燥设备有限公司查文浩编写"干燥设备"部分；楚天科技股份有限公司郑起平、叶思媛编写"注射剂设备"部分；哈尔滨纳诺机械设备有限公司王孟刚、王吉帅编写"混合设备、制粒设备、包衣设备"部分；杭州春江制药机械有限公司李洪武、张美琴编写"饮片设备"部分；黑龙江迪尔制药机械有限责任公司徐兴国编写"丸剂和栓剂生产联动线"部分；湖南正中制药机械有限公司杜笑鹏、全凌云编写"液体灯检系列设备"部分；广州锐嘉工业股份有限公司丁维扬、吴光辉编写"软袋包装设备"部分；江苏库克机械有限公司武长新、武洋作编写"隧道微波干燥灭菌机、微波真空干燥灭菌机"等部分；辽阳天兴离心机有限公司施轶、姜长广编写"蝶式离心机和管式离心机"部分；辽宁天亿机械有限公司刘朝民编写"压片机、胶囊剂充填设备"等部分；南京恒标斯瑞冷冻机械制造有限公司桂林松、孙清华编写"换热设备、冷水机组、厂房设施与空调系统"等部分；南通海发水处理工程有限公司倪燕彬、徐杰编写"制药用水系统"部分；南通恒力包装科技股份有限公司李季勇、缪德林编写"口服固体制剂瓶装线"部分；青岛捷怡纳机械设备有限公司李志全、朱春博编写"立轴剪切式粉碎机"部分；山东蓝孚高能物理技术股份有限公司韩雷编写"高能电子加速器"部分；山东新华医疗器械股份有限公司李晓明、周利军编写"灭菌设备、提取浓缩设备、疫苗类设备、固体制剂设备、输液剂设备、隔离系统、清洗设备"等部分；上海秉拓智能科技有限公司辛滨编写"片剂异物检测和泡罩异物检测设备"部分；东富龙科技集团股份有限公司郑金旺、陈苏玲、李明达、吴文蕾、彭彩君编写"冷冻干燥设备、注射剂设备、药用隔离器"及"工艺设计"等部分；沈阳市长城过滤纸板有限公司杜娟、王嵩编写"过滤纸板"部分；天水华圆制药设备科技有限责任公司李晟、张钊编写"丸剂生产线、栓剂生产线、微波提取设备、干燥设备、包衣设备"等部分；营口辽河药机制造有限公司张文姣编写"高效转膜蒸发器、全开式真空耙式干燥机"等部分；浙江迦南科技股份有限公司吴武通、杨波编写"固体制剂设备（制粒/流化床包衣/混合/包衣等）、提取浓缩设备、料斗清洗机"等部分；浙江新亚迪制药机械有限公司张宏平编写"气雾剂、喷雾剂、无菌滴眼剂灌封联动线"等部分；山西太钢不锈钢股份有限公司田华编写"不锈钢基础知识"部分；迟玉明编写"过热蒸汽瞬间灭菌设备"部分；马茂彬编写"自动控制系统"部分；江永萍编写"中央空调装备和热泵热管热风循环干燥设备"部分；夏成才编写"膜分离设备和蒸发设备"部分；张健编写"全自动灯检机"部分；陈宇洲编写"绪论""制药设备动力传动基础""自动控制系统"等部分；济南倍力粉体工程技术有限公司赵拥军、张晓莹编写"低温超微粉碎机"部分，北京东方慧神科技有限公司丁国富、王云攀编写"软胶囊设备"部分，上海信销信息科技有限公司张静和陈青霞负责联系制药设备厂家。

　　除了上述企业和专家外，参与各章编写和修改的工作的专家还有：陈露真、林秀菁、鲍鹏、陈岩、郭维峰（第一章）；周鸿、韩立云、黄敏（第二章）；黄华生、邓智先、冯林、陆文亮、王佳、安芸（第三章）；李昂、李扶昆、尹德明、严伟民、游强秦、周光宇、王继伟、张静（天津大学仁爱学院）、宋石林、赵玉佳、肖立峰、刘凤阳、杨朝辉、焦红江、王震宇、姜华、李军、匡海奇、周迎（第四章）；乔晓芳、郑志刚、张志强、刘芳（第五章）；尚海宾、张玉东（第六章）；鞠爱春、杨悦武、乔峰、李姣、张功臣、叶非、孙艳、张建伟、刘岩、时念秋、王美娜、原晓军、刘洋、段秀俊、巩凯、任海伟、霍岩、潘洁、贾志红、赵曙光、祝昱、罗彩霞、邱立朋、龙苗苗、林锐、郝红梅、李寨、刘宗亮、马丽锋、钱宝琛、孙爽、周大铮、王佳、苏何蕾（第七章）；王银松、刘德福、杨晋（第八章）；顾湘、孙玺（第九章），张晓东、李维伟、张丽华、张旭（第十章）；顾艳丽、张华忠、陈容、赵忠庆、杨静伟、邓智先、林秀菁、徐士云、刘改枝、张学兰、马淑飞、熊小刚（第十一章）等。

参考书目

［1］ 张功臣.制药用水系统.2版.北京：化学工业出版社，2010.

［2］ 国家食品药品监督管理局药品认证管理中心编.药品 GMP 指南：无菌药品.北京：中国医药科技出版社，2011.

［3］ 国家食品药品监督管理局药品认证管理中心编.药品 GMP 指南：口服固体制剂.北京：中国医药科技出版社，2011.

［4］ 国家食品药品监督管理局药品认证管理中心编.药品 GMP 指南：厂房设施设备.北京：中国医药科技出版社，2011.

［5］ 曹德英.药物剂型与制剂设计.北京：化学工业出版社，2009.

［6］ 方亮.药剂学.8版.北京：人民卫生出版社，2016.

［7］ 崔福德.药剂学.7版.北京：人民卫生出版社，2011.

［8］ 方亮，龙晓英.药物剂型与递药系统.北京：人民卫生出版社，2014.

［9］ 潘卫三，杨星钢.工业药剂学.4版.北京：中国医药科技出版社，2019.

［10］ 周建平.药剂学.北京：化学工业出版社，2004.

［11］ 狄留庆，刘汉青.中药药剂学.北京：化学工业出版社，2011.

［12］ 杨瑞虹.药物制剂技术与设备.北京：化学工业出版社，2005.

［13］ 金国斌，张华良.包装工艺技术与设备.2版.北京：中国轻工业出版社，2009.

［14］ 唐燕辉.药物制剂生产专用设备及车间工艺设计.2版.北京：化学工业出版社，2004.

［15］ 孙智慧.药品包装学.北京：中国轻工业出版社，2010.

［16］ 朱盛山.药物制剂工程.北京：化学工业出版社，2002.

［17］ 何志成.制剂单元操作与车间设计.北京：化学工业出版社，2018.

［18］ 何志成.制药生产实习指导—药物制剂.北京：化学工业出版社，2018.

［19］ 章建浩.食品包装技术.北京：中国轻工业出版社，2010.

［20］ 孙智慧.包装机械概论.北京：印刷工业出版社，2007.

［21］ 何国强.制药工艺验证实施手册.北京：化学工业出版社，2012.